普通高等教育电气工程与自动化（应用型）"十三五"规划教材

电 机 学

第 2 版

曾成碧　赵莉华　编

机械工业出版社

本书根据国家对工程应用型人才培养的要求,以培养电气工程类、自动化类高级应用型人才为目标,结合编者多年从事电机学教学及与电机相关的科研、实践经验编写而成。

全书共分4篇:变压器篇、异步电机篇、同步电机篇和直流电机篇。在编写过程中,简化了传统电机学教材的电机电磁场理论分析,注重基本概念,着重定性分析,强调与应用相关的知识。为了便于理解和自学,每篇结束部分增加了模拟测试题及答案。

本书可作为高等学校、高等职业学校电气工程学科及相关专业电机学课程的教材或参考书,也可供相关工程技术人员学习参考。

图书在版编目(CIP)数据

电机学/曾成碧,赵莉华编. —2版. —北京:机械工业出版社,2016.8(2025.7重印)

普通高等教育电气工程与自动化(应用型)"十三五"规划教材

ISBN 978-7-111-54348-0

Ⅰ.①电… Ⅱ.①曾… ②赵… Ⅲ.①电机学—高等学校—教材 Ⅳ.①TM3

中国版本图书馆 CIP 数据核字(2016)第 167290 号

机械工业出版社(北京市百万庄大街22号 邮政编码100037)
策划编辑:于苏华 聂文君 责任编辑:于苏华 路乙达
责任校对:刘秀芝 封面设计:张 静
责任印制:张 博
北京机工印刷厂有限公司印刷
2025年7月第2版第5次印刷
184mm×260mm・17.75 印张・435 千字
标准书号:ISBN 978-7-111-54348-0
定价:49.00 元

电话服务 网络服务
客服电话:010-88361066 机 工 官 网:www.cmpbook.com
　　　　　010-88379833 机 工 官 博:weibo.com/cmp1952
　　　　　010-68326294 金 书 网:www.golden-book.com
封底无防伪标均为盗版 机工教育服务网:www.cmpedu.com

前　言

本书第 1 版自 2009 年出版以来，被数十所学校选作教材，在此表示衷心的感谢。

对工科学生解决实际问题的实践能力和动手能力的培养是工程教育的重点和关键，根据教育部高等教育教学评估中心发布的《中国工程教育质量报告（2013 年度）》，目前我国工科毕业生的实际动手能力还需要加强，工科毕业生在国际竞争力等诸多方面有待进一步提高，这些都要求工程教育人才培养应适时做出相应的调整和变革。与之相对应的是，工科课程的教材也应该有所调整，需要增加更多与实际应用相关的内容。鉴于此，本书在第 1 版的基础上进行了修订，更加注重教材的系统性、完整性和应用性，增加了更多关于电机和变压器实际应用方面的内容，比如变压器、电机的最新发展情况，电机、变压器中常用铁心材料，变压器运行及试验，变压器、电机的冷却等，与实际联系更加紧密，力求让读者在学习掌握变压器、电机相关理论知识的基础上，更多地了解变压器、电机运行、维护及检修等方面的知识。本书还增加了常用专业词汇的英文，以方便大家阅读相关英文文献。

本书可作为培养电气工程及其自动化专业应用型人才的"电机学"课程教材，也可作为非电气专业学生学习电机学的教材。

全书共分为 4 篇 22 章，包括变压器、异步电机、同步电机和直流电机几部分，章节中带 * 号的内容为选学。本书第一至十章由赵莉华编写，第十一至二十二章由曾成碧编写，全书由赵莉华负责统稿。

本书在编写过程中，参考了很多同类教材，一部分在参考文献中列出，还有很多不能一一列出的，在此一并表示感谢。

由于编者水平有限，书中可能存在不少缺点和错误，欢迎读者批评指正。

编　者

目 录

前 言

绪 论 ··· 1

第一章 磁路 ······································ 6
第一节 磁场的几个基本物理量 ············ 6
第二节 常用铁磁材料及其特性 ············ 7
第三节 基本电磁定律 ·························· 10
第四节 磁路基本定律 ·························· 13
第五节 能量守恒定律 ·························· 15
本章小结 ··· 16
思考题及习题 ······································ 16

变压器篇

第二章 变压器的类型和基本结构 ······ 17
第一节 变压器的用途和分类 ··············· 17
第二节 变压器的基本结构 ··················· 18
第三节 变压器的发热与冷却 ··············· 22
第四节 变压器的额定值 ······················ 24
思考题及习题 ······································ 25

第三章 变压器基本运行原理 ············· 26
第一节 变压器的空载运行 ··················· 26
第二节 变压器的负载运行 ··················· 33
第三节 标幺值 ····································· 38
第四节 变压器等效电路参数测定 ········ 39
第五节 变压器的运行特性 ··················· 43
思考题及习题 ······································ 47

第四章 三相变压器 ··························· 48
第一节 三相变压器的磁路系统 ············ 48
第二节 三相变压器的电路系统——绕组的连接方式和联结组标号 ········· 49
第三节 三相变压器绕组连接方式及磁路系统对电动势波形的影响 ········· 52
第四节 变压器的并联运行 ··················· 54
*第五节 三相变压器的不对称运行 ······ 58
*第六节 变压器的空载合闸 ··············· 62
*第七节 变压器的突然短路 ··············· 64
*第八节 变压器试验技术 ···················· 65
思考题及习题 ······································ 67

第五章 三绕组变压器和其他用途变压器 ··· 68
第一节 三绕组变压器 ·························· 68
第二节 自耦变压器 ······························ 69
第三节 分裂绕组变压器 ······················ 71
第四节 互感器 ····································· 74
思考题及习题 ······································ 75
变压器部分小结 ··································· 75
变压器部分模拟测试题及答案 ············· 76

异步电机篇

第六章 交流绕组及其电动势和磁动势 ··· 81
第一节 交流电机的工作原理 ··············· 81
第二节 交流绕组的构成原则和分类 ···· 82
第三节 几个基本概念 ·························· 83
第四节 三相双层绕组 ·························· 85
第五节 正弦磁场时交流绕组的感应电动势 ··· 88
第六节 正弦电流时交流绕组的磁动势 ···· 91
思考题及习题 ······································ 97

第七章 异步电机的基本结构与运行状态 …… 98
- 第一节 异步电机的用途和分类 …… 98
- 第二节 三相异步电动机的结构 …… 98
- 第三节 三相异步电动机的运行状态 …… 101
- 第四节 三相异步电动机的技术要求及额定值 …… 103
- 思考题及习题 …… 105

第八章 三相异步电动机的运行原理及工作特性 …… 106
- 第一节 转子不动时的异步电动机 …… 106
- 第二节 转子旋转时的异步电动机 …… 109
- 第三节 异步电动机的电磁转矩及机械特性 …… 113
- 第四节 三相异步电动机试验技术 …… 118
- 思考题及习题 …… 123

第九章 三相异步电动机的起动、调速和制动 …… 124
- 第一节 异步电动机的起动 …… 124
- 第二节 异步电动机的调速 …… 128
- 第三节 异步电动机的制动 …… 130
- 思考题及习题 …… 131

第十章 三相异步电动机的异常运行 …… 132
- 第一节 异步电动机在非额定电压下的运行 …… 132
- 第二节 异步电动机在非额定频率下的运行 …… 133
- *第三节 异步电动机在不对称电源电压下的运行 …… 133
- *第四节 异步电动机电源缺相时的运行 …… 134
- 思考题及习题 …… 134

第十一章 单相异步电动机、异步发电机及特殊异步电机 …… 135
- *第一节 单相异步电动机 …… 135
- *第二节 异步发电机 …… 137
- *第三节 交流测速发电机 …… 140
- 思考题及习题 …… 141
- 异步电机部分小结 …… 141
- 异步电机部分模拟测试题及答案 …… 142

同步电机篇

第十二章 三相同步电机的基本工作原理与结构 …… 147
- 第一节 三相同步电机的基本工作原理及分类 …… 147
- 第二节 同步发电机的基本构造 …… 149
- 第三节 大型同步发电机的基本系统 …… 155
- 第四节 同步发电机的型号与额定值 …… 158
- 思考题及习题 …… 159

第十三章 三相同步发电机的电磁关系及分析方法 …… 160
- 第一节 三相同步发电机空载时的电磁关系 …… 160
- 第二节 三相同步发电机负载后的电磁关系 …… 161
- 第三节 隐极同步发电机的分析方法 …… 164
- 第四节 凸极同步发电机的分析方法 …… 167
- 思考题及习题 …… 170

第十四章 同步发电机的稳态运行特性及参数的测定 …… 171
- 第一节 空载特性、短路特性及不饱和电抗的求取 …… 171
- 第二节 零功率负载特性及漏电抗的求取 …… 175
- 第三节 稳态参数的实验测定 …… 177
- 第四节 外特性与调整特性 …… 178
- 思考题及习题 …… 179

第十五章 同步发电机并联运行 …… 181
- 第一节 投入并联运行的条件与方法 …… 181
- 第二节 并联运行的同步发电机电磁功率与功率特性 …… 183
- 第三节 并联运行时有功功率的调节与静态稳定 …… 187

第四节　并联运行时无功功率的调节与
　　　　V形曲线 ……………………… 191
*第五节　同步发电机并网后正常运行
　　　　分析 ……………………………… 193
*第六节　同步发电机的振荡 …………… 195
思考题及习题 …………………………… 197

第十六章　同步发电机的异常运行分析
　　　　及处理 ……………………… 199

*第一节　同步发电机的不对称运行 …… 199
*第二节　同步发电机的突然短路 ……… 203
*第三节　同步发电机的失磁运行 ……… 206
*第四节　同步发电机的进相运行 ……… 209

*第五节　同步发电机常见故障 ………… 211
*第六节　同步发电机试验技术 ………… 215
思考题及习题 …………………………… 220

第十七章　同步电动机 ………………… 221

第一节　同步电动机的基本电磁关系、
　　　　方程式和相量图 ……………… 221
第二节　同步电动机的无功功率调节 … 224
第三节　同步调相机 …………………… 225
*第四节　特殊同步电动机 ……………… 226
思考题及习题 …………………………… 230
同步电机部分小结 ……………………… 230
同步电机部分模拟测试题及答案 ……… 232

直流电机篇

第十八章　直流电机的基本工作原理与
　　　　结构 ………………………… 236

第一节　直流电机的基本工作原理 …… 236
第二节　直流电机的基本结构与励磁
　　　　方式 ……………………………… 239
第三节　直流电机的额定值与型号 …… 242
第四节　直流电机的电枢绕组 ………… 243
思考题及习题 …………………………… 244

第十九章　直流电机的电磁关系及分析
　　　　方法 ………………………… 245

第一节　直流电机空载时电机内部的电磁
　　　　关系 ……………………………… 245
第二节　直流电机负载时电机内部的电磁
　　　　关系 ……………………………… 246
第三节　直流电机的电枢反应 ………… 248
第四节　电枢绕组的感应电动势和直流电机
　　　　的电磁转矩 ……………………… 249
第五节　稳态运行时直流电机的基本
　　　　方程式 …………………………… 250
思考题及习题 …………………………… 252

第二十章　直流发电机 ………………… 254

第一节　他励直流发电机的运行特性 … 254
第二节　并励直流发电机的运行特性 … 255
第三节　复励直流发电机的运行特性 … 257
思考题及习题 …………………………… 259

第二十一章　直流电动机 ……………… 260

第一节　直流电动机的运行特性 ……… 260
第二节　直流电动机的起动 …………… 263
第三节　直流电动机的调速 …………… 265
第四节　直流电动机的制动 …………… 267
思考题及习题 …………………………… 268

第二十二章　直流电机的换向 ………… 269

*第一节　换向过程的概念 ……………… 269
*第二节　产生火花的原因 ……………… 271
*第三节　改善换向的方法 ……………… 271
思考题及习题 …………………………… 272
直流电机部分小结 ……………………… 272
直流电机部分模拟测试题及答案 ……… 273

参考文献 ………………………………… 277

绪　　论

一、电机的定义和分类

1. 电机的定义

电机是一种进行机械能与电能的转换或信号传递和转换的电磁机械装置，它依靠电磁感应定律和电磁力定律运行，具有产生、传输和分配、使用电能或作为电量之间、电量与机械量之间的变换器功能，是工业、农业、交通运输业和家用电器等各行业的重要设备，对国民经济发展起着重要作用。

值得注意的是，电机和电池等电源不同，它本身不是能源，只能转换或传递能量。所以，电机在能量转换过程中遵守能量守恒原则，也就是说，要想从电机输出能量一定是先给电机输入能量，它不能自行产生能量。

2. 电机的分类

电机的型号和类型很多，结构和性能各异，有多种分类方法。在电机学中常用的分类方法主要有两种，一种是按照功能进行分类，另一种是按照结构特点及电源种类进行分类。

按照功能分类，电机可分为：

发电机——将机械能转换为电能的电机；

电动机——将电能转换为机械能的电机；

变压器——将一种电压等级的交流电能改变为另一种电压等级的交流电能的静止电气设备；

控制电机——用于控制系统中，进行信号的传递和转换的电机。

按照结构特点及电源种类，电机可分为：

变压器——一种静止电气装置；

旋转电机——具有能做相对旋转运动的部件，运行时其转动部分做旋转运动。

旋转电机根据其电源种类不同，又可分为交流电机和直流电机，交流电机中又有同步电机和异步电机之分。本课程将分别对这些电机进行介绍。

二、电机的应用

电能是现代生产和人们生活中最主要的能源，而电能的生产、输送、转换及使用过程中的核心设备就是电机，所以电机在国民经济各行各业以及人们的日常生活中的应用都非常广泛。

众所周知，在发电厂中，汽轮机（火力发电厂、核电厂）、水轮机（水电厂）、风力机（风电厂）等分别将热能、核能、水流的势能及风能等自然界中各种形式的能量转化为机械能，再通过发电机把机械能转变为电能。

发电厂和用户之间一般有一定的距离，尤其是水电厂与用电户之间的距离更长，所以发电机发出的电能大多要通过长距离的输电线路才能送到不同距离的用户端，为了减小远距离输电线路中的能量损失，降低输送成本，需采用高压输电方式。即将发电机发出的电能通过升压变压器升高到输电电压，经过高压输电将电能传输到用户所在地，再通过降压变压器将电压降低到用户所需电压，供用户使用。在用户端，电动机作为原动机广泛应用于各行各业，把电能转换为机械能带动各种机械设备。在各类原动机中，电动机容量已超过总容量的60%。所以，作为与电能的生产、输送、分配及使用有关的能量转换装置——电机和变压器，在电力工业、工矿企业、农业、交通运输业、国防及日常生活等各方面都是十分重要的设备。

三、电机的发展简史

1821年，法拉第（Faraday）发现了载流导体在磁场中受力的现象，即电动机作用原理，最初的电动机便产生了。1831年，他又发现了电磁感应定律，在这一定律指导下，很快便出现了直流发电机。之后，直流电机得到迅速发展。随着直流电机的广泛应用，其缺点也日益明显。首先，远距离输电时，为了减小线路损耗，需要提高发电机电压，但高压直流发电机的制造有许多难以克服的困难；其次，单机容量增大后，直流电机的换向也越来越困难。19世纪80年代后，人们的注意力逐渐转向交流电机。

1832年，人们就知道了单相交流发电机，但一直到1889年，才由多利夫-多布罗夫斯基（Doliv-Dobrovsky）提出了三相制的概念，并设计和制造了三相感应电动机。与单相和两相系统相比，三相系统效率高、用铜省，电机性价比、容量体积比和材料利用率都有明显改进，其优越性在1891年建成的从劳芬到法兰克福的三相电力系统中得到了充分体现。直到现在，交流三相制在电力工业中都占据了绝对统治地位。

随着交流电能需求的不断增加，交流发电站的建设迅速发展，至19世纪80年代末期，能直接与发电机连接的高速原动机代替蒸汽机的要求被提了出来。在19世纪90年代，许多电站就装上了单机容量为1000kV·A的汽轮发电机组。此后，三相同步电机的结构逐渐分为高速和低速两类，高速的以汽轮发电机为代表，低速的以水轮发电机为代表。同时，由于大容量和可靠性等原因，几乎所有的制造厂家都采用了励磁绕组旋转（磁极安装在转子上）、电枢绕组静止（线圈嵌放在定子槽中）的结构型式。随着电力系统的逐渐扩大，频率也趋于标准化，但不同地区不同国家标准不同，如欧洲为50Hz，美国为60Hz，日本50Hz和60Hz都有。我国统一标准频率为50Hz。

此外，由于工业应用和交通运输等方面的需要，19世纪90年代前后还发明了将交流变换为直流的旋转变流机，以及具有调速和调频等调节功能的交流换向器电机。

在交流电机理论方面，1893年左右，肯内利（Kennelly）和斯坦梅茨（Steinmetz）开始使用复数和相量来分析交流电路。1894年，海兰德（Heyland）提出的"多相感应电动机和变压器性能的图解确定法"，是感应电机理论研究的第一篇经典性论文。同年，费拉里斯（Ferraris）采用将一个脉振磁场分解为两个大小相等、方向相反的旋转磁场的方法来分析单相感应电动机，这种方法后来被称为双旋转磁场理论。1894年前后，保梯（Potier）和乔治（George）又建立了交轴磁场理论。1899年，布隆代尔（Blondel）在研究同步电动机电枢反应过程中提出了双反应理论，这在后来被发展为研究所有凸极电机的基础。总的说来，到19世纪末，各种交、直流电机的基本类型及基本理论和设计方法，大体上都已经建立起来了。

20世纪是电机发展史上的一个新时期，这个时期工业的高速发展对电机提出了各种新的、更高的要求，而自动化方面的特殊需要又使控制电机和新型、特种电机的发展更为迅速。这个时期，由于对电机内部电磁过程、发热过程及其他物理过程的研究越来越深入，加上材料和冷却技术的不断改进，交、直流电机的单机容量、功率密度和材料利用率都有了显著提高，性能日趋完善。

汽轮发电机方面，1900年，其单机容量不超过5MV·A。到了1920年，转速为3000r/min的汽轮发电机容量已达25MV·A，转速为1000r/min的汽轮发电机容量则达到60MV·A。到1937年，用空气冷却的汽轮发电机容量达到100MV·A。1928年氢气冷却方式首次被用于同步补偿机，1937年推广应用于汽轮发电机后，转速为3000r/min的发电机容量上升到150MV·A。20世纪下半叶，电机冷却技术有了更大的发展，主要表现为直接将气体或液体通入导体内部进行冷却。于是，电机温升不再是限制电机容量的主要因素，单机容量有了更大幅度的提高。1956年，定子导体水内冷、转子导体氢内冷的汽轮发电机容量达到208MV·A，1960年上升到320MW。目前，汽轮发电机的冷却方式还有全水冷（定、转子都采用水内冷，简称双水内冷）、全氢冷以及在定、转子表面辅以氢外冷等多种方式，单机容量可达1200~1700MW。

水轮发电机和电力变压器的发展与此类似。水轮发电机单机容量从20世纪初的不超过1000kW增加到目前的1200MW，电力变压器单台容量也完全能够与最大单机容量的汽轮发电机或水轮发电机匹配，电压等级最高已经达到1200kV。

电机功率密度和材料利用率的提高也可以从电机质量的减轻和尺寸的减小数据体现：小型异步电动机19世纪时每千瓦大于60kg，第一次世界大战后降至每千瓦20kg左右，到20世纪70年代降为每千瓦10kg，电机体积也减小了50%以上，技术进步的作用是显而易见的。

控制电机方面，20世纪30年代末期出现了各种型式的电磁式放大机，如交磁放大机和自激放大机等，是生产过程自动化和遥控技术发展需要的产物。现今多种型式的伺服电机、步进电机、测速发电机、自整角机和旋转变压器等，更是各类自动控制系统和武器装备以及航天器中不可缺少的执行元件、检测元件。

四、我国电机工业发展概况

新中国成立前，我国电机工业极端落后，全国只有少数几个城市有电机制造厂家，而且规模小，设备差，生产能力低下。1947年时，我国发电机年产量只有2万kW，电动机为5.1万kW，交流发电机的单机容量不超过200kW，交流电动机单机容量不超过230kW。

新中国成立后，我国电机制造工业得到迅速发展，经过几十年的努力，在大型交直流电机方面，已经研制成功2×5000kW的直流电动机，4700kW的直流发电机和42MW的同步电动机。2008年，上海电气集团上海电机厂自主研发了2.5万kW的四极异步电动机，提供给广西柳州钢铁公司，填补了国内绿色环保产品的空白。在大型发电设备方面，先后研制出300MW、600MW水氢氢冷汽轮发电机，300MW双水内冷和全氢冷汽轮发电机，1150MW的半转速核能发电机，2013年东方电气集团东方电机有限公司制造了目前世界上单机容量最大的发电机——台山1号1750MW核能发电机；水轮发电机方面，已研制出125MW、250MW、300MW、400MW、550MW的水轮发电机，而目前世界上容量最大的水轮发电机——800MW的水轮发电机也由国内最大的两家电机制造厂家——东方电气集团东方电机有限公司和哈尔滨电气股份有限公司生产出来。图0-1为东方电机有限公司生产的1000MW汽轮发电机内定子和外机座在厂内套装的情形。

图 0-1　东方电机有限公司 1000MW 汽轮发电机内定子和外机座厂内套装

据《2015—2020 年中国火力发电市场评估及投资前景预测报告》，截至 2015 年底，我国发电设备装机容量达到 149000 万 kW，2014 年我国年总发电量为 56495.83 亿 kW·h。预计到 2020 年，中国电力装机容量将突破 20 亿 kW，全社会用电量将超过 6 万亿 kW·h。我国发电装机容量和发电量都已进入世界前列。

随着我国交直流特高压输电技术的发展，电力变压器制造技术得到了飞速发展。特变电工股份有限公司、天威保变电气股份有限公司、西安西电变压器有限公司、山东电力设备制造有限公司等为目前国内最大的几家大型变压器生产企业，均有能力生产电压等级达 1000kV 的电力变压器，四家公司基本平分了国内特高压变压器市场。图 0-2 为天威保变生产的世界首台特高压大容量变压器，变压器容量达 1500MV·A/1000kV。图 0-3 为西安西电变压器有限公司生产的国内容量最大的 720MV·A/

图 0-2　1500MV·A/1000kV 变压器

750kV 三相一体发电机变压器。图 0-4 为山东电力设备制造有限公司生产的 1000kV 单相三绕组强油风冷无励磁调压自耦变压器，单相单体容量 1000MV·A，单柱容量 500MV·A，是目前世界上单柱容量最大、电压等级最高的可用于商业运行的特高压交流联络变压器。

图 0-3　720MV·A/750kV 三相一体发电机变压器

图 0-4 1000kV 单相三绕组强油风冷无励磁调压自耦变压器

在中、小型电机和微型电机方面，已开发研制出上百个系列、上千个品种的各种电机。特殊电机方面，由于永磁材料的出现，制成了许多高效、节能、维护简单的永磁电机。

五、电机学课程的性质、特点及学习方法

"电机学"是电气工程及其自动化专业学生的必修课程，是一门由基础课向专业课过渡的专业基础课程。"电机学"课程的特点是理论性强、概念抽象、专业性特征明显，同时它也是一门涉及学科知识面很广的课程，涉及电路、磁路、发热与冷却、机械、高压与绝缘等方面的知识，学习中要求学生具有较宽的知识面和较强的综合分析问题的能力。

"电机学"课程主要特点有：①电和磁的结合：由于电机是电磁机械转换装置，既涉及电路理论，又涉及磁路理论，因此要求既要有较好的电路理论基础，又要有较扎实的电磁场知识；②非线性系统与运动系统结合：电机、变压器中的主磁路是非线性的，随着磁路饱和程度变化，与之相关的参数都将发生变化，而且电机中的磁场——旋转磁场是运动的，是非线性系统与运动系统结合；③时间和空间结合：不仅有时间相量，还有空间矢量，时空、相矢结合；④相量和复数结合：涉及的数学运算是相量和复数运算。

本书主要结合电机的基本结构，系统阐述各类电机的基本工作原理、电机的运行特性、电机的内部电磁关系和规律，并做定性或定量分析。本书的特点是，内容全面，浅显易懂，简化电机电磁理论，突出新技术和应用，改变传统电机学中大量的定量分析为定性分析，更加注重基本概念和理论的应用，尤其是加强了电机及变压器应用相关的知识，使读者更容易理解和阅读，并且与实际联系更加紧密。

通过对本课程学习，学生应建立并牢固掌握相关的基本概念，熟悉和掌握电机基本理论和基本分析方法，学习分析实际工程问题的思路和方法，并为后续专业课程学习做好准备，打好基础。

总之，电机学课程是理论性、实践性和综合性较强的一门课程，只有重视基本物理概念的理解和掌握，联系工程实际，熟悉数学计算方法，掌握实验技能，理论和实际结合，才能学好本课程。

第一章 磁 路

电机是一种机电能量转换装置，它以电场或磁场作为耦合场，由于磁场在空气中储能密度较电场大，所以绝大多数电机以磁场为耦合场，以电磁感应作用来实现机电能量的转换。电机中磁场的强弱和分布，不仅关系到电机的性能，还决定了电机的体积和重量，因此，掌握磁场的分析和计算对认识电机非常重要。本章首先复习磁场中的几个基本物理量，然后介绍常用的铁磁材料及性质、基本电磁定律和磁路的基本定律，最后，简单介绍了能量守恒定律。

第一节 磁场的几个基本物理量

一、磁感应强度

磁感应强度（magnetic induction intensity）又叫磁通密度（magnetic flux density），它是表示磁场内某点磁场强弱的物理量，是表征磁场特性的基本场量。其大小是通过垂直于磁场方向单位面积的磁力线数目，符号为 B。

磁感应强度 B 的单位在国际单位制（SI）中是特斯拉（teslas），简称特，符号为 T，在电磁单位制（CGS）中为高斯（gauss），简称高，符号为 Gs（系非法定计量单位）。两者的关系为 $1T = 10^4 Gs$。

二、磁通

在磁场中，穿过任一面积的磁力线总量称为该截面的磁通量，简称磁通（magnetic flux），符号为 Φ。

均匀磁场中，磁通等于磁感应强度 B 与垂直于磁场方向的面积 S 的乘积

$$\Phi = BS \tag{1-1}$$

磁通是一个标量，它的单位在国际单位制中为韦伯（weber），简称韦，符号为 Wb，在电磁单位制中磁通的单位为麦克斯韦，简称麦，符号为 Mx（系非法定计量单位）。$1Mx = 1Wb$。

均匀磁场中，磁感应强度可以表示为单位面积上的磁通，由式（1-1）可得

$$B = \frac{\Phi}{S} \tag{1-2}$$

所以磁感应强度也称为磁通密度。

三、磁导率

磁导率（magnetic permeability）是表示物质导磁性能的参数，用符号 μ 表示，单位是亨每米（H/m）。

真空中的磁导率（permeability of free space）一般用 μ_0 表示，$\mu_0 = 4\pi \times 10^{-7} H/m$。空气、铜、铝和绝缘材料等非铁磁材料（nonferromagnetic material）的磁导率和真空磁导率大

致相同，而铁、镍、钴等铁磁材料（ferromagnetic material）及其合金的磁导率比真空磁导率 μ_0 大很多，为 $10\sim10^5$ 倍。

把物质磁导率与真空磁导率的比值定义为相对磁导率（relative permeability），用符号 μ_r 表示，则铁磁材料的磁导率可表示为

$$\mu = \mu_r \mu_0 \tag{1-3}$$

相对磁导率是一个无量纲的参数。非铁磁材料的相对磁导率 μ_r 接近于 1，而铁磁材料的 μ_r 远远大于 1。电机和变压器中所使用的铁磁材料相对磁导率一般在 2000~80000。

四、磁场强度

在各向同性的媒质中，磁场中某点的磁感应强度与该点磁导率的比值定义为该点的磁场强度（magnetic field intensity），用符号 H 表示，即

$$H = \frac{B}{\mu} \tag{1-4}$$

磁场强度只与产生磁场的电流及电流的分布有关，与磁介质的磁导率无关，单位为安每米（A/m）。磁场强度概念的引入只是为了简化计算，没有物理意义。

第二节 常用铁磁材料及其特性

物质按其磁化效应可分为铁磁材料和非铁磁材料两大类。非铁磁材料，如空气、铜、铝、橡胶等，它们的磁导率与真空磁导率接近，工程计算时近似认为相等。铁磁材料是由铁磁物质构成，主要有铁、镍、钴及其合金等。铁磁材料的磁导率比真空大很多。

在电机和变压器中，要求在一定的励磁电流下产生较强的磁场，以减小其体积和重量，所以电机和变压器铁心都采用磁导率较高的铁磁材料制成。下面对铁磁材料的性能和特性进行简单介绍。

一、铁磁材料的磁化

铁磁材料可看做由无数小的磁畴（magnetic domain）组成，如图 1-1a 所示，图中，磁畴用一些小的磁铁表示出来。铁磁材料在不受外磁场作用时，这些磁畴杂乱无章排列，其磁效应相互抵消，对外不显磁性。当铁磁材料受到外磁场作用时，磁畴在外磁场作用下，轴线趋于一致，如图 1-1b 所示，内部形成一附加磁场，叠加在外磁场上，使合成磁场大为增强。铁磁材料这种在外磁场作用下呈现很强的磁性的现象，叫铁磁材料的磁化。

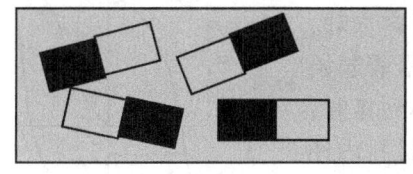
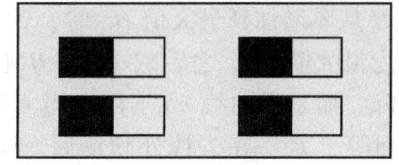

a) 未磁化前　　　　　　　　　b) 磁化后

图 1-1　铁磁材料的磁化

正是由于铁磁材料具有磁化特性，才使其磁导率较非铁磁材料大得多。所以，磁化是铁

磁材料的重要特性之一。

二、磁化曲线和磁滞回线

铁磁材料的磁化特性可用磁化曲线（magnetization curve）来表示。所谓磁化曲线，它是表示磁场强度 H 与磁通密度 B 之间关系的特性曲线。

对于空气等非铁磁材料，磁通密度 B 与磁场强度 H 之间呈线性关系，即磁化曲线为一直线，如图1-2中虚线所示，直线的斜率就等于 μ_0。下面讨论铁磁材料的磁化曲线。

1. 起始磁化曲线

对尚未磁化的铁磁材料进行磁化，磁场强度 H 从零开始逐渐增大，磁通密度 B 也从 0 开始逐渐增加，曲线 $B=f(H)$ 就称为铁磁材料的起始磁化曲线，如图1-2所示。

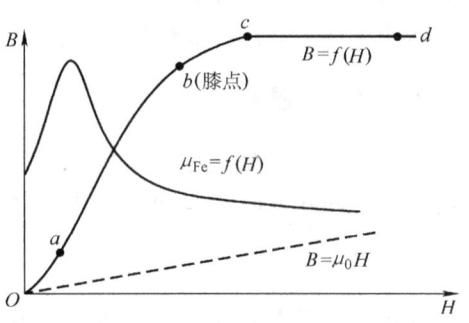

图1-2 铁磁材料的起始磁化曲线

从图1-2可见，起始磁化曲线大致可分为4段。第1段：图中 Oa 段，这一段 H 从 0 开始增加，值较小，即外磁场较弱，磁通密度增加得不快，此阶段材料磁导率较小。第2段：图中 ab 段，这一段中随着外磁场的增强，材料内部大量磁畴开始转向，趋向于与外磁场方向一致，所以磁通密度 B 增加很快，B 与 H 近似为线性关系，磁导率很大且基本不变。第3段：图中 bc 段，随着外磁场继续增强，大部分磁畴已趋向外磁场方向，可转向的磁畴越来越少，磁通密度 B 增加越来越少，磁导率随 H 的增大反而减小，这种随着磁场强度 H 增加，而磁通密度 B 增加很小的现象称为磁饱和（magnetic saturation）现象，通常称为饱和。第4段：图中 cd 段，在这一段中，虽然外磁场继续增强，但磁通密度改变很小，其磁化曲线基本上与非铁磁材料的 $B=\mu_0 H$ 特性曲线平行。

所以，铁磁材料的起始磁化曲线与非铁磁材料的不同，它是非线性的，在不同的磁通密度下有不同的磁导率，即 $\mu_{Fe}=B/H$ 随 H 大小变化而变化，如图1-2中的曲线 μ_{Fe}。

在电机和变压器设计中，为了产生较强的磁场，希望铁磁材料有较高的磁导率，而励磁磁动势又不能太大，所以设计时通常把磁通密度选在图1-2中的 b 点附近，该点为磁化曲线的拐弯处，称为膝点。

2. 磁滞回线

若铁磁材料处于交变的磁场中，将进行周期性磁化，此时 B 和 H 之间的关系变为如图1-3所示的磁滞回线。当磁场强度 H 从零增加到最大值 H_m 时，铁磁材料饱和，磁通密度也为最大值 B_m；之后减小 H，B 不是沿着起始磁化曲线下降，而是沿曲线 ab 下降；当 H 减小到零时，B 不是零，而等于 B_r。在去掉外磁场后，铁磁材料内还保留磁通密度 B_r，把这时的磁通密度叫做剩余磁通密度，简称剩磁（residual magnetism）。而这种磁通密度 B 的变化落后于磁场强度 H 的变化的现象，叫磁滞（magnetic hysteresis）现象。要想使剩磁为零，必须对材料进行反向

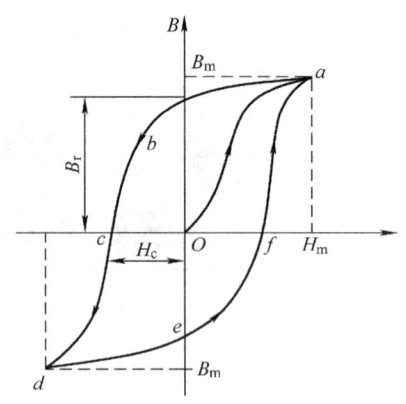

图1-3 铁磁材料的磁滞回线

磁化，即加上相应的反向磁场。当反向磁场 H 为 $-H_c$ 时，磁通密度 B 降为零，此时的磁场强度 H_c 称为矫顽力（coercive force）。剩磁 B_r 和矫顽力 H_c 是铁磁材料的两个重要参数。

磁滞现象是铁磁材料的又一个重要特性。由于存在磁滞现象，当对称交变的磁场强度在 $+H_m$ 和 $-H_m$ 之间变化，对铁磁材料反复磁化时，得到如图 1-3 所示的近似对称于原点的 B—H 闭合曲线 a—b—c—d—e—f—a，称为磁滞回线。

3. 基本磁化曲线

对同一铁磁材料，选择不同的磁场强度 H_m 值的对称交变磁场进行反复磁化，可得到一系列磁滞回线，如图 1-4 所示，将各磁滞回线在第 I、III 象限的顶点连接起来，所得到的曲线称为基本磁化曲线（normal magnetization curve），基本磁化曲线一般只使用第 I 象限。

基本磁化曲线不是起始磁化曲线，但与起始磁化曲线差别不大。对一定的铁磁材料，基本磁化曲线是比较固定的。直流磁路计算时，所用的磁化曲线都是基本磁化曲线。

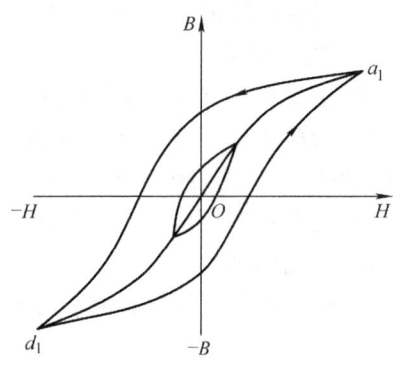

图 1-4 基本磁化曲线

三、铁磁材料的分类

按照磁滞回线形状的不同，铁磁材料可分为两大类：软磁材料和硬磁（永磁）材料。

磁滞回线窄，剩磁 B_r 和矫顽力 H_c 都小的材料称为软磁材料（soft magnetic material），其磁滞回线如图 1-5 所示。常用的软磁材料有纯铁、铸铁、铸钢、电工钢、硅钢等。这类材料的磁滞现象不明显，没有外磁场时磁性基本消失，磁导率高，常用于电机和变压器铁心制造。

磁滞回线宽，剩磁 B_r 和矫顽力 H_c 都大的材料称为硬磁材料（hard magnetic material），其磁滞回线如图 1-6 所示。常用的硬磁材料有铁氧体、铝镍钴、稀土合金等。这类材料在被磁化后，剩磁较大且不容易消失，适合于制作永磁体（parmanent magnet），因此又称为永磁材料。有的电机采用永磁体来产生磁场，这类电机称为永磁电机（parmanent magnetic machine），近年来众多的专家学者在永磁电机发展方面做了许多工作。

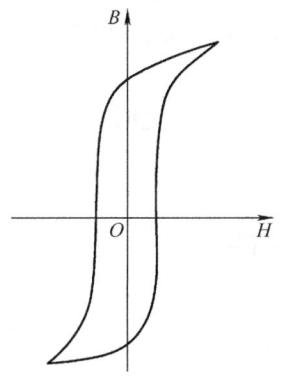

图 1-5 软磁材料的磁滞回线

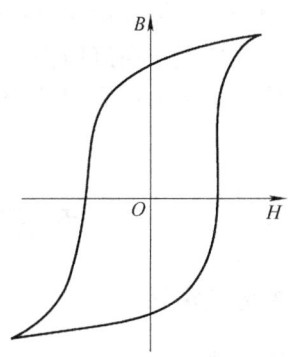

图 1-6 硬磁材料的磁滞回线

四、铁磁材料的铁损耗

带铁心的交流线圈中，除了线圈电阻上的功率损耗（铜损耗，简称铜耗）外，由于其铁心处于反复磁化下，铁心中也将产生功率损耗，以发热的方式表现出来，称为铁磁损耗，简称铁耗（iron loss）。

铁耗有磁滞损耗和涡流损耗两部分。

1. 磁滞损耗

铁磁材料在交变磁场作用下，正反方向反复磁化，材料内部磁畴在不断运动过程中相互摩擦，消耗能量，引起材料发热，消耗功率，这种损耗称为磁滞损耗（hysteresis loss）。磁滞损耗的大小与磁滞回线的面积、磁场交变的频率 f 和铁磁材料的体积 V 有关。而磁滞回线的面积又由铁磁材料决定，磁滞回线面积越大，B_m 也越大，磁滞损耗越大。交变磁场频率越高，损耗也越大。

工程计算时，计算磁滞损耗常用如下经验公式：

$$p_h = C_h f B_m^n V \tag{1-5}$$

式中，C_h 为材料的磁滞损耗系数，与材料有关；n 由试验确定，对一般电工钢片取 $n = 1.6 \sim 2.3$；V 为铁磁材料的体积。

由于硅钢片磁滞回线面积较小，所以电机和变压器铁心常用硅钢片叠成，可以减小磁滞损耗。

2. 涡流损耗

由于铁磁材料也是导电体，在交变的磁场作用下，变化的磁通在铁心中感应电动势并产生电流，这些电流在铁心内部环绕磁通呈旋涡状流动，称为涡流（eddy current）。涡流在其流经路径的等效电阻上产生损耗，叫涡流损耗（eddy current loss）。涡流损耗的大小与磁通密度、磁场变化频率、垂直于磁场方向上材料的厚度及材料电阻率有关。

工程计算时，对于硅钢片叠成的铁心，常用如下经验公式计算：

$$p_e = C_e \Delta^2 f^2 B_m^2 V \tag{1-6}$$

式中，C_e 为材料的涡流损耗系数，其大小决定于材料的电阻率；Δ 为硅钢片的厚度。

为了减小材料的涡流损耗，应尽量减小材料的厚度和增加涡流回路的电阻。所以，电机和变压器铁心大都采用含硅量较高的薄硅钢片（0.35~0.5mm）叠成。因为硅钢导磁性能好，磁滞回线面积小，磁滞损耗小；而掺入硅后，材料电导率增大，回路电阻减小，加之厚度很小，可以有效地减小涡流损耗。

铁磁材料中，磁滞损耗和涡流损耗总是同时存在的，计算铁耗时，必须同时考虑两种损耗。

第三节　基本电磁定律

一、电磁感应定律

1. 电磁感应定律

金属导线通过绕在卷轴等物体上而形成的螺旋形或圆环形物体，用于产生电磁效应或提供电抗，称为线圈（coil），如果卷轴等物体为铁磁材料，则为铁心线圈，导线绕的圈数称为线圈匝数（turns）。大量的实验证实：当穿过某一闭合导体回路的磁通发生变化（无论是何种原因变化）时，在导体回路中就会产生电流，这种现象称为电磁感应（electromotive induction）现象，产生的电流称为感应电流。如果是穿过线圈的磁通发生变化，线圈的匝数为N，则线圈中感应电动势的大小与线圈匝数成正比，与单位时间内磁通量的变化率成正比，可用下式表示：

$$e = -\frac{d\Psi}{dt} = -N\frac{d\Phi}{dt} \tag{1-7}$$

式中，Ψ为穿过整个线圈的磁链（flux linkage），$\Psi = N\Phi$。

感应电动势的方向决定于感应电动势在线圈中产生的电流方向，该电流所产生的磁场总是阻碍原来产生感应电动势的磁场的变化。

2. 变压器电动势

若线圈与磁场处于相对静止，线圈中的感应电动势是由于与线圈相交链的磁通量本身随时间变化而产生的，这种感应电动势称为变压器电动势。变压器电动势可表示为

$$e = -\frac{d\Psi}{dt} = -N\frac{d\Phi}{dt} \tag{1-8}$$

3. 运动电动势

如果磁场是恒定的（如直流励磁），线圈与恒定磁场之间在正交方向上发生相对运动，或是线圈不动，磁场沿线圈垂直方向运动，或是磁场不动，线圈沿磁场垂直方向运动，引起和线圈相交链的磁通量发生变化，也会产生感应电动势，这样的电动势称为运动电动势。运动电动势可表示为

$$e = Blv \tag{1-9}$$

式中，l为线圈边在磁场中的有效长度；v为线圈导体沿磁场垂直方向的运动速度（m/s）。

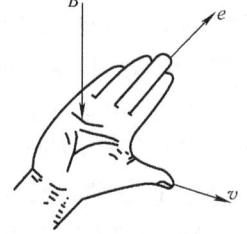

图1-7 右手定则

运动电动势的方向由右手定则（right-hand rule）确定，如图1-7所示。

4. 自感电动势和互感电动势

（1）自感电动势

当线圈中有电流通过时，会产生与线圈自身交链的磁通Φ_L。如果线圈中的电流随时间变化，根据电磁感应定律，变化的磁通Φ_L将在线圈中感应电动势，这种由于线圈自身电流变化而引起的感应电动势，叫做自感电动势，用符号e_L表示，可得

$$e_L = -N\frac{d\Phi_L}{dt} = -N\frac{d\psi_L}{dt} \tag{1-10}$$

如果线圈为空心线圈，由于空心线圈组成的磁路无饱和现象，磁导率为常数，则线圈的自感磁链与产生它的励磁电流I成正比，有

$$\psi_L = Li \tag{1-11}$$

式中，L为比例常数，称为线圈的自感系数，简称自感（inductance），单位为亨（henry），符号为H，于是自感电动势可表示为

$$e_L = -N\frac{d\psi_L}{dt} = -L\frac{di}{dt} \tag{1-12}$$

上式表明,自感电动势与线圈内电流变化率成正比。

自感系数 L 等于单位电流所产生的磁链,即 $L = \psi_L / i$,而磁链 $\psi_L = N\Phi_L$,根据磁路欧姆定律(参考本章第四节)有磁通量 $\Phi_L = \dfrac{Ni}{R_{mL}}$,这里 R_{mL} 为自感磁通所经过路径的磁阻,所以

$$L = \frac{\psi_L}{i} = \frac{N\Phi_L}{i} = \frac{N\dfrac{Ni}{R_{mL}}}{i} = N^2 \Lambda_L \tag{1-13}$$

上式中,Λ_L 是自感磁通所经路径的磁导,它与磁阻的关系为 $\Lambda_L = \dfrac{1}{R_{mL}}$。式(1-13)表明,线圈自感 L 与线圈匝数 N 的二次方成正比,与磁通所经过磁路的磁导成正比,所以自感的单位也为韦伯·匝/安培。由于铁磁材料的磁导率远远大于空气的磁导率,因此铁心线圈的自感较空心线圈的大得多。又因为铁磁材料有饱和性,其磁导率不是常数,所以铁心线圈的自感也不是常数,随着磁路饱和程度的增加,磁导率下降,线圈自感也减小。

(2)互感电动势

假定线圈 1 右边放置有线圈 2,如图 1-8 所示。线圈 1 中有电流 i_1 流过时,它将产生磁通,其中一部分只交链线圈 1 本身,为 Φ_{11},另一部分将交链线圈 2,为 Φ_{12}。当电流 i_1 随时间变化,则所产生的磁通 Φ_{11} 和 Φ_{12} 也随时间变化,变化的磁通分别在线圈 1 和 2 中产生感应电动势。由前文可知,在线圈 1 中产生的电动势为自感电动势,在线圈 2 中感应的电动势称为互感电动势,用 e_{M12} 表示,e_{M12} 表示线圈 1 中的电流变化在线圈 2 中的互感电动势,大小为

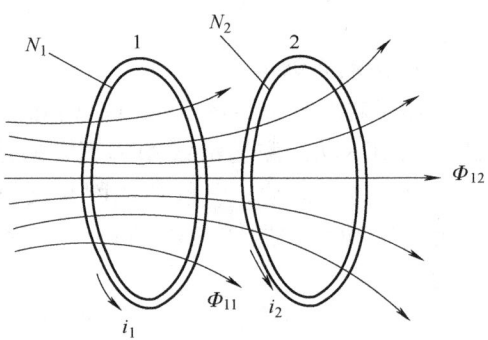

图 1-8 互感磁通和互感电动势

$$e_{M12} = -\frac{d\psi_{12}}{dt} = -N_2 \frac{d\Phi_{12}}{dt} \tag{1-14}$$

如果线圈为空心线圈,则 i_1 越大,由 i_1 产生并穿过线圈 2 的互感磁链也越大,所以互感磁链与产生它的电流成正比,即

$$\psi_{12} = M_{12} i_1 \tag{1-15}$$

式中,M_{12} 为比例系数,称为线圈 1 和线圈 2 的互感系数,简称互感,单位也为亨。

互感电动势 e_{M12} 可以用互感系数表示为

$$e_{M12} = -M_{12} \frac{di_1}{dt} \tag{1-16}$$

同理,线圈 2 中通过电流 i_2,当 i_2 随时间变化时,也会在线圈 1 中产生互感电动势,即

$$e_{M21} = -\frac{d\psi_{21}}{dt} = -N_1 \frac{d\Phi_{21}}{dt} = -M_{21} \frac{di_2}{dt} \tag{1-17}$$

由于互感 M_{12} 等于线圈 1 中通以单位电流时穿过线圈 2 的互感磁链值,即

$$M_{12} = \frac{\psi_{12}}{i_1} = \frac{N_2 \Phi_{12}}{i_1} = \frac{N_2 \frac{N_1 i_1}{R_{M12}}}{i_1} = N_1 N_2 \Lambda_{M12} \qquad (1\text{-}18)$$

式中，Λ_{M12} 是互感磁通所经过路径的磁导。

所以，互感与两个线圈匝数的乘积成正比，与磁路的磁导成正比。同理，有

$$M_{21} = \frac{\psi_{21}}{i_2} = \frac{N_1 \Phi_{21}}{i_2} = \frac{N_1 \frac{N_2 i_2}{R_{M21}}}{i_2} = N_1 N_2 \Lambda_{M21} \qquad (1\text{-}19)$$

由于 $\Lambda_{M21} = \Lambda_{M12}$，所以有 $M_{M21} = M_{M12} = M$，可见两个线圈之间的互感是可逆的。

二、电磁力定律

实验表明，载流导体在磁场中将要受到力的作用，由于这种力是磁场和载流导体相互作用产生的，所以称为电磁力。若磁场与导体垂直，则作用在导体上的电磁力为

$$f = Bli \qquad (1\text{-}20)$$

式中，l 为导体在磁场中的长度；i 为导体中的电流。

电磁力的方向通过左手定则确定，如图 1-9 所示。

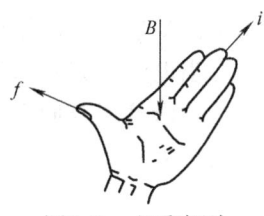

图 1-9　左手定则

第四节　磁路基本定律

电机和变压器都是利用磁场作为介质来实现能量变换的装置，在电机学和一般的工程分析中，通常将电机和变压器中复杂的电磁场问题进行简化，用磁路和等效电路的方法来分析。

一、磁路的概念

磁通所通过的路径称为磁路（magnetic circuit）。图 1-10 所示为两种常见的磁路，其中，图（1-10a）为变压器磁路，图（1-10b）为直流电机磁路。

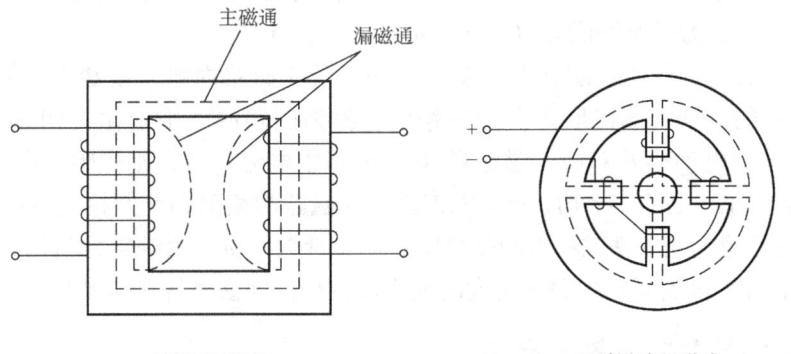

a) 变压器磁路　　　　　　　　b) 直流电机磁路

图 1-10　两种常见的磁路

电机和变压器中，常把线圈套装在铁心上。当线圈内有电流流过时，线圈周围（包括铁心内外）形成磁场。由于铁心导磁性能比空气好得多，因此，大部分磁通在铁心内部通

过,称为主磁通,相应的路径为主磁路;少量的磁通经过部分铁心和空气而闭合,这部分磁通称为漏磁通(leakage flux),漏磁通经过的路径为漏磁路。

用来产生磁通的电流叫励磁电流(exciting current,也称激磁电流)。根据励磁电流的性质不同,磁路又可分为直流磁路和交流磁路。图1-10a为交流磁路,b为直流磁路。

二、安培环路定律

安培环路定律(Ampere circuital theorem)又称为全电流定律,即在磁路中,沿任一闭合路径,磁场强度矢量的线积分 $\oint_L H \cdot dl$ 等于该闭合回路所包围电流的代数和,用公式表示为

$$\oint_L H \cdot dl = \sum i = Ni \tag{1-21}$$

式中,N 为闭合路径所交链的线圈匝数。

当电流的方向与闭合路径的环形方向符合右手螺旋定则时,电流 i 取正号,否则取负号。若沿着闭合回路,磁场强度 H 的方向总在切线方向,且大小处处相等,则式(1-21)可表示为

$$Hl = Ni \tag{1-22}$$

三、磁路的欧姆定律

由于磁场强度等于磁通密度除以磁导率,即 $H = B/\mu$,且在均匀磁场中有磁通密度 $B = \Phi/S$,所以式(1-22)可表示为

$$Hl = \frac{B}{\mu}l = \frac{\Phi}{\mu S}l = \Phi \frac{l}{\mu S} = \Phi R_m \tag{1-23}$$

或

$$F = Ni = Hl = \Phi R_m = \frac{\Phi}{\Lambda_m} \tag{1-24}$$

式中,F 为作用在铁心磁路上的安匝数(ampere-turns),$F = Ni$,称为磁路的磁动势(magnetomotive force),它是磁路中产生磁通的根源,简称磁动势;R_m 为磁路的磁阻,$R_m = l/(\mu S)$(A/Wb);Λ_m 为磁路的磁导(permeance),$\Lambda_m = 1/R_m$。

式(1-24)表明,作用在磁路上的总磁动势 F 等于磁路内磁通量 Φ 与磁路磁阻 R_m 的乘积,它与电路中的欧姆定律在形式上十分相似,称为磁路的欧姆定律(Ohm's law)。其中,磁动势 F 与电路中电动势 E 对应,磁通量 Φ 与电路中电流对应,则磁阻与电路中电阻对应。

磁阻 R_m 的大小与磁路的平均长度 l 成正比,与磁路的截面积 S 及构成磁路材料的磁导率 μ 成反比。值得注意的是,铁磁材料的磁导率 μ 不是常数,所以由铁磁材料构成的磁路,其磁阻也不是常数,而是随着磁路中磁通密度的大小而变化,即铁磁材料的磁路具有非线性。

四、磁路的基尔霍夫第一定律

如果铁心不是一个简单的闭合回路,而是带有并联分支的分支磁路,从而形成了磁路的节点。当忽略漏磁通时,在磁路中任何一个节点处,磁通的代数和恒等于零,即

$$\sum \Phi = 0 \tag{1-25}$$

式(1-25)与电路的基尔霍夫第一定律 $\sum i = 0$ 形式上相似,称为磁路的基尔霍夫第一定律,也叫磁通连续性定律。此定律表明:穿出(或进入)任一闭合面的总磁通恒等于零(或者说,进入任一闭合面的磁通量恒等于穿出该闭合面的磁通量)。

如图1-11所示,当中间铁心柱上加有磁动势 F 时,磁通的路径如图所示。如令进入闭合面 A 的磁通为负,穿出闭合面的磁通为正,则有

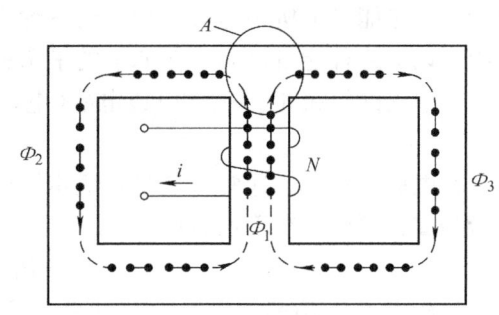

图1-11 磁路的基尔霍夫第一定律

$$-\Phi_1 + \Phi_2 + \Phi_3 = 0$$

五、磁路的基尔霍夫第二定律

工程上遇到的磁路并不都是采用同一种铁磁材料构成,磁路中可能含有气隙,各处的截面积也不一定相同,比如电机和变压器的磁路总是由数段不同截面和不同铁磁材料的铁心组成。磁路计算时,总是把整个磁路分成若干段,每段为同一材料和相同截面积,且各段内磁通密度处处相等,从而磁场强度也处处相等。如图1-12所示,磁路由3段组成,其中两段为截面积不同的铁磁材料,第三段为气隙。若铁心上的磁动势 $F = Ni$,根据安培环路定律,有

$$Ni = \sum_{k=1}^{3} H_k l_k = H_1 l_1 + H_2 l_2 + H_\delta \delta \quad (1-26)$$

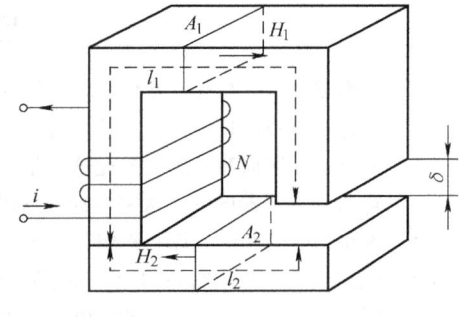

图1-12 磁路的基尔霍夫第二定律

或

$$\sum Ni = \sum Hl \quad (1-27)$$

式(1-27)表明:在磁场中的任何一个闭合回路中,磁压降的代数和等于磁动势的代数和,磁场的方向与回路环行方向一致时,Hl 符号为正,否则为负;电流的方向与回路环行方向符合右手螺旋定则时,Ni 符号为正,否则为负。可以看出,此公式与电路的 $\sum E = \sum U$ 形式上相似,所以式(1-27)称为磁路的基尔霍夫第二定律。

值得注意的是,磁路定律和电路定律只是在形式上的相似,它们的物理本质是不同的。

第五节 能量守恒定律

电机和变压器在进行机电能量转换或不同形式电能变换过程中,都遵守能量守恒定律,能量既不能凭空产生,也不会凭空消失,即

输入能量 = 输出能量 + 内部损耗

电机在运行过程中存在4种形式的能量,即电能、机械能、磁场能、热能。其中,电能和机械能是电机的输入或输出能量,磁场能量是储存在电机磁场(主要是气隙磁场)中的

能量，而热能是电机在运行过程中的各种损耗转换而来的。根据能量守恒定律，电机运行过程中，以上4种能量之间存在如下的平衡关系：

输入的机械能（发电机）或电能（电动机）= 磁场储能 + 热能 + 输出的电能（发电机）或机械能（电动机）

在电机分析中，通常将能量守恒定律用功率平衡方程式来表示。电机稳态时，磁场储能增量为零，因此功率平衡方程式为

$$P_1 = P_2 + \sum p \tag{1-28}$$

式中，P_1 为输入功率；P_2 为输出功率；$\sum p$ 为各种损耗之和。

本 章 小 结

本章对磁场及磁路的相关基础知识进行了复习，应重点掌握线圈电感的物理意义及影响电感大小的因素。电感反映的是线圈及磁路的情况，由线圈匝数和磁路的磁阻决定，与流过线圈的电流大小无关。尤其要注意，带有铁心的线圈，由于铁磁材料有饱和性，其磁路的磁阻不是常数，随磁路饱和程度增加而增大，则线圈电感随磁路饱和程度的增加而减小。这个概念将贯穿于整个电机学学习过程中。

思考题及习题

1-1 基本磁化曲线与起始磁化曲线有何区别？磁路计算时通常采用的是哪一种磁化曲线？

1-2 什么是软磁材料？什么是硬磁材料？各有什么特点？

1-3 铁心中磁滞损耗和涡流损耗分别是什么原因引起的？它们的大小与哪些因素有关？

1-4 电机和变压器的铁心常采用什么材料制成，这种材料有哪些主要特点？

1-5 磁路的磁阻如何计算？磁阻的单位是什么？

1-6 试比较磁路和电路的相似点和不同点。

1-7 对于直流铁心线圈，当外加电压大小不变而铁心磁路中的气隙增大时，磁路磁通、线圈电感、线圈电流将如何变化？对于交流铁心线圈，当外加电压大小不变而铁心磁路中的气隙增大时，磁路磁通、线圈电感、线圈电流将如何变化？

1-8 有两个匝数相等的线圈，一个绕在闭合铁心上，一个绕在木质材料上，哪一个的自感系数大？哪一个的自感系数是常数？它们分别是常量还是变量？自感系数的大小受哪些因数影响？

1-9 如图1-13所示，铁心截面积 $S_{Fe} = 12.25 \times 10^{-4} m^2$，铁心的平均长度 $l_{Fe} = 0.4m$，铁心磁导率 $\mu_{Fe} = 5000\mu_0$，空气隙长度 $\delta = 0.5 \times 10^{-3} m$，线圈匝数 $N = 600$ 匝，试求产生磁通 $\Phi = 11 \times 10^{-4} Wb$ 时所需的励磁磁动势和励磁电流。

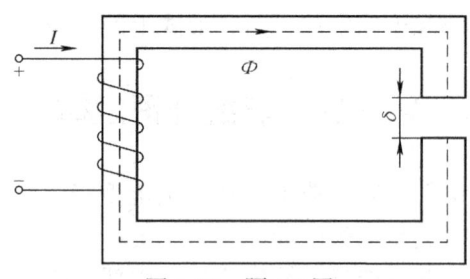

图1-13 题1-9图

变压器篇

变压器（transformer）是利用电磁感应原理工作的一种静止电器，其最主要的部件是绕组和铁心。变压器工作时，接交流电源的绕组为一次绕组，吸收电能；接负载的绕组为二次绕组，输出电能。一次和二次绕组具有不同的匝数，绕在同一铁心上，通过电磁感应作用，将一次绕组的电能传递到二次绕组，并使一次和二次绕组具有不同的电压和电流。

变压器的种类很多，用途也非常广泛。本篇主要研究电力系统中供输配电用的双绕组电力变压器的基本结构、工作原理、特性等，并对变压器的并联运行、不对称运行、瞬变过程等进行了分析，最后对自耦变压器、三绕组变压器及其他用途变压器作了简单介绍。

第二章 变压器的类型和基本结构

第一节 变压器的用途和分类

一、变压器的用途

变压器是一种静止的电能变换装置，它利用电磁感应作用，把一种形式的交流电能转换为另一种形式的同频率的交流电能。变压器只能对交流电的电压、电流进行变换，而不能改变交流电的频率。

变压器的应用范围非常广泛，凡是有电能应用的场合都会有变压器，所以变压器的生产和使用都具有重要意义。

1. 在电力系统中的应用

变压器主要应用于电力系统中。为了把发电厂发出的电能经济地输送到远距离的各用户区，电力系统采用高压输电方式。众所周知，发电机发出的电压不可能太高，一般为10.5~30kV，要想把发电机发出的大功率电能直接输送到很远的用电区，几乎是不可能的。因为，低压大电流输电产生很大的线路损耗和线路压降，同时所需输电导线截面积增大，输电成本增加。而采用高压输电方式，可以减小线路电流，从而减小线路损耗和线路压降，降低输电成本。输电距离越远，输送的功率越大，所需要的输电电压等级也越高。近年来，我国输电系统大力发展高压输电和超高压输电，交流输电方面，2007年我国第一条750kV交流线路投入运行，2008年底特高压交流1000kV示范工程线路投入试运行；直流输电方面，葛洲坝到上海的±500kV线路于1989年建成投运，云南至广州的±800kV线路于2009年投运，±1000kV的高压直流输电线路即将开建。

发电厂发出的电能传送到用户的过程是：发电机发出的交流电通过升压变压器升压到100~1000kV后，经高压输电线路到达用电地区，通过降压变压器将电压降低，一般降低为10kV，再送到各用户供使用。而各用电设备所需要的电压等级也不尽相同，如大型动力设备需要 10kV、6kV 电压，而小型动力设备和照明设备一般是 380V 和 220V，所以还需要各种电压等级的降压变压器将电压变换为用户所需的电压等级。

总之，变压器在电力系统中应用随处可见，电力系统离不开各种变压器。

2. 其他用途

变压器除应用于电力系统外，还可用于其他各种场合。如用于整流设备、电炉、高压试验装置和煤矿井下、交通运输等的特种变压器，用于交流电能测量的各种仪用互感器，实验室中使用的调压器，还有用于各种电子仪器和控制装置的控制变压器等。

二、变压器的分类

为了适应不同的使用目的和工作条件，变压器有很多种类型，且各种类型变压器在结构和性能上差异也较大。

一般来说，变压器可按照其用途、结构、相数、冷却方式和冷却介质来进行分类。

按用途分主要有：电力变压器（power transformer）、调压器（voltage regulator）、仪用互感器（instrument transformer）、特种用途变压器等。

按相数分主要有：单相变压器和三相变压器。

按绕组数目分主要有：自耦变压器（autotransformers）、双绕组变压器和三绕组变压器。

根据铁心结构不同，变压器可分为：心式变压器和壳式变压器。

按冷却介质和冷却方式，变压器可分为：空气冷却的干式变压器、以油为冷却介质的油浸式变压器和以气体为冷却介质的气体变压器。

第二节　变压器的基本结构

目前油浸式变压器是生产量最大、用途最广的一种变压器，这里介绍油浸式变压器的结构。

油浸式变压器的铁心和绕组均放在盛满变压器油的油箱中，各绕组通过绝缘套管引至油箱外，以便与外电路连接。图 2-1 所示为油浸式变压器的外形。

变压器的主要构成部分有：铁心、绕组、变压器油、油箱及附件、绝缘套管等。铁心和绕组是变压器主要部件，称为器身；油箱作为变压器的外壳，起冷却、散热和保护作用；变压器油既起冷却的作用，也起

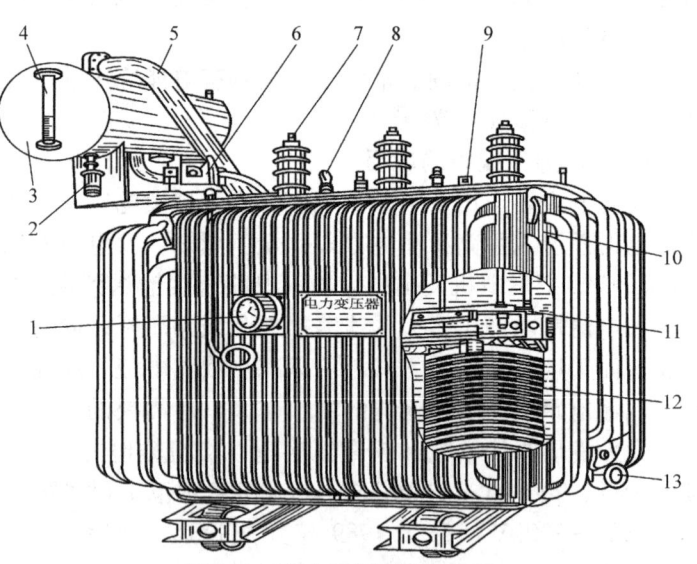

图 2-1　油浸式变压器的外形
1—信号式温度计　2—吸湿器　3—储油柜　4—油位计
5—安全气道　6—气体继电器　7—高压绝缘套管
8—低压绝缘套管　9—分接开关　10—油箱
11—铁心　12—线圈及绝缘　13—放油阀

绝缘介质作用；绝缘套管主要起绝缘作用。下面对变压器各主要部件进行简要介绍。

一、铁心

1. 铁心材料

铁心（core）是变压器中导磁的主磁路，也是套装绕组的机械骨架。铁心采用磁导率高，磁滞和涡流损耗小的软磁材料制成。变压器发展初期，采用普通铁片作为铁心材料，以后开发出热轧磁性钢片作为铁心材料。1934年高斯发明了冷轧晶粒取向硅钢片，逐渐取代了热轧硅钢片。1968年，日本新日铁公司首先开发出高导磁的硅钢片——Hi-B晶粒取向硅钢片，其单位损耗和励磁安匝数都较普通晶粒取向硅钢片小，因此被广泛采用。20世纪80年代，磁畴细化（通过激光照射或机械压痕方法）的更低损耗的硅钢片问世。硅钢片的最主要性能是单位质量的损耗和材料的磁导率。冷轧晶粒取向硅钢片的损耗比热轧硅钢片有很大的降低，所以目前电力变压器几乎全部采用冷轧晶粒取向硅钢片作为铁心材料。

非晶合金是继冷轧晶粒取向硅钢片之后的又一种铁心材料，它的特点是磁导率高，空载电流和空载损耗比取向硅钢片大大降低。在20世纪60年代中期，国外已经开始研究非晶材料，1974年开始应用于变压器铁心，美国GE公司最早用非晶合金制造了25kV·A变压器，现已有2500kV·A的非晶合金铁心变压器。但是，由于非晶合金饱和磁通密度低，厚度薄，加工困难，材料价格较高，所以在大容量变压器制造中还未大量使用。

目前变压器铁心大部分由厚度为0.15～0.35mm的冷轧硅钢片叠压而成，硅钢片中含硅量大约在4%。硅钢片表面一般都覆有一层具有较高电气绝缘性的绝缘膜，绝缘膜具有极高的绝缘电阻和良好的机械特性。据资料统计数据，发达国家变压器铁耗占总发电量的4%左右，所以降低变压器铁耗是提高电网效率的重要措施。降低铁耗主要通过增大硅钢片的含硅量和减小硅钢片的厚度实现，所以硅钢片含硅量达到4%左右，厚度也从早期的0.35mm降低为目前的0.23mm、0.18mm。

2. 铁心结构

铁心由铁心柱（core limb）和铁轭（yoke）两部分组成。其中，铁心被绕组遮盖住的部分称为铁心柱，连接铁心柱以构成闭合磁路的部分为磁轭或铁轭，如图2-2所示。现代变压器的铁心，其铁心柱和铁轭一般都在同一个平面内，即为平面式铁心。

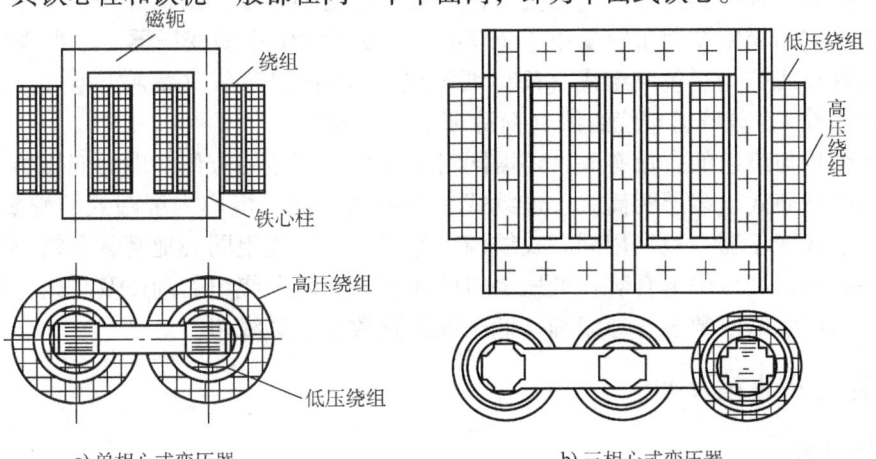

a) 单相心式变压器　　b) 三相心式变压器

图2-2　单相和三相心式变压器

按照铁心结构不同,变压器有心式变压器(core type transformer)和壳式变压器(shell type transformer)之分。图2-2为心式结构变压器,其铁心柱被绕组所包围。单相和三相壳式变压器如图2-3所示,这种结构是铁心包围着绕组的顶面、底面和侧面。

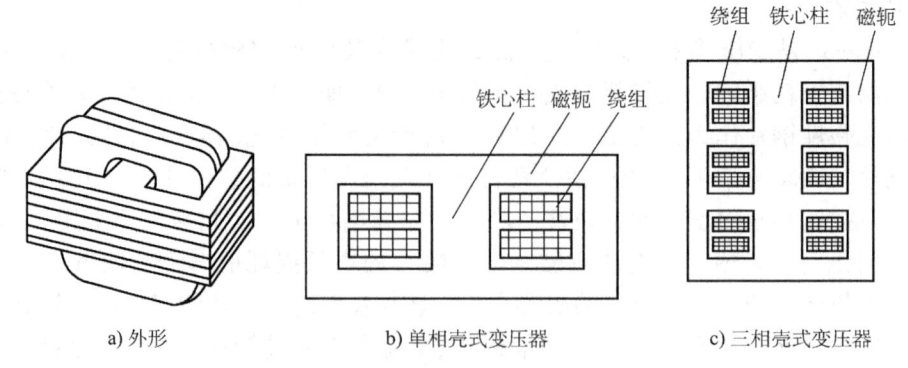

a) 外形　　　　b) 单相壳式变压器　　　　c) 三相壳式变压器

图2-3 单相和三相壳式变压器

心式变压器的优点是圆形线圈制造方便,硅钢片用量相对较少,绕组布置和绝缘较容易,因此电力变压器大多采用心式结构;缺点是铁心叠片的规格较多,铁心柱的绑扎和铁轭的夹紧要求较高。壳式变压器结构机械强度好,但是加工工艺特殊,绝缘结构复杂,可维修性较差,成本较高,一般用于特种变压器和小容量单相变压器。

二、绕组

在电气设备中具有规定功能的一组线匝或线圈称为绕组(winding),对于变压器类产品,通常将按规定连接起来能够改变电压和电流的单个或几个线圈的组合称为绕组,如一次绕组、二次绕组。

绕组是变压器的电路部分,是变压器的重要组成部分,可以说是变压器的心脏。变压器运行过程中,绕组中有电流通过,会产生电阻损耗,从而引起发热和降低变压器效率,还可能会遇到过电压、高温、过电流等恶劣情况。为了使变压器能够长期安全可靠地运行,变压器绕组必须满足电、力和热等基本要求。变压器绕组的导体材料一般为高电导率的铜和铝,导体形状有圆线、扁线和箔板。电力变压器一般采用扁铜导线,圆铜导线主要用在小型变压器及互感器上,箔板主要用于容量小于2000kV·A以下的中小型变压器。根据采用绝缘材料的不同,可将导线分为纸包绕组线(简称纸包线)、漆包绕组线(简称漆包线)、丝包绕组线(简称丝包线)、玻璃丝包绕组线(简称玻璃丝包线)。

绕组的结构与绕组的容量有关,还需同时考虑加工制造的方便。电力变压器中常用的绕组结构有双层圆筒式、多层圆筒式、连续式、纠结式、插入电容内屏蔽式、螺旋式、箔式、交错饼式。心式变压器一般采用同心式结构,将高、低压绕组同心地套装在铁心柱上,低压绕组靠近铁心柱,高压绕组套装在低压绕组外面,高、低压绕组之间以及绕组与铁心之间要可靠绝缘。高压绕组匝数多、导线细,低压绕组匝数少、导线粗。

三、变压器油箱及油

1. 变压器油箱

电力变压器的器身放在装有变压器油的油箱里,为保证变压器长期运行,油箱不能漏油,也不允许外界空气和水分进入油箱内,还要求有一定的机械强度。同时,变压器油箱还应允许在生产和运输过程中对油箱进行一些作业,如运输过程中不带附件条件下起吊变压器本体,现场安装时用液压工具抬高变压器等作业。根据结构形式不同,变压器油箱一般分为:钟罩式油箱、桶式油箱、波纹油箱和壳式油箱几种。

钟罩式油箱由上、下两节组成,下节油箱高度一般在 250~450mm 之间,上节油箱为钟罩式,是目前我国大型电力变压器采用的主要结构形式。根据箱盖的结构不同,钟罩式油箱又分为拱顶式、平顶式和梯形顶式。拱顶式和平顶式油箱一般用于电压等级 110kV 及以下的变压器,近年来主要以平顶式为主。对于 220kV 及以上电压等级的变压器,目前国内基本都采用梯形顶式油箱。

桶式油箱由油箱和箱盖组成,箱盖一般是平的,国外一些大型电力变压器油箱多采用此结构。

波纹式油箱由波纹栅和油箱组成,在油箱箱壁的外侧焊上波纹栅,以用来散热及调整变压器内部压力。主要用于容量较小的配电变压器。

壳式油箱一般由三节组成,铁心被固定在上节或中节和下节之间,油箱的一部分起夹件作用,结构复杂,加工精度要求高,国内很少使用。

2. 变压器油

变压器油充满油箱的整个空间,既是绝缘介质也是冷却介质,起绝缘和传导热量的双重作用。由于油的绝缘性能比空气好,可以提高绕组的绝缘强度;同时,通过油箱中油的对流作用或强迫油循环流动,使绕组及铁心中因功率损耗而产生的热量得到散逸,起到冷却作用。绝缘油主要包括矿物油、合成油和植物油三大类。目前电力变压器中的油主要为矿物油,占整个油浸式变压器的 99% 以上。

矿物油由天然石油在炼油过程中的一个馏分经精制和添加适当的稳定剂调制而成,主要成分是环烷烃、烷烃和芳香烃。矿物油具有绝缘性能优异、稳定性好以及成本低的特点,但其闪点和燃点低,无法满足防火防爆要求,且环保方面存在缺点。因为矿物油主要来源于石油和煤炭的提炼,储存量有限,据专家预测,煤炭、石油等主要矿物资源将在未来 500 年消耗殆尽。另一方面矿物油的降解时间长,自然降解时间在 300 年以上,环保性能差,这将制约未来油浸式变压器的发展。随着电力行业的发展及环保要求的提高,变压器对绝缘油的性能提出了更高的要求。

合成油是指用化学合成方法制造的一类绝缘液体介质,目前主要有 α 油、β 油、聚氯联苯,合成油在电力变压器中的使用还较少。

植物油具有绝缘性能高、自然降解时间短、环保性能优、原材料可重复再生和产量可人为调节等诸多优势,随着杂交与转基因技术的日益成熟,植物类油料植物的单产不断提高,这为解决矿物油短缺、闪点和燃点低及降解时间长等问题提供了新的途径。国内外专家学者在植物油的研究方向做了大量工作,研究表明植物油具有很好的发展前景,将是未来油浸式变压器的主要用油。

四、其他附件

为了减小油与空气的接触面积,以降低油的氧化速度和水分浸入,可在油箱上面安装圆筒形的储油柜(又叫油枕),如图 2-4 所示。储油柜中储油量一般为油箱中总油量的 8%~

10%。储油柜能容纳油箱中因温度升高而膨胀的变压器油,并限制变压器油与空气的接触面积,减少油受潮和氧化的程度。此外,通过储油柜注入变压器油,还可防止气泡进入变压器。

在储油柜与油箱的连接管中装有气体继电器,当变压器内部发生故障产生气体或油箱漏油使油面下降时,它可发出报警或跳闸信号以自动切断变压器电源。

较大容量的变压器上还有安全气道,做保护变压器油箱用。

变压器的引线从油箱内引到油箱外时,必须经过绝缘套管,使带电的引线与接地的油箱绝缘,同时起固定引线的作用。套管由瓷质的绝缘套筒和导电杆组成,如图2-5所示。

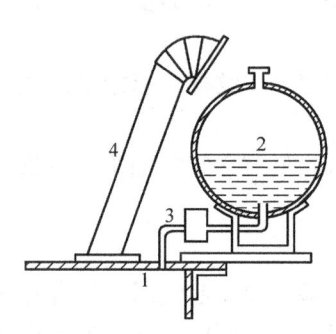

图2-4 储油柜图
1—主油箱 2—储油柜 3—气体继电器 4—安全气道

图2-5 高低压绝缘套管

油箱盖上面还装有分接开关,如图2-6所示。分接开关用来调节绕组的分接头,以改变高压绕组的匝数(即改变变压器电压比),从而在小范围调节变压器的输出电压。调节方式有带电和不带电两种,前者称为有载调压变压器,后者称为无励磁调压变压器。有载调压变压器可以在不断开电压和电流的情况下用有载分接开关来改变变压器的分接位置,进而改变变压器的电压比。无励磁调压变压器则只能在没有励磁的条件下,即变压器切断电源的情况下,用无励磁分接开关来改变变压器的分接位置,进而改变变压器电压比。变压器的调压方式不同,调压范围也不同。

图2-6 分接开关

第三节 变压器的发热与冷却

一、变压器的绝缘

变压器运行时有铁耗、铜耗和附加损耗等,这些损耗一方面影响变压器的效率,另一方面转化为热量使变压器温度升高。变压器中的绝缘材料在发热作用下,会逐渐分解老化,直至丧失机械强度和绝缘性能,以至在系统故障甚至正常运行状态下,变压器的绝缘也会受到损坏，导致绝缘损坏部分的导体之间出现短路，变压器出现故障。

绝缘材料都有一定的耐热等级，不同绝缘的耐热等级见表2-1。

表2-1 绝缘的耐热等级

绝缘耐热等级	Y	A	E	B	F	H	C
长期工作温度/℃	90	105	120	130	155	180	>180

二、变压器的发热与传热

油浸式变压器运行时，变压器油箱内有铁心的铁耗和绕组的电阻损耗，这些损耗转变为热量将使绕组、铁心及结构件的温度升高。当绕组、铁心及结构件的温度升高后，绕组和铁心向变压器油散出热量，变压器油温逐渐升高，再通过冷却油箱和冷却装置对环境空气散热。由于变压器各部分与周围介质存在温度差，热量向周围介质散发，温差越大，散热越快。当发热量与散热量相等时，变压器各部分温度达到稳定值。这时变压器中某部分的温度与周围冷却介质的温度之差称为该部分的温升。

干式变压器绕组和铁心的冷却介质是空气，绕组和铁心热量直接通过对流和辐射散到空气中，不通过中间介质变压器油。油浸式变压器的油箱和油管表面主要依靠辐射和对流方式散热，但热量从绕组或铁心内部传到表面则是依靠传导方式。通常油浸式变压器的散热过程为：首先依靠传导作用将线圈和铁心内部的热量传到表面，然后通过变压器油的自然对流将热量带到油箱壁和油管壁，再通过油箱壁和油管壁的传导作用把热量从它们的内表面传到外表面，之后通过辐射和对流将热量散发到周围空气中。

三、变压器各部分的温升限度

温升对变压器设计和运行极为重要，在电、磁负荷一定时，温升过高会影响变压器的寿命和安全运行。根据所谓绝缘老化的6℃规则，绕组温度每升高6℃，使用年限将缩短一半。变压器运行时温升过低又未充分利用材料，很不经济。所以，变压器运行时，需确定一合理的温升，以保证在其寿命期内能充分利用材料，降低成本。

变压器达到稳定温升的时间与其容量大小和冷却方式有关，小容量油浸式变压器和干式变压器通常运行10h就可达到稳定温升，而大型变压器一般需要经过一整天左右才能达到稳定温升。

铁耗和铜耗产生的热量与其重量成正比，而重量又与度量（长、宽、高）的三次方成正比。变压器的散热是由表面散给周围介质，散热面积与度量的二次方成正比。所以，变压器越大，单位体积的散热面积越小。必须采取措施提高散热效果，否则温升就越高。

变压器各部分的允许温升取决于绝缘材料、使用情况和自然环境。矿物油浸渍的变压器，绝缘耐热等级为A级，其绕组长期工作温度不应超过105℃。根据我国电力变压器标准规定，为保证变压器具有正常的使用年限（20~30年），油浸式电力变压器温升限值见表2-2。GB 1094.1—1996《电力变压器 第1部分 总则》中规定了油浸式变压器的正常使用条件：海拔不超过1000m，环境温度最高+40℃，最热月平均温度+30℃，最高年平均温度+20℃，最低气温-25℃（室外变压器）/-5℃（室内变压器）。

表 2-2　油浸式电力变压器的温升限值

冷却方式 各部分温升（℃）	自然油循环自冷、风冷的变压器	强迫油循环风冷的变压器
绕组对空气的温升	65（平均值）	65（平均值）
绕组对油的温升	21（平均值）	30（平均值）
油对空气的温升	44（平均值）/55（最大值）	35（平均值）/40（最大值）

四、变压器的冷却方式

为了保证变压器有良好的散热，必须采取一定的冷却方式将变压器中产生的热量带走，变压器的散热冷却形式与变压器产品类别、使用场所有关。常用的冷却介质是变压器油、空气或其他气体，常用的散热元件有冷却器和片式散热器。散热器一般在中、小容量电力变压器上使用，冷却器在大、中容量电力变压器上使用。

油浸式变压器又分为油浸自冷式、油浸风冷式及强迫油循环式三种。油浸自冷式变压器依靠油的自然对流带走热量，没有其他冷却设备。油浸风冷式变压器是在油浸自冷式的基础上，增加风扇给油箱壁和油管吹风，以加强散热作用。强迫油循环式变压器是用油泵将变压器中的热油抽到变压器外的冷却器中冷却后再送入变压器。冷却器可采用循环水冷或强迫风冷。

油浸自冷式和强迫风冷式变压器中的热量，全部通过油箱和油管表面散发到周围空气中，在一定的温升极限下，每平方米表面积所能散发的热量是有限的。对于 20kV·A 以下的变压器，油箱本身表面积已能满足散热的需要，因此一般采用平板式油箱。当容量增大而损耗增加时，油箱表面积已不能带走所产生的热量，因此必须采取其他措施来增加散热面积。对于 30～2000kV·A 的变压器，一般在油箱四周加焊冷却用的扁形油管，以增加散热表面，这种油箱叫管式油箱；对于 2500～6300kV·A 的变压器，所需散热面积较大，在油箱四周已无法安装下所需油管，这时把油管先组合成一个整体的散热器，再把散热器装到油箱上，这种油箱称为散热式油箱；对于 8000～40000kV·A 的变压器，在散热器上还另装风扇吹风，以提高散热能力；对于 50000kV·A 以上的大型变压器，采用强迫油循环冷却方式。

第四节　变压器的额定值

额定值是制造厂家指定的，用来表示在规定工作条件下运行的一些重要数据，它是制造厂设计和试验变压器的依据，通常标注在铭牌上，也叫铭牌值。在额定条件下运行时，可以保证变压器长期可靠工作。变压器铭牌参数一般包括：产品型号，额定容量，额定电压，额定电流，额定频率，短路阻抗，绝缘水平，器身质量，油质量，运输质量，总质量，联结组标号，电压比，相数，冷却方式，制造年月，出厂序号等。这些数据对于从事变压器运行和维护的人员来说是必须掌握的。图 2-7 给出了某电力变压器的铭牌。

变压器的主要额定值如下：

1. 额定容量（rated capacity）S_N

额定容量是变压器在额定运行条件下输出的额定视在功率，单位为伏安（V·A）、千伏安（kV·A）或兆伏安（MV·A）。由于变压器的效率很高，因此设计时规定双绕组变压器的一、二次绕组额定容量相等。对于三相变压器，其额定容量为三相总容量。

2. 额定电压（rated voltage）U_{1N}和U_{2N}

一次额定电压U_{1N}是变压器正常运行时一次绕组线路端子间外施电压的有效值。二次额定电压U_{2N}是当一次绕组外施额定电压而二次侧空载（开路）时的电压。额定电压的单位为伏（V）或千伏（kV）。对三相变压器，额定电压指的是线电压。

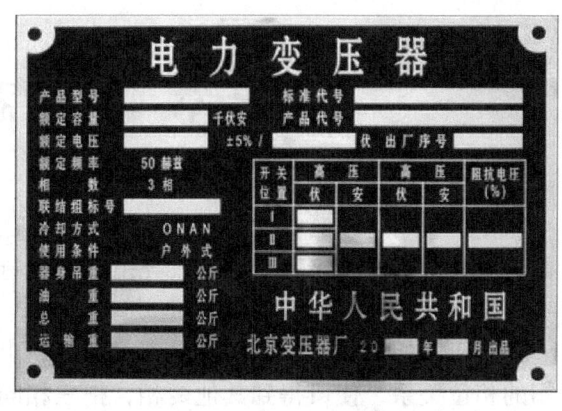

图 2-7 某电力变压器的铭牌

3. 额定电流（rated current）I_{1N}和I_{2N}

额定电流I_{1N}和I_{2N}是指变压器在额定运行条件下一次、二次绕组能够承担的电流，即根据额定容量和额定电压计算出来的电流有效值。对于三相变压器，额定电流为线电流。

对于单相变压器，有

$$I_{1N} = \frac{S_N}{U_{1N}}$$

$$I_{2N} = \frac{S_N}{U_{2N}}$$

对于三相变压器，有

$$I_{1N} = \frac{S_N}{\sqrt{3}U_{1N}}$$

$$I_{2N} = \frac{S_N}{\sqrt{3}U_{2N}}$$

4. 额定频率（rated frequency）f_N

我国规定标准工频为50Hz。

除了以上各额定值外，变压器铭牌上还标有相数、额定效率、阻抗电压、额定温升等，三相变压器还标有联结组标号。

思考题及习题

2-1 为什么变压器在电力系统中有广泛的应用？

2-2 变压器有哪些主要部件？它们的作用是什么？

2-3 变压器铁心为什么要采用表面涂有绝缘漆的硅钢片叠成？

2-4 有一台三相电力变压器，YNd联结，$S_N = 12500\text{kV·A}$，$U_{1N}/U_{2N} = 220\text{kV}/10.5\text{kV}$，求：（1）变压器额定电压和额定电流；（2）变压器一次、二次绕组的额定电压和额定电流。

2-5 设有一台500kV·A、三相、35kV/400V的双绕组变压器，一次、二次绕组均为Y形联结，试求一次和二次绕组的额定电流。

第三章 变压器基本运行原理

变压器用途广泛，种类繁多，但其基本运行原理是一致的。本章以单相双绕组电力变压器为例来分析变压器基本原理，导出稳态运行时的基本方程式、等效电路和相量图，并分析变压器运行特性。

对于三相变压器，在对称稳态运行时，由于三相对称，只需要分析其中一相，再根据三相的相位关系，便可得到其他两相，把三相问题简化为单相问题。所以，本章所得到的单相变压器的结论也适用于对称运行的三相变压器。

变压器运行时的电磁关系比较复杂，本章在分析时采取由浅入深的方法，先分析空载运行情况，再分析负载运行情况，便于读者理解。本章是分析变压器的基本理论部分，也是关于变压器的核心内容。

第一节 变压器的空载运行

所谓变压器的空载运行（no-load operation）状态指一次绕组（the primary winding）接额定频率、额定电压的交流电源，二次绕组（the secondary winding）开路（open）时的运行状态。

一、空载运行时的物理情况

图3-1所示为单相变压器空载运行示意图，图中一次绕组所加电压为u_1，二次绕组开路电压为u_2，一次、二次绕组匝数（number of turns in the primary/secondary windings）分别为N_1和N_2。变压器一次绕组电阻（resistance）为r_1，二次绕组电阻为r_2。

当一次绕组接交流电源时，一次绕组中便有交流电流流过，由于二次绕组开路，二次电流为零，此时一次电流叫空载电流（no-load current），用i_0表示。空载电流i_0产生交变磁动势$F_0 = N_1 i_0$，F_0叫空载磁动势，空载磁动势产生交变的空载磁通。为了分析方便，把磁通分为两部分，如图3-1所示，其中绝大部分磁通沿铁心闭合，同时交链一次、二次绕组，称为主磁通（mutual flux）Φ，主磁通通过的路径叫主磁路（main magnetic circuit）；另外少部分磁通只交链一次绕组，称为一次绕组的漏磁通$\Phi_{1\sigma}$，其路径主要是经一次绕组附近的空间闭合，所通过的路径叫漏磁路。

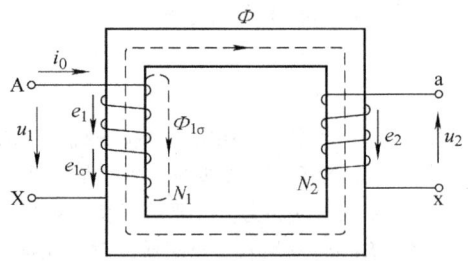

图3-1 单相变压器空载运行示意图

值得注意的是，主磁通和漏磁通在性质上有明显的区别：①磁路性质不同：主磁路由铁磁材料构成，可能出现磁饱和，所以主磁通与建立主磁通的空载电流之间可能不成正比关系；而漏磁路绝大部分由非铁磁材料构成，无磁饱和问题，所以一次绕组漏磁通与空载电流之间成正比关系。由于主磁路磁阻小,所以主磁通占总磁通绝大部分,而漏磁路磁阻大,漏磁通很小,仅占 0.1%~0.2%。②功能不同:主磁通通过电磁感应将一次绕组能量传递到二次绕组,起能量传递作用,而漏磁通只在一次绕组感应电动势,不起传递功率作用。

根据电磁感应定律,交变的磁通将在绕组中感应电动势,所以主磁通 Φ 分别在一次、二次绕组感应电动势 e_1 和 e_2,一次绕组漏磁通 $\Phi_{1\sigma}$ 在一次绕组感应漏电动势 $e_{1\sigma}$。此外,空载电流还在一次绕组电阻 r_1 上形成一很小的电阻压降 $i_0 r_1$。总结起来,变压器空载运行时各物理量之间的关系如图 3-2 所示。

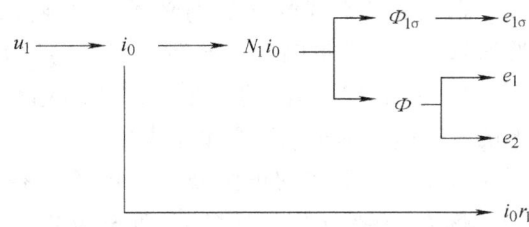

图 3-2 变压器空载运行时各物理量之间的关系

二、正方向的规定

变压器中的电压、电流、电动势、磁动势和磁通等都是随时间变化的交流量,为了正确表达各物理量之间的数量关系和相位关系,必须先规定各物理量的正方向。正方向的规定原则上是可以任意的,若正方向规定不同,则同一电磁过程所列出的公式或方程中有关物理量的正、负号也不同。本书采用电路原理中常用的惯例,对各物理量的正方向做如下规定:

1)电源电压正方向由 A→X,如图 3-1 所示,一次电流正方向与电源正方向一致,即也是由 A→X。这相当于把一次绕组看做交流电源的负载,采用所谓"负载"惯例。当 u_1 和 i_0 同时为正或同时为负时,表示电源向变压器一次绕组输入功率。

2)磁动势的正方向与产生该磁动势的电流的正方向之间符合右手螺旋关系。

3)磁通的正方向与磁动势的正方向一致。

4)感应电动势的正方向(即电位升高的方向)与产生该电动势的磁通的正方向之间符合右手螺旋关系。

5)把二次绕组电动势 e_2 看做电源电动势,当 a—x 之间接负载时,二次电流 i_2 的正方向与 e_2 正方向一致,而负载端电压 u_2 的正方向与电流 i_2 正方向一致。这相当于把二次绕组看做交流电源,采用所谓"电源"惯例。当 u_2 和 i_2 同时为正或为负时,表示变压器二次绕组向负载端输出电功率。

三、空载运行时的各物理量

1. 空载电流

变压器空载运行时,一次电流为空载电流。空载电流主要用来建立空载磁场,即主磁通 Φ 和一次绕组的漏磁通 $\Phi_{1\sigma}$;另外,空载电流还用来补偿空载时变压器内部的有功功率损耗。所以,空载电流有有功分量和无功分量两部分,前者对应有功功率损耗,后者用来产生空载磁场。在电力变压器中,空载电流的无功分量远远大于有功分量,所以空载电流基本上属于无功性质,空载电流又称为励磁电流或激磁电流。

空载电流的数值不大,大约为额定电流的 2%~10%。一般来说,变压器的容量越大,空载电流的百分数越小。

由于变压器中主磁路为铁磁材料，其磁化曲线为非线性曲线，所以空载电流的大小和波形取决于铁心的饱和程度。当变压器接额定电压时，铁心处于接近饱和的情况。由于外施电压为正弦（sinusoidal）波形，则主磁通也为正弦波形，利用非线性的铁心磁化曲线，$\Phi = f(i_0)$，所需要的空载电流 i_0 则必须是尖顶波，如图3-3 所示。铁心饱和程度越深，空载电流波形越尖，即波形畸变越严重。根据傅里叶级数分析，这种尖顶波电流可看做由基波和3、5、7、…等奇次谐波的叠加，其中3次谐波含量最大。所以，在变压器中为了建立正弦波形的主磁通，励磁电流必须是尖顶波。

通常用一个等效的正弦波空载电流代替实际的尖顶波空载电流，空载电流用相量 $\dot{I}_0$ 表示，将 $\dot{I}_0$ 分解为有功分量 $\dot{I}_{0a}$ 和无功分量 $\dot{I}_{0r}$。$\dot{I}_{0r}$ 与主磁通 $\dot{\Phi}_m$ 同相位，$\dot{I}_{0a}$ 超前主磁通 $\dot{\Phi}_m 90°$，所以 $\dot{I}_0$ 超前 $\dot{\Phi}_m$ 一个角度 α。图3-4 所示给出了空载运行时空载电流与主磁通的相位关系。

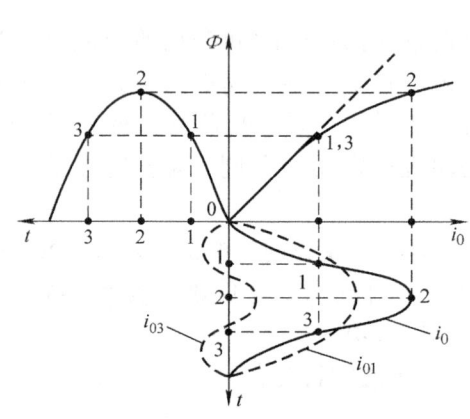 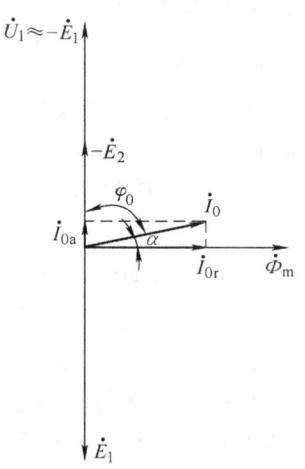

图3-3 磁路饱和时的空载电流波形　　　图3-4 空载运行时空载电流与主磁通的相位关系

2. 空载磁动势

空载磁动势是一次侧空载电流 $\dot{I}_0$ 所建立的磁动势，$\dot{F}_0 = \dot{I}_0 N_1$，它产生主磁通 $\dot{\Phi}_m$ 和漏磁通 $\dot{\Phi}_{1\sigma}$。变压器空载运行时，铁心中只有空载磁动势产生的磁场。空载磁场实际分布情况很复杂，为了分析方便，把磁通根据其所经过的路径不同分为主磁通和漏磁通，以便于把非线性问题和线性问题分别讨论。

3. 主磁通 $\dot{\Phi}_m$

铁心材料具有良好的导磁性能，主磁路磁阻很小，主磁通占绝大部分，主磁路沿铁心闭合。因为铁心具有饱和性，主磁路的磁阻不是常数，所以主磁通和产生它的空载电流之间为非线性。

主磁通交链一次、二次绕组，使其分别感应电动势 $\dot{E}_1$ 和 $\dot{E}_2$。二次绕组的感应电动势 $\dot{E}_2$ 相当于负载的电源，说明通过主磁通的耦合作用，变压器实现了能量的传递。只有交变的主磁通才能在绕组中感应电动势，所以变压器只能传递交流电能，并且无法改变交流电的频率。

4. 一次、二次绕组的感应电动势

根据电磁感应定律，交变磁通将在一次、二次绕组中感应电动势。

设主磁通按正弦规律变化，即

$$\Phi = \Phi_m \sin\omega t \tag{3-1}$$

式中，Φ_m 为主磁通的最大值；ω 为电源角频率。

在规定的正方向下，一次绕组中主磁通感应电动势的瞬时值为

$$e_1 = -N_1 \frac{d\Phi}{dt} = -\omega N_1 \Phi_m \cos\omega t = \omega N_1 \Phi_m \sin\left(\omega t - \frac{\pi}{2}\right) = E_{1m} \sin\left(\omega t - \frac{\pi}{2}\right) \tag{3-2}$$

式中，E_{1m} 为一次绕组感应电动势的最大值，$E_{1m} = \omega N_1 \Phi_m$。

从式（3-1）和式（3-2）可知，感应电动势滞后产生该电动势的磁通 90°。

一次绕组感应电动势的有效值为

$$E_1 = E_{1m}/\sqrt{2} = \omega N_1 \Phi_m/\sqrt{2} = \frac{2\pi}{\sqrt{2}} f N_1 \Phi_m = 4.44 f N_1 \Phi_m \tag{3-3}$$

同理，主磁通在二次绕组所感应的电动势的瞬时值为

$$e_2 = -N_2 \frac{d\Phi}{dt} = -\omega N_2 \Phi_m \cos\omega t = \omega N_2 \Phi_m \sin\left(\omega t - \frac{\pi}{2}\right) = E_{2m} \sin\left(\omega t - \frac{\pi}{2}\right) \tag{3-4}$$

式中，E_{2m} 为二次绕组感应电动势的最大值，$E_{2m} = \omega N_2 \Phi_m$。

二次绕组感应电动势的有效值为

$$E_2 = E_{2m}/\sqrt{2} = \omega N_2 \Phi_m/\sqrt{2} = \frac{2\pi}{\sqrt{2}} f N_2 \Phi_m = 4.44 f N_2 \Phi_m \tag{3-5}$$

$\dot{E}_1$、$\dot{E}_2$ 和 $\dot{\Phi}_m$ 的关系也可用复数形式表示为

$$\dot{E}_1 = -j4.44 f N_1 \dot{\Phi}_m \tag{3-6}$$

$$\dot{E}_2 = -j4.44 f N_2 \dot{\Phi}_m \tag{3-7}$$

由以上分析可知，感应电动势有效值的大小与主磁通的频率、绕组匝数及主磁通最大值成正比。感应电动势频率与主磁通频率相等，电动势相位滞后主磁通 90°。

一次绕组除了有主磁通感应的电动势外，漏磁通还将感应漏电动势

$$e_{1\sigma} = -N_1 \frac{d\Phi_{1\sigma}}{dt} = -\omega N_1 \Phi_{1\sigma m} \sin\left(\omega t - \frac{\pi}{2}\right) \tag{3-8}$$

式中，$\Phi_{1\sigma m}$ 为一次绕组漏磁通最大值。

把式（3-8）写成复数形式，有

$$\dot{E}_{1\sigma} = -j \frac{\omega N_1}{\sqrt{2}} \dot{\Phi}_{1\sigma m} \tag{3-9}$$

考虑漏磁通通过的路径是非铁磁材料，磁路不存在饱和性质，所以漏磁路是线性磁路。也就是说，一次绕组漏电动势 $\dot{E}_{1\sigma}$ 与空载电流 $\dot{I}_0$ 成线性关系。因此，常常把漏电动势看做电流在一个电抗（reactance）上的电压降，即

$$\dot{E}_{1\sigma} = -j\dot{I}_0 x_{1\sigma} \tag{3-10}$$

式（3-10）中的比例系数 $x_{1\sigma}$，反映的是一次侧漏磁场的存在和该漏磁场对一次侧电路的影响，故称之为一次侧漏电抗（leakage reactance）。

5. 空载损耗 p_0

变压器空载时，二次绕组开路，所以输出功率为零，但变压器要从电源中吸取一小部分有功功率，用来补偿变压器内部的功率损耗，这部分功率转化为热能散逸出去，称为空载损耗，用 p_0 表示。

空载损耗包括两部分，一部分是一次绕组空载铜耗（copper loss）p_{Cu}，$p_{Cu} = I_0^2 r_1$，另一部分是铁心的铁耗 p_{Fe}，它是交变磁通在铁心中引起的磁滞损耗和涡流损耗。由于空载电流 $\dot{I}_0$ 很小，绕组的电阻 r_1 也很小，空载铜耗可忽略不计，故一般认为空载损耗近似等于铁耗，即

$$p_0 \approx p_{Fe} \tag{3-11}$$

空载损耗较小，一般占额定容量的 0.2%~1%。空载损耗虽然不大，但因为电力变压器在电力系统中用量很大，且常年接在电网上，所以减小变压器空载损耗具有重要的经济意义。

四、空载运行时的电动势方程式及电压比

按照图 3-1 中各物理量的正方向，根据基尔霍夫第二定律，可写出稳态运行时变压器一次、二次侧的电动势方程式为

$$\dot{U}_1 = -\dot{E}_1 + j\dot{I}_0 x_{1\sigma} + \dot{I}_0 r_1 = -\dot{E}_1 + \dot{I}_0 Z_1 \tag{3-12}$$

$$\dot{U}_{20} = \dot{E}_2 \tag{3-13}$$

式中，Z_1 称为一次绕组漏阻抗（leakage impedance），$Z_1 = r_1 + jx_{1\sigma}$。

前已述及，空载电流 $\dot{I}_0$ 在一次绕组产生的漏磁通 $\dot{\Phi}_{1\sigma}$ 感应出漏电动势 $\dot{E}_{1\sigma}$，在数值上可看做是空载电流在漏电抗 $x_{1\sigma}$ 上的压降。同理，空载电流 $\dot{I}_0$ 产生的主磁通 $\dot{\Phi}_m$ 在一次绕组感应电动势 $\dot{E}_1$ 的作用，也可类似地用一个电路参数来处理，考虑到主磁通还在铁心中引起铁耗，不能单纯引入一个电抗，还必须考虑有功损耗部分，所以引入一个阻抗 Z_m 来反映主磁通与感应电动势的关系，这样感应电动势 $\dot{E}_1$ 可以看成为空载电流 $\dot{I}_0$ 在阻抗 Z_m 上的阻抗压降，即

$$-\dot{E}_1 = \dot{I}_0 Z_m = \dot{I}_0 (r_m + jx_m) \tag{3-14}$$

式中，Z_m 为励磁阻抗（exciting impedance），$Z_m = r_m + jx_m$；x_m 为励磁电抗（magnetizing reactance），对应于主磁通的电抗 $x_m = 2\pi f L_m$；r_m 为励磁电阻（magnetizing resistance），对应于铁心铁耗（core loss）的等效电阻，即有 $p_{Fe} = I_0^2 r_m$。

对于一般电力变压器，空载电流在一次绕组引起的漏抗压降 $\dot{I}_0 Z_1$ 很小，因此在分析变压器空载运行时，可将 $\dot{I}_0 Z_1$ 忽略不计，式 (3-12) 可表示为

$$\dot{U}_1 \approx -\dot{E}_1 \quad \text{或} \quad u_1 \approx -e_1 \tag{3-15}$$

有效值为

$$U_1 \approx E_1 = 4.44 f N_1 \Phi_m \tag{3-16}$$

式 (3-15) 表明，当忽略一次绕组漏抗压降时，外施电压 u_1 由一次绕组中的感应电动势 e_1 所平衡，即在任意瞬间，外施电压 u_1 与感应电动势 e_1 大小相等，相位相反，所以 e_1 又称为反电动势。式 (3-16) 表明，在忽略一次绕组漏抗压降的情况下，当 f、N_1 为常数时，铁心中主磁通的最大值与电源电压成正比。反之，当电源电压一定，铁心中主磁通的最

大值 Φ_m 也一定，产生主磁通的励磁磁动势也一定。这一点对于分析变压器运行十分重要。

变压器中，常用电压比（transformation ratio）来衡量变压器一次、二次电压变换的幅度。电压比的定义是变压器一次绕组与二次绕组电动势之比，用符号 K 表示，即

$$K = \frac{E_1}{E_2} = \frac{4.44fN_1\Phi_m}{4.44fN_2\Phi_m} = \frac{N_1}{N_2} \tag{3-17}$$

式（3-17）表明，变压器的电压比也等于一次、二次绕组的匝数比（turn ratio）。只有当变压器空载时，因为 $U_1 \approx E_1$，$U_{20} = E_2$，才可以近似地用一次、二次绕组的电压之比来表示变压器的电压比，即

$$K = \frac{E_1}{E_2} \approx \frac{U_1}{U_{20}}$$

可见，要使变压器的一次、二次侧具有不同的电压，只要改变一次和二次绕组的匝数即可。

要注意的是，变压器的电压比是一次、二次绕组的电动势之比，是相电动势之比。对于三相变压器，不管绕组是Y形联结还是D（△）形联结，电压比都应该是相电动势之比。在已知额定电压（线电压）的情况下，求电压比 K 必须换算成额定相电压之比。例如：

Yd（Y/△）联结变压器有 $\qquad K = \dfrac{U_{1N}}{\sqrt{3}U_{2N}}$

Dy（△/Y）联结变压器有 $\qquad K = \dfrac{\sqrt{3}U_{1N}}{U_{2N}}$

五、空载运行时的等效电路

变压器空载运行时，其内部既有电路问题，又有磁路问题，电和磁相互联系。为了使分析和计算简化，把变压器中电和磁的关系用纯电路的形式来表示，这个电路称为等效电路（equivalent electric circuit）。

将式（3-14）代入式（3-12），得

$$\dot{U}_1 = \dot{I}_0 Z_m + \dot{I}_0 Z_1 = \dot{I}_0 (Z_m + Z_1) \tag{3-18}$$

由式（3-18）可知，变压器空载运行时的等效电路是两个阻抗相串联的电路，一个是一次绕组的漏阻抗，另一个是励磁阻抗，如图 3-5 所示。从等效电路，可得到如下结论：

1）一次绕组漏阻抗 $Z_1 = r_1 + \mathrm{j}x_{1\sigma}$ 是常数，相当于一个空心线圈的参数。

2）励磁阻抗 $Z_m = r_m + \mathrm{j}x_m$ 不是常数，励磁电阻 r_m 和励磁电抗 x_m 均随主磁路饱和程度的增加而减小。这是因为励磁电抗 x_m 对应于主磁通，由于主磁路为非线性磁路，主磁通与建立它的励磁电流之间为非线性关系，所以主磁路的磁阻不是常数。当电源频率 f 一定时，随着电源电压的升高，主磁通 Φ_m 增大，铁心饱和程度增加，磁路越饱和，磁阻越大，则励磁电抗 x_m 越小；而主磁通的增加，一方面使铁耗增大，因为 $p_{Fe} \propto B_m^2$，另一方面随着主磁通的增加，所需的励磁电流的二次方也大大增加，铁耗增加的速度比不上励磁电流二次方增大的速

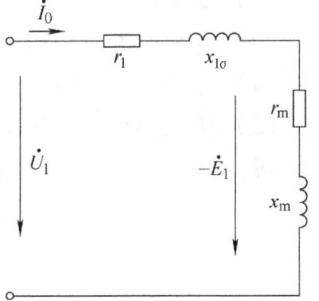

图 3-5 变压器空载运行时的等效电路

度，所以励磁电阻也随饱和程度增大而减小。

通常，变压器正常运行时一次电压 $\dot{U}_1$ 为恒定值（额定值），则主磁通保持基本不变，铁心主磁路的饱和程度也近似不变，所以可认为 r_m 和 x_m 也不变。

3) 空载运行时铁耗较铜耗大很多，即 $p_{Fe} \gg p_{Cu}$，所以励磁电阻较一次绕组的电阻大很多，$r_m \gg r_1$；由于主磁通也远大于一次绕组的漏磁通，所以 $x_m \gg x_{1\sigma}$。则在对变压器分析时，可以忽略一次绕组的阻抗 r_1 和 $x_{1\sigma}$。

4) 从等效电路可知，空载励磁电流 $\dot{I}_0$ 的大小主要取决于励磁阻抗 Z_m。从变压器运行的角度，希望其励磁电流小一些，所以要求采用高磁导率的铁心材料，以增大 Z_m。励磁电流减小，可提高变压器的效率和功率因数。

六、空载运行时的相量图

变压器空载运行时的相量图（phasor diagram）如图 3-6 所示，其作图步骤如下：
1) 在横坐标上画出主磁通 $\dot{\Phi}_m$，以它为参考相量。
2) 根据式（3-6）、式（3-7）画出电动势 $\dot{E}_1$ 和 $\dot{E}_2$，它们均滞后 $\dot{\Phi}_m 90°$。
3) 空载电流的无功分量 $\dot{I}_{0r}$ 和主磁通 $\dot{\Phi}_m$ 同相位，有功分量 $\dot{I}_{0a}$ 超前 $\dot{\Phi}_m 90°$，两者合成得到空载电流 $\dot{I}_0$。
4) 根据式（3-12）分别画出 $-\dot{E}_1$、$r_1\dot{I}_0$ 和 $j\dot{I}_0 x_{1\sigma}$，进行相量加得到 $\dot{U}_1$。

图 3-6 中，为了清楚起见，夸大了一次绕组的漏抗压降，实际上 $\dot{U}_1$ 很接近 $-\dot{E}_1$。由于 $\dot{I}_{0r}$ 远大于 $\dot{I}_{0a}$，所以空载电流 $\dot{I}_0$ 近似滞后电压 $\dot{U}_1 90°$，$\dot{I}_0$ 和 $\dot{U}_1$ 的夹角为变压器空载时的功率因数角 φ_0，所以变压器空载运行时功率因数 $\cos\varphi_0$ 很低，一般在 0.1～0.2 之间。

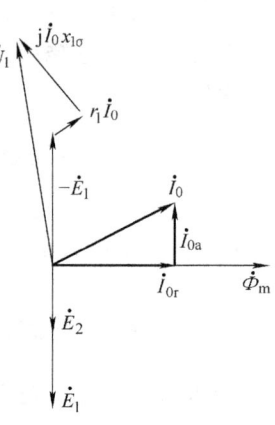

图 3-6 变压器空载运行时的相量图

【例 3-1】 一台三相变压器，额定容量 $S_N = 31500 \text{kV} \cdot \text{A}$，额定电压 $U_{1N}/U_{2N} = 110\text{kV}/10.5\text{kV}$，Yd（Y/△）联结，一次绕组一相 $r_1 = 1.21\Omega$，$x_{1\sigma} = 14.45\Omega$，$r_m = 1439.3\Omega$，$x_m = 14161.3\Omega$，求：

(1) 一次、二次侧额定电流；
(2) 变压器电压比；
(3) 空载电流及其与一次侧额定电流的百分比；
(4) 每相绕组的铜耗、铁耗及三相绕组的铜耗和铁耗；
(5) 变压器空载时的功率因数。

解：(1) 一次、二次侧的额定电流为

$$I_{1N} = \frac{S_N}{\sqrt{3} U_{1N}} = \frac{31500 \times 10^3}{\sqrt{3} \times 110 \times 10^3} \text{A} = 165.3 \text{A}$$

$$I_{2N} = \frac{S_N}{\sqrt{3} U_{2N}} = \frac{31500 \times 10^3}{\sqrt{3} \times 10.5 \times 10^3} \text{A} = 1732 \text{A}$$

(2) 变压器电压比用额定电压之比计算，为

$$K = \frac{U_{1N}}{\sqrt{3}U_{2N}} = \frac{110 \times 10^3}{\sqrt{3} \times 10.5 \times 10^3} = 6.05$$

(3) 利用空载时等效电路，根据相电压计算每相空载电流为

$$I_0 = \frac{U_{1N}}{\sqrt{3} \times \sqrt{(r_1 + r_m)^2 + (x_{1\sigma} + x_m)^2}}$$

$$= \frac{110 \times 10^3}{\sqrt{3} \times \sqrt{(1.21 + 1439.3)^2 + (14.45 + 14161.3)^2}} A$$

$$= 4.46A$$

由于变压器一次绕组为Y形联结，一次绕组相电流与线电流相等，则空载电流占一次绕组额定电流百分比为

$$\frac{I_0}{I_{1N}} = \frac{4.46}{165.3} = 2.7\%$$

(4) 每相绕组铜耗为

$$I_0^2 r_1 = 4.46^2 \times 1.21 \text{W} = 24.07 \text{W}$$

三相总铜耗为

$$p_{Cu} = 3I_0^2 r_1 = 72.21 \text{W}$$

每相铁耗为

$$I_0^2 r_m = 4.46^2 \times 1439.3 \text{W} = 28629.9 \text{W}$$

三相总铁耗为

$$p_{Fe} = 3I_0^2 r_m = 85889.7 \text{W}$$

(5) 功率因数角为

$$\varphi_0 = \arctan \frac{x_m + x_{1\sigma}}{r_m + r_1} = \arctan \frac{14161.3 + 14.5}{1439 + 1.21} = 84.19°$$

功率因数则为

$$\cos\varphi_0 = \cos 84.19° = 0.1$$

可见，变压器空载运行时，空载电流很小，铁耗远远大于铜耗，变压器在很低的功率因数下运行。

第二节 变压器的负载运行

变压器一次绕组接交流电源，二次绕组接负载的运行方式，为变压器的负载运行方式。图3-7所示为单相变压器负载运行示意图，其中 Z_L 为负载阻抗。

一、负载运行时的磁动势关系

从上节分析知道，变压器空载运行时，二次绕组电流为零，一次绕组只有很小的空载电流，用于建立空载磁动势 $\dot{F}_0$，$\dot{F}_0 = \dot{I}_0 N_1$，产生主磁通 $\dot{\Phi}_m$，此时铁心中只有空载电流建立的磁动势。

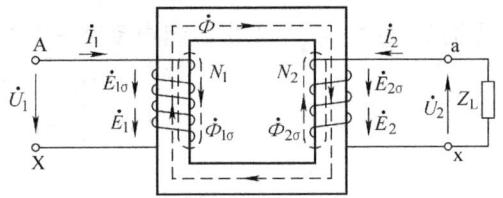

图3-7 单相变压器负载运行示意图

当变压器负载运行时,二次绕组流过电流 $\dot{I}_2$,将产生磁动势 $\dot{F}_2 = \dot{I}_2 N_2$,该磁动势也作用在铁心主磁路上,根据楞次定律可知,$\dot{F}_2$ 对主磁场有去磁作用,它企图改变主磁通 $\dot{\Phi}_m$。但由于一次电压 U_1 不变,根据式(3-16)可知,主磁通 $\dot{\Phi}_m$ 也近似不变。所以,当二次侧有磁动势 $\dot{F}_2$ 后,为了维持主磁通的恒定,一次磁动势将要发生变化,由空载时的 $\dot{F}_0$ 变为负载时的 $\dot{F}_1$,一次电流也发生改变,由 $\dot{I}_0$ 变为 $\dot{I}_1$。一次绕组变化的磁动势用来平衡二次侧由于负载产生的作用,从而保持一次、二次绕组的合成磁动势不变,此时变压器处于负载运行时新的电磁平衡状态。

变压器负载运行的磁动势平衡方程

$$\dot{F}_0 = \dot{F}_1 + \dot{F}_2 \tag{3-19}$$

$$\dot{I}_0 N_1 = \dot{I}_1 N_1 + \dot{I}_2 N_2 \tag{3-20}$$

式(3-20)可改写成

$$\dot{I}_1 N_1 = \dot{I}_0 N_1 + (-\dot{I}_2 N_2) \tag{3-21}$$

式(3-21)表明,负载时一次绕组的磁动势 $\dot{F}_1 = \dot{I}_1 N_1$ 由两个分量组成,一个分量是励磁磁动势,近似等于空载磁动势 $\dot{F}_0 = \dot{I}_0 N_1$,用于建立主磁通;另一个分量是 $-\dot{F}_2 = -\dot{I}_2 N_2$,用来平衡二次绕组磁动势 $\dot{F}_2$ 的作用,以维持主磁通恒定。

二、一次、二次电流的关系

将式(3-21)两边同时除以 N_1,得

$$\dot{I}_1 = \dot{I}_0 + (-\dot{I}_2/K) = \dot{I}_0 + \dot{I}_{1L} \tag{3-22}$$

$$\dot{I}_{1L} = -\dot{I}_2/K \tag{3-23}$$

式中,$\dot{I}_{1L}$ 为一次电流的负载分量(load component),其大小随负载变化而变化。

式(3-22)表明了变压器一次、二次侧能量传递的关系。变压器空载运行时,二次电流为零,二次侧输出功率为零,一次电流为空载电流 $\dot{I}_1 = \dot{I}_0$ 很小,变压器从电源吸收很小的功率提供空载损耗;变压器负载时,二次电流 $\dot{I}_2 \neq 0$,有功率输出,一次电流 $\dot{I}_1$ 随之发生变化,在一次、二次电压基本一定时,如果二次电流 $\dot{I}_2$ 增大,表明二次侧输出功率增大,则一次电流 $\dot{I}_1$ 也增大,变压器从电源吸收的功率增加。一次、二次绕组之间虽然没有电的直接联系,但是由于两个绕组共用一个磁路,共同交链一个主磁通,借助于主磁通的变化,通过电磁感应作用,实现了一次、二次绕组间的电压变换和功率传递。

三、电动势平衡方程式

当一次、二次绕组的漏电动势 $\dot{E}_{1\sigma}$ 和 $\dot{E}_{2\sigma}$ 分别用它们的漏电抗 $x_{1\sigma}$ 和 $x_{2\sigma}$ 的压降来表示后,变压器负载时一次、二次绕组电动势平衡方程式为

$$\dot{U}_1 = -\dot{E}_1 + j\dot{I}_1 x_{1\sigma} + \dot{I}_1 r_1 = -\dot{E}_1 + \dot{I}_1 Z_1 \tag{3-24}$$

$$\dot{U}_2 = \dot{E}_2 - j\dot{I}_2 x_{2\sigma} - \dot{I}_2 r_2 = \dot{E}_2 - \dot{I}_2 Z_2 \tag{3-25}$$

$$\dot{U}_2 = \dot{I}_2 Z_L$$

式中,Z_2 为二次绕组漏阻抗,$Z_2 = r_2 + jx_{2\sigma}$。

综上所述,变压器负载运行时各物理量之间的关系如图3-8所示。

变压器负载运行时的基本方程式汇总如下：

$$\dot{U}_1 = -\dot{E}_1 + \mathrm{j}\dot{I}_1 x_{1\sigma} + \dot{I}_1 r_1 = -\dot{E}_1 + \dot{I}_1 Z_1$$

$$\dot{U}_2 = \dot{E}_2 - \mathrm{j}\dot{I}_2 x_{2\sigma} - \dot{I}_2 r_2 = \dot{E}_2 - \dot{I}_2 Z_2$$

$$\dot{I}_1 = \dot{I}_0 + (-\dot{I}_2/K)$$

$$K = \frac{E_1}{E_2} = \frac{N_1}{N_2}$$

$$-\dot{E}_1 = \dot{I}_0 Z_\mathrm{m} = \dot{I}_0 (r_\mathrm{m} + \mathrm{j}x_\mathrm{m})$$

$$\dot{U}_2 = \dot{I}_2 Z_\mathrm{L}$$

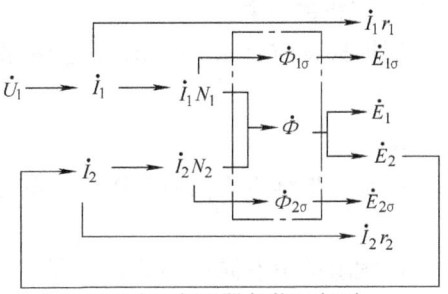

图 3-8 变压器负载运行时各物理量之间的关系

四、绕组折算

利用变压器的基本方程式，可以对变压器运行性能进行分析计算。但是，由于一次、二次绕组匝数不相等，所以一、二次绕组感应电动势不等，$E_1 \neq E_2$，电压比 $K \neq 1$，再加上一次、二次绕组之间无电的直接联系，所以计算变得很复杂。为了分析求解方便，在电机学中对变压器和电机的分析常采用折算法。所谓折算（referring），就是把一次和二次绕组的匝数变换成同一匝数的方法，即把实际变压器模拟为电压比 $K = 1$ 的等效变压器来研究。

若以一次绕组为基准，将二次绕组的作用用一个匝数与一次绕组相等的绕组来等效，叫二次侧折算到一次侧；也可以二次绕组为基准，将一次绕组用一个匝数与二次绕组相等的绕组来等效，叫一次侧折算到二次侧。需要注意的是，在折算前后，变压器内部的电磁关系一定不能改变，所以折算是在磁动势、功率、损耗和漏磁场储能等均保持不变的原则下进行的。

折算后的各量在相应符号的右上角加 "′"，表示为折算值。根据折算原则，以二次侧折算到一次侧为例，给出折算前后各量的关系。

1. 电动势的折算

根据折算前后主磁通和漏磁通保持不变的原则，有

$$\frac{E_2'}{E_2} = \frac{4.44fN_1\Phi_\mathrm{m}}{4.44fN_2\Phi_\mathrm{m}} = \frac{N_1}{N_2} = K$$

$$\frac{E_{2\sigma}'}{E_{2\sigma}} = \frac{4.44fN_1\Phi_{2\sigma}}{4.44fN_2\Phi_{2\sigma}} = \frac{N_1}{N_2} = K$$

即

$$E_2' = KE_2 \tag{3-26}$$

$$E_{2\sigma}' = KE_{2\sigma} \tag{3-27}$$

当然，二次电压也有这种关系，即

$$U_2' = KU_2 \tag{3-28}$$

2. 电流的折算

根据折算前后磁动势保持不变的原则，有

$$\left. \begin{array}{c} I_2'N_1 = I_2N_2 \\ I_2' = I_2 \dfrac{N_2}{N_1} = \dfrac{I_2}{K} \end{array} \right\} \tag{3-29}$$

则

3. 阻抗的折算

根据折算前后二次绕组电阻上的铜耗不变的原则，有

$$I_2'^2 r_2' = I_2^2 r_2$$

则

$$r_2' = K^2 r_2 \qquad (3\text{-}30)$$

同理，根据折算前后二次绕组漏电抗上所消耗的无功功率保持不变的原则，有

$$x_2' = K^2 x_2 \qquad (3\text{-}31)$$

负载阻抗也有同样的关系，即

$$Z_L' = K^2 Z_L \qquad (3\text{-}32)$$

综上所述，把二次侧各物理量折算到一次侧时，凡是单位为伏（V）的量折算值等于原值乘以电压比 K，凡是单位为安（A）的量折算值等于原值除以电压比 K，凡是单位为欧（Ω）的量折算值等于原值乘以电压比 K 的二次方。

二次侧折算到一次侧后，变压器的基本方程式为

$$\dot{U}_1 = -\dot{E}_1 + j\dot{I}_1 x_{1\sigma} + \dot{I}_1 r_1 = -\dot{E}_1 + \dot{I}_1 Z_1$$
$$\dot{U}_2' = \dot{E}_2' - j\dot{I}_2' x_{2\sigma}' - \dot{I}_2' r_2' = \dot{E}_2' - \dot{I}_2' Z_2'$$
$$\dot{I}_1 = \dot{I}_0 + (-\dot{I}_2')$$
$$E_1 = E_2'$$
$$-\dot{E}_1 = \dot{I}_0 Z_m = \dot{I}_0 (r_m + j x_m)$$
$$\dot{U}_2' = \dot{I}_2' Z_L'$$

五、等效电路

1. T形等效电路

根据折算后变压器的一次、二次绕组的电动势方程，可画出一次、二次绕组的等效电路如图3-9所示。因为，$E_1 = E_2'$，$\dot{I}_1 + \dot{I}_2' = \dot{I}_0$，可以将图3-9a、b、c所示的3个部分连接在一起，便得到变压器的T形等效电路，如图3-9d所示。

2. 近似等效电路

在T形等效电路中，含有串联和并联支路，复数运算时比较烦琐。考虑到 $I_1 \gg I_0$，$Z_m \gg Z_1$，可将 Z_m 支路移到电源端，得到近似等效电路，如图3-10所示，这样的近似所引起的误差在工程计算上是允许的。

3. 简化等效电路

电力变压器中，空载电流很小，$I_0 = (0.02 - 0.1) I_{1N}$，所以近似计算时忽略空载电流，等效电路将进一步简化为简单的串联电路，如图3-11所示，称为简化等效电路。简化等效电路中的串联阻抗称为变压器的短

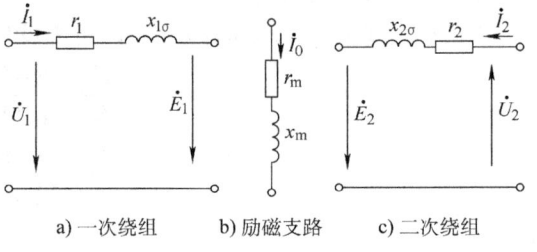

a) 一次绕组　　b) 励磁支路　　c) 二次绕组

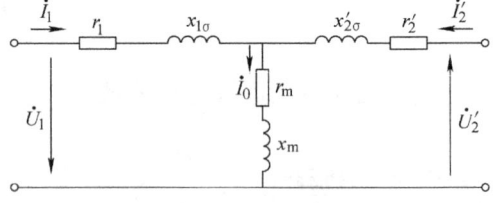

d) 变压器的T形等效电路

图3-9　与变压器基本方程组对应的电路和变压器的T形等效电路

路阻抗（short-circuit impedance）Z_k，有

$$\left.\begin{aligned} Z_k &= Z_1 + Z_2' = r_k + jx_k \\ r_k &= r_1 + r_2' \\ x_k &= x_{1\sigma} + x_{2\sigma}' \end{aligned}\right\} \quad (3\text{-}33)$$

式中，r_k 和 x_k 分别称为短路电阻和短路电抗。

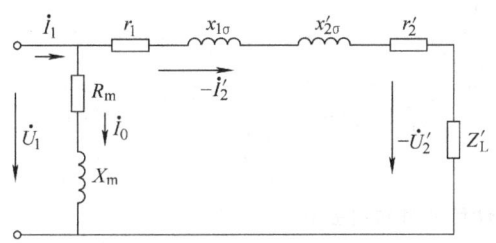

图 3-10　近似等效电路

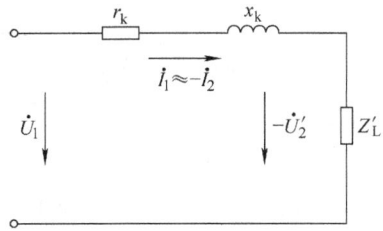

图 3-11　简化等效电路

从图 3-11 所示的简化等效电路可以看出，变压器如果发生稳态短路，则短路电流 $I_k = U_1/Z_k$。短路阻抗 Z_k 一般较小，所以变压器短路电流很大，可以达到额定电流的 10～20 倍。

【例 3-2】　图 3-9 所示等效电路中，二次绕组阻抗 $Z_2 = r_2 + jx_{2\sigma} = (1 + j4)\Omega$，变压器电压比为 $N_1/N_2 = 5$，变压器一次绕组加有效值为 120V 的交流电压，二次侧短路，计算一次绕组的短路电流。

解： 变压器电压比为

$$K = N_1/N_2 = 5$$

二次绕组折算到一次侧的阻抗为

$$Z_2' = K^2 Z_2 = (25 + j100)\Omega$$

忽略变压器一次绕组漏阻抗压降，有

$$K = N_1/N_2 = U_1/U_2$$

忽略变压器的励磁电流，有

$$K = N_1/N_2 = I_2/I_1$$

则有

$$Z_1 = \frac{U_1}{I_1} = \frac{KU_2}{I_2/K} = K^2 Z_2 = Z_2'$$

所以，变压器发生短路时，一次绕组的短路电流为

$$\dot{I}_1 = \frac{\dot{U}_1}{Z_1} = \frac{120}{25 + j100}\text{A} = (0.28 - j1.13)\text{A}$$

一次和二次绕组电流有效值为

$$I_1 = \sqrt{0.28^2 + 1.13^2}\text{A} = 1.16\text{A}$$

$$I_2 = KI_1 = 5.8\text{A}$$

六、负载运行时的相量图

变压器一般带感性负载，图 3-12 所示为变压器带感性负载时的相量图。相量图的画法和作图步骤随已知条件而定。假定已知负载情况和变压器参数，即已知 $\dot{U}_2$、$\dot{I}_2$、$\cos\varphi_2$、r_1、

$x_{1\sigma}$、r_2、$x_{2\sigma}$、r_m 和 x_m,则绘图步骤如下:

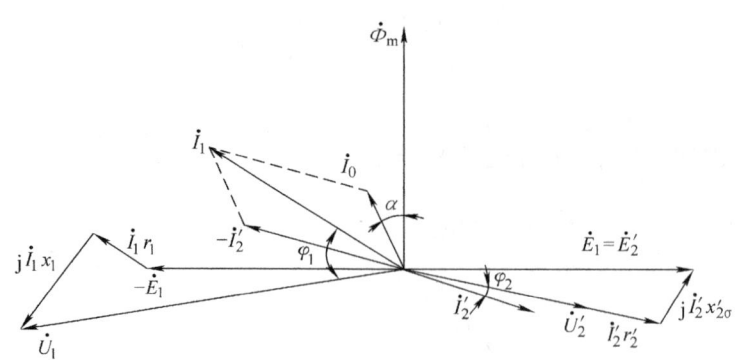

图 3-12 变压器带感性负载时的相量图

1)根据电压比 K 计算二次绕组折算到一次绕组的折算值,$\dot{U}'_2$、$\dot{I}'_2$、r'_2 和 $x'_{2\sigma}$;取 $\dot{U}'_2$ 为参考相量,$\dot{I}'_2$ 滞后 $\dot{U}'_2$ 的角度为 φ_2。

2)根据二次电压平衡方程 $\dot{E}'_2 = \dot{U}'_2 + \dot{I}'_2(r'_2 + jx'_{2\sigma})$,在 $\dot{U}'_2$ 上叠加 $\dot{I}'_2 r'_2$ 和 $j\dot{I}'_2 x'_{2\sigma}$,$\dot{I}'_2 r'_2$ 与 $\dot{I}'_2$ 同相,$j\dot{I}'_2 x'_{2\sigma}$ 超前 $\dot{I}'_2$ 90°,从而可得到 $\dot{E}'_2$。

3)根据 $\dot{E}_1 = \dot{E}'_2$,则得到 $\dot{E}_1$,取其反向值,为 $-\dot{E}_1$。

4)主磁通 $\dot{\Phi}_m$ 超前 $\dot{E}_1$ 90°,大小为 $\Phi_m = \dfrac{E_1}{4.44fN_1}$,而励磁电流 $\dot{I}_0$ 超前 $\dot{\Phi}_m$ 一个角度 α,$\alpha = \arctan\dfrac{x_m}{r_m}$,$\dot{I}_0 = \dfrac{-\dot{E}_1}{Z_m}$。

5)由 $\dot{I}_0 + (-\dot{I}'_2) = \dot{I}_1$,可画出 $\dot{I}_1$。

6)根据 $\dot{U}_1 = -\dot{E}_1 + \dot{I}_1(r_1 + jx_{1\sigma})$,可得到 $\dot{U}_1$。

从图 3-12 可见,$\dot{I}_1$ 滞后 $\dot{U}_1$ 相位为 φ_1,φ_1 为变压器一次侧的功率因数角。工程上,分析和计算实际问题时,常采用等效电路,而把相量图作为定性分析时的辅助工具。

第三节 标 幺 值

在电机工程计算中,各物理量除了用其实际值来表示外,还常常采用标幺值来表示。由前可知,要得到变压器的等效电路,利用等效电路进行变压器参数计算,首先要进行绕组折算,将不同侧不同的电压等级折算到相同的等级,这增加了计算复杂性;另外,不同容量的变压器和电机,其参数实际值相差很大,要进行比较和分析有一定的难度,如果采用标幺值,这些问题都很容易解决了。

一、标幺值的定义

所谓标幺值(per unit value,简称 pu 或 p. u.),也称标幺值,是用实际值与同一单位的某一选定的基准值(base value)之比,即

标幺值=实际值(任意单位)/基准值(与实际值相同单位)

标幺值是相对值,无单位。某物理量的标幺值用原来的符号右下角加"*"表示。所

以，对同一个实际值，基准值不同，则标幺值也不同。

二、基准值的选取

为使标幺值具有一定的物理意义，在电机中，常采用与额定值有关的标幺值体系，即选各物理量的额定值作为基准值，具体如下：

1）额定相电压和相电流作为相电压和相电流的基准值；额定电压和电流作为线电压和线电流的基准值。

2）电阻、电抗和阻抗采用同一个基准值，这些参数都是一相的值，所以阻抗基准值 Z_N 是额定相电压与额定相电流的比值

$$Z_N = \frac{U_{N\phi}}{I_{N\phi}}$$

3）有功功率、无功功率及视在功率采用同一个基准值，以额定视在功率为基准；单相功率的基准值为 $U_{N\phi}I_{N\phi}$，三相视在功率的基准值为 $3U_{N\phi}I_{N\phi}$ 或 $\sqrt{3}U_N I_N$。

4）变压器有一次、二次绕组之分，一次、二次侧各物理量的基准值应选择各自侧的额定值。

三、标幺值的特点

1）额定电压、额定电流和额定视在功率的标幺值为 1。

2）变压器绕组折算前后各物理量的标幺值相等，也就是说，采用标幺值计算时，不必再进行折算。例如：

$$U_{2*} = \frac{U_2}{U_{2N}} = \frac{KU_2}{KU_{2N}} = \frac{U_2'}{U_{1N}} = U_{2*}'$$

3）某些物理量的标幺值相等，可以简化计算。如短路阻抗标幺值等于阻抗电压的标幺值

$$Z_{k*} = \frac{Z_k}{Z_N} = \frac{I_{\phi N} Z_k}{U_{\phi N}} = \frac{U_k}{U_{\phi N}} = U_{k*}$$

采用标幺值后可以省去公式中的比例系数，不必进行绕组折算，简化了计算。同时，电力系统的元件参数比较接近，易于进行计算和对结果的分析比较。

第四节 变压器等效电路参数测定

在分析和计算变压器特性时，应知道变压器等效电路中的各阻抗参数，而变压器铭牌上未给出这些参数，实际中可以根据变压器的空载试验和短路试验测定。

一、空载试验

空载试验（no-load test，或者 open circuit test）可以用于验证变压器铁心的设计计算、工艺制造是否满足标准和技术条件的要求以及检查变压器铁心是否存在缺陷（如局部过热、局部绝缘不良）等。空载试验作为一种检测手段，可以在变压器制造过程中对产品进行质量检查，以查明变压器生产过程中铁心和绕组是否存在问题，所以在变压器制造过程中，一

一般要进行多次空载试验。中小型变压器在绝缘装配后，一般要进行半成品的空载试验，产品完工时还要进行成品的空载试验。大型变压器在铁心叠装完成后，一般要进行空载试验，对不叠上铁轭的铁心，不进行空载试验，但同样都要进行半成品和成品的空载试验。通过空载试验，一方面可以精确测量变压器的空载损耗，空载损耗意味着变压器在寿命期内的能量损失，必须满足标准或合同要求；另一方面，还可以检验变压器磁路是否存在缺陷。

空载试验可测定变压器的电压比 K、空载电流 I_0、空载损耗 p_0 及励磁参数 r_m 和 x_m 等。单相变压器空载试验接线如图 3-13 所示。

为了便于测量和安全起见，空载试验一般在低压侧加电压，高压侧开路。试验时，将试验电压从零逐渐上升到 $1.15U_N$ 左右，逐点测量空载电流 I_0 及其相应的外加电压 U_1 和输入功率（及空载损耗 p_0），得到变压器空载特性曲线 $I_0 = f(U_1)$ 及 $p_0 = f(U_1)$。由于励磁阻抗的大小与铁心饱和程度有关，所以空载电流和空载损耗随外加电压 U_1 的大小变化，即与铁心饱和程度有关，因此计算时应取额定电压点计算励磁参数。

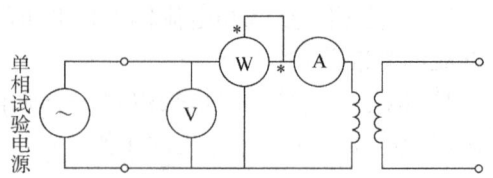

图 3-13　单相变压器空载试验的接线

空载时，变压器从电源吸取的功率为铁耗和空载时低压绕组的铜耗之和，由于空载电流很小，所以铜耗也很小，可忽略不计，则空载损耗近似认为为变压器铁耗 $p_0 \approx p_{Fe}$。忽略很小的绕组电阻 r_1 和电抗 x_1，则可计算出变压器电压比及励磁参数

$$K = \frac{U_{20}}{U_{1N}} \tag{3-34}$$

$$Z_m = \frac{U_{1N}}{I_0} \tag{3-35}$$

$$r_m = \frac{p_0}{I_0^2} \tag{3-36}$$

$$x_m = \sqrt{Z_m^2 - r_m^2} \tag{3-37}$$

注意：这里的电压比 K 为高压侧对低压侧的电压比，各励磁参数为低压侧的数值，如果要得到高压侧各参数值，必须进行折算，即乘以 K^2。

二、短路试验

短路试验（short-circuit test）可以测量变压器的短路参数 r_k 和 x_k 及铜耗 p_{Cu}。图 3-14 所示为单相变压器短路试验的接线。

短路试验时，电流较大，外加电压很小，为了便于测量，通常是在高压侧加电压，将低压侧短路。由简化等效电路可以看出，短路电流的大小，由外加电压 U_1 和变压器本身的漏阻抗 Z_k 决定，即 $I_k = U_1/Z_k$，由于短路阻抗 Z_k 很小，短路电流将很大。为了避免过大的短路电流，短路试验必须在较低的电压下进行，通常以短路电流达到额定值为限，此时外加电压为额定电压的 5%~10%。

试验时，外加电压从零开始逐渐增大，直

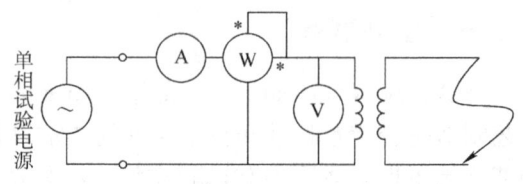

图 3-14　单相变压器短路试验的接线

到电流 I_k 约等于 $1.2I_{1N}$ 为止,逐点测量外加电压 U_k、短路电流 I_k 和输入功率(短路损耗 p_k),并记录环境温度 θ。根据试验数据,可得到短路特性曲线 $I_k = f(U_k)$ 和 $p_k = f(U_k)$。短路阻抗 Z_k 是常数,所以 $I_k = f(U_k)$ 是一条直线。

根据二次侧短路时的简化等效电路,可计算短路阻抗为

$$Z_k = \frac{U_k}{I_k} \tag{3-38}$$

$$r_k = \frac{p_k}{I_k^2} \tag{3-39}$$

$$x_k = \sqrt{Z_k^2 - r_k^2} \tag{3-40}$$

由于漏磁场分布十分复杂,要从测出的 x_k 中把 $x_{1\sigma}$ 和 $x'_{2\sigma}$ 分开出来非常困难,而工程上大多采用简化等效电路来计算,通常也没有必要将其分开。在 T 形等效电路计算时,可取 $x_{1\sigma} = x'_{2\sigma} = x_k/2$,且 $r_1 = r'_2 = r_k/2$。

绕组电阻随温度变化,短路试验一般是在室温下进行,故按国家标准,需将绕组电阻换算到标准工作温度75℃时的数值,对铜绕组变压器,可按下式换算:

$$r_{k75℃} = r_{k\theta} \frac{235 + 75}{235 + \theta} \tag{3-41}$$

$$Z_{k75℃} = \sqrt{r_{k75℃}^2 + x_k^2} \tag{3-42}$$

短路试验时,变压器从电源吸取的功率 p_k 全部转化为一次、二次绕组的铜耗和铁耗,但由于试验时外加电压很低,铁心中的磁通很小,铁耗可忽略,这样可认为短路损耗即为变压器铜耗,有

$$p_k \approx p_{Cu} = I_1^2 r_1 + I_2'^2 r_2' = I_k^2 r_k \tag{3-43}$$

一般电力变压器在短路电流达到额定值时的短路损耗 $p_{kN} = (0.004 \sim 0.04) S_N$。

三、阻抗电压

阻抗电压是指短路试验时,使短路电流达到额定值时所加的电压,常用其与额定电压的百分比值来表示,有

$$u_k = \frac{U_k}{U_{1N}} \times 100\% \tag{3-44}$$

阻抗电压中,把平衡短路电阻压降部分称为短路电压的有功分量 u_{ka},把平衡短路电抗压降的部分称为短路电压的无功分量 u_{kr},计算公式分别为

$$u_{ka} = \frac{I_{\phi N} r_k}{U_{1\phi N}} \times 100\% \tag{3-45}$$

$$u_{kr} = \frac{I_{\phi N} x_k}{U_{1\phi N}} \times 100\% \tag{3-46}$$

也可用标幺值表示为

$$U_{k*} = Z_{k*} \tag{3-47}$$

$$U_{ka*} = r_{k*} \tag{3-48}$$

$$U_{kr*} = x_{k*} \tag{3-49}$$

阻抗电压是变压器重要参数之一,其数值标在变压器铭牌上,它反映了变压器在额定负

载时内部漏阻抗压降的大小。从正常运行角度，希望短路阻抗越小越好，这样内部阻抗压降就小，输出电压随负载变化的波动就小；而从限制短路电流的角度，又希望短路阻抗大一些。一般中小型变压器的阻抗电压为 4% ~ 10.5%，大型变压器一般为 12.5% ~ 17.5%。

【例 3-3】 一台三相电力变压器的额定数值如下：$S_N = 100 \text{kV} \cdot \text{A}$，$U_{1N}/U_{2N} = 6.0 \text{kV}/0.4 \text{kV}$，$f = 50 \text{Hz}$，Yyn 联结，室温为 25℃ 时作空载试验和短路试验，试验数据见表 3-1。

表 3-1 例 3-3 的试验数据

试 验 名 称	电压/V	电流/A	功率/W	试验时电源加在
空载试验	400	9.37	616	低压侧
短路试验	251.9	9.4	1920	高压侧

求：(1) 折算到高压侧的 T 形等效电路中各参数；
(2) 阻抗电压及标幺值；
(3) 用标幺值表示的 T 形等效电路。

解：(1) 折算到高压侧的参数计算

因为是三相变压器，所以表 3-1 中所给的试验数据功率、损耗等均为三相总和，电压、电流为线电压和线电流。

根据绕组接法计算其中一相的参数，有

额定相电压

$$U_{1\phi N} = \frac{U_{1N}}{\sqrt{3}} = \frac{6000}{\sqrt{3}} \text{V} = 3464 \text{V}$$

$$U_{2\phi N} = \frac{U_{2N}}{\sqrt{3}} = \frac{400}{\sqrt{3}} \text{V} = 230.9 \text{V}$$

额定相电流

$$I_{1\phi N} = I_{1N} = \frac{S_N}{\sqrt{3} U_{1N}} = \frac{100 \times 10^3}{\sqrt{3} \times 6000} \text{A} = 9.623 \text{A}$$

$$I_{2\phi N} = I_{2N} = \frac{S_N}{\sqrt{3} U_{2N}} = \frac{100 \times 10^3}{\sqrt{3} \times 400} \text{A} = 144.3 \text{A}$$

变压器电压比为

$$K = \frac{U_{1\phi N}}{U_{2\phi N}} = \frac{3464}{230.9} = 15$$

① 根据空载试验计算折算到高压侧的励磁参数

$$Z_m = K^2 \frac{U_0/\sqrt{3}}{I_0} = 15^2 \times \frac{400/\sqrt{3}}{9.37} \Omega = 5545.5 \Omega$$

$$r_m = K^2 \frac{p_0/3}{I_0^2} = 15^2 \times \frac{616/3}{9.37^2} \Omega = 526.2 \Omega$$

$$x_m = \sqrt{Z_m^2 - r_m^2} = \sqrt{5545.5^2 - 526.2^2} \Omega = 5520.48 \Omega$$

② 根据短路试验计算折算到高压侧的短路参数

$$Z_k = \frac{U_k/\sqrt{3}}{I_k} = \frac{251.9/\sqrt{3}}{9.4} \Omega = 15.47 \Omega$$

$$r_k = \frac{p_k/3}{I_k^2} = \frac{1920/3}{9.4^2}\Omega = 7.24\Omega$$

$$x_k = \sqrt{Z_k^2 - r_k^2} = \sqrt{15.47^2 - 7.24^2}\Omega = 13.67\Omega$$

换算到75℃时的短路参数

$$r_{k75℃} = r_{k\theta}\frac{235+75}{235+\theta} = 7.24 \times \frac{235+75}{235+25}\Omega = 8.63\Omega$$

$$Z_{k75℃} = \sqrt{r_{k75℃}^2 + x_k^2} = \sqrt{8.63^2 + 13.67^2}\Omega = 16.17\Omega$$

一般取 $r_1 = r_2' = \frac{1}{2}r_{k75℃} = 8.63/2\Omega = 4.315\Omega$

$$x_{1\sigma} = x_{2\sigma}' = \frac{1}{2}x_k = 13.67/2\Omega = 6.835\Omega$$

③折算到高压侧的T形等效电路如图3-15a所示。

(2) 阻抗电压及其分量的标幺值与短路阻抗及其分量的标幺值相等，所以只需计算短路阻抗及各分量标幺值即可

$$U_{k*} = Z_{k75℃*} = \frac{I_{1\phi N}Z_{k75℃}}{U_{1\phi N}} = \frac{9.623 \times 16.17}{3464} = 0.045$$

$$U_{ka*} = r_{k*} = \frac{I_{1\phi N}r_{k75℃}}{U_{1\phi N}} = \frac{9.623 \times 8.63}{3464} = 0.024$$

$$U_{kr*} = x_{k*} = \frac{I_{1\phi N}x_k}{U_{1\phi N}} = \frac{9.623 \times 13.67}{3464} = 0.038$$

(3) 计算变压器各参数标幺值

励磁参数标幺值分别为

$$Z_{m*} = \frac{I_{1\phi N}Z_m}{U_{1\phi N}} = \frac{9.623 \times 5545.5}{3464} = 15.4$$

$$r_{m*} = \frac{I_{1\phi N}r_m}{U_{1\phi N}} = \frac{9.623 \times 526.2}{3464} = 1.462$$

$$x_{m*} = \frac{I_{1\phi N}x_m}{U_{1\phi N}} = \frac{9.623 \times 5520.5}{3464} = 15.34$$

短路参数标幺值为

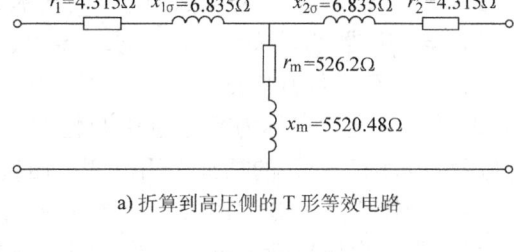

a) 折算到高压侧的T形等效电路

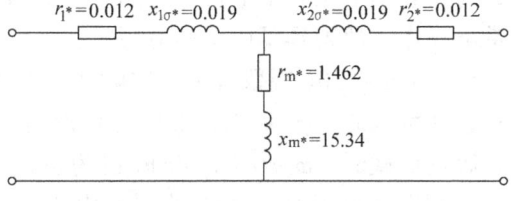

b) 用标幺值表示的折算到高压侧的T形等效电路

图3-15 例3-3 的图

$$r_{1*} = r_{2*}' = \frac{r_{k*}}{2} = 0.012$$

$$x_{1\sigma*} = x_{2\sigma*}' = \frac{x_{k*}}{2} = 0.019$$

(4) 用标幺值表示的T形等效电路如图3-15b所示。

从T形等效电路所标出的标幺值可以看出，x_{m*}远远大于x_{k*}和r_{k*}'。

第五节 变压器的运行特性

变压器负载运行时的运行特性主要有外特性和效率特性。外特性是指变压器二次电压随负载变化的关系特性，又称为电压调整特性（voltage regulation characteristic），常用电压变

化率来表示二次电压变化的程度,它反映变压器供电电压的质量。效率特性是用效率来反映变压器运行时的经济指标。

一、变压器的电压变化率和外特性

电压变化率(voltage regulation)指的是外施电压为额定值、负载功率因数一定时,二次额定电压与二次侧带负载时的实际电压的电压算数差与二次额定电压的比值,用 ΔU 表示

$$\Delta U = \frac{U_{2N} - U_2}{U_{2N}} = 1 - U_{2*} \tag{3-50}$$

工程上,常用简化的近似公式计算变压器的电压变化率,可根据相量图推导出简化计算公式为

$$\Delta U = \beta(r_{k*}\cos\varphi_2 + x_{k*}\sin\varphi_2) \tag{3-51}$$

式中,β 为变压器输出电流的负载系数(load factor),也称负载率,$\beta = I_{2\phi}/I_{2\phi N} = I_{2*}$,额定负载时,$\beta = 1$。

式(3-51)表明,变压器的电压变化率 ΔU 有如下特点:

1) 与变压器漏阻抗有关。负载一定时,漏阻抗标幺值越大,电压变化率也越大。

2) 与负载系数 β 成正比关系。当负载为额定负载、功率因数为指定值(通常为0.8滞后)时的电压变化率称为额定电压变化率,用 ΔU_N 表示,约为5%,所以一般电力变压器的高压绕组都有 ±5% 的抽头,用改变高压绕组匝数的方法来进行输出电压调节,称为分接头调压。分接头开关分为两类:一类是在断电状态下操作的分接开关,称为无励磁分接开关;另一类是变压器带电可操作的,叫有载分接开关。由于有载调压变压器在调压过程中可以带电操作,故得到了广泛的应用。

3) 与负载功率因数有关。实际变压器中,$x_{k*} \gg r_{k*}$,所以纯电阻负载时电压变化率较小;感性负载时,φ_2 为正,电压变化率也为正,表明二次侧实际电压 U_2 低于二次额定电压;容性负载时,φ_2 为负,$\sin\varphi_2$ 也为负,当 $|x_{k*}\sin\varphi_2| > |r_{k*}\cos\varphi_2|$ 时,ΔU 为负值,表明二次侧实际电压 U_2 高于二次额定电压。

当一次侧为额定电压,负载功率因数不变时,二次电压 U_2 与负载电流 I_2 的关系曲线 $U_2 = f(I_2)$ 称为变压器的外特性。用标幺值表示的变压器外特性如图3-16所示,即 $U_{1*} = 1$,$\cos\varphi_2 = $ 常数,$U_{2*} = f(\beta)$ 的关系曲线。从图中可以看出,阻性负载和感性负载时,随着负载系数的增大,变压器输出电压降低;对于容性负载,随着负载系数增大,变压器输出电压有可能增大,高于额定电压。

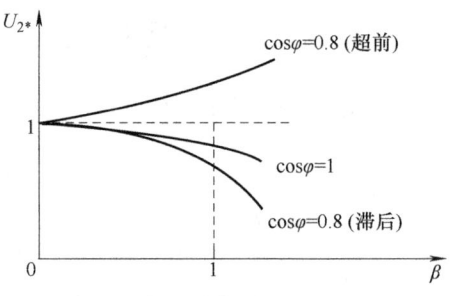

图3-16 用标幺值表示的变压器的外特性

二、变压器的损耗与效率

变压器在进行能量传递过程中,内部有绕组的铜耗和铁心的铁耗,使变压器输出功率小于输入功率。输出有功功率与输入有功功率之比称为变压器的效率,用 η 表示

$$\eta = \frac{P_2}{P_1} \times 100\% \tag{3-52}$$

式中，P_1 为变压器输入有功功率；P_2 为输出有功功率。$P_1 = P_2 + \sum p$，$\sum p$ 为变压器的总损耗。

变压器的损耗包括两部分：铜耗和铁耗。铜耗又分为基本铜耗和附加铜耗，电流在绕组导线上引起的电阻损耗，称为基本铜耗，包括一、二次绕组的基本铜耗；附加铜耗包括漏磁场在每根导线中产生的纵向和横向的涡流损耗，在并联分支间产生的环流损耗及在油箱和结构中产生的结构损耗，其大小与变压器绕组材料、绕组形式、工艺及外形结构有关。小容量变压器附加铜耗较小，一般占基本铜耗的 0.5%~5%；8000kV·A 以上的变压器附加铜耗可占基本铜耗的 10%~20%。不管是基本铜耗还是附加铜耗，都与电流的二次方成正比，所以铜耗随负载电流的变化而变化，又叫可变损耗。铁耗也分为基本铁耗和附加铁耗，基本铁耗是铁心中的磁滞损耗和涡流损耗；附加铁耗主要是漏磁通在夹件、油箱等构件处所引起的涡流损耗及在铁心接缝等处由于磁通密度分布不均匀所引起的损耗。附加铁耗对于小容量变压器影响不大，对于大容量变压器，其附加铁耗显著增加。但由于附加铁耗是由漏磁所产生，而变压器中漏磁场分布情况复杂，且产生附加铁耗的部件外形不规则，使磁场分布更不均匀，很难准确计算，一般采用经验公式估算。铁耗的大小近似正比于 B_m^2，而 B_m^2 又近似正比于 U_1^2。一般变压器一次绕组电压为额定电压保持不变，故变压器运行过程中，铁耗可看作为不随负载变化的一种损耗，称为不变损耗。

从前面已经知道，$p_{Fe} \approx p_0$，而铜耗用式（3-53）来表示：

$$p_{Cu} = \beta^2 p_{kN} \tag{3-53}$$

式中，p_{kN} 为额定负载时变压器的铜耗。

将上述关系代入式（3-52），有变压器效率计算公式

$$\eta = \frac{\beta S_N \cos\varphi_2}{\beta S_N \cos\varphi_2 + p_0 + \beta^2 p_{kN}} \times 100\% \tag{3-54}$$

负载功率因数 $\cos\varphi_2$ 一定时，效率与负载系数 β 有关。根据式（3-54），将其对 β 求导，并使导数等于零，可得到变压器最大效率时的负载系数 β_m 和最大效率 η_{max}，令

$$\frac{d\eta}{d\beta} = 0$$

有

$$p_0 = \beta_m^2 p_{kN} \quad \text{或} \quad \beta_m = \sqrt{\frac{p_0}{p_{kN}}} \tag{3-55}$$

可见，当变压器的铁耗与铜耗相等（即不变损耗与可变损耗相等）时，有最大效率。

将式（3-55）代入式（3-54），可得最大效率为

$$\eta_{max} = \frac{\beta_m S_N \cos\varphi_2}{\beta_m S_N \cos\varphi_2 + 2p_0} \times 100\% \tag{3-56}$$

由于变压器实际运行时，其一次绕组常接在电源电压上，所以其铁耗总是存在，而铜耗随负载大小而改变。因为接在电网上的变压器不可能长期满载运行，铁耗却常年存在，所以铁耗小一些对变压器全年运行的平均效率有利。一般变压器设计时，取空载损耗与短路损耗之比 p_0/p_{kN} 约为 1/4~1/3，即铁耗为额定负载时铜耗的 1/4~1/3。因此，变压器最高效率 η_{max} 发生在负载系数 $\beta = 0.3~0.5$ 范围内。

效率是变压器运行时的又一个重要性能指标，它反映了变压器运行的经济性。中小型变

压器的效率一般为95%～98%，大型变压器可达99%。

【例3-4】 用例3-3的数据，求：

（1）额定负载且$\cos\varphi_2 = 0.8$（滞后）时的效率和电压变化率；

（2）该变压器在输出功率为多大时效率最高？若带$\cos\varphi_2 = 0.8$（滞后）和$\cos\varphi_2 = 0.7$（滞后）负载时的最大效率为多少？

解：（1）额定负载时，$\beta = 1$，换算到标准工作温度75℃时的短路损耗为

$$p_{k75℃} = 3I_1^2 r_{k75℃} = 3 \times 9.623^2 \times 8.63 \text{W} = 2400 \text{W}$$

则效率为

$$\eta = \frac{\beta S_N \cos\varphi_2}{\beta S_N \cos\varphi_2 + p_0 + \beta^2 p_{kN}} \times 100\%$$

$$= \frac{100 \times 10^3 \times 0.8}{100 \times 10^3 \times 0.8 + 616 + 2400} \times 100\%$$

$$= 96.37\%$$

电压变化率为

$$\Delta U = \beta (r_{k*} \cos\varphi_2 + x_{k*} \sin\varphi_2)$$

$$= 0.024 \times 0.8 + 0.038 \times 0.6 = 0.042$$

（2）最大效率发生在$\beta_m = \sqrt{\dfrac{p_0}{p_{kN}}} = \sqrt{\dfrac{616}{2400}} = 0.5066$时，即输出功率$\beta_m S_N = 0.5066 \times 100 = 50.66 \text{kV·A}$时效率最高。

当$\cos\varphi_2 = 0.8$（滞后）时的最高效率为

$$\eta_{max} = \frac{\beta_m S_N \cos\varphi_2}{\beta_m S_N \cos\varphi_2 + 2p_0} \times 100\%$$

$$= \frac{0.5066 \times 100 \times 10^3 \times 0.8}{0.5066 \times 100 \times 10^3 \times 0.8 + 2 \times 616} \times 100\% = 97.05\%$$

当$\cos\varphi_2 = 0.7$（滞后）时的最高效率为

$$\eta_{max} = \frac{\beta_m S_N \cos\varphi_2}{\beta_m S_N \cos\varphi_2 + 2p_0} \times 100\%$$

$$= \frac{0.5066 \times 100 \times 10^3 \times 0.7}{0.5066 \times 100 \times 10^3 \times 0.7 + 2 \times 616} \times 100\% = 96.64\%$$

三、降低变压器损耗及提高效率的措施

电力变压器的损耗既影响电网的运行成本，也影响变压器的制造成本，同时还影响变压器的运行可靠性。变压器的损耗与多种因素有关，包括：变压器结构，运行方式，所用材料及制造工艺等。如普通的Yyn0联结的三柱卷铁心变压器，由于其铁轭中磁路相对独立，分叉处附近铁轭磁通密度饱和，谐波较大，将对电网引起额外损耗；冷轧硅钢片铁心较热轧硅钢片铁心损耗降低；卷铁心变压器由于其磁通与硅钢片晶粒取向一致，在性能指标相同的情况下，铁心材料消耗比叠铁心低，则性能有所提高；非晶合金铁心变压器比普通冷轧硅钢片铁心变压器空载损耗降低80%左右，但价格高约50%。所以，在降低变压器损耗、提高变压器运行效率方面，要同时兼顾变压器的运行成本及运行的安全性。

损耗积可用来评价变压器的技术水平,损耗积定义为$\dfrac{p_0}{P_N}\dfrac{p_k}{P_N}$。损耗积越低,表明变压器的技术水平越高。

思考题及习题

3-1 为什么将变压器的磁通分成主磁通和漏磁通?它们之间有哪些主要区别?

3-2 试说明变压器为什么只能改变电压而不能改变频率?

3-3 什么是变压器空载电流?它有何作用?受哪些因素影响?

3-4 变压器空载运行时,是否从电网吸收电功率?此功率属于什么性质?起什么作用?为什么小负载用户使用大容量变压器对电网和用户均不利?

3-5 为了能在变压器二次侧得到正弦波形的感应电动势,当铁心饱和或不饱和时,各需要在一次侧加什么波形的空载电流?为什么?

3-6 变压器在制造时,一次绕组匝数较设计时减少,试分析对变压器铁心饱和程度、励磁电流、励磁电抗、铁耗、电压比等有何影响?

3-7 如果将额定频率为 60Hz 的变压器,接到 50Hz 的电网上运行,试分析主磁通、励磁电流、铁耗、漏抗及电压变化率有何影响?

3-8 一台单相变压器,$S_N = 1000\text{kV·A}$,$U_{1N}/U_{2N} = 60\text{kV}/6.3\text{kV}$,$f_N = 50\text{Hz}$,空载及短路实验的结果见表 3-2。

表 3-2 题 3-8 的实验数据

实验名称	电压/V	电流/A	功率/W	加电源的位置
空载	6300	10.1	5000	低压侧
短路	3240	15.15	14000	高压侧

试计算:(1) 折算到高压侧的参数(实际值及标幺值),假定 $r_1 = r_2' = r_k/2$,$x_{1\sigma} = x_{2\sigma}' = x_k/2$;

(2) 画出折算到高压侧的 T 形等效电路;

(3) 计算短路电压的百分值及其两个分量;

(4) 满载及 $\cos\varphi_2 = 0.8$(滞后)时的电压变化率及效率;

(5) 最大效率。

3-9 一台三相变压器,$S_N = 5600\text{kV·A}$,$U_{1N}/U_{2N} = 10\text{kV}/6.3\text{kV}$,Yd11 联结,变压器空载及短路实验数据见表 3-3。

表 3-3 题 3-9 的实验数据

实验名称	线电压/V	线电流/A	三相功率/W	加电源的位置
空载	6300	7.4	6800	低压侧
短路	550	324	18000	高压侧

求:(1) 变压器参数的实际值和标幺值;

(2) 利用 T 形等效电路,求满载且 $\cos\varphi_2 = 0.8$(滞后)时的二次电压及一次电流;

(3) 满载且 $\cos\varphi_2 = 0.8$(滞后)时的电压变化率及效率。

第四章 三相变压器

电力系统采用的是三相供电制,所以电力系统中用得最多的是三相变压器。当三相变压器的一、二次绕组以一定的接法连接,带上三相对称负载,一次绕组接对称的三相电源时,其工作在对称情况,此时各相电压、电流大小相等,相位相差120°,因此可取三相中任意一相进行分析计算,也即将三相问题简化为单相问题,则前一章的分析方法和结论完全适用于三相电路,本章不再重复叙述。这里就三相变压器的几个特殊问题,即三相变压器的磁路系统、三相变压器的联结组标号和感应电动势波形等进行讨论,在此基础上简单分析变压器的并联运行、不对称运行、突然短路及变压器空载合闸等问题。

第一节 三相变压器的磁路系统

三相变压器主要有两种结构形式,一种是由3台单相变压器组合而成,称为三相组式变压器或三相变压器组(transformer bank),另一种形式是三柱式铁心变压器,称为心式变压器。两种形式的变压器磁路系统完全不同。

一、三相组式变压器的磁路系统

所谓三相组式变压器是把3台独立的单相变压器的绕组按一定方式作三相连接,构成一台三相变压器,其磁路系统如图4-1所示。

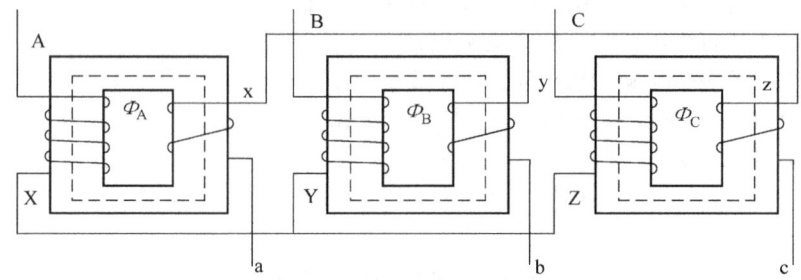

图4-1 三相组式变压器的磁路系统

这种磁路系统的特点是:各相磁路彼此独立,各不相关,各相主磁通以各自的铁心构成回路。若在三相绕组接三相对称电源,三相主磁通对称,三相空载电流也对称。

二、三相心式变压器磁路系统

三相心式变压器的铁心是由3个单相铁心演变而成。把3个单相铁心合并成如图4-2a所示的结构,通过中间心柱的磁通等于三相磁通之和,由于三相对称,所以其相量和为零,则中间心柱可以省去,成为图4-2b所示的结构。为了制造方便,再将3个心柱安排在同一个平面上,如图4-2c所示,这就是常见的三相心式变压器的铁心结构。

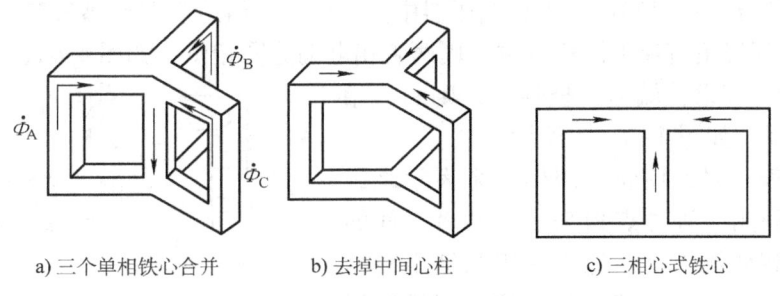

a) 三个单相铁心合并　　　b) 去掉中间心柱　　　c) 三相心式铁心

图 4-2　三相心式变压器的磁路系统

三相心式变压器磁路系统的特点是：各相磁路彼此相关，每相磁通必须通过另外两相才能构成闭合回路。

与三相组式变压器比较，心式变压器具有节省材料、效率高、占地面积小、维护方便等优点；但大型和超大型变压器，为了制造和运输方便，并减少电站的备用容量，常采用三相组式变压器。无论是三相组式变压器还是心式变压器，各相基波磁通通过的路径都是铁心磁路，遇到的磁阻很小。

第二节　三相变压器的电路系统——绕组的连接方式和联结组标号

一、绕组端点的标志与极性

为了便于绕组间的正确连接，对变压器绕组的每个出线端都给予一定的标志。本书将变压器高压侧用大写字母 A、B、C 表示三相绕组的首端，用 X、Y、Z 表示末端；低压侧用小写字母 a、b、c 表示首端，x、y、z 表示末端。

由于变压器同一铁心柱上的高、低压绕组交链同一个主磁通，所以高、低压绕组的感应电动势之间有一定的极性关系。高压绕组的某一端头电位为正时，低压绕组必有一个端头电位也为正，这两个具有相同极性的对应端头称为同极性端（或同名端），用符号"·"表示。

绕组的极性如图 4-3 所示。图 4-3a 中，高、低压绕组绕向相同，当铁心中磁通发生变化，可根据楞次定律判定两个绕组中感应电动势的实际方向，如磁通增大，则感应电动势的方向均由上端指向下端，高、低压绕组的上端均为负，即为同极性端。同理，图 4-3b 中，两个绕组绕向改变，同极性端也改变。所以，单相绕组的极性与绕组的绕向有关。

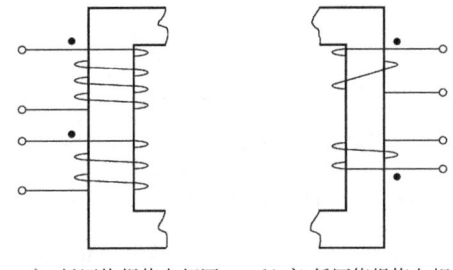

a) 高、低压绕组绕向相同　　b) 高、低压绕组绕向相反

图 4-3　绕组的极性

二、单相变压器的联结组标号

为了形象地表示高、低压绕组间感应电动势的相位关系，通常用时钟表示法。在用时钟法表示相位关系时，一般规定电动势的正方向为首端指向末端。

根据前面的分析可以知道，单相变压器中高、低压绕组感应电动势只有两种关系：

1）高、低压绕组首端为同极性端，则两者相电动势同相位，如图4-4a、d所示。

2）高、低压绕组首端为异极性端，则两者相电动势相位相反，如图4-4b、c所示。

用时钟法表示时，用联结组标号来表示绕组的连接方式，而用时钟钟点数来表示两者之间的相位关系。单相变压器高、低压绕组联结组标号用Ⅱ表示，钟点数根据下述原则确定：高压绕组的相电动势看做时钟的长针，低压绕组的相电动势看做时钟的短针，令代表高压绕组电动势的长针指向时钟盘面的12点，则代表低压绕组电动势的短针所指的钟点数即为绕组的联结组标号。如图4-4a、d所示，联结组标号为Ⅱ0（Ⅰ/Ⅰ—12）（括号为旧标准表示方法），图4-4c、d所示的联结组标号为Ⅱ6（Ⅰ/Ⅰ—6）。单相变压器的标准联结组标号为Ⅱ0（Ⅰ/Ⅰ—12）。

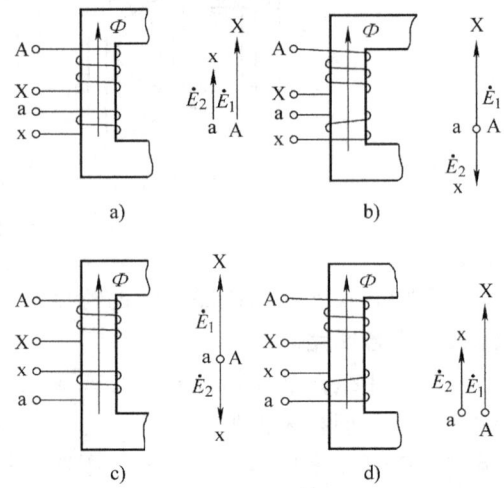

图4-4 单相变压器高、低压绕组相电动势之间的相位关系

三、三相变压器的电路系统

三相变压器的一、二次绕组主要有两种连接方式，星形连接方式和三角形连接方式，其三相绕组的连接方式及电动势相量图如图4-5所示。

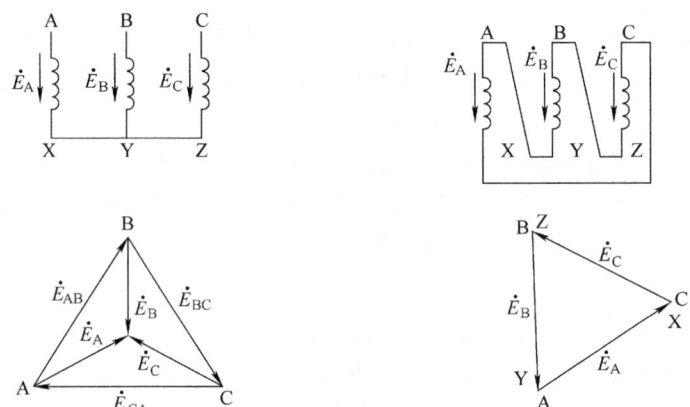

a) 星形连接方式的三相绕组及电动势相量图　　b) 三角形连接方式的三相绕组及电动势相量图

图4-5 三相变压器三相绕组的连接方式及电动势相量图

图4-5a为星形连接方式的三相绕组及电动势相量，用符号Y表示。星形连接方式是把三相绕组的3个末端连接在一起，接成中点，把3个首端引出，如果将中点引出来，则用Yn表示。

图4-5b为三角形连接方式，用符号D表示。三角形连接方式是把一相末端和另一相的首端连接成一个闭合回路，它有两种连接顺序，图中为AX—CZ—BY，也可以按照AX—BY—CZ的顺序连接。

四、三相变压器的联结组标号

1. 联结组标号的确定

三相变压器高、低压绕组的连接方式、绕组标志的不同，都使高、低压绕组对应的线电动势之间相位差不同，联结组标号是用来反映三相变压器绕组的连接方式及对应线电动势之间相位关系的。

高、低压绕组的连接方式不同、绕组标志不同，对应的线电动势相位关系也不同，但是它们总是相差30°的整数倍，所以也可以采用时钟法来表示三相变压器绕组连接和相位关系。同单相变压器类似，把高压侧的线电动势作为长针，固定指向钟表盘的 12 点位置，低压边相应的线电动势作为短针，它在钟面上所指的数字，即为三相变压器的联结组标号。

三相变压器的联结组标号很多，下面通过具体的例子来说明如何通过相量图来确定变压器的联结组标号。

（1）Yy0 联结

图 4-6 所示为 Yy0 联结变压器的绕组接线及相量图，下面具体说明确定变压器联结组标号的步骤：

1）在绕组接线图上标出各相电动势的方向，如图 4-6a 中的 $\dot{E}_A$、$\dot{E}_B$、$\dot{E}_C$ 及 $\dot{E}_a$、$\dot{E}_b$、$\dot{E}_c$ 的电动势方向，注意电动势方向定义为从首端指向末端。

2）画出高压绕组电动势相量图，如图 4-6b 所示。

3）根据同一铁心柱上高、低压绕组的相位关系（同相或反相），画出低压绕组相量图如图 4-6b 所示。

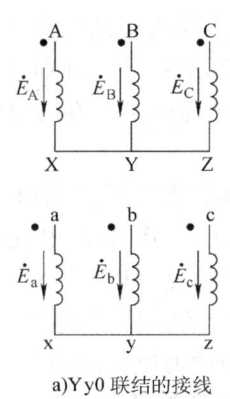
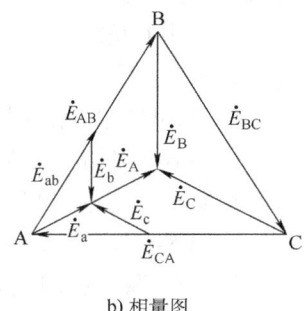

a) Yy0 联结的接线　　b) 相量图

图 4-6　Yy0 联结的接线及相量图

注意：将高、低压绕组的 A 和 a 点重合，使相位关系更加直观。

4）比较高、低压绕组线电动势 $\dot{E}_{AB}$ 和 $\dot{E}_{ab}$ 的相位，根据钟点数确定联结组标号。

图 4-6 中，高、低压绕组对应线电动势同相位，所以钟点数为 0，变压器的联结组标号为 Yy0（Y/Y—12）。

（2）Yy6（Y—Y6）联结

图 4-7 所示为 Yy6 联结的接线及相量图。与图 4-6 的连接方式比较，高、低压绕组的首端不再是同极性端，而是异极性端。对应的线电动势 $\dot{E}_{AB}$ 和 $\dot{E}_{ab}$ 反相，则联结组标号为 Yy6。

（3）Yd11（Y/△—11）联结

图 4-8 所示为 Yd11 联结的接线及相量图。低压绕组接成三角形，

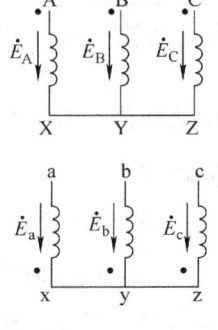
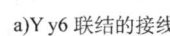
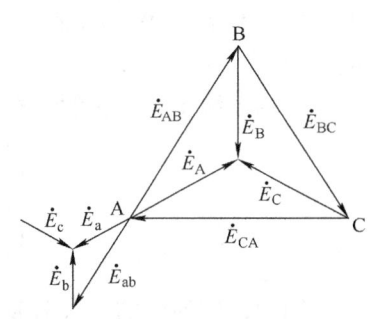

a) Yy6 联结的接线　　b) 相量图

图 4-7　Yy6 联结的接线及相量图

高、低压绕组首端为同极性端，因此高、低压绕组相电动势同相位，此时，$\dot{E}_{ab}$ 滞后 $\dot{E}_{AB}$ 330°，联结组标号为 Yd11。

2. 对变压器联结组标号的几点认识

1）当变压器的绕组标志（同名端或首末端）改变时，其联结组标号也改变。

2）Yy 联结的变压器联结组标号均为偶数，Yd 联结的变压器联结组标号均为奇数。

3）Dd 联结可得到与 Yy 联结相同的联结组标号，同样，Dy 联结也可得到与 Yd 联结相同的联结组标号。

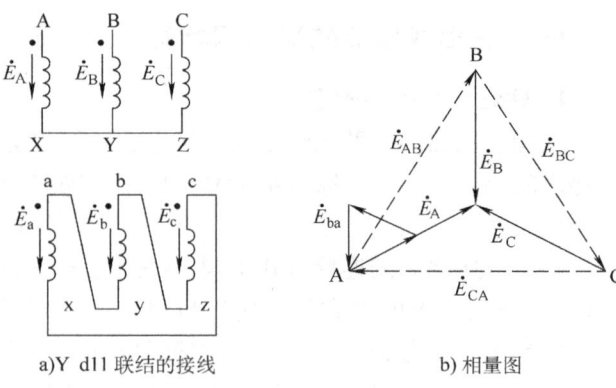

图 4-8 Yd11 联结的接线及相量图

国家标准规定，同一铁心柱上的高、低压绕组为同一相绕组，并采用相同的字母符号为端头标记。电力变压器有 5 种联结组标号，分别是：

1）Yd11 联结：用于低压侧电压超过 400V，高压侧电压在 35kV 以下，容量 5600kV·A 以下的场合。

2）YNd11 联结：用在高压侧需要中性点接地，电压一般在 35～110kV 以上的场合。

3）Yyn0 联结：用在低压侧为 400V 的配电变压器中，供给三相负载和单相照明负载，高压侧电压不超过 35kV，容量不超过 1800kV·A。

4）YNy0 联结：用于高压侧中性点需要接地的场合。

5）Yy0 联结：用在只供三相动力负载的场合。

最常用的是 Yy0 联结和 Yd11 联结两种。

第三节 三相变压器绕组连接方式及磁路系统对电动势波形的影响

在分析单相变压器时已经知道，当外施电压 u_1 为正弦波时，电动势 e_1 和主磁通 Φ 也是正弦波，由于铁心磁路饱和作用，使磁通和励磁电流之间为非线性，励磁电流 i_0 应为尖顶波，也就是说，电流波形中除了基波而外，还含有各奇次谐波，其中 3 次谐波幅值最显著。

三相系统中，三相的 3 次谐波电流幅值相等，相位相同，即有

$$\begin{cases} i_{03A} = I_{03m}\sin 3\omega t \\ i_{03B} = I_{03m}\sin 3(\omega t - 120°) = I_{03m}\sin 3\omega t \\ i_{03C} = I_{03m}\sin 3(\omega t + 120°) = I_{03m}\sin 3\omega t \end{cases} \quad (4-1)$$

同理，磁通中的 3 次谐波磁通也是大小相等，相位相同。变压器的空载电流波形与三相绕组的连接方式（星形或三角形联结）有关，而铁心中磁通的波形又与磁路的结构形式（组式或心式变压器）有关。本节讨论三相变压器绕组的连接方式和磁路系统对电动势波形的影响。

一、Yy 联结的组式变压器电动势波形

对于 Yy 联结的组式变压器，一次绕组励磁电流中 3 次谐波电流无法流通，所以，励磁电流近似为正弦波。磁路饱和时，其所产生的主磁通必然是平顶波，如图 4-9 所示，正弦波的励磁电流产生平顶波的磁通波形。平顶波磁通波形中除了基波磁通 Φ_1 外，还含有 3 次谐波磁通 Φ_3，这里将其他高次谐波忽略。

三相组式变压器中，各相磁路相互独立，3 次谐波磁通 Φ_3 和基波磁通 Φ_1 一样，沿主磁路闭合，磁路对 3 次谐波的磁阻小，3 次谐波磁通较大，所以主磁通为平顶波。3 次谐波磁通与基波磁通一样，将在变压器一次、二次绕组感应 3 次谐波电动势，由于谐波频率为基波频率的 3 倍，$f_3 = 3f_1$，所以由它感应的 3 次谐波电动势较大，有时可达到基波电动势的 45%~60%。基波电动势和 3 次谐波电动势叠加，得到变压器空载时的相电动势波形为尖顶波，如图 4-10 所示。从图 4-10 中可以看出，相电动势波形严重畸变，其所产生的尖峰电压可能危害绕组的绝缘。

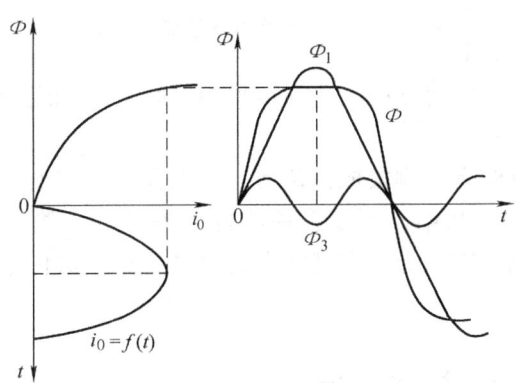
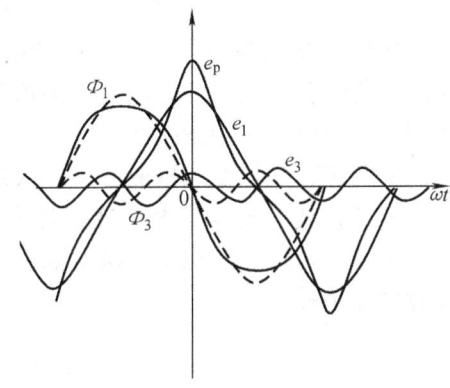

图 4-9 正弦波电流产生的主磁通波形　　　图 4-10 平顶波磁通产生的电动势波形

所以，三相组式变压器不允许采用 Yy 联结。

二、Yy 联结的心式变压器电动势波形

对于 Yy 联结的心式变压器，其一次励磁电流也近似为正弦波，但由于心式变压器三相磁路彼此相关，各相的 3 次谐波磁通大小相等、相位相同，不能沿主磁路闭合，只能借助油、油箱壁等形成闭合回路，如图 4-11 所示，该磁路磁阻大，使 3 次谐波磁通大大削弱，三相心式变压器中主磁通波形接近正弦波，从而相电动势波形也接近正弦波。所以，三相心式变压器可以采用 Yy 联结。

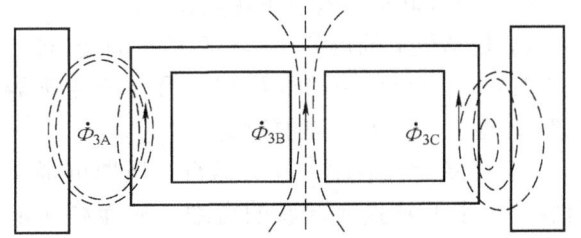

图 4-11 三相心式变压器中 3 次谐波磁通的路径

但 3 次谐波磁通在变压器油箱壁等构件中引起 3 倍频率的涡流损耗，使变压器局部发热和损耗增加，所以容量大于 1800kV·A 的变压器不采用 Yy 联结。

三、Yd 联结和 Dy 联结的变压器的电动势波形

对于 Yd 联结的变压器（组式和心式），其一次绕组中无 3 次谐波励磁电流流通，所以主磁通中将有 3 次谐波磁通，谐波磁通在一次、二次绕组的相电动势中感应 3 次谐波电动势。由于二次绕组为三角形联结，二次侧三相的 3 次谐波电动势在闭合的三角形内形成 3 次谐波电流，如图 4-12 所示。由于一次绕组中无 3 次谐波电流与之平衡，所以二次绕组的 3 次谐波电流起着励磁作用。这样可以认为铁心中的主磁通是由一次侧的正弦波空载电流和二次侧 3 次谐波电流共同建立的，二次侧的 3 次谐波电流产生的 3 次谐波磁通对一次绕组的 3 次谐波磁通起去磁作用，所以 3 次谐波磁通被削弱，相电动势中的 3 次谐波分量很小，因此相电动势波形近似为正弦波。

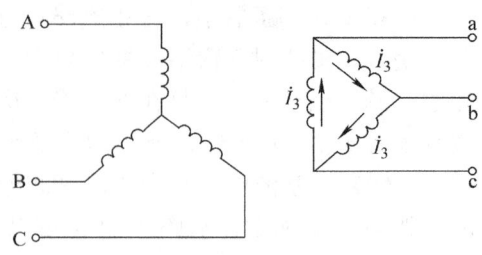

图 4-12 Yd 联结的三相变压器中的二次侧 3 次谐波电流

Dy 联结的变压器，一次绕组的三角形联结使空载电流中的 3 次谐波分量可以在闭合的三角形回路中流通，所以各相绕组空载电流为尖顶波，在铁心中建立的主磁通波形为正弦波，绕组中感应的相电动势波形也为正弦波。

综上所述，三相变压器的一、二次绕组中只要有一侧接成三角形，就能保证感应电动势波形接近正弦波。大容量电力变压器若需接成 Yy 联结，可以在铁心柱上另加一套第三绕组，并接成三角形，此绕组不接电源也不接负载，用以为 3 次谐波电流提供通路，防止相电动势波形发生畸变。

第四节 变压器的并联运行

现代电力系统、发电厂和变电站的容量越来越大，一台变压器往往不能担负起全部容量的传输或配电任务，为此电力系统中常采用两台或多台变压器并联运行（parallel operation）的方式。变压器并联运行指的是：两台或多台变压器的一次绕组和二次绕组分别接到公共的母线上，共同向负载供电，如图 4-13 所示。

变压器并联运行有以下优点：

1) 提高供电的可靠性。并联运行的变压器，如果其中一台发生故障或检修，另外的变压器仍照常运行，供给一定的负载。

2) 提高运行效率。并联运行变压器可根据负载的大小调整投入并联的台数，从而减小能量损耗，提高运行效率。

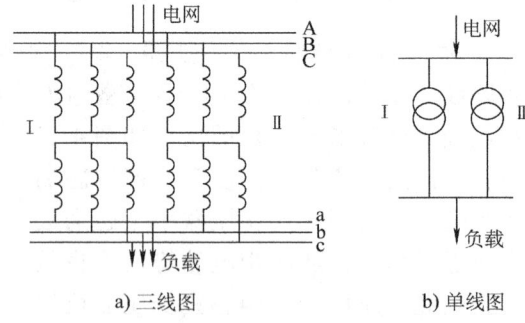

a) 三线图   b) 单线图

图 4-13 三相 Yy 联结变压器的并联运行

3) 减少备用容量，并可随用电量的增加，分批安装变压器，减少初次投资。

可见，变压器并联运行对于电力系统具有重要意义。本节主要讨论变压器并联运行的理想条件，并分析变压器不满足并联条件时的运行情况。

一、变压器理想的并联条件

变压器并联运行的理想情况是：①空载时，各变压器彼此不相干，并联运行的各台变压器之间无环流，即一次侧仅有空载电流，有较小的铜耗，二次侧无铜耗；②负载时，并联运行各变压器的负载分配与各自的容量成正比，电流标幺值相等，各变压器均可满载运行，使各变压器能得到充分利用；③负载时，各变压器负载电流同相位，以保证负载电流一定时，各变压器分担的电流最小。

为了达到上述的理想运行情况，变压器并联运行时必须满足以下条件：
1) 各变压器的一次和二次额定电压相等，即各变压器电压比相等。
2) 各变压器一次和二次线电压的相位差相同，即各变压器联结组标号相同。
3) 各变压器的阻抗电压标幺值相等，短路阻抗角也相等。

实际并联运行中，上述条件的第一条和第三条不可能绝对满足，但第二条必须严格保证。下面分析不满足并联运行条件的情况。

二、电压比不相等时变压器的并联运行

假设并联运行的两台变压器电压比不相等，分别为 K_I 和 K_{II}，且 $K_I < K_{II}$，其接线和简化等效电路如图 4-14 所示。

图 4-14 中，两台变压器的一次绕组接同一电源，一次电压相等。由于电压比不等，变压器二次电压不相等，为了便于计算，忽略励磁电流，并将一次绕组各参数折算到二次侧。一次绕组接电源 $\dot{U}_1$，由于 $K_I < K_{II}$，两台变压器二次电压分别为

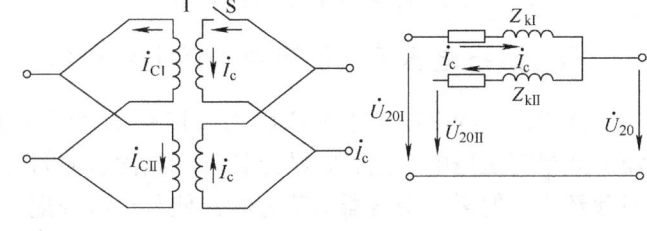

a) 并联接线　　b) 简化等效电路

图 4-14　电压比不等时变压器并联运行的接线和简化等效电路

$$\dot{U}_{20\,I} = \frac{\dot{U}_1}{K_I}, \quad \dot{U}_{20\,II} = \frac{\dot{U}_1}{K_{II}} \quad (4\text{-}2)$$

变压器并联运行前，开关 S 两端有电位差 $\Delta \dot{U}_{20}$

$$\Delta \dot{U}_{20} = \dot{U}_{20\,I} - \dot{U}_{20\,II} = \frac{\dot{U}_1}{K_I} - \frac{\dot{U}_1}{K_{II}} \qquad (4\text{-}3)$$

开关 S 合上，变压器空载运行时，由于二次侧回路电压差 $\Delta \dot{U}_{20}$ 的存在，使二次回路中产生环流 $\dot{I}_c$，大小为

$$\dot{I}_c = \frac{\Delta \dot{U}_{20}}{Z_{k\,I} + Z_{k\,II}} \qquad (4\text{-}4)$$

式中，$Z_{k\,I}$ 和 $Z_{k\,II}$ 分别为折算到二次侧的短路阻抗。

根据磁动势平衡关系，变压器一次侧也会出现环流，由于电压比不相等，一次侧的环流也不相等。所以，并联变压器一次绕组中此时不仅有空载电流，还有一与二次侧环流相平衡的一次侧环流。

并联变压器即使有很小的电位差 $\Delta \dot{U}_{20}$ 存在，由于短路阻抗值很小，也会在并联变压器中产生很大的环流。如变压器电压比差 1% 时，环流可达额定值的 10%。环流不同于负载电

流,在变压器空载时,环流就已经存在,它的存在将占用变压器的一部分容量,使变压器空载损耗增加,带负载能力降低。

因此,变压器制造时,应对电压比误差加以严格控制,一般要求 $\Delta K_* \leq 0.5\%$。

三、联结组标号不同时的并联运行

变压器联结组标号不同时并联运行,由于一、二次线电压相位差不同,在一次绕组接同一电源时,二次线电压相位不相等,其电位差 $\Delta \dot{U}_{20}$ 较电压比不等时要大得多。如图 4-15 所示,为联结组标号分别为 Yy0 和 Yy10 的变压器并联运行时二次线电压相量图。从图中可以看出,由于变压器二次线电压相位差为 60°,有

$$\Delta U_{20} = U_{20\mathrm{I}} = U_{20\mathrm{II}} \qquad (4\text{-}5)$$

可见,此时的电压差等于二次线电压,这个电压差将在变压器中引起很大的环流,可能超过额定电流的许多倍,从而烧坏变压器。并联运行的变压器相位差越大,$\Delta \dot{U}_{20}$ 也越大,环流也越大。最严重的情况是,两者相位差 180°,$\Delta \dot{U}_{20}$ 达到线电压的 2 倍,产生很大的环流。所以,联结组标号不同的变压器绝对不允许并联运行。

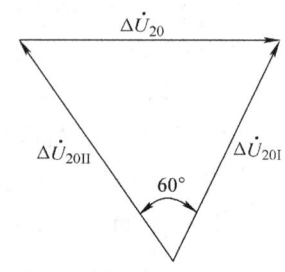

图 4-15 Yy12 与 Yy10 联结的变压器并联二次侧相应线电压相量图

四、阻抗电压标幺值不等时的并联运行

前面讨论的电压比不等或联结组标号不同时变压器并联运行,都将在变压器中引起环流。如果变压器电压比和联结组标号都相同,而阻抗电压标幺值不相等,将不会在变压器中引起环流,但影响变压器负载分配,使其负载分配不合理。下面对这种情况进行讨论。

图 4-16 所示为变压器并联运行时的简化等效电路,不考虑励磁电流。由于并联运行变压器一次侧和二次侧电压相等,所以各并联变压器的阻抗压降被强制相等,对每台变压器有

$$\dot{I}_\mathrm{I} : \dot{I}_\mathrm{II} = \frac{1}{Z_{k\mathrm{I}}} : \frac{1}{Z_{k\mathrm{II}}} \qquad (4\text{-}6)$$

若采用标幺值表示,有

$$\dot{I}_{\mathrm{I}*} : \dot{I}_{\mathrm{II}*} = \frac{1}{Z_{k\mathrm{I}*}} : \frac{1}{Z_{k\mathrm{II}*}} \qquad (4\text{-}7)$$

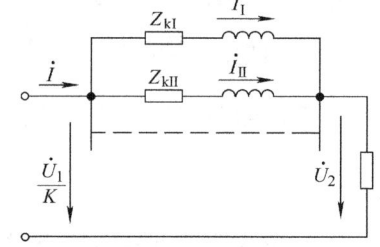

图 4-16 变压器并联运行时的简化等效电路

式 (4-7) 表明,各变压器负载电流与它们的短路阻抗标幺值成反比。当各并联变压器阻抗电压标幺值相等时,各变压器负载率相同。否则,阻抗电压标幺值不等的变压器并联运行时,阻抗电压标幺值大的变压器满载运行,阻抗电压标幺值小的变压器已经过载;而阻抗电压标幺值小的变压器满载运行时,阻抗电压标幺值大的变压器又处于欠载运行。

如果并联运行各变压器阻抗电压标幺值相等,负载率相同,则负载分配最为合理。由于容量相近的变压器阻抗值相近,所以一般并联运行变压器的容量比不超过 3:1。

在计算变压器并联运行时的负载分配问题时,还经常采用下面的计算方法:

1) n 台并联运行变压器中第 i 台变压器负载电流为

$$\dot{I}_i = \frac{\frac{1}{Z_{ki}}}{\sum_{i=1}^{n} \frac{1}{Z_{ki}}} \dot{I} \tag{4-8}$$

2)第 i 台变压器负载系数为

$$\beta_i = \frac{I_i}{I_{Ni}} = \frac{I}{Z_{ki*} \sum_{i=1}^{n} \frac{I_{Ni}}{Z_{ki*}}} \tag{4-9}$$

式（4-8）和式（4-9）中，I 为二次侧每相的总负载电流，Z_{ki*} 为第 i 台变压器的阻抗电压标幺值。式（4-9）也可用容量表示为

$$\beta_i = \frac{S}{Z_{ki*} \sum_{i=1}^{n} \frac{S_{Ni}}{Z_{ki*}}} \tag{4-10}$$

【例 4-1】 某变电站有 3 台变压器并联运行，其电压比相等，联结组标号相同，每台额定容量均为 $S_N = 100 \text{kV·A}$，阻抗电压标幺值分别为 $U_{k1*} = 0.035$、$U_{k2*} = 0.04$、$U_{k3*} = 0.055$，总负载 $S = 300 \text{kV·A}$，试求：

(1) 各变压器所分担的功率；
(2) 不使任一台变压器过载时，最大的输出功率；
(3) 在第（2）种运行状态下变压器的利用率。

解：（1）根据式（4-10），有

$$\sum \frac{S_{Ni}}{Z_{ki*}} = \frac{100}{0.035} + \frac{100}{0.04} + \frac{100}{0.055} = 7175.32$$

于是

$$\beta_1 = \frac{S}{Z_{k1*} \sum_{i=1}^{n} \frac{S_{Ni}}{Z_{ki*}}} = \frac{300}{0.035 \times 7175.32} = 1.195$$

$$\beta_2 = \frac{S}{Z_{k2*} \sum_{i=1}^{n} \frac{S_{Ni}}{Z_{ki*}}} = \frac{300}{0.04 \times 7175.32} = 1.045$$

$$\beta_3 = \frac{S}{Z_{k3*} \sum_{i=1}^{n} \frac{S_{Ni}}{Z_{ki*}}} = \frac{300}{0.055 \times 7175.32} = 0.760$$

则各变压器所分担的功率分别为

$$S_1 = \beta_1 S_{1N} = 1.195 \times 100 \text{kV·A} = 119.5 \text{kV·A}$$
$$S_2 = \beta_2 S_{2N} = 1.045 \times 100 \text{kV·A} = 104.5 \text{kV·A}$$
$$S_3 = \beta_3 S_{3N} = 0.760 \times 100 \text{kV·A} = 76.0 \text{kV·A}$$

可见，第 1 台变压器过载 19.5%，第 2 台变压器过载 4.5%，而第 3 台变压器欠载 24%。

(2) 不使任何一台变压器过载，应取阻抗电压最小的第 1 台变压器的负载系数 $\beta_1 = 1$，根据式（4-10）有最大输出功率为

$$S = \left(Z_{k1*} \sum \frac{S_{Ni}}{Z_{ki*}} \right) \beta_1 = 0.035 \times 7175.32 \times 1 \text{kV·A} = 251 \text{kV·A}$$

而 3 台变压器的总容量为 300kV·A，显然设备容量未得到充分利用。

（3）变压器的利用率为

$$\frac{S}{S_{N1}+S_{N2}+S_{N3}}=\frac{251}{300}=0.837$$

*第五节　三相变压器的不对称运行

三相变压器运行时，总是尽可能使负载对称（symmetric），这样可以提高变压器的运行效率。但实际运行过程中，负载不一定对称，如变压器供电给单相电炉或电焊机等单相负载，照明负载也很难对称，如果系统发生故障（如单相接地短路等）更会造成严重不对称（asymmetric）。由于一般来说，三相电源为对称的三相电源，如果负载不对称，使变压器三相电流不对称，内部阻抗压降也不对称，导致二次电压不对称。一般电力变压器中，内部阻抗压降小，负载电流不对称对二次电压不对称程度影响不是很大，但 Yyn 联结的变压器，负载不对称时，将引起相电压的显著不对称，导致变压器无法正常工作。

分析变压器和电机的不对称运行，通常采用对称分量法。这里首先介绍对称分量法，然后利用它分析变压器的不对称问题。

一、对称分量法

所谓对称分量法（symmetrical component method）是把一组不对称的三相电压（或电流）分解为 3 组对称的正序（positive sequence）、负序（negative sequence）、零序（zero sequence）电压（或电流），先按各序对称的三相系统单独作用的情况分别计算，再把结果叠加就得到原来那组不对称三相电压（或电流）。

这里以电流为例来说明对称分量法。设三相不对称电流为 $\dot{I}_a$、$\dot{I}_b$、$\dot{I}_c$，按对称分量法可分解为正序、负序、零序三相对称分量电流。其中正序电流为大小相等、相位互差 120°、相序分别为 a—b—c 的三相电流；负序电流为大小相等、相位互差 120°、相序分别为 a—c—b 的三相电流；零序电流为大小相等、相位相同的三相电流。

3 组对称分量共 9 个变量，分别为

$$\left.\begin{array}{l}\dot{I}_a=\dot{I}_{a+}+\dot{I}_{a-}+\dot{I}_{a0}\\ \dot{I}_b=\dot{I}_{b+}+\dot{I}_{b-}+\dot{I}_{b0}\\ \dot{I}_c=\dot{I}_{c+}+\dot{I}_{c-}+\dot{I}_{c0}\end{array}\right\} \tag{4-11}$$

式（4-11）中，下标"＋"、"－"、"0"分别表示正序、负序和零序。各相序分量中电流关系满足约束条件

$$\left.\begin{array}{l}\dot{I}_{b+}=a^2\dot{I}_{a+},\ \dot{I}_{c+}=a\dot{I}_{a+}\\ \dot{I}_{b-}=a\dot{I}_{a-},\ \dot{I}_{c-}=a^2\dot{I}_{a-}\\ \dot{I}_{a0}=\dot{I}_{b0}=\dot{I}_{c0}\end{array}\right\} \tag{4-12}$$

式（4-12）中，复数算子 $a=\mathrm{e}^{\mathrm{j}120°}$，$a^2=\mathrm{e}^{\mathrm{j}240°}$，$a^3=1$，且 $1+a+a^2=1$，所以式（4-11）中的 9 个变量可用 3 个独立变量表示为

$$\left.\begin{aligned}\dot I_a &= \dot I_{a+} + \dot I_{a-} + \dot I_{a0}\\ \dot I_b &= a^2 \dot I_{a+} + a \dot I_{a-} + \dot I_{a0}\\ \dot I_c &= a \dot I_{a+} + a^2 \dot I_{a-} + \dot I_{a0}\end{aligned}\right\} \quad (4\text{-}13)$$

不对称三相系统分解为 3 个对称系统，各序系统的相量及其合成如图 4-17 所示。

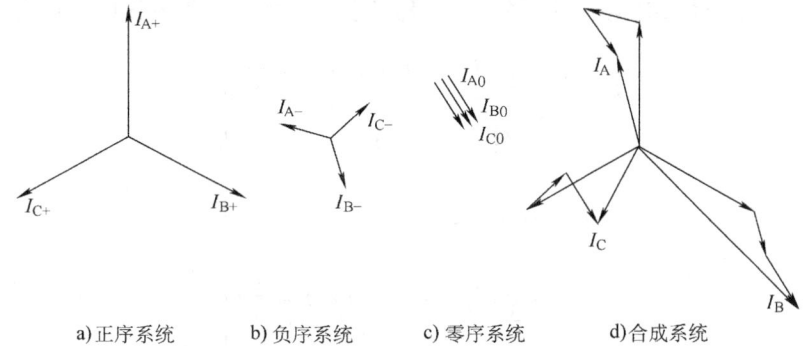

a) 正序系统　　b) 负序系统　　c) 零序系统　　d) 合成系统

图 4-17　不对称三相系统分解为 3 个对称系统，各序系统的相量及其合成

可根据式（4-13）的逆变换得到求各分量的表达式为

$$\left.\begin{aligned}\dot I_{a+} &= \frac{1}{3}(\dot I_a + a \dot I_b + a^2 \dot I_c)\\ \dot I_{a-} &= \frac{1}{3}(\dot I_a + a^2 \dot I_b + a \dot I_c)\\ \dot I_{a0} &= \frac{1}{3}(\dot I_a + \dot I_b + \dot I_c)\end{aligned}\right\} \quad (4\text{-}14)$$

所以，已知三相不对称分量，可根据式（4-14）求出 a 相的各对称分量，从而 b 相和 c 相的对称分量也可以确定。反过来，如果已知对称分量 $\dot I_{a+}$、$\dot I_{a-}$、$\dot I_{a0}$，可根据式（4-13）求出三相不对称分量。

值得注意的是，对称分量法实质上是一种数学上的线性变换，只适用于线性系统。

二、Yyn 联结的三相变压器带单相负载运行情况分析

这里以 Yyn 联结的三相变压器带单相负载运行为例，说明如何采用对称分量法来分析不对称问题以及 Yyn 联结的三相变压器不能带单相负载运行的原因。

Yyn 联结的三相变压器带单相负载如图 4-18 所示。变压器一次侧接三相对称电压，二次侧负载接在 a 相，b、c 相空载，假定一次侧参数已经折算到二次侧，为了简便，这里将"′"省略。

1. 二次电流

如图 4-18 所示，二次侧各相电流为

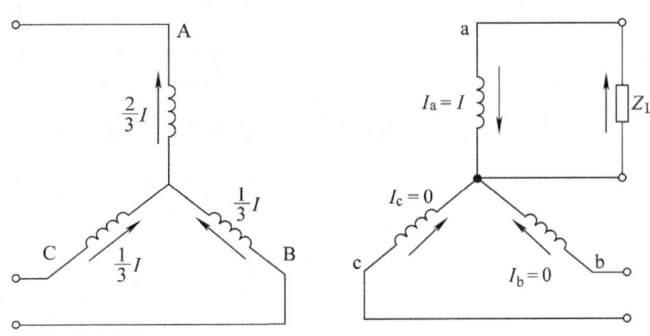

图 4-18　Yyn 联结的三相变压器带单相负载

$$\left.\begin{aligned}\dot{I}_a &= \dot{I} \\ \dot{I}_b &= 0 \\ \dot{I}_c &= 0\end{aligned}\right\} \tag{4-15}$$

式中，$\dot{I}$ 为 a 相负载电流。

利用对称分量法对二次电流进行分解，得到正序、负序和零序分量分别为

$$\left.\begin{aligned}\dot{I}_{a+} &= \frac{1}{3}(\dot{I}_a + a\dot{I}_b + a^2\dot{I}_c) = \frac{1}{3}\dot{I} \\ \dot{I}_{b+} &= a^2\dot{I}_{a+} = \frac{1}{3}a^2\dot{I} \\ \dot{I}_{c+} &= a\dot{I}_{a+} = \frac{1}{3}a\dot{I}\end{aligned}\right\} \tag{4-16}$$

$$\left.\begin{aligned}\dot{I}_{a-} &= \frac{1}{3}(\dot{I}_a + a^2\dot{I}_b + a\dot{I}_c) = \frac{1}{3}\dot{I} \\ \dot{I}_{b-} &= a\dot{I}_{a+} = \frac{1}{3}a\dot{I} \\ \dot{I}_{c-} &= a^2\dot{I}_{a+} = \frac{1}{3}a^2\dot{I}\end{aligned}\right\} \tag{4-17}$$

$$\dot{I}_{a0} = \dot{I}_{b0} = \dot{I}_{c0} = \frac{1}{3}(\dot{I}_a + \dot{I}_b + \dot{I}_c) = \frac{1}{3}\dot{I} \tag{4-18}$$

2. 一次电流

由于一次侧无中性线，所以无零序电流分量。忽略励磁电流，根据磁动势平衡关系，一次电流的正序和负序分量分别为

$$\left.\begin{aligned}\dot{I}_{A+} &= -\dot{I}_{a+} = -\frac{1}{3}\dot{I} \\ \dot{I}_{B+} &= -\dot{I}_{b+} = -a^2\dot{I}_{a+} = -\frac{1}{3}a^2\dot{I} \\ \dot{I}_{C+} &= -\dot{I}_{c+} = -a\dot{I}_{a+} = -\frac{1}{3}a\dot{I}\end{aligned}\right\} \tag{4-19}$$

$$\left.\begin{aligned}\dot{I}_{A-} &= -\dot{I}_{a-} = -\frac{1}{3}\dot{I} \\ \dot{I}_{B-} &= -\dot{I}_{b-} = -\frac{1}{3}a\dot{I} \\ \dot{I}_{C-} &= -\dot{I}_{c-} = -\frac{1}{3}a^2\dot{I}\end{aligned}\right\} \tag{4-20}$$

所以，一次电流为正序和负序电流的叠加，为

$$\left.\begin{aligned}\dot{I}_A &= \dot{I}_{A+} + \dot{I}_{A-} = -\frac{1}{3}\dot{I} - \frac{1}{3}\dot{I} = -\frac{2}{3}\dot{I} \\ \dot{I}_B &= \dot{I}_{B+} + \dot{I}_{B-} = -\frac{1}{3}a^2\dot{I} - \frac{1}{3}a\dot{I} = \frac{1}{3}\dot{I} \\ \dot{I}_C &= \dot{I}_{C+} + \dot{I}_{C-} = -\frac{1}{3}a\dot{I} - \frac{1}{3}a^2\dot{I} = \frac{1}{3}\dot{I}\end{aligned}\right\} \tag{4-21}$$

从式（4-21）可知，一次电流也不对称。

3. 各序等效电路

为了计算变压器负载电流 $\dot{I}$，利用各序等效电路进行分析，由于各相序分量是对称的，所以只需给出单相等效电路即可。Yyn 联结三相变压器带单相负载时的各序等效电路如图 4-19 所示。

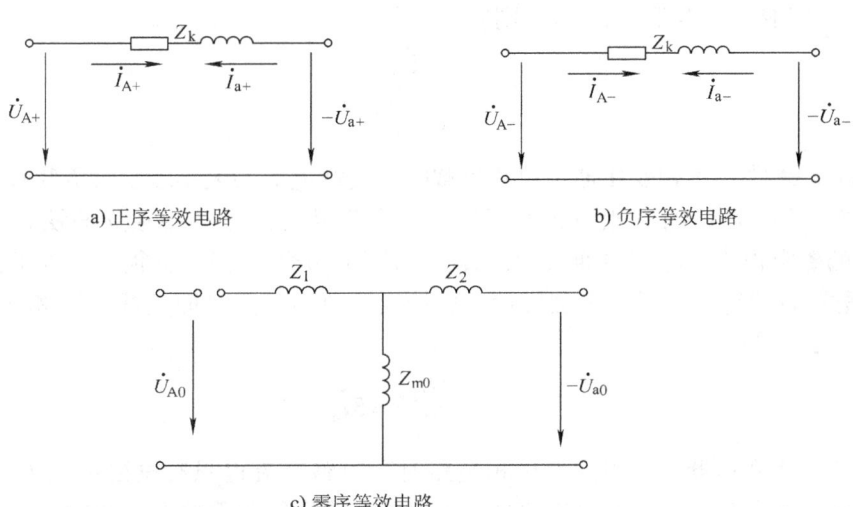

图 4-19 Yyn 联结三相变压器带单相负载时的各序等效电路

由于正序电流与变压器对称运行时的电流相序相同，所以变压器内通过正序电流时所表现出的阻抗和等效电路与对称运行时相同，其正序阻抗就是变压器的短路阻抗，如图 4-19a 所示。

负序电流与正序电流只是相序不同，通过变压器时，变压器中的磁通路径和所产生的电磁现象与通过正序电流时一样，所以负序阻抗与正序阻抗相等，也为变压器短路阻抗。但由于电源为对称三相电压，没有负序分量，所以 $\dot{U}_{A-}=0$。负序等效电路如图 4-19b 所示。

零序电流大小相等，相位相同，一次绕组中无零序电流，故零序等效电路的一次侧应开路。二次绕组中有零序电流通过，产生零序磁通，所以与其对应的二次绕组漏电抗和二次绕组电阻组成为二次绕组的漏阻抗，如图 4-19c 所示的 Z_2。而一次绕组没有与二次绕组相平衡的零序电流，所以二次绕组零序电流对铁心起到了励磁作用，在铁心中产生零序磁通，与其对应为变压器零序阻抗，即图中的 Z_{m0}。

4. 单相负载电流分析

根据图 4-19 中各相序等效电路图，可得到电压方程式为

$$\left.\begin{array}{l} -\dot{U}_{a+} = \dot{U}_{A+} + \dot{I}_{a+} Z_k \\ -\dot{U}_{a-} = \dot{I}_{a-} Z_k \\ -\dot{U}_{a0} = \dot{I}_{a0}(Z_{m0} + Z_2) \end{array}\right\} \quad (4\text{-}22)$$

利用对称分量法，可得负载端电压为

$$-\dot{U}_a = -(\dot{U}_{a+} + \dot{U}_{a-} + \dot{U}_{a0}) = \dot{U}_{A+} + \dot{I}_{a+} Z_k + \dot{I}_{a-} Z_k + \dot{I}_{a0}(Z_{m0} + Z_2) \quad (4\text{-}23)$$

前面已知，$\dot{I}_{a+} = \dot{I}/3$，而 $\dot{U}_a = \dot{I} Z_L$，所以 $-\dot{U}_a = -\dot{I} Z_L = -3\dot{I}_{a+} Z_L$，代入式（4-23），得

$$-\dot{I}_{a+} = -\dot{I}_{a-} = -\dot{I}_{a0} = \frac{\dot{U}_{a+}}{2Z_k + Z_2 + Z_{m0} + 3Z_L} \quad (4-24)$$

得到变压器带单相负载时的电流为

$$-\dot{I} = -3\dot{I}_{a+} = \frac{3\dot{U}_{a+}}{2Z_k + Z_2 + Z_{m0} + 3Z_L} \quad (4-25)$$

若忽略短路阻抗 Z_k 和漏阻抗 Z_2，则有

$$-\dot{I} = \frac{\dot{U}_{a+}}{\frac{1}{3}Z_{m0} + Z_L} \quad (4-26)$$

式（4-26）表明，三相变压器带单相负载时，负载电流的大小除了与负载有关外，还与零序阻抗有关。Yn 联结的三相组式变压器，零序磁通可以在各相独立的铁心主磁路中通过，主磁路的磁阻很小，零序磁通很大，其所对应的零序阻抗 Z_{m0} 也很大，等于正序励磁阻抗 Z_m。根据式（4-26），这种变压器即使二次侧发生单相短路，即负载阻抗 $Z_L = 0$，短路电流也不会太大，为

$$-\dot{I}_k = \frac{3\dot{U}_{a+}}{Z_{m0}} = 3\dot{I}_0 \quad (4-27)$$

也就是说，当变压器二次侧发生单相短路时，短路电流也只有励磁电流 $\dot{I}_0$ 的 3 倍。所以，Yn 联结的组式变压器带单相负载时，不能向负载提供所需的电流和功率，即没有带单相负载的能力。

Yn 联结的心式变压器，因为零序磁通不能在相关联的铁心构成的主磁路中闭合，只能通过油和油箱壁等构成闭合回路，磁路的磁阻很大，零序磁通很小，与其对应的零序阻抗 Z_{m0} 也很小，从式（4-26）可知，此时负载电流主要由负载阻抗 Z_L 决定，所以 Yn 联结的心式变压器有带单相负载的能力。

*第六节　变压器的空载合闸

变压器二次侧空载，把一次绕组接入电源，称为变压器的空载合闸。变压器正常运行时，励磁电流很小，一般只有额定电流的 2%～10%。但空载合闸到电网的瞬间，励磁电流可能急剧增加为正常励磁电流的几十倍，甚至上百倍，空载合闸出现的瞬态电流冲击，可能引起系统跳闸。下面对空载时产生电流冲击的原因进行讨论。

以单相变压器为例，变压器空载合闸如图 4-20 所示，电网电压 u_1 按正弦规律变化，则空载时一次侧的电压平衡方程为

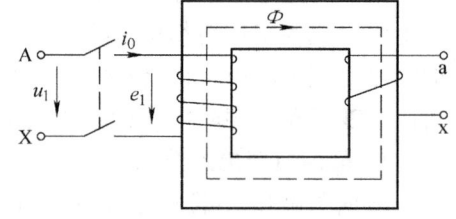

图 4-20　变压器空载合闸

$$u_1 = \sqrt{2}U_1 \sin(\omega t + \alpha) = i_0 r_1 + N_1 \frac{d\Phi}{dt} \quad (4-28)$$

式中，U_1 为电源电压有效值；α 为合闸时电压 u_1 的初相角；Φ 为和一次绕组交链的总磁通，包括主磁通和漏磁通；N_1、r_1 分别为一次绕组的匝数和电阻。

为了简化计算,忽略变压器一次绕组电阻 r_1,并且不考虑铁心剩磁,则式(4-28)可简化为

$$N_1 \frac{\mathrm{d}\Phi}{\mathrm{d}t} = \sqrt{2} U_1 \sin(\omega t + \alpha) \quad (4\text{-}29)$$

在 $t=0$ 时 $\Phi=0$ 的初始条件下,式(4-29)的解为

$$\Phi = -\Phi_m \cos(\omega t + \alpha) + \Phi_m \cos\alpha = \Phi_t + \Phi_t' \quad (4\text{-}30)$$

$$\Phi_t = -\Phi_m \cos(\omega t + \alpha)$$

$$\Phi_t' = \Phi_m \cos\alpha$$

式中,Φ_t 为磁通的稳态分量;Φ_t' 为暂态分量。

式(4-30)表明,磁通的大小与合闸时电压 u_1 的初相角 α 有关,下面分别讨论两种极端情况。

一、初相角 $\alpha = \pi/2$ 时合闸

$$\Phi = \Phi_m \sin\omega t \quad (4\text{-}31)$$

此时,磁通的变化曲线如图 4-21 所示,可以看出,其暂态分量 $\Phi_t' = 0$,合闸后立即建立稳态磁通,所以建立此磁通的励磁电流不经过瞬变过程就达到了稳态励磁电流,避免了空载合闸时冲击电流的产生,也就是说,变压器在这种情况下合闸最为有利。

二、初相角 $\alpha = 0$ 时合闸

$$\Phi = -\Phi_m \cos\omega t + \Phi_m \quad (4\text{-}32)$$

此时,磁通的变化曲线如图 4-22 所示,在空载合闸后半个周期($t = \pi/\omega$)瞬间,磁通达到最大值,$\Phi_{max} = 2\Phi_m$,为正常励磁磁通的两倍。这个两倍的磁通将使铁心处于严重过饱和,从而导致励磁电流急剧增加,可达到正常励磁电流的几十甚至上百倍,额定电流的 5~8 倍。铁心饱和程度越高,合闸电流也越大。

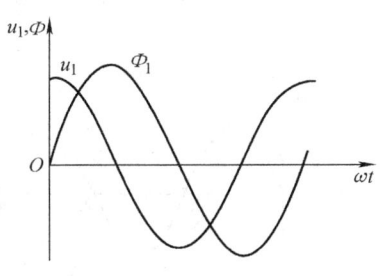

图 4-21 $\alpha = \pi/2$ 时空载合闸
磁通的变化曲线

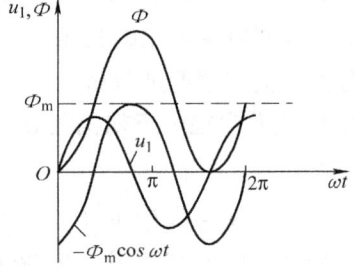

图 4-22 $\alpha = 0$ 时空载合闸磁通
的变化曲线

上面讨论时,忽略了一次绕组的电阻,由于实际情况下,电阻 $r_1 \neq 0$,所以励磁电流会逐渐衰减到正常值,衰减快慢与绕组电阻和电抗有关。一般小容量变压器 r_1 较大,合闸电流衰减快,只需几个周期就可以达到稳态值。大型变压器 r_1 较小,合闸电流衰减慢,有时可能达到20s。

空载合闸电流对变压器本身没有多大的危害,但当它衰减较慢时,可能引起过电流保护

装置动作而跳闸。为了避免这种现象，需设法加速合闸电流的衰减。大型变压器中，在变压器一次侧串联一个合闸附加电阻，以减小合闸电流幅值并加快衰减，合闸结束后将该电阻切除。

三相变压器中，由于三相电压相位互差 120°，所以合闸时，总有一相电压的初相角接近 0°，则总有一相合闸电流较大。

*第七节　变压器的突然短路

变压器运行时，二次绕组发生突然短路，产生很大的短路电流，为额定电流的十几到二十倍，是一种严重故障，可能造成变压器损坏。

一、突然短路电流

这里讨论单相变压器突然短路的情况，其等效电路如图 4-23 所示，电路方程为

$$u_1 = \sqrt{2}U_1\sin(\omega t + \alpha) = i_k r_k + L_k \frac{di_k}{dt} \quad (4-33)$$

式中，α 为突然短路发生时电压 u_1 的初相角；i_k 为突然短路电流。

式 (4-33) 为常系数一阶微分方程，忽略空载电流和负载电流，即认为 $t=0$ 时，$i_k=0$，且 $\omega L_k \gg r_k$，方程的解为

$$i_k = -\sqrt{2}I_k\cos(\omega t + \alpha) + \sqrt{2}I_k\cos\alpha\, e^{-\frac{t}{T_k}} = i_k' + i_k'' \quad (4-34)$$

式中，I_k 为稳态分量电流有效值，$I_k = \dfrac{U_1}{\sqrt{r_k^2 + x_k^2}}$；$T_k$ 为暂态分量衰减的时间常数，$T_k = \dfrac{L_k}{r_k}$。

从式 (4-34) 中可以看出，突然短路电流的大小与发生短路瞬间电源电压的初相角有关。

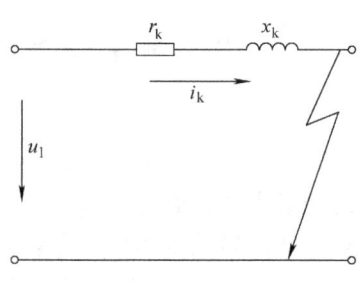

图 4-23　变压器突然短路等效电路

下面分两种极端情况进行讨论。

1. 突然短路发生在电压初相角 $\alpha = \pi/2$ 时

短路电流为

$$i_k = \sqrt{2}I_k\sin\omega t \quad (4-35)$$

此时，暂态分量 $i_k'' = 0$，短路电流波形如图 4-24a 所示，突然短路一发生就进入稳定状态，短路电流值最小。

2. 突然短路发生在电压初相角 $\alpha = 0$ 时

短路电流为

$$i_k = -\sqrt{2}I_k\cos\omega t + \sqrt{2}I_k e^{-\frac{t}{T_k}} \quad (4-36)$$

短路电流波形如图 4-24b 所示，其最大值发生在短路后半个周期瞬间，即 $t = \pi/\omega$ 时，将其代入

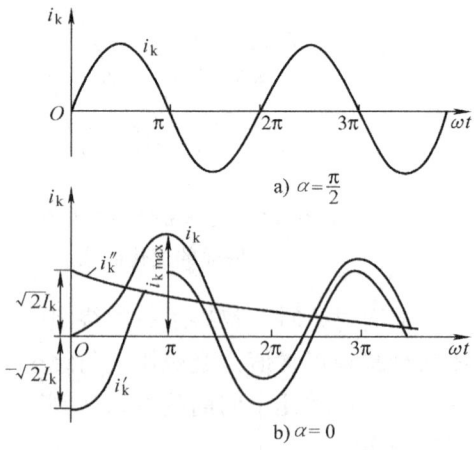

图 4-24　变压器突然短路电流波形

式 (4-36)，可求出最大短路电流为

$$i_{kmax} = \sqrt{2}I_k(1 + e^{-\frac{1}{T_k}\frac{\pi}{\omega}}) = k_y\sqrt{2}I_k \tag{4-37}$$

式中，k_y 为突然短路电流的最大值与稳态短路电流最大值的比值，$k_y = 1 + e^{-\frac{1}{T_k}\frac{\pi}{\omega}}$，其大小决定于变压器的 r_k 和 x_k，中、小型变压器 $k_y = 1.2 \sim 1.4$，大容量变压器 $k_y = 1.5 \sim 1.8$。

将式 (4-37) 用标幺值表示为

$$i_{kmax*} = \frac{I_{kmax}}{\sqrt{2}I_N} = k_y\frac{I_k}{I_N} = k_y\frac{U_N}{I_N Z_k} = k_y\frac{1}{Z_{k*}} \tag{4-38}$$

式 (4-38) 表明，i_{kmax*} 与 Z_{k*} 成反比，即短路阻抗越小，突然短路电流越大。例如当 $Z_{k*} = 0.06$ 时，$i_{kmax*} = (1.5 \sim 1.8) \times (1/0.06) = 25 \sim 30$。最大短路电流达到额定电流的 25~30 倍，这样大的冲击电流会对变压器绕组产生很大的电磁力，对变压器安全运行有严重影响。为了限制最大短路电流，变压器的短路阻抗不能太小，但从减小变压器的电压变化率角度考虑，短路阻抗也不能太大，所以，变压器设计时要全面考虑，以确定一个合适的 Z_{k*}。

对于三相变压器，由于三相电压相位互差 120°，因此在突然短路时，总有一相会处在短路电流最大或接近最大的情况。

二、过电流的影响

突然短路会引起变压器产生很大的冲击过电流，这个过电流对变压器的影响主要有两个方面，一是产生电磁力，二是使变压器发热。

由于变压器绕组的导线处于漏磁场中，导线中的电流与漏磁场相互作用，在绕组导线上产生电磁力，其大小与漏磁场的磁通密度和导体中电流的乘积成正比。而漏磁场的磁通密度又与电流成正比，所以电磁力与电流的二次方成正比。变压器突然短路时的电流最大值可达额定值的 25~30 倍，绕组受到的电磁力将达到额定时的 400~900 倍。且这个力伴随冲击电流同时产生，时间很短，断路器来不及动作。如果变压器设计时未考虑这个冲击力，如此大的电磁力将导致变压器绕组变形和绝缘损坏。

同时，变压器绕组的铜耗也随电流成二次方关系变化，所以，变压器突然短路时，绕组的铜耗可达额定时的几百倍，如果不迅速切断电源，绕组温度将急剧上升。所以，大型电力变压器都有过热保护装置，一旦发生短路故障，将及时切断电源。

*第八节 变压器试验技术

变压器是输送电能的重要设备之一，对国民经济的影响很大。变压器的质量和可靠性直接关系到整个电网的安全运行，直接影响到工农业生产和人民日常生活用电。近年来，我国电力工业发展非常迅速，发电机单台容量达 1500MV·A，交流输电电压等级提高到 1000kV，±1000kV 的高压直流输电线路也即将开建。随着设备容量的增大、电压等级的提高，对输变电设备的可靠性要求也越来越高，因为大容量变压器供电范围大，变压器的损坏将使更大范围的用电户供电受到影响。为了保证变压器能够满足电力传输质量和可靠性要求，国家规定了变压器必须进行的试验及制定了相关试验标准，下面给出相关的标准和试验项目。

一、变压器试验标准

变压器试验相关国家标准主要有：

1. 《电力变压器 第 1 部分 总则》（GB 1094.1—1996）
2. 《电力变压器 第 2 部分 温升》（GB 1094.2—1996）
3. 《电力变压器 第 3 部分 绝缘水平和绝缘试验》（GB 1094.3—2003）
4. 《电力变压器 第 4 部分 电力变压器和电抗器的雷电冲击和操作冲击试验导则》（GB 1094.4—2005）
5. 《电力变压器 第 5 部分 承受短路的能力》（GB 1094.5—2003）
6. 《电力变压器 第 10 部分 声级测定》（GB 1094.10—2003）
7. 《电力变压器 第 11 部分 干式电力变压器》（GB 1094.11—2007）
8. 《三相油浸式电力变压器技术参数和要求》（GB/T 6451—2008）
9. 《750kV 单相油浸式电力变压器技术参数和要求》（JB/T 10780—2007）
10. 《油浸式电力变压器负载导则》（GB/T 15164—1994）
11. 《电力变压器应用导则》（GB 13499—2002）
12. 《标准电压》（GB 156—2007）
13. 《电力变压器选用导则》（GB/T 17468—1998）
14. 《高压输变电设备的绝缘配合》（GB311.1—1997）
15. 《绝缘配合 第 2 部分 高压输变电设备的绝缘配合 使用导则》（GB 311.2—2002）
16. 《高电压试验技术 第 1 部分 一般试验要求》（GB/T 16927.1—1997）
17. 《高电压试验技术 第 2 部分 测量系统》（GB/T 16927.2—1997）
18. 《局部放电测量》（GB/T 7354—2003）
19. 《冲击试验用数字记录仪 第 1 部分 对数字记录仪的要求》（GB/T 16896.1—2005）
20. 《工频电场测量》（GB/T 12720—1991）
21. 《变压器油》（GB 2536—1990）
22. 《电力变压器试验导则》（JB/T 501—2006）

二、变压器试验项目

在国标《电力变压器 第 1 部分 总则》（GB 1094.1—1996）中规定了变压器需要进行的三种试验项目：例行试验，型式试验和特殊试验。除了国家标准规定的试验项目外，各变压器制造厂家一般还规定了自己在制造过程中的各项试验。

例行试验包括：绕组电阻测量，电压比测量和联结组标号检定，短路阻抗和负载损耗测量，空载电流和空载损耗测量，绕组对地绝缘电阻和（或）绝缘系统电容的介质损耗系数测量，绝缘例行试验，变压器绝缘的例行试验，有载分接开关试验，绝缘油试验。

型式试验包括：温升试验和绝缘型式试验。

特殊试验包括：绝缘特殊试验，绕组对地和绕组间电容的确定，瞬态电压传输特性测定，三相变压器零序阻抗测量，短路承受能力试验，声级测定，控制电流谐波测量，风扇和油泵电机吸收功率测量。此外，《油浸式电力变压器技术参数和要求》（GB/T 6451—2008）还规定了使用部门与制造厂协商的 500kV 变压器试验项目，包括：长时间空载试验，油流静电试验，转动油泵时局部放电测量。

思考题及习题

4-1 三相组式变压器和三相心式变压器在磁路结构上有何区别？

4-2 三相变压器的电压比是如何定义的？它和线电压比有什么区别？在进行变压器绕组折算时用前者还是后者？

4-3 单相变压器的联结组标号有何意义？影响联结组标号的因素有哪些？如何用时钟法来表示？

4-4 变压器一次、二次绕组连接如图4-25所示，试画出它们的相量图，并判别绕组联结组标号。

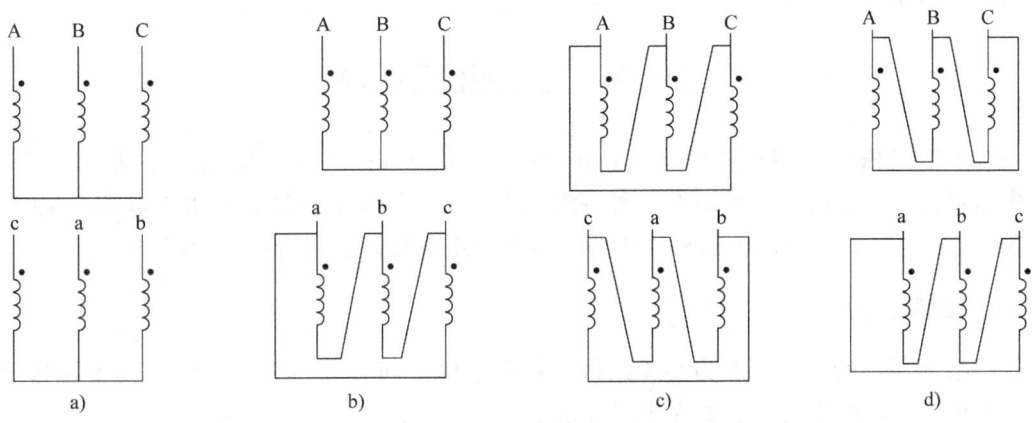

图4-25 题4-4图变压器绕组连接

4-5 3次谐波电流与变压器绕组的连接方式有无关系？

4-6 为什么变压器的励磁电流中需要有3次谐波分量，如果励磁电流中的3次谐波分量不能流通，对绕组中感应电动势波形有何影响？

4-7 变压器并联运行的条件是什么？如果不满足这些条件，将产生什么后果？

4-8 有4组联结组标号相同的单相变压器，数据如下：

变压器1：100kV·A，3000V/230V，$U_{k1}=155V$，$I_{k1}=34.5A$，$p_{k1}=1000W$；

变压器2：100kV·A，3000V/230V，$U_{k1}=201V$，$I_{k1}=30.5A$，$p_{k1}=1300W$；

变压器3：200kV·A；3000V/230V，$U_{k1}=138V$，$I_{k1}=61.2A$，$p_{k1}=1580W$；

变压器4：300kV·A；3000V/230V，$U_{k1}=172V$，$I_{k1}=96.2A$，$p_{k1}=3100W$。

问哪两台变压器并联最理想？

4-9 两台联结组标号均为Yd11的变压器并联运行，额定电压均为$U_{1N}/U_{2N}=35kV/10.5kV$，第一台$S_{N1}=1250kV·A$，$U_{k1}=6.5\%$，第二台$S_{N2}=2000kV·A$，$U_{k2}=6\%$，试求：

（1）总负载为3250kV·A时，每台变压器的负载是多少？

（2）在两台变压器均不过载的情况下，能供给的负载是多少？此时并联变压器组的利用率为多少？

4-10 变压器空载合闸到额定电压的电源时，在最不利的情况下，铁心中的主磁通瞬时最大值是稳态运行时主磁通最大值的多少倍？此时，空载电流的最大值是否也是稳态时励磁电流的相同倍数？为什么？

4-11 变压器空载电流很小，为什么空载合闸时合闸电流却可能很大？

4-12 变压器发生突然短路时，在什么情况下短路电流不存在瞬变分量？而又在哪种情况下其瞬变分量的初值最大？短路电流的最大值发生在什么时间，大致为额定电流的多少倍？

第五章 三绕组变压器和其他用途变压器

电力系统中,除了大量采用双绕组变压器外,还经常采用三绕组变压器、自耦变压器和互感器,本章对它们作一简单介绍。实际中还有整流变压器、电炉变压器等特种变压器,鉴于篇幅,本书不一一介绍。

第一节 三绕组变压器

三绕组变压器是多绕组变压器(multiwinding transformer)中用的最多的形式,它有高压、中压和低压3个绕组,可以有3种等级的电压。三绕组变压器主要用于电力系统中,将3个不同电压等级的电网连接起来,代替两台双绕组变压器,运行更加经济。

一、结构特点

三绕组变压器的铁心一般为心式结构,每个心柱上同心排列3个绕组,其布置如图5-1所示。图中,1为高压绕组,2为中压绕组,3为低压绕组。从绝缘上考虑,通常将高压绕组放在最外层。如果低压绕组处于高压和中压绕组之间,中压绕组在最里层,如图5-1a所示,为升压变压器;如果中压绕组处于高压和低压绕组之间,低压绕组在最里层,如图5-1b所示,为降压变压器。三绕组变压器运行时,可以将其中的一个绕组接电源,则另外两个绕组有两个等级的电压输出;也可以将两个绕组接电源,向第三个绕组供电,提高供电可靠性。

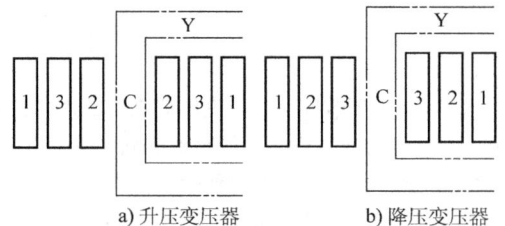

图5-1 三绕组变压器绕组布置

二、容量与联结组标号

双绕组变压器的一次、二次绕组容量相等,三绕组变压器根据供电需要,3个绕组的容量可以不相等。其额定容量指3个绕组中容量最大的一个绕组的额定容量。

如果将额定容量作为100%,3个绕组的容量配合可以为100/100/100、100/100/50、100/50/100。

三相三绕组变压器的联结组标号有 YNyn0d11($Y_0/Y_0/\triangle-12-11$)和 YNyn0y0($Y_0/Y_0/Y-12-12$)两种,前者更为常用。

三、工作原理

当三绕组变压器的一次绕组接到电源上,二次和三次绕组开路时,为空载运行状态。空载时,其与双绕组变压器没有什么区别,只是有3个电压比,分别为

第五章 三绕组变压器和其他用途变压器

$$\left.\begin{array}{l}K_{12}=\dfrac{N_1}{N_2}=\dfrac{U_{1N}}{U_{2N}}\\[2mm] K_{13}=\dfrac{N_1}{N_3}=\dfrac{U_{1N}}{U_{3N}}\\[2mm] K_{23}=\dfrac{N_2}{N_3}=\dfrac{U_{2N}}{U_{3N}}\end{array}\right\} \quad (5\text{-}1)$$

式中，N_1、N_2、N_3、U_{1N}、U_{2N} 和 U_{3N} 分别为 3 个绕组的匝数和额定电压。

分析三绕组变压器时，由于 3 个绕组之间互相耦合，不再使用双绕组变压器分析时的主磁通和漏磁通的概念。因为，双绕组变压器中，漏磁通的概念十分明确，即只交链本绕组，不与其他绕组交链的磁通。而三绕组变压器中，不与一次绕组交链的磁通，可能除了与本绕组交链外，还与另外一个二次绕组交链，漏磁通的概念不明确，所以，三绕组变压器分析和讨论时利用各绕组的自感和互感的概念。

三绕组变压器负载运行时，磁动势平衡方程为

$$\dot{I}_1 N_1 + \dot{I}_2 N_2 + \dot{I}_3 N_3 = \dot{I}_0 N_1 \quad (5\text{-}2)$$

如果忽略励磁电流，式（5-2）可表示为

$$\dot{I}_1 N_1 + \dot{I}_2 N_2 + \dot{I}_3 N_3 = 0 \quad (5\text{-}3)$$

把绕组 2 与绕组 3 折算到绕组 1，有

$$\dot{I}_1 + \dot{I}_2' + \dot{I}_3' = 0 \quad (5\text{-}4)$$

式中，$\dot{I}_2'$、$\dot{I}_3'$ 分别为绕组 2 和绕组 3 折算到绕组 1 的电流，$\dot{I}_2' = \dfrac{\dot{I}_2}{K_{12}}$，$\dot{I}_3' = \dfrac{\dot{I}_3}{K_{13}}$。

图 5-2 所示为三绕组变压器的简化等效电路，图中各电抗参数为各绕组的自感漏电抗及绕组间互感漏电抗合成的等效电抗，相应的阻抗为等效阻抗。

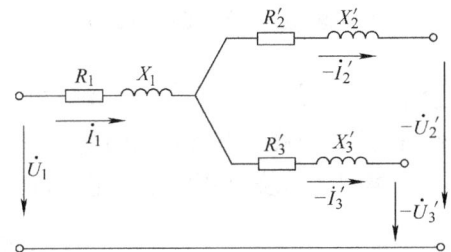

图 5-2 三绕组变压器的简化等效电路

第二节 自耦变压器

近年来，高压输电系统中，自耦变压器（autotransformer）用得较多。例如，电力系统中用作连接不同电压等级系统的母线联络变压器，在电压变化不是很大时，采用自耦变压器比较经济。

所谓自耦变压器，是一次和二次侧共用同一个绕组的变压器，其与双绕组变压器的主要差别在于：自耦变压器的一次和二次侧之间不仅有磁的耦合，还有电的联系。

一、结构特点

自耦变压器结构如图 5-3a 所示，在每相铁心上仍套两个同心绕组，低压侧引出线为 ax，高压侧引出线为 AX。可以看出，高压侧由 Aa 绕组和 aX 绕组串联组成，低压绕组为 ax，其中 ax 绕组为高低压两侧共用，称为公共绕组（common winding），Aa 绕组称为串联绕组（series winding）。Aa 绕组的匝数一般比 ax 绕组的少。自耦变压器也可作为升压或降压变

器使用。

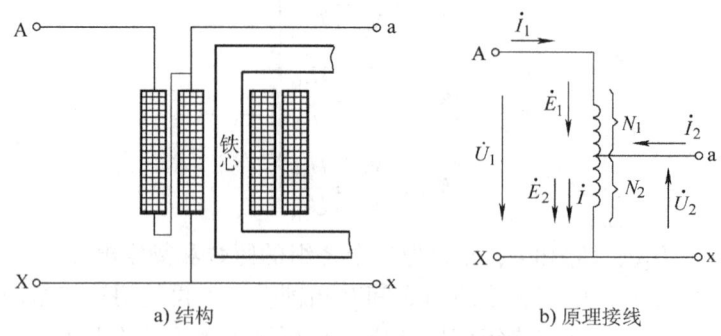

图 5-3 自耦变压器结构及原理接线

二、基本方程式

从图 5-3b 所示的原理接线可以看出，当高压绕组 AX 两端接电源电压 $\dot{U}_1$ 时，高压侧电动势平衡方程为

$$\dot{U}_1 = -\dot{E}_1 - \dot{E}_2 + \dot{I}_1 Z_{Aa} + \dot{I} Z_{ax} \tag{5-5}$$

低压侧电动势平衡方程为

$$\dot{U}_2 = \dot{E}_2 - \dot{I} Z_{ax} \tag{5-6}$$

式中，$\dot{E}_1$、$\dot{I}_1$、Z_{Aa} 分别为串联绕组 Aa 的电动势、电流和漏阻抗；$\dot{E}_2$、$\dot{I}$、Z_{ax} 分别是公共绕组 ax 的电动势、电流和漏阻抗。

类似于双绕组变压器，定义自耦变压器电压比为

$$K_a = \frac{E_1 + E_2}{E_2} = \frac{N_1 + N_2}{N_2} \tag{5-7}$$

忽略变压器空载电流，有磁动势平衡方程

$$\dot{I}_1(N_1 + N_2) + \dot{I}_2 N_2 = 0 \tag{5-8}$$

也可表示为

$$\dot{I}_1 = -\frac{N_2}{N_1 + N_2} \dot{I}_2 = -\frac{1}{K_a} \dot{I}_2 \tag{5-9}$$

公共绕组 ax 中的电流为

$$\dot{I} = \dot{I}_1 + \dot{I}_2 = -\frac{1}{K_a} \dot{I}_2 + \dot{I}_2 = \left(1 - \frac{1}{K_a}\right) \dot{I}_2 \tag{5-10}$$

从式（5-9）可以看出，$\dot{I}_1$ 与 $\dot{I}_2$ 相位总是相差 180°，根据式（5-10）可以看出，$\dot{I}$ 与 $\dot{I}_2$ 总是同相位，所以 $\dot{I}_1$、$\dot{I}_2$、$\dot{I}$ 的大小关系为

$$I_2 = I_1 + I \tag{5-11}$$

因此，自耦变压器的输出电流 $\dot{I}_2$ 由两部分组成，其中串联绕组的电流 $\dot{I}_1$ 是由于高、低压绕组之间有电的联系，从高压侧直接流入低压侧的，公共绕组流过的电流 $\dot{I}$ 是通过电磁感应作用传递到低压侧的。

三、容量关系

自耦变压器的额定容量（也称为铭牌容量）和绕组容量（又称为电磁容量）不相等，

额定容量用 S_{NA} 表示,指的是自耦变压器总的输入或输出容量,即

$$S_{NA} = U_{1N}I_{1N} = U_{2N}I_{2N} \tag{5-12}$$

电磁容量指的是绕组电压与电流的乘积。对于双绕组变压器,变压器的容量就是绕组容量。但自耦变压器,绕组容量与变压器容量不同,前者比后者小。

串联绕组 Aa 的电磁容量为

$$U_{Aa}I_{1N} = \frac{N_1}{N_1 + N_2}U_{1N}I_{1N} = \left(1 - \frac{1}{K_a}\right)S_{NA} = K_{xy}S_{NA} \tag{5-13}$$

公共绕组 ax 的电磁容量为

$$U_{ax}I_N = U_{2N}(I_{2N} - I_{1N}) = \left(1 - \frac{1}{K_a}\right)U_{2N}I_{2N} = K_{xy}S_{NA} \tag{5-14}$$

式中,K_{xy} 为效益系数,$K_{xy} = 1 - \frac{1}{K_a}$。

式(5-13)和式(5-14)表明,公共绕组和串联绕组的绕组容量相等。自耦变压器的额定容量 $S_{NA} = U_{1N}I_{1N} = U_{2N}I_{2N} = U_{Aa}I_{1N} + U_{ax}I_{1N}$,所以,自耦变压器的额定容量包含两部分:一是 $U_{Aa}I_{1N}$,为绕组容量,它实际上是以串联绕组 Aa 为一次侧,以公共绕组 ax 为二次侧的一个双绕组变压器,通过电磁感应作用从一次侧传递到二次侧的容量;二是 $U_{ax}I_{1N}$,它是通过电路上的连接,从一次侧直接传递到二次侧的容量,称为传导容量。传导容量不需要利用电磁感应来传递,所以自耦变压器的绕组容量小于额定容量。

四、自耦变压器的优、缺点

自耦变压器与双绕组变压器比较,具有以下优点:
1) 由于自耦变压器绕组容量较额定容量小,双绕组变压器额定容量与绕组容量相等,所以,在额定容量相等的情况下,自耦变压器体积小,重量轻,节省材料,成本较低。
2) 自耦变压器有效材料(硅钢片和铜材)消耗减少,铜耗和铁耗减小,效率提高。
3) 体积小,可减少变电站占地面积,运输和安装也更加方便。

但自耦变压器高、低压回路没有隔离,高压侧故障会直接影响到低压侧,给低压侧的绝缘及安全用电带来一定困难。为了解决这个问题,需要采取一些措施,例如中性点必须可靠接地,一次、二次侧都要安装避雷器等。

第三节 分裂绕组变压器

随着发电机单机容量的增大,发电厂厂用负荷随之增加,其厂用变压器的容量也增大,使得短路电流增加。出于对电厂设备安全和经济上的考虑,希望减小厂用系统短路电流,由于分裂绕组变压器在正常和低压侧短路时其电抗值不同,具有限制短路电流的作用,所以近年来在发电厂中得到了广泛应用。

国外从 20 世纪 40 年代末开始研制分裂绕组变压器,目前已经得到普遍推广。根据国外运行经验,采用分裂绕组变压器限制短路电流切实可行,英国已制造出容量为 880MV·A 的三相分裂绕组变压器,作为水电站的升压变压器用。所以三相分裂绕组变压器不仅可以作为厂用变压器,也可作为主变压器。分裂绕组变压器在我国也已开始生产和应用,不少大型发

电厂采用它作为厂用变压器。

一、分裂绕组变压器的结构特点

分裂绕组变压器是将变压器一个绕组（通常是低压绕组）分裂为电路上不相连而磁路上只有松散耦合的两个或多个绕组的变压器，各分裂绕组的容量及电压都相同。分裂绕组变压器是多绕组变压器的一种特殊形式，和普通多绕组变压器区别在于：它的低压绕组中有一个或几个绕组分裂成额定容量相等的几个支路，这几个支路没有电气上的联系，而仅有较弱的磁联系。

三相双绕组双分裂变压器绕组接线图如图 5-4 所示，图中高压绕组接成星形，两个分裂的低压绕组接成三角形，两个三角形连接的低压绕组电路上完全独立。它与普通变压器的区别在于低压绕组，分裂绕组变压器的低压绕组没有串联或并联，而是将其始端和末端单独引出来，构成两个或多个额定容量相等的绕组，且这些绕组之间没有电气联系，仅有较弱的磁联系。因此，分裂绕组变压器结构上的特殊要求有：

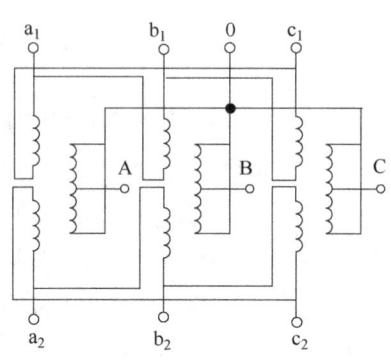

图 5-4　三相双绕组双分裂变压器绕组接线图

1）低压绕组各部分之间与高压绕组之间有足够的电气绝缘强度。

2）低压绕组各部分之间与高压绕组之间的阻抗值相等。

3）低压绕组的每一部分可分别接发电机或电动机，既可同时运行，也可单独运行，具有相同额定电压的分裂绕组可以并联运行。

4）结构简单，尽可能接近普通变压器。

低压绕组分裂后，可以大大增加高压绕组与低压绕组各分裂部分之间及低压绕组分裂后的各部分之间的短路阻抗值，从而限制系统的短路电流。在电力系统中，用得比较多的是双绕组双分裂变压器，它有一个高压绕组和两个分裂的低压绕组，分裂绕组的额定电压和额定容量相同，它们的总容量等于变压器的额定容量。

在容量、电压等级、调压范围及级数、总损耗和短路电压等相同的情况下，分裂绕组变压器与普通变压器相比，铁心材料、铜材等都消耗较多，成本有所增加。

二、分裂绕组变压器的等效电路和主要参数

三相双绕组双分裂变压器每相有 3 个绕组，分别是：一个不分裂的高压绕组，它有两个支路，但总是并联连接，实际上是一个绕组；两个相同的低压分裂绕组。所以，可根据三绕组变压器类似推导，得到双绕组双分裂变压器等效电路如图 5-5 所示，图中 X_1 为高压绕组电抗，$X_{2'}$、$X_{2''}$ 为分裂绕组电抗。

分裂绕组变压器有分裂运行、并联运行及单独运行 3 种运行方式，不同运行方式变压器短路电抗不同，下面分别进行讨论。

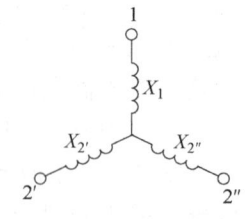

图 5-5　双绕组双分裂变压器等效电路

第五章 三绕组变压器和其他用途变压器

1. 分裂运行

两个低压分裂绕组的一个分支对另一个分支运行，高压绕组不运行，低压绕组之间有穿越功率，高压绕组与低压绕组之间无穿越功率。此时，变压器的短路电抗称为分裂电抗，用符号 $X_{2'-2''}$ 表示。

2. 并联运行

并联运行也称为穿越运行，即两个低压绕组并联，高低压绕组同时运行，高低压绕组之间有穿越功率。穿越运行方式下，变压器的短路电抗称为穿越电抗，用符号 X_{1-2} 表示。

3. 单独运行

单独运行也称为半穿越运行，即任一低压绕组开路，另一低压绕组和高压绕组运行。这种运行方式下，变压器的短路电抗称为半穿越电抗，用符号 $X_{1-2'}$ 表示。

将分裂电抗 $X_{2'-2''}$ 与穿越电抗 X_{1-2} 的比值称为分裂系数，用符号 K_f 表示，即

$$K_f = \frac{X_{2'-2''}}{X_{1-2}} \tag{5-15}$$

分裂系数是分裂变压器的基本参数之一。

变压器制造厂家一般给出穿越电抗 X_{1-2} 和分裂系数 K_f，根据它们可求出各支路电抗值 X_1、$X_{2'}$、$X_{2''}$。

由于分裂绕组所在的两个支路完全对称，所以有 $X_{2'} = X_{2''}$。根据分裂电抗、穿越电抗、半穿越电抗及分裂系数的定义，有

$$X_{2'-2''} = X_{2'} + X_{2''} = 2X_{2'} \tag{5-16}$$

$$X_{1-2} = X_1 + X_{2'} // X_{2''} = X_1 + \frac{1}{2}X_{2'} \tag{5-17}$$

$$X_{1-2'} = X_1 + X_{2'} \tag{5-18}$$

$$X_{2'-2''} = K_f X_{1-2} \tag{5-19}$$

所以，已知穿越电抗和分裂系数可得到各支路电抗分别为

$$X_1 = X_{1-2}\left(1 - \frac{1}{4}K_f\right) \tag{5-20}$$

$$X_{2'} = X_{2''} = \frac{1}{2}K_f X_{1-2} \tag{5-21}$$

穿越电抗与半穿越电抗之间的关系为

$$X_{1-2} = X_{1-2'}/(1 + K_f/4) \tag{5-22}$$

分裂系数的大小由分裂成两部分的低压绕组相互位置决定，一般取值为 0～4，具体根据变压器正常运行状况及事故状态对电压的要求选取。如：当 $K_f = 4$ 时，$X_1 = 0$，$X_{2'} = X_{2''} = 2X_{1-2}$，此时的分裂变压器相当于两台独立的双绕组变压器，任何一个分裂绕组的负荷变化不对另外一个分裂绕组电压产生影响，两个分裂绕组之间的磁耦合最弱；当 $K_f = 0$ 时，$X_1 = X_{1-2}$，$X_{2'} = X_{2''} = 0$，此时的分裂变压器相当于一台普通的双绕组变压器，两个分裂绕组端电压相同，两个分裂绕组之间的磁耦合最强。一般情况下，$0 < K_f < 4$，两个分裂绕组之间有一定的磁耦合关系。

三、分裂绕组变压器的特点

与普通变压器相比，分裂绕组变压器有如下特点：

1)限制短路电流。当分裂绕组一个支路短路时,变压器由穿越运行方式变为半穿越运行方式,限制短路电流的为半穿越电抗,而半穿越电抗比穿越电抗大,也就是比普通变压器的短路电抗大,所以短路电流小。

2)有利于电动机起动。由于分裂变压器的穿越电抗比普通变压器的短路电抗小,所以电动机起动时的起动电流引起的变压器压降减小,允许电动机起动容量增大。

3)当分裂绕组一个支路发生短路时,另一支路的母线电压降小,即残压较高,这是分裂绕组变压器的主要优点。

第四节 互 感 器

在高电压、大电流的电力系统中,为了测量线路上的电压和电流,需要采用互感器。互感器是一种用于测量高电压、大电流的变换器。目的是使一次和二次回路隔离,以保障运行人员的人身安全和测量装置的安全,并可以利用小量程的电压表、电流表来测量高电压、大电流。

互感器分为电压互感器和电流互感器两种,这里简单介绍电磁式电压互感器和电流互感器。

一、电压互感器

电压互感器(Potential Transformer,PT)原理如图 5-6 所示,它的一次、二次绕组套在同一个闭合的铁心上,一次(高压)绕组直接接到被测的高压线路上,绕组匝数多,导线较细;二次(低压)绕组接到测量仪表的电压线圈上,绕组匝数少,导线较粗。如果仪表个数不只一个,则各仪表的电压线圈并联接在电压互感器的二次绕组。

电压互感器的工作原理和普通变压器相同。由于二次绕组所接的仪表电压线圈阻抗很大,所以,电压互感器运行时相当于一台空载运行的降压变压器。不考虑漏阻抗压降,并认为二次电压线圈阻抗很大,互感器处于空载状态,则一次、二次电压之比 $U_1/U_2 \approx E_1/E_2 = N_1/N_2$,即等于匝数比。供测量用的电压互感器二次额定电压标准值为 100V 或 $100/\sqrt{3}$V。

由于只有在理想情况下,一次、二次电压之比才等于绕组匝数比,而实际情况是互感器既存在漏阻抗压降,二次侧也不是空载,所以互感器总是存在测量误差。为了减小误差,在电

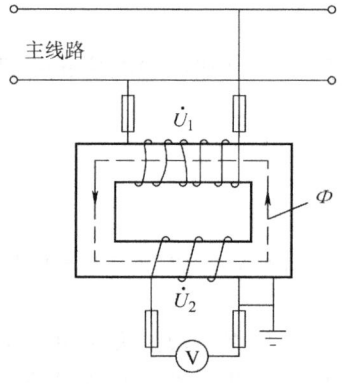

图 5-6 电压互感器原理

压互感器设计和制造时,应减小励磁电流和一次、二次绕组的漏阻抗。为此,铁心采用导磁性能好、铁耗小的硅钢片,并使磁路不饱和,绕制时尽量减小漏磁。

使用电压互感器时,一定要注意:

1)二次侧绝对不允许短路,否则会产生很大的短路电流,引起绕组发热甚至烧坏绕组绝缘,使一次回路的高电压浸入二次低压回路,危及人身和设备安全。

2)为安全起见,电压互感器的二次绕组和铁心必须可靠接地。

3)使用时,二次绕组不能并联过多的仪表,以免影响互感器测量精度。

二、电流互感器

电流互感器（Current Transformer, CT）的主要结构和工作原理也与普通变压器相似，如图 5-7 所示。它的一次绕组由一匝或几匝截面积较大的导线构成，串联在一次侧线路中。二次绕组匝数较多，导线较细，与各种仪表的电流线圈串联。

由于仪表的电流线圈阻抗很小，所以电流互感器正常工作时相当于变压器的短路运行状态。如果不考虑励磁电流，则有 $I_1/I_2 = N_2/N_1$，这样，根据一次、二次绕组的匝数比，可以将大电流转化为小电流测量。通常，电流互感器二次绕组的额定电流设计为 5A 或 1A。

显然，这里讨论的是一种理想情况，实际上电流互感器总是存在励磁电流，仪表线圈的阻抗也不为零，所以根据匝数比计算出的电流总会存在误差。按照电流比误差的大小，电流互感器的准确级可分为 0.2、0.5、1、3 和 10 等几级。

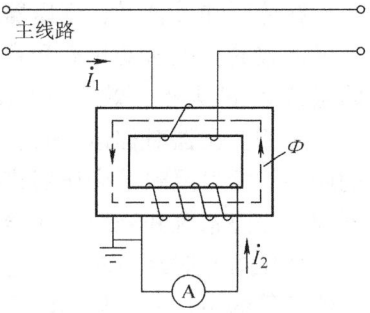

图 5-7 电流互感器原理

电流互感器使用时，一定要注意：

1）运行过程或仪表切换时，互感器二次绕组绝不允许开路。因为，当二次绕组开路，互感器成为空载运行，而此时一次绕组电流由被测电路决定，全部的一次电流作为励磁电流起励磁作用，使铁心内的磁通密度较正常运行时增加了很多倍（因正常运行时二次绕组短路，二次电流起去磁作用，一次绕组电流中的大部分是负载分量，励磁分量很小），使铁耗大大增加，铁心过热。另外，二次绕组中将产生很高的过电压，危及操作人员和仪表安全。

2）电流互感器铁心和二次绕组需可靠接地。

3）二次绕组不宜接过多负载，以免影响测量精度。

思考题及习题

5-1 三绕组变压器的额定容量是怎样确定的？3 个绕组的容量有哪几种分配方式？

5-2 三绕组变压器主要用在什么场合？

5-3 三绕组变压器分析其工作原理时，为什么不采用双绕组变压器中所用的主磁通和漏磁通的概念？

5-4 什么是自耦变压器的额定容量和电磁容量？试比较自耦变压器和双绕组变压器的优缺点。

5-5 电压互感器运行时为什么不允许二次绕组短路？电流互感器运行时为什么不允许二次绕组开路？

变压器部分小结

本篇首先介绍了电力变压器的基本结构、组成及各部分的作用，变压器的常用参数，讨论了单相变压器的基本工作原理和运行特性，在此基础上，分析了三相变压器的磁路系统、绕组连接方式、变压器的并联运行、不对称运行、空载合闸和突然短路等，最后对电力系统中常用的三绕组变压器、分裂绕组变压器、自耦变压器及互感器进行了简单介绍。

单相变压器的基本工作原理和运行特性是分析计算变压器运行性能的基础，它是建立在电磁感应和磁动势平衡两个基本电磁关系基础上的。变压器一次和二次绕组匝数不同，通过电磁感应作用，在一次和二次侧得到不同的电压数值。单相变压器内部电磁过程分析时，采用主磁通和漏磁通的概念，由于铁心具有饱和性，主磁通和产生它的电流是非线性关系；而漏磁通与产生它的电流有线性关系。为了分析计算简便，计算变压器时一般采用绕组折算的方法，注意折算时不能改变变压器的电磁关系。

在分析和计算时，变压器的电动势方程、等效电路和相量图都是重要且常用的工具，三者是一致的。电压变化率和效率是变压器的主要性能指标，电压变化率的大小主要取决于短路阻抗 Z_k 的大小，效率主要由空载和短路损耗决定。

三相变压器对称运行时，可以用单相变压器相同的分析方法进行分析讨论。三相变压器的联结组标号反映了变压器绕组的连接方式及一次绕组和二次绕组之间线电压的相位关系。不同的磁路系统和绕组的连接方式对变压器空载电动势波形有很大影响。

变压器并联运行时，一定要满足联结组标号相等，额定电压及电压比相等，短路阻抗标幺值相等的条件，如果不满足这些条件，可能会在各并联变压器中造成环流，或使各变压器负载分配不均匀。

不对称运行也是变压器运行过程中常出现的一种运行状态，本篇介绍了分析不对称运行问题的对称分量法，给出了其基本方法，并以三相变压器带单相负载为例，说明了 Yyn 联结的组式变压器不能带单相负载。

变压器空载合闸时会有较大的过电流产生，这个电流可能引起过电流保护装置误动作，常在合闸回路中串一合闸电阻，减小空载合闸电流。

变压器的突然短路也会造成绕组中有很大的短路电流流过，从而产生很大的电动力及使绕组发热，严重时损坏变压器。为了限制短路电流，变压器设计时希望其短路阻抗大，但是短路阻抗大又会影响变压器的电压变化率，所以变压器设计时需要合理地、全面地考虑短路阻抗的选取。

三绕组变压器的基本工作原理与双绕组变压器相同，不过其内部磁场分布更为复杂，分析时采用自感和漏感的概念。

自耦变压器的特点是一次绕组和二次绕组之间不仅有磁的联系，还有电的直接联系，所以从一次侧传递到二次侧的功率有通过电磁关系传递的功率和通过电的直接传导传递的功率，在额定容量相同的情况下，自耦变压器较双绕组变压器可节省材料，减轻重量，降低成本，提高效率。

电压互感器与电流互感器工作原理与普通变压器相同，使用时一定要注意，电压互感器二次侧不能短路，电流互感器二次侧不能开路。

变压器部分模拟测试题及答案

一、模拟测试题

(一) 填空题

(1) 当在变压器的一次绕组接交流电源后，将产生交变的磁通，该磁通分为（   ）和（   ）。

(2) 要在变压器中产生正弦波的磁通波形，所需要的励磁电流波形应该是（   ）。

(3) 变压器的二次侧是通过（　　）对一次侧产生作用的。
(4) 单相变压器铁心叠片接缝增大，其他条件不变，则空载电流（　　）。
(5) 三相变压器的电压比是指（　　）之比。
(6) 三相心式变压器的磁路系统特点是（　　）。
(7) 三相变压器二次侧的额定电压是指一次侧加额定电压时二次侧的（　　）。
(8) 变压器带容性负载时，随着负载增加，二次电压（　　）。
(9) 通过（　　）和（　　）可求取变压器的参数。
(10) 在（　　）情况下，变压器效率最高。

（二）问答题

1. 若将变压器一次绕组接在直流电源上，在二次绕组能得到稳定直流电压输出吗？为什么？
2. 变压器铁心中的磁动势，在空载和负载时比较，有哪些不同？
3. 如何把变压器二次侧各参数折算到一次侧？在用标幺值表示时，为什么不需要折算？
4. 变压器在什么情况下空载合闸电流最大？如果磁路不饱和，空载合闸电流的最大值是多少？
5. 三绕组变压器一次绕组的额定容量与二次、三次绕组的额定总容量总是相等的吗？为什么？

（三）变压器的一、二次绕组连接如图 5-8 所示，试画出它们的相量图，并判别绕组联结组标号

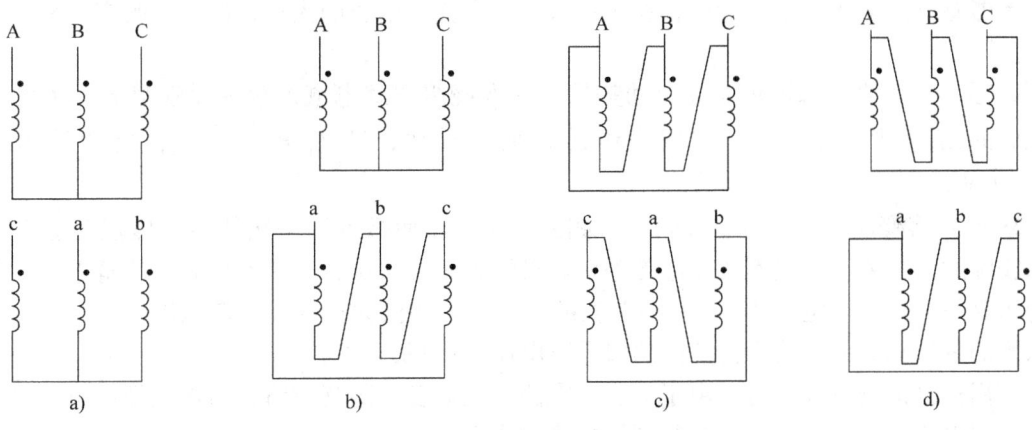

图 5-8　变压器部分模拟测试题图

（四）计算题

1. 一台 3kV·A，230V/115V，单相变压器，一次绕组电阻 $R_1 = 0.3\Omega$，二次绕组电阻 $R_2 = 0.05\Omega$，一次绕组漏抗 $X_1 = 0.8\Omega$，二次绕组漏抗 $X_2 = 0.1\Omega$，铁耗 $p_{Fe} = 45W$，额定负载时铜耗 $p_{Cu} = 85W$，求：

(1) 二次侧功率因数为 0.9（滞后）时的电压变化率；
(2) 带功率为 3.04kW、功率因数为 0.95（滞后）的负载时变压器的效率。

2. 设有一台 125MV·A，50Hz，110kV/10kV，YNd11 联结的三相变压器，空载电流 $I_{0*} = 0.02$，空载损耗 $p_0 = 133kW$，短路电压（阻抗电压）$u_k = 10.5\%$，短路损耗 $p_{kN} = 600kW$。

(1) 试求短路阻抗和励磁阻抗（均用标幺值），画出近似 Γ 形等效电路，标明各阻抗数值；

(2) 求供给额定负载且 $\cos\varphi_2 = 0.8$（滞后）时的电压变化率及效率。

二、模拟测试题答案

（一）填空题

(1) 主磁通、漏磁通

(2) 尖顶波（磁路饱和）

(3) 电磁感应

(4) 增大

(5) 一次和二次相电动势

(6) 各相磁路彼此关联

(7) 空载线电压

(8) 可能增大，也可能减小

(9) 短路试验、空载试验

(10) 可变损耗与不变损耗相等

（二）问答题

1. 答：不会。因为若在变压器一次绕组接直流电源，绕组中将有直流电流流过，直流电流在铁心中产生的是恒定不变的磁通，磁通变化率为零，不会在绕组中产生感应电动势，也就不能有直流电压输出。所以，变压器只能改变交流电压的大小，而不能改变直流电压的大小。

2. 答：变压器空载时的励磁磁动势只有一次绕组空载电流产生的磁动势 $\dot{F}_0 = \dot{I}_0 N_1$，而负载时的励磁磁动势是一、二次绕组的合成磁动势，即 $\dot{F}_0 = \dot{F}_1 + \dot{F}_2$，也就是 $\dot{I}_0 N_1 = \dot{I}_1 N_1 + \dot{I}_2 N_2$。

3. 答：将变压器二次侧折算到一次侧就是用一个匝数等于一次绕组的虚拟绕组来代替原来实际的二次绕组，但不改变电磁关系。具体折算方法是：所有单位为伏的量折算后的值均为折算前的值乘以电压比 K，单位为安的量折算后的值为折算前的值除以电压比 K，单位为欧姆的量折算后的值均为折算前的值乘以电压比 K 的二次方。

在用标幺值进行计算时，由于一、二次侧参数取各自的基准值，通常取额定值，它们已经包含有电压比关系，所以已经起到了折算的作用。比如：

$$U_{2*}' = \frac{U_2'}{U_{1N}} = \frac{KU_2}{KU_{2N}} = \frac{U_2}{U_{2N}} = U_{2*}$$

所以，在用标幺值进行计算时，不需要进行绕组折算。

4. 答：变压器在电源电压初相角 $\alpha = 0°$ 时合闸，空载合闸电流最大。如果磁路不饱和，则空载合闸电流最大值为稳态空载电流的 2 倍。

5. 答：不一定相等。因为三绕组变压器的绕组容量是按每个绕组分别计算，为绕组的额定电压乘以额定电流，它表明绕组传递功率的能力，不一定表示实际运行时的功率。实际运行时，若一次侧输入功率，二次侧输出功率，则根据能量守恒定律，输入的功率应该等于输出功率加变压器损耗。而各绕组的设计容量却可能比实际运行大，所以二次、三次绕组额定容量之和可能大于一次绕组额定容量。而三绕组变压器的额定容量是 3 个绕组中容量最大的一个绕组的容量。

(三) 答：相量图及联结组标号分别如图 5-9 所示

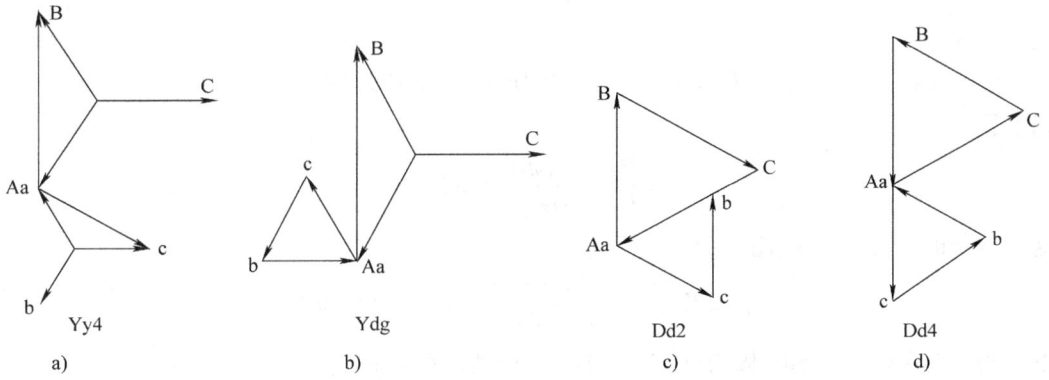

图 5-9 变压器部分模拟测试题（答案）图

(四) 计算题

1. 解：（1）一次额定电流 $I_{1N} = \dfrac{S_N}{U_{1N}} = \dfrac{3000}{230}\text{A} = 13.043\text{A}$

二次额定电流 $I_{2N} = \dfrac{S_N}{U_{2N}} = \dfrac{3000}{115}\text{A} = 26.087\text{A}$

一次漏阻抗 $Z_{1N} = \dfrac{U_{1N}}{I_{1N}} = 17.634\Omega$

二次漏阻抗 $Z_{2N} = \dfrac{U_{2N}}{I_{2N}} = 4.408\Omega$

则短路电阻和短路电抗标幺值分别为

$$R_{k*} = R_{1*} + R_{2*} = \dfrac{R_1}{Z_{1N}} + \dfrac{R_2}{Z_{2N}} = \dfrac{0.3}{17.634} + \dfrac{0.05}{4.408} = 0.0284$$

$$X_{k*} = X_{1*} + X_{2*} = \dfrac{0.8}{17.634} + \dfrac{0.1}{4.408} = 0.0681$$

额定负载时，$\beta = 1$。所以，二次侧负载功率因数为 $\cos\varphi_2 = 0.8$（滞后）时电压变化率

$$\Delta U = R_{k*}\cos\varphi_2 + X_{k*}\sin\varphi_2 = 5.524\%$$

(2) 负载功率为 3.04kW 时，如不考虑电流对 Δu 的影响

$$\Delta U' = R_{k*}\cos\varphi_2 + X_{k*}\sin\varphi_2 = 0.028 \times 0.95 + 0.0681 \times \sqrt{1 - 0.95^2}$$
$$= 4.78\%$$

此时端电压

$$U' = U_{2N}(1 - \Delta U) = 115 \times (1 - 0.0478)\text{V} = 109.5\text{V}$$

负载电流

$$I_2' = \dfrac{P_2}{U_2'} = \dfrac{3040}{109.5}\text{A} = 27.76\text{A}$$

这个电流对电压变化率的影响为

$$\Delta U = I'_{2*}\Delta U'$$

所以，考虑电流变化对电压变化率的影响后，电压变化率为

$$\Delta U = \frac{27.76}{26.087} \times 4.78\% = 5.09\%$$

端电压

$$U_2 = 115 \times (1 - 0.0509)\,\text{V} = 109.17\,\text{V}$$

负载电流

$$I_2 = \frac{P_2}{U_2} = \frac{3040}{109.17}\,\text{A} = 27.85\,\text{A}$$

在这个负载时变压器的铁耗不变，铜耗为

$$p_{\text{Cu}} = I_{2*}^2 p_k = \left(\frac{27.85}{26.087}\right)^2 \times 85\,\text{W} = 96.88\,\text{W}$$

所以供给 3.04kW、功率因数为 0.95（滞后）负载时的效率为

$$\eta = \frac{P_2}{P_2 + p_0 + p_{\text{Cu}}} \times 100\% = \frac{3040}{3040 + 45 + 96.88} \times 100\%$$
$$= 95.54\%$$

2. 解：（1）空载损耗 $p_{0*} = \dfrac{p_0}{S_N} = 1.064 \times 10^{-3}$

短路损耗 $p_{k*} = \dfrac{p_k}{S_N} = 4.8 \times 10^{-3}$

变压器参数标幺值分别为

$$Z_{m*} = \frac{U_{0*}}{I_{0*}} = \frac{1}{0.02} = 50$$

$$R_{m*} = \frac{p_{0*}}{I_{0*}^2} = \frac{1.064 \times 10^{-3}}{0.0004} = 2.66$$

$$X_{m*} = \sqrt{Z_{m*}^2 - R_{m*}^2} = 49.93$$

$$Z_{k*} = U_k = 0.105$$

$$R_{k*} = p_{k*} = 0.0048$$

$$X_{k*} = \sqrt{Z_{k*}^2 - R_{k*}^2} = 0.1049$$

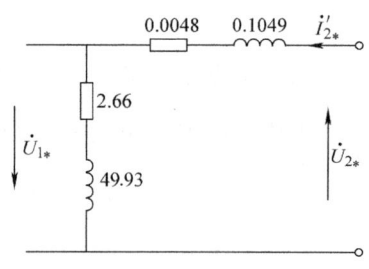

图 5-10 近似等效电路

近似等效电路如图 5-10 所示。

（2）额定负载且 $\cos\varphi_2 = 0.8$（滞后）时的电压变化率

$$\Delta U = R_{k*}\cos\varphi_2 + X_{k*}\sin\varphi_2 = 0.0048 \times 0.8 + 0.1049 \times 0.6 = 6.68\%$$

效率

$$\eta = \left(1 - \frac{p_0 + p_k}{S_N\cos\varphi_2 + p_0 + p_k}\right) \times 100\% = 99.3\%$$

异步电机篇

异步电机（asynchronous machine）是交流电机的一种，主要作电动机用。由于异步电动机具有结构简单，价格低廉，运行可靠，维护方便，效率较高的特点，所以得到广泛应用。三相异步电动机主要用于工农业生产中，单相异步电动机则多用于家用电器及自动装置中。但是，异步电动机调速性能较差，功率因数低，所以还不能完全取代同步电动机和直流电动机。

交流同步电机和异步电机有相同的定子结构，本篇首先讨论异步电机与同步电机共同的部分——交流绕组及其电动势和磁动势，在此基础上讨论异步电动机的结构、工作原理、基本运行方式及特性，并对异步电动机的异常运行状态及它的起动、调速、制动方式作了简单介绍，最后简单介绍了单相异步电动机、异步发电机和特殊异步电机。

第六章　交流绕组及其电动势和磁动势

交流电机主要有同步电机和异步电机。按照转子结构形式的不同，同步电机又分为凸极式和隐极式两类；异步电机又分为笼型和绕线转子两类。同步电机和异步电机的转速、励磁方式及转子结构都不同，但是它们的定子结构、形状、在电机中发生的电能过程、机电能量转换的原理和条件相同，所以，本章一并讨论它们的绕组及其电动势和磁动势。

第一节　交流电机的工作原理

一、交流电机的基本工作原理

在一个可自由旋转的圆筒内嵌装上磁铁，将另一个磁铁装在转轴上，并架在圆筒中间，如图 6-1a 所示。转动圆筒，由于磁铁互相吸引，装在轴上的磁铁随着转动，转动速度与圆筒相同，这就是最简单的同步电机模型。如果把装在轴上的磁铁换成一个闭合线圈，如图 6-1b 所示。当转动圆筒时，线圈切割磁力线，感生感应电动势。由于线圈闭合，线圈中有电流流过，载流导体在磁场中要受到力的作用，使线圈转动起来，其转速低于圆筒的转速，这就是最简单的异步电机模型。线圈转速永远不等于圆筒转速，否则线圈不切割磁力线，不会产生感应电动势，也就没有电流和转矩，线圈无法转动，所以称之为异步电机。

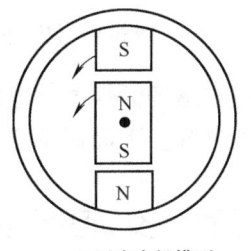
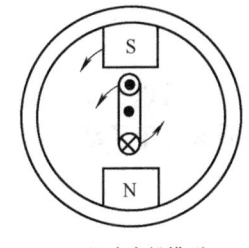

a) 同步电机模型　　　　b) 异步电机模型

图 6-1　交流电机模型

实际电机中，人们在固定的铁心上装三相对称绕组，用以代替前面的旋转圆筒，在三相对称绕组中通以三相对称的正弦交流电来自动产生旋转磁场以代替圆筒上转动的磁铁，这就是异步电机的基本组成结构。铁心和绕组称为定子，旋转的部分称为转子，在定子和转子之间存在气隙。对于同步电机，用直流线圈产生一个恒定磁场取代转轴上的磁铁，如图 6-2a 所示，当原动机拖动转子旋转时，定子绕组中产生感应电动势。对于异步电机，转子常常采用多个线圈，如图 6-2b 所示。

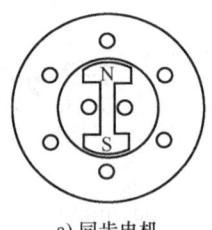
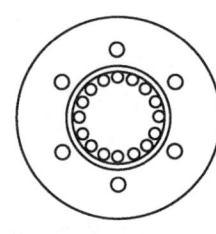

a) 同步电机　　　　b) 异步电机

图 6-2　交流电机基本工作原理

二、交流电机中的旋转磁场

从上面对交流电机基本工作原理的分析可以知道，交流电机中，不管是同步电机还是异步电机，在电机定子和转子之间的气隙中都存在旋转磁场，所以旋转磁场是交流电机工作的基础。交流电机中有两种旋转磁场，一种是磁场本身恒定，由原动机拖动磁极旋转，在电机气隙空间产生的旋转磁场，称为机械旋转磁场（mechanical rotating field）。如同步电机转子在原动机拖动下产生的磁场，同步电机转子上有直流绕组，通入直流电后产生恒定磁场，在原动机拖动下转子旋转，产生旋转磁场，如图 6-3a 所示，为 4 极电机产生的机械旋转磁场。另一种是由于在电机定子上的三相对称交流绕组中通入三相对称交流电流，它在电机气隙空间产生的磁场也为旋转磁场，称为电气旋转磁场（electrical rotating field）。这种磁场不是由于原动机拖动旋转而产生的，而是由交流电流在一定条件下产生，如图 6-3b 所示，为定子绕组产生的 4 极旋转磁场。交流电机中，虽然这两种旋转磁场产生的机理不相同，但它们在交流绕组中形成的电磁感应效果是一样的。正是由于它们的存在，才能使固定的交流绕组切割磁力线，产生电磁感应作用，实现机电能量转换。

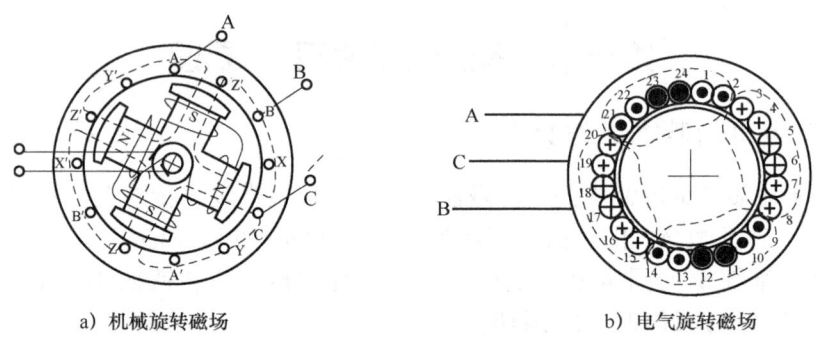

a) 机械旋转磁场　　　　b) 电气旋转磁场

图 6-3　交流电机的旋转磁场

所以，交流电机电气旋转磁场的性质对电机的运行产生重要影响，而电气旋转磁场的性质又与定子绕组的构成密不可分。下面讨论交流绕组的基本构成原则。

第二节　交流绕组的构成原则和分类

交流电机的三相定子绕组是电机实现机电能量转换的主要部件，电机通过它产生一个极数、大小、波形均满足要求的磁场，同时在定子绕组中感应出频率、大小和波形及其对称性均满足要求的电动势。

绕组的形式多种多样，但其构成原则基本相同，主要从运行和设计制造两个方面考虑。交流绕组的构成原则如下：

1）合成电动势和磁动势的波形接近正弦波，即要求电动势和磁动势中的谐波分量尽可能小。

2）在一定的导体数下，能得到较大的基波电动势和磁动势。

3）三相绕组中，电动势和磁动势的基波对称，即三相大小相等，相位互差120°，且三相阻抗相等。

4）绕组铜耗小，用铜量少。

5）绝缘可靠，机械强度高，散热条件好，制造工艺简单，维护检修方便。

交流绕组有多种分类方法，常用的有按照其相数、绕组层数、每极下每相槽数和绕法进行分类，分别可分为：①单相、两相、三相和多相（polyphase）绕组；②单层绕组和双层绕组，单层绕组又分为等元件式、交叉式和同心式绕组，双层绕组又分为叠绕组和波绕组；③整数槽绕组和分数槽绕组。

单层绕组一般用于小型异步电动机定子，双层叠绕组一般用于汽轮发电机及大中型异步电动机定子，双层波绕组一般用于水轮发电机的定子及绕线转子异步电动机转子中。本章介绍三相双层绕组的构成。

第三节　几个基本概念

一、电角度和机械角度

电机定子内圆一周的机械角度为360°，在分析交流电机的绕组和磁场在空间的分布情况时，电机的空间角度常用电角度（electrical angular）来表示。若磁场在空间按正弦波分布，导体切割这个磁场，经过N、S一对磁极时，导体中所感应的正弦波电动势变化一个周期（360°电角度）。换句话说，一对磁极占有的空间是360°电角度。如果电机有 p 对磁极，那么电机定子内圆一周按电角度计算为 $p \times 360°$，所以，电角度和机械角度（mechanical angular）之间有如下关系：

$$电角度 = p \times 机械角度$$

二、极距

极距是沿电机定子铁心内圆的相邻两个异性磁极之间的距离，用 τ 表示，则

$$\tau = \frac{\pi D}{2p} \tag{6-1}$$

式中，D 为定子铁心内径；p 为磁极对数，$2p$ 为磁极数。

在电机设计和制造中，极距常用每个磁极下所占的定子槽数（number of slot）来表示。极距 τ、每极每相槽数 q 和槽距角 α 如图6-4所示，如定子槽数为 Z，则极距表示为

$$\tau = \frac{Z}{2p} \tag{6-2}$$

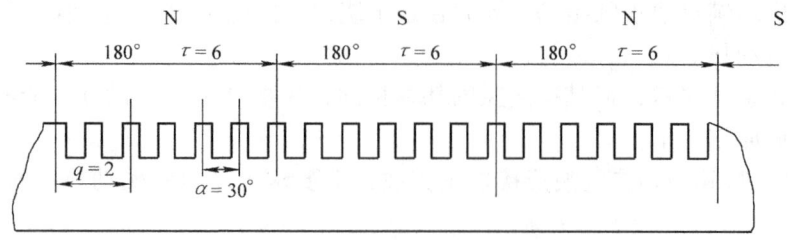

图 6-4 极距、每极每相槽数和槽距角

三、线圈及节距

线圈是构成绕组的基本单元，绕组就是按一定规律排列和连接的线圈。线圈可以是单匝，也可以是多匝。如图 6-5 所示，每一个线圈有两直线边，分别放在铁心的两个槽中，称为线圈的有效边。线圈两有效边在定子圆周上的距离称为节距，用符号 y 表示，一般用槽数来计算。

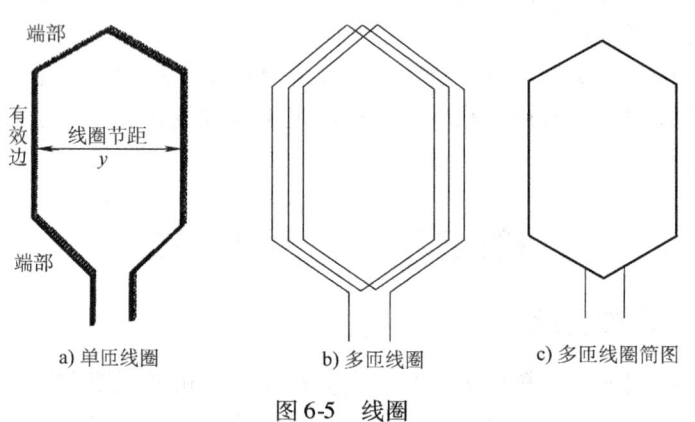

图 6-5 线圈

根据节距的大小，有：整距（full pitch）绕组，$y=\tau$；短距（short pitch）绕组，$y<\tau$；长距（long pitch）绕组，$y>\tau$。为了使每个线圈能获得最大的电动势，节距 y 一般应接近极距 τ。长距绕组和短距绕组均能削弱高次谐波电动势或磁动势，但因为长距绕组的端接线较长，所以很少采用，短距绕组使用较多。

四、槽距角

相邻两个槽之间的电角度称为槽距角，用符号 α 表示，如图 6-4 所示。电机定子内圆周的电角度为 $p\times360°$，所以槽距角为

$$\alpha=\frac{p\times360°}{Z} \tag{6-3}$$

五、每极每相槽数

每相绕组在每个磁极下平均占有的槽数称为每极每相槽数（number of slots per phase），用 q 表示，如图 6-4 所示，表示为

$$q = \frac{Z}{2pm} \tag{6-4}$$

式中，m 为相数。

六、相带与极相组

每个磁极下，每相绕组所占有的电角度 $q\alpha$ 称为绕组的相带，可表示为

$$q\alpha = \frac{Z}{2pm} \frac{p \times 360°}{Z} = \frac{180°}{m} \tag{6-5}$$

由于每个磁极所占有的电角度为 180°，所以三相绕组的相带通常为 60°电角度，称为 60°相带绕组。如果将每磁极下属于同一相的 q 个线圈串联，组成一线圈组，即为极相组。

第四节　三相双层绕组

现代 10kW 以上的三相交流电机，其定子绕组一般都采用双层绕组（double-layer winding），双层绕组的每个槽内有上、下两个线圈边。同一个线圈的一条边在某一槽的上层，另一条边则在相距为节距 y 的另一槽的下层。整个绕组的线圈数与槽数相等，双层绕组如图 6-6 所示。

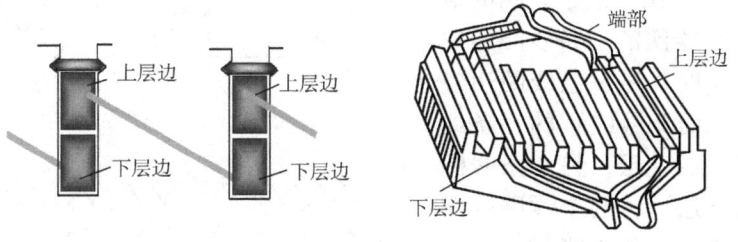

图 6-6　双层绕组

双层绕组的主要优点为：

1）在采用分布绕组的同时，选择最合适的节距，可改善电动势和磁动势的波形。

2）所有线圈尺寸相同，便于制造。

3）端部形状排列整齐，有利于散热和增强机械强度。

根据线圈形状和连接规律的不同，双层绕组可分为叠绕组和波绕组两类，图 6-7 所示为两类绕组的线圈。

图 6-7　叠绕组和波绕组的线圈

一、叠绕组

绕组嵌线时，相邻的两个串联线圈中，后一个线圈紧"叠"在前一个线圈上，这种绕组称为叠绕组。如图 6-7a 所示。

现以一台三相双层叠绕组电机为例，说明绕组的排列及其连接步骤。电机极对数 $p = 2$，

槽数 $Z=24$，支路数 $2a=1$，节距 $y=5$。

下面首先计算绕组极距、每极每相槽数和槽距角：

极距 $$\tau = \frac{Z}{2p} = \frac{24}{4}槽 = 6 槽$$

每极每相槽数 $$q = \frac{Z}{2pm} = \frac{24}{2\times 2\times 3}槽 = 2 槽$$

槽距角 $$\alpha = \frac{p\times 360°}{Z} = \frac{2\times 360°}{24} = 30°(电角度)$$

根据计算可知，此电机中，$y<\tau$，为短距绕组。

图 6-8 所示为电机的三相 24 槽双层短距叠绕组的展开图，图 6-8a 所示为一相（A 相）绕组的展开图，图 6-8b 所示为三相绕组展开图，展开图中，上层线圈边用实线表示，下层线圈边用虚线表示，每一个线圈由一根实线和一个虚线组成，将槽依次编号，线圈编号与上层线圈边所在的槽号相同。

从图 6-8a 可以看出，由于线圈的节距 $y=5$，所以 1 号线圈的一条线圈边嵌放在 1 号槽的上层时，另一条线圈边应在 6 号槽的下层；而 2 号线圈的一条线圈边嵌放在 2 号槽的上层，另一条线圈边则在 7 号槽的下层。将两个线圈顺向串联，组成极相组。并依次类推，7、8 号槽的上层边与 12、13 号槽的下层边，13、14 号槽的上层边与 18、19 号槽的下层边，19、20 号槽的上层边与 24、1 号槽的下层边分别依次连接，组成 A 相绕组的其余 3 个极相组。

根据每相支路数 $2a=1$ 的要求，按照电动势相加的原则，将 4 个极相组反向串联构成 A 相绕组，即第一个极相组尾端连接第二个极相组的尾端，第二个极相组的首端连接第三个极相组的首端，依次类推，称为"首接首，尾接尾"的连接规律。

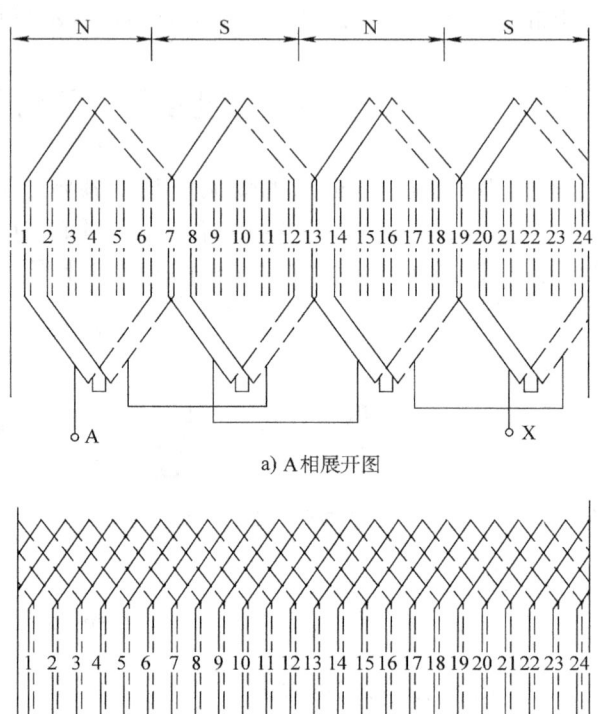

a) A 相展开图

b) 三相展开图

图 6-8　三相 24 槽双层短距叠绕组的展开图

根据三相绕组对称的原则，B 相和 C 相绕组的构成方法与 A 相相同，但三相绕组在空间的分布依次互差 120°电角度。如果 A 相绕组从 1 号槽的上层边引出线作为首端，B 相和 C 相绕组就应该分别从 5 号槽和 9 号槽的上层边引出线作为首端，三相绕组的展开图如图 6-8b 所示。

从上面的分析可知，双层绕组每极每相有一个极相组，电机有 $2p$ 个极，每相绕组有 $2p$ 个极相组。每相绕组极相组连接时，应遵循电动势相加的原则，按支路数 $2a$ 的要求，可以串联，也可以并联组成一相绕组。由于每相的极相组数等于极数，所以双层叠绕组的最多并联支路数等于 $2p$。

叠绕组的优点为：短距时端部可以节约部分用铜量。缺点是：一台电机的最后几个线圈嵌线比较困难，极间连线较长，在极数较多时很费铜。叠绕组一般为多匝，主要用于额定电压、额定电流不太大的中、小型同步电机和异步电机的定子绕组。

二、波绕组

对多极、支路导线截面积较大的交流电机，为节约极间连线用铜，常常采用波绕组。波绕组的特点是，两个相连的单匝线圈成波浪形前进，如图 6-7b 所示。和叠绕组比较，它们在线圈端部形状和线圈之间的连接顺序不同。波绕组的连接规律是：把所有同一极性下（如 N 极）属于同一相的线圈按波浪形依次串联起来，组成一组；再把所有另一极性（如 S 极）下属于同一相的线圈按波浪形依次串联起来，组成另一组；最后把这两大组线圈根据需要串联或并联，构成一相绕组。

由于波绕组是依次把所有 N 极和所有 S 极下的线圈分别连接，对每极每相为整数槽的情况，每连接一个线圈就前进一对极的距离。这样，在连续连接 p 个线圈、前进 p 对极后，绕组将回到出发槽号而形成闭路。为使绕组能够连续地绕接下去，每绕行一周，就需要人为地后退或前进一个槽。连续绕接 q 周，可以把所有 N 极下属于 A 相的线圈（pq 个）连成一组，而 S 极下属于 A 相的线圈连成另一组。最后，用组间连线把两组线圈串联或并联起来，得到整个 A 相绕组。

现以一台三相双层波绕组电机为例，说明绕组的排列及其连接步骤。电机极对数 $p=2$，槽数 $Z=24$，支路数 $2a=2$，节距 $y=5$。

下面首先计算绕组极距、每极每相槽数和槽距角：

极距 $\qquad \tau = \dfrac{Z}{2p} = \dfrac{24}{4}$ 槽 $= 6$ 槽

每极每相槽数 $\qquad q = \dfrac{Z}{2pm} = \dfrac{24}{2\times 2\times 3}$ 槽 $= 2$ 槽

槽距角 $\alpha = \dfrac{p\times 360°}{Z} = \dfrac{2\times 360°}{24} = 30°$

根据计算可知，此电机中，$y<\tau$，为短距绕组。

图 6-9 所示为三相 24 槽双层波绕组的展开图，以 A 相带的 2 号槽上层边引出线为首端，与 7 号槽的下层边连接成一个线圈，然后连接紧随的下一个线圈，将它与 14 号槽的上层边和 19 号槽的下层边构成的下一个线圈串联。此时，波绕组已跨过两对极，即已绕过一周。之后，人为地缩短

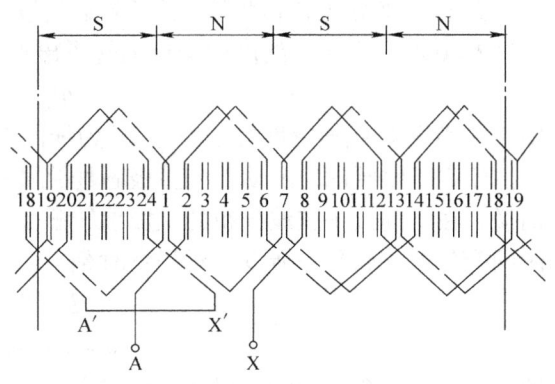

图 6-9 三相 24 槽双层波绕组的展开图

一槽，即 19 号槽的下层边连接 1 号槽的上层边，重新开始第二周另两个线圈的连接，即 1 上→6 下→13 上→18 下。这样，连续绕行两周（即 q 周）后，属于同一极性下 A 相的 4 个线圈连接成一个线圈组 AA'。A 相的属于另一同极性下的 4 个线圈，也应串联成 A 相的另一个线圈组，连接次序为 X（首端）→8 上→13 下→20 上→1 下→7 上→12 下→19 上→24 下 X'（尾端）。根据每相支路数的要求，A 相的两线圈组（AA'和 XX'）可串联或并联连接，构成 A 相绕组。

波绕组的优点是可以减少线圈之间的连接线，通常水轮发电机的定子绕组及绕线转子异步电动机的转子绕组采用波绕组。

第五节　正弦磁场时交流绕组的感应电动势

任一交流电动势都可以用波形、频率和有效值 3 个要素来表征，而交流电机中，这三要素取决于气隙中的磁通密度、绕组的有效长度、导体与磁场的相对运动并切割磁力线的速度，这 3 者的大小和磁通密度在空间的分布情况有关。

下面讨论气隙磁场为正弦分布时交流绕组内的感应电动势。这里首先分析一个线圈的电动势，进而讨论线圈组和一相绕组的电动势。

一、线圈电动势和短距系数

定子线圈中交链气隙磁通的变化如图 6-10 所示。

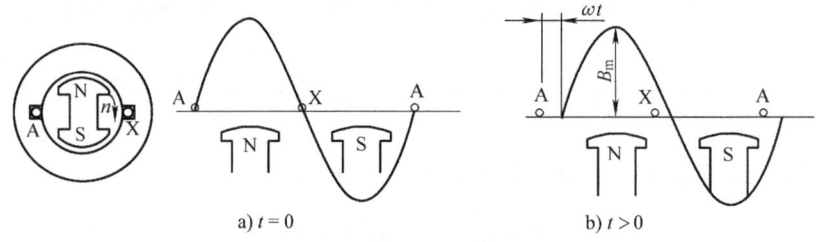

图 6-10　定子线圈中交链气隙磁通的变化

图 6-10 中，设定子圆周上放一整距线圈 AX，线圈匝数为 N_c，转子上有 p 对磁极，并以 $n(\text{r/min})$ 的转速切割定子线圈。转子磁通密度沿气隙按正弦波形在空间分布，如图 6-10a 所示。当 $t=0$ 时，在定子线圈中交链的转子磁通有最大值，此时每极磁通为

$$\Phi_\text{m} = B_\text{av} l \tau \tag{6-6}$$

式中，B_av 为每极磁通密度的平均值；l 为线圈有效边的长度；τ 为极距。

由于定子线圈固定不动，当主极磁场旋转一周时，穿过定子线圈的磁通也变化一周；换句话说，在空间按正弦波分布的主极旋转磁场，相对定子线圈来说，与其交链的磁通也是一随时间变化的正弦量。所以，对任意时刻 t，如图 6-10b 所示，定子线圈中所交链的磁通为

$$\Phi = \Phi_\text{m} \sin\omega t \tag{6-7}$$

$$\omega = 2\pi f = 2\pi p n/60$$

式中，ω 为角频率（anagular frequency）。

则一个单匝整距线圈中感应电动势为

$$e = -\frac{d\Phi}{dt} = -\omega\Phi_m\cos\omega t = \omega\Phi_m\sin(\omega t - 90°) \tag{6-8}$$

感应电动势有效值为

$$E_{t(y=\tau)} = \frac{\omega}{\sqrt{2}}\Phi_m = \sqrt{2}\pi f\Phi_m = 4.44f\Phi_m \tag{6-9}$$

N_c 匝整距线圈电动势有效值为

$$E_{c(y=\tau)} = N_c E_{t(y=\tau)} = 4.44fN_c\Phi_m \tag{6-10}$$

可以看出,式(6-10)与变压器感应电动势的计算公式相同,是因为无论变压器还是交流电机,线圈中所交链的磁通,在时间上都是按正弦规律变化,从而使线圈感应电动势在时间上也按正弦规律变化,但变压器线圈中的磁通本身随时间正弦脉动感应电动势,而交流电机线圈中的磁通按正弦规律变化是由于主极磁通与线圈相互切割而感应电动势的。交流电机中,感应电动势仍然是滞后磁通 $\Phi_m 90°$。

整距线圈的节距 $y=\tau$,线圈的两个有效边正好处于不同极性的极面下相对应的位置,所以在两个有效边上感应的电动势瞬时值大小相等、方向相同(沿回路方向),如图6-11a 中实线所示,其相量图如图6-11b 所示。所以,单匝整距线圈的电动势为两有效边电动势的2倍,即

$$\dot{E}_{t(y=\tau)} = \dot{E}_{t1} + \dot{E}_{t2} = 2\dot{E}_{t1} \tag{6-11}$$

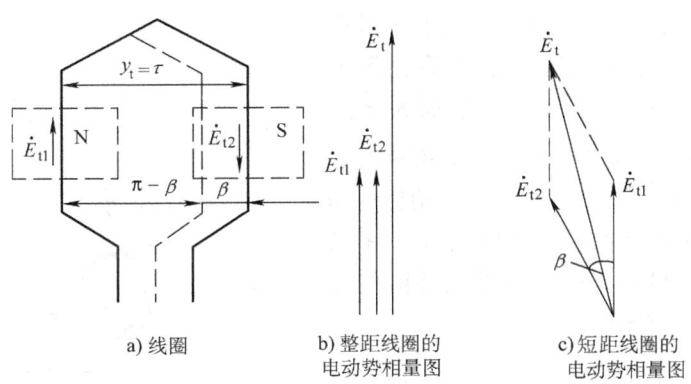

a) 线圈   b) 整距线圈的电动势相量图   c) 短距线圈的电动势相量图

图 6-11 线圈及电动势相量

短距线圈 $y<\tau$,如图 6-11a 中虚线所示。设短距线圈的节距为 y,则短距线圈较整距线圈减小的电角度为 $\beta = [(\tau-y)/\tau]\times 180°$,所以同一线圈的两个有效边导体感应电动势大小虽然相等,但相位不再相同,而是相差 β 电角度,如图6-11c 所示。可知,短距线圈的电动势有效值为

$$E_{t(y<\tau)} = 2E_{t1}\cos\frac{\beta}{2} \tag{6-12}$$

可以看出,短距线圈的电动势较整距线圈减小了,将短距线圈基波电动势与该线圈为整距时的基波电动势之比称为基波短距系数,用 k_{y1} 表示为

$$k_{y1} = \frac{E_{t(y<\tau)}}{E_{t(y=\tau)}} = \cos\frac{\beta}{2} = \cos\left(\frac{\tau-y}{\tau}\times 90°\right) = \sin\left(\frac{y}{\tau}\times 90°\right) \tag{6-13}$$

υ 次谐波的短距系数计算公式为:

$$k_{y\upsilon} = \sin\upsilon\left(\frac{y}{\tau}\times 90°\right) \tag{6-14}$$

将式（6-13）代入式（6-12），可得单匝短距线圈基波电动势有效值为

$$E_{t(y<\tau)} = k_{y1}E_{t(y=\tau)} = 4.44fk_{y1}\Phi_m \qquad (6-15)$$

则 N_c 匝短距线圈基波电动势有效值为

$$E_{c(y<\tau)} = N_c E_{t(y<\tau)} = 4.44fN_c k_{y1}\Phi_m \qquad (6-16)$$

二、线圈组的电动势和分布系数

交流绕组一般为分布绕组，各个线圈放在不同的槽内，各线圈的轴线在空间不重合，因此每个线圈的感应电动势在时间相位上不同。由于每个线圈组（极相组）都由相距为 α 电角度的 q 个线圈串联而成，在一个极相组中，相邻线圈电动势的相位差即为槽距角 α，所以线圈组的电动势为 q 个线圈电动势的相量和。这种分布线圈（distributed coil）的合成电动势与集中线圈的合成电动势相比有所减小，电动势减小的程度用分布系数（distributed factor）来表示，基波分布系数 k_{q1} 的计算公式为

$$k_{q1} = \frac{E_q(q\text{个线圈的合成电动势})}{qE_c(q\text{个集中线圈的合成电动势})} \qquad (6-17)$$

可见，分布系数表示由于线圈的分布所引起的电动势的折扣。分布系数的推导如图6-12所示。

参考图6-12，以 $q=3$ 为例，推导分布系数。3个线圈串联，每个线圈的电动势相量大小相等、相位差 α 电角度，图中分别为 $\dot{E}_{c1}$、$\dot{E}_{c2}$ 和 $\dot{E}_{c3}$，线圈组的合成电动势是3个相量的相量和，即 $\dot{E}_q = \dot{E}_{c1} + \dot{E}_{c2} + \dot{E}_{c3}$。如果线圈组由 q 个线圈组成，线圈组合成电动势即为 q 个相量的相量和。从图中可以看出，q 个分布线圈的合成电动势 $\dot{E}_q$ 大小可表示为

$$E_q = 2R\sin\frac{q\alpha}{2} \qquad (6-18)$$

一个线圈的电动势大小为

$$E_{c1} = E_{c2} = E_{c3} = 2R\sin\frac{\alpha}{2} \qquad (6-19)$$

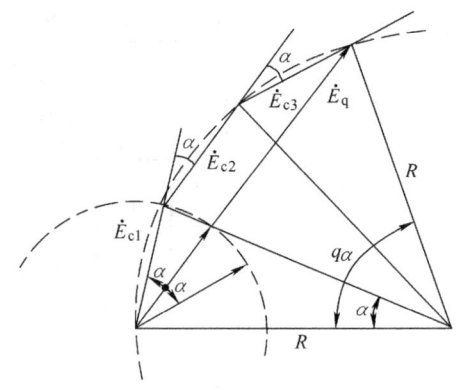

图6-12 分布系数的推导

如为集中绕组，则 q 个线圈的电动势同相，合成电动势为 q 个线圈电动势的代数和，即 $q\dot{E}_{c1}$。根据分布系数的定义，可得基波分布系数为

$$k_{q1} = \frac{E_q}{qE_c} = \frac{\sin\dfrac{q\alpha}{2}}{q\sin\dfrac{\alpha}{2}} \qquad (6-20)$$

v 次谐波的分布系数为

$$k_{qv} = \frac{\sin q\dfrac{v\alpha}{2}}{q\sin\dfrac{v\alpha}{2}} \qquad (6-21)$$

同时考虑线圈组的短距和分布影响，线圈组的基波电动势为

$$E_q = k_{q1}qE_{c(y<\tau)} = 4.44fqN_ck_{q1}k_{y1}\Phi_m = 4.44fqN_ck_{w1}\Phi_m \quad (6-22)$$

式中，k_{w1} 称为基波绕组系数（winding factor），$k_{w1} = k_{q1}k_{y1}$。绕组系数是分布系数和短距系数的乘积，它表示交流绕组既考虑短距又考虑分布影响时，线圈组电动势应打的折扣，N_ck_{w1} 又称为绕组每相串联的等效匝数（effective series turns per phase）。

三、绕组的基波电动势和线电动势

无论是单层绕组还是双层绕组，可根据需要将线圈串联、并联或混合连接，构成 a 条并联支路。设每条串联支路的线圈匝数为 N，则一相绕组基波电动势为

$$E_\phi = 4.44fNk_{w1}\Phi_m \quad (6-23)$$

式中，N 为每相绕组一条支路串联线圈的总匝数。

线电动势与三相绕组的接法有关，对于三相对称绕组，三角形联结时，线电动势等于相电动势；星形联结时，线电动势为相应相电动势的 $\sqrt{3}$ 倍。

前面的讨论是磁场波形为正弦波形的情况，而实际电机的气隙磁通密度很难保证按正弦规律分布，按照傅里叶级数分解，它由正弦分布的基波和一系列奇次谐波组成，谐波磁场会在定子绕组中感应谐波电动势，理论分析表明，谐波电动势对每相总电动势的大小影响很小，主要是使电动势波形发生畸变。在电机设计和制造时，为了减小谐波电动势，可从以下几方面着手：

1）合理设计气隙磁场，使其尽可能接近正弦分布。
2）适当地选择分布和短距绕组来减小电动势中的谐波。
3）将三相绕组接成星形联结，可消除线电动势中的 3 次和 3 的倍数次谐波。

第六节　正弦电流时交流绕组的磁动势

当交流绕组中有电流流过时，就会产生磁动势。在异步电动机中，由于定子磁动势的作用，产生了电机的主磁场；在同步发电机中，定子磁动势对主极磁场的影响称为电枢反应。无论是主磁场还是电枢反应，都对电机的能量转换和运行性能有很大影响。所以，研究交流绕组磁动势的性质、大小和分布情况都是十分必要的。

一、单相绕组的磁动势——脉振磁动势

线圈是绕组的最基本组成部分，这里先分析一个整距线圈的磁动势。

1. 整距线圈的磁动势

整距线圈的磁动势如图 6-13 所示。

图 6-13a 表示任一整距线圈通以正弦波电流后的磁场分布情况，在气隙空间形成一对磁极。由于是整距线圈，两个气隙中的磁通密度相同。按照全电流定律，在磁场中沿着任一闭合磁力线的磁位降等于该磁力线所包围的全电流（全部磁动势）。如果线圈的匝数为 N_c，电流为 i_c，则作用在磁路上的磁动势为 N_ci_c，假定两个气隙均匀，并且由于气隙磁阻远大于铁心磁阻，不考虑铁心的磁位降，这样线圈的磁动势只降落在两个气隙上，可认为总磁动势等于两段气隙中磁位降之和。由于气隙相等，每个气隙的磁动势为线圈磁动势的一半，即

$N_c i_c /2$。

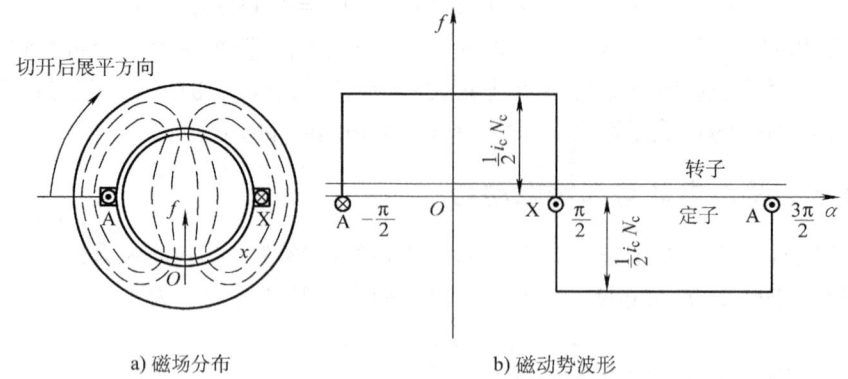

a) 磁场分布　　　　b) 磁动势波形

图 6-13　整距线圈的磁动势

将电机展开成直线，如图 6-13b 所示，横坐标表示气隙圆周所对应位置的电角度，纵坐标表示交流磁动势的大小，由于整距线圈形成的气隙磁动势各点处处相等，每极磁动势沿气隙分布呈矩形，矩形宽度等于线圈宽度，幅值为 $N_c i_c /2$，图中纵坐标的正、负表示的是磁动势的极性。

如果流入线圈的电流是随时间按正弦规律变化的交流电，$i_c = \sqrt{2} I_c \sin\omega t$，那么磁动势矩形波的幅值也随时间按正弦规律变化，其值为 $(\sqrt{2}/2) N_c I_c \sin\omega t$，但磁动势在空间的位置固定不变，称具有这种性质的磁动势为脉振磁动势。脉振磁动势的频率取决于流过线圈中电流的频率，幅值为 $(\sqrt{2}/2) N_c I_c$。

对于空间按矩形波分布的脉振磁动势，可按傅里叶级数分解为基波和一系列奇次谐波的磁动势，即

$$f_c = \frac{\sqrt{2}}{2} N_c I_c \sin\omega t \left[\frac{4}{\pi} \left(\sin x + \frac{1}{3}\sin 3x + \frac{1}{5}\sin 5x + \cdots \right) \right] \tag{6-24}$$

式 (6-24) 也可表示为

$$f_c = F_{c1}\sin\omega t \sin x + F_{c3}\sin\omega t \sin 3x + F_{c5}\sin\omega t \sin 5x + \cdots \tag{6-25}$$

式中

$$F_{c1} = \frac{\sqrt{2}}{2} \frac{4}{\pi} N_c I_c = 0.9 N_c I_c$$

$$F_{c3} = \frac{1}{3} F_{c1}, \quad F_{c5} = \frac{1}{5} F_{c1}$$

图 6-14 所示为矩形波磁动势的分解，图中只表示出了 3 次和 5 次谐波，由图可见：基波的极距等于矩形波的极距，ν 次谐波的极距是基波极距的 $1/\nu$ 倍，所以 ν 次谐波的极对数是基波极对数的 ν 倍，并且谐波次数越高，其幅值越小。

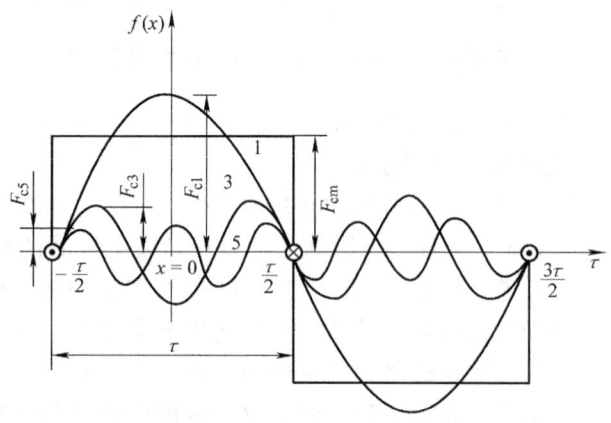

图 6-14　矩形波磁动势的分解

2. 整距线圈组的磁动势

每线圈组由 q 个线圈串联，各线圈在空间依次相距 α 电角度，q 个线圈就产生 q 个空间依次相距 α 电角度的矩形波磁动势，把每个磁动势进行矢量相加，得到线圈组的合成磁动势。显然，合成磁动势是各线圈磁动势的矢量和，这一关系也是由于线圈的分布所引起，与求线圈组的电动势一样，求合成磁动势时也可以沿用求线圈组电动势已定义过的绕组分布系数，有

$$k_{q\nu} = \frac{\sin q \dfrac{\nu\alpha}{2}}{q\sin \dfrac{\nu\alpha}{2}} \tag{6-26}$$

式中，$k_{q\nu}$ 为 ν 次谐波的分布系数，$\nu = 1,\ 3,\ 5,\ 7\cdots$，$\nu = 1$ 为基波。

故线圈组的磁动势幅值为

$$F_{q\nu} = qF_{c\nu}k_{q\nu} = 0.9q\frac{N_c k_{q\nu}}{\nu}I_c \tag{6-27}$$

式中，$qF_{c\nu} = q$ 个线圈磁动势的代数和；$\nu = 1,\ 3,\ 5,\ 7,\ \cdots$，$\nu = 1$ 为基波。

所以，整距线圈组的磁动势表达式可表示为

$$\begin{aligned}f_q &= F_{q1}\sin\omega t\sin x + F_{q3}\sin\omega t\sin 3x + F_{q5}\sin\omega t\sin 5x + \cdots \\ &= (0.9qN_c I_c)\sin\omega t\left[k_{q1}\sin x + \frac{1}{3}k_{q3}\sin 3x + \frac{1}{5}k_{q5}\sin 5x + \cdots\right]\cdots\end{aligned} \tag{6-28}$$

3. 短距线圈组的磁动势

与前面电动势的计算类似，计算短距线圈组的磁动势只需引入短距系数，其磁动势为整距线圈磁动势乘以短距系数，基波短距系数为

$$k_{y1} = \cos\frac{\beta}{2} = \sin\frac{y}{\tau}\times 90° \tag{6-29}$$

显然，双层绕组的上层和下层线圈组所产生的基波磁动势大小等于整距分布线圈组的基波磁动势 F_{q1}。由于双层绕组每相在每对极下有两个线圈组，所以双层短距分布线圈组的基波磁动势幅值为

$$F_{\phi 1} = 2F_{q1}k_{y1} = 2\times 0.9qN_c I_c k_{q1}k_{y1} = 0.9(2qN_c)I_c k_{w1} \tag{6-30}$$

式中，k_{w1} 为基波绕组系数，而 k_{y1}、k_{q1} 和 k_{w1} 的计算公式和物理意义与计算电动势时相同。

故短距线圈组的磁动势表达式可表示为

$$\begin{aligned}f_\phi &= F_{\phi 1}\sin\omega t\sin x + F_{\phi 3}\sin\omega t\sin 3x + F_{\phi 5}\sin\omega t\sin 5x + \cdots \\ &= 0.9(2qN_c)I_c\sin\omega t\left[k_{w1}\sin x + \frac{1}{3}k_{w3}\sin 3x + \frac{1}{5}k_{w5}\sin 5x + \cdots\right]\cdots\end{aligned} \tag{6-31}$$

以上讨论的是一对磁极下 A 相两线圈组合成磁动势的情况，事实上这个合成磁动势也是一相绕组的合成磁动势。因为一相绕组的磁动势，并不是组成每相绕组的所有线圈组产生的磁动势的合成，而是指该相绕组在一对磁极下的线圈组所产生的合成磁动势。因为一对磁极下的线圈组所产生的磁动势和磁阻构成一条分支磁路，电机若有 p 对磁极就有 p 条并联的对称分支磁路，所以相绕组的磁动势就是线圈组的磁动势。

式 (6-30) 中 I_c 为流过线圈组（极相组）的电流，设每相并联支路数为 $2a$，相电流为 I，则线圈中流过的电流为 $I_c = I/(2a)$，对于双层绕组因为有 $2p$ 个线圈组，所以每相串联的

总匝数 $N = 2pqN_c/(2a)$ 或 $2aN/p = 2qN_c$，将其代入式（6-30），得到单相绕组基波磁动势的最大幅值为

$$F_{\phi 1} = 0.9(2qN_c)I_c k_{w1} = 0.9\frac{2aN}{p}I_c k_{w1} = 0.9 k_{w1}\frac{NI}{p} \tag{6-32}$$

根据上面分析，可得到如下结论：

1）交流单相绕组的基波磁动势为脉振磁动势，它在空间按正弦规律分布，而各点磁动势的大小又随时间按正弦规律变化，磁动势波的轴线固定不动。磁动势的脉振频率取决于线圈中电流的频率。

2）脉振磁动势的最大幅值为 $0.9k_{w1}(NI/p)$，幅值位置在相绕组轴线即相轴（axis of phase）上，也就是在构成一对极下的每相线圈组中心线上。

3）单相脉振基波磁动势即是一对极下一相线圈组的磁动势。

4. 脉振磁动势分解为两个旋转磁动势

由式（6-31）可知，单相交流绕组产生的基波脉振磁动势为

$$f_1 = F_{\phi 1}\sin\omega t \sin x \tag{6-33}$$

根据三角函数公式 $\sin A \sin B = \frac{1}{2}[\cos(A-B) - \cos(A+B)]$，可将式（6-33）分解为两个三角函数式之和，即

$$\begin{aligned} f_1 &= \frac{1}{2}F_{\phi 1}\cos(\omega t - x) + \frac{1}{2}F_{\phi 1}\cos(\omega t + x - \pi) \\ &= f_{1+} + f_{1-} \end{aligned} \tag{6-34}$$

式中，$f_{1+} = \frac{1}{2}F_{\phi 1}\cos(\omega t - x)$；$f_{1-} = \frac{1}{2}F_{\phi 1}\cos(\omega t + x - \pi)$。

下面分别讨论 f_{1+} 和 f_{1-} 的性质。

对于 $f_{1+} = \frac{1}{2}F_{\phi 1}\cos(\omega t - x)$，可以看出，它是一个在空间按余弦规律分布的行波，其幅值为 $\frac{1}{2}F_{\phi 1}$，且保持不变，幅值的位置总是出现在 $\omega t - x = 0$ 处。例如：当 $\omega t = 0$ 时，幅值出现在 $x = 0$ 处。随着时间的推移，当 $\omega t = \frac{\pi}{2}$ 时，幅值出现在 $x = \frac{\pi}{2}$ 处。依次类推，如图 6-15 所示。由于随着时间的推移，磁动势波的空间位置移动了，是一个行波。对于圆形气隙空间，它则是一个旋转波，由于旋转方向是顺着 x 增加的方向，根据图 6-15 中 x 方向的规定，定义 $f_{1+} = \frac{1}{2}F_{\phi 1}\cos(\omega t - x)$ 为正向旋转磁动势，旋转的角速度由 $\omega t = x$ 求得，为 $\frac{dx}{dt} = \omega$，即旋转角速度（angular velocity）为 ω，与电流随时间变化的角频率相等。

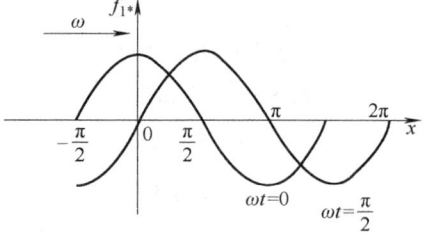

图 6-15 沿 x 正方向移动的磁动势波

同理，对于 $f_{1-} = \frac{1}{2}F_{\phi 1}\cos(\omega t + x - \pi)$，也是一个旋转磁动势。它在空间也按余弦规律

分布，振幅为 $\frac{1}{2}F_{\phi 1}$，且保持不变，但幅值出现的位置在 $\omega t + x - \pi = 0$ 处。所以，它是一个反向旋转的磁动势，旋转方向为 x 的负方向，旋转角速度为 $-\omega$。

随时间按正弦规律变化的物理量，可以在选定的时间参考轴上用时间相量表示，相量的大小表示其有效值。同理，在空间按正弦规律分布的磁动势也可以在选定的空间参考轴上用空间矢量表示。由于磁动势的有效值没有物理意义，所以在空间矢量中矢量的大小表示磁动势的幅值。如式（6-34）中脉振磁动势的两个分量 $f_{1+} = \frac{1}{2}F_{\phi 1}\cos(\omega t - x)$ 和 $f_{1-} = \frac{1}{2}F_{\phi 1}\cos(\omega t + x - \pi)$ 分别用空间矢量 $\overline{F}_+$ 和 $\overline{F}_-$ 表示，其矢量和 $\overline{F}_+ + \overline{F}_- = \overline{F}$ 就表示脉振磁动势 $F_{\phi 1}\sin\omega t\sin x$。如图 6-16 所示，从图中可以看出，脉振磁动势 $\overline{F}$ 可以分解为两个大小相等、旋转方向相反的旋转磁动势 $\overline{F}_+$ 和 $\overline{F}_-$。值得注意的是：在任何时刻，合成磁动势 $\overline{F}$ 的空间位置是固定不变的，总是在该相绕组的轴线处，所以把绕组的轴线称为磁轴或相轴。脉振磁动势的振幅空间位置就在绕组的相轴处。由此可得到以下结论：

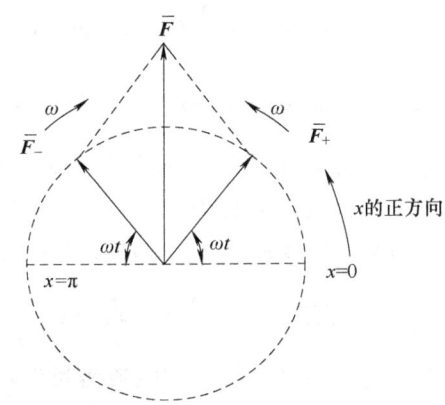

图 6-16　脉动磁动势分解为两个向相反方向旋转的旋转磁动势（空间矢量表示）

1）一个脉振磁动势波可分解为两个极对数和波长与脉振波完全一样，分别朝相反方向旋转的旋转磁动势，二者旋转速度相同，为 ω，与电流角频率相同，旋转方向相反。

2）每个旋转磁动势的幅值是脉振磁动势幅值的一半，为 $\frac{1}{2}F_{\phi 1}$。

3）脉振磁动势的振幅空间位置在绕组相轴处。

值得注意的是：单相脉振磁动势可分解为两个旋转磁动势，这只是为了分析和理解方便而进行的数学变化，并不表明单相磁动势既是脉振磁动势又是旋转磁动势。

二、三相旋转磁动势

1. 三相绕组的基波合成磁动势

三相交流电机的定子铁心中，放置对称的 3 个单相绕组，三相绕组在空间依次相差 120°电角度。当对称的三相交流电流流过对称三相绕组时，每相绕组各自产生的脉振磁动势在空间也彼此相差 120°电角度。

设对称情况下三相绕组各相电流的瞬时值为

$$\left.\begin{array}{l} i_A = \sqrt{2}I\sin\omega t \\ i_B = \sqrt{2}I\sin(\omega t - 120°) \\ i_C = \sqrt{2}I\sin(\omega t - 240°) \end{array}\right\} \quad (6\text{-}35)$$

由于各相电流的有效值相等,所以各相脉振磁动势的基波幅值也相同,均为 $F_{\phi 1} = 0.9k_{w1}(NI/p)$,于是各相基波脉振磁动势的表达式为

$$\left.\begin{array}{l} F_{A1} = F_{\phi 1}\sin\omega t \sin x \\ F_{B1} = F_{\phi 1}\sin(\omega t - 120°)\sin(x - 120°) \\ F_{C1} = F_{\phi 1}\sin(\omega t - 240°)\sin(x - 240°) \end{array}\right\} \quad (6\text{-}36)$$

利用三角函数的知识将式 (6-36) 分解得

$$\left.\begin{array}{l} F_{A1} = \dfrac{1}{2}F_{\phi 1}\cos(\omega t - x) - \dfrac{1}{2}F_{\phi 1}\cos(\omega t + x) \\ F_{B1} = \dfrac{1}{2}F_{\phi 1}\cos(\omega t - x) - \dfrac{1}{2}F_{\phi 1}\cos(\omega t + x + 120°) \\ F_{C1} = \dfrac{1}{2}F_{\phi 1}\cos(\omega t - x) - \dfrac{1}{2}F_{\phi 1}\cos(\omega t + x - 120°) \end{array}\right\} \quad (6\text{-}37)$$

从式 (6-37) 中可知,等式右边后 3 项表示的 3 个余弦波在空间相位上互差 120°电角度,所以 3 项和为零,则三相基波合成磁动势为

$$f_1(x,t) = F_{A1} + F_{B1} + F_{C1} = F_1\cos(\omega t - x) \quad (6\text{-}38)$$

式中,F_1 为三相基波合成磁动势的幅值,$F_1 = \dfrac{3}{2}F_{\phi 1} = 1.35\dfrac{Nk_{w1}}{p}I$。

由式 (6-38) 可得出如下结论:当对称的三相电流流过对称的三相绕组时,其基波合成磁动势为一个旋转磁动势。该磁动势具有以下性质:

1) 极数。基波旋转磁动势的波长与单相相同,即极数相同。

2) 幅值。基波合成磁动势的幅值为每相基波脉振磁动势幅值的 3/2 倍,且保持常数。

3) 转速。磁动势波的旋转速度可由波上任一点的移动速度来确定。令 $\cos(\omega t - x) = 1$,即 $\omega t = x$,则转速 $\omega = \mathrm{d}x/\mathrm{d}t = 2\pi f$(电弧度每秒)$= 2\pi (f/p)$(机械弧度每秒),若以每分钟转数表示,则 $n_1 = 2\pi(f/p)/(2\pi) = f/p(\mathrm{r/s}) = 60f/p(\mathrm{r/min})$,$n_1$ 称为同步转速(synchronous velocity),即基波合成磁动势的转速。

4) 幅值的位置。当某相电流达到最大值时,合成磁动势波的幅值正好处于该相绕组的轴线上。

5) 旋转方向。合成磁动势的转向与电流相序有关,即从超前电流的相绕组轴线转向滞后电流的相绕组轴线。如电流相序为 A—B—C,则基波合成磁动势的幅值由 A 相转向 B 相,再转向 C 相。

可见,只要改变绕组通入电流的相序,即只要把三相绕组出线端任意两个对调一下,则基波合成旋转磁动势的转向就改变了。所以,对于三相异步电动机,要改变其旋转方向,只需要交换任意两相的相序即可。

思考题及习题

6-1　交流电机为了得到三相对称的基波感应电动势，对三相绕组安排有什么要求？

6-2　交流电机中，双层绕组结构上有什么特点？这种结构主要用在哪些场合？

6-3　试说明绕组短距系数和分布系数的意义。若采用长距线圈 $y>\tau$，其短距系数是否会大于 1，为什么？

6-4　在交流发电机定子槽的导体中感应电动势的频率、波形、大小与哪些因素有关？这些因素中哪些是由构造决定的，哪些是由运行条件决定的？

6-5　单相整距线圈流过正弦电流产生的磁动势波形有什么特点？请分别从空间分布和时间上变化的特点进行说明。

6-6　交流电机单相绕组磁动势的性质怎样？它的基波幅值大小、幅值位置、脉动频率各与哪些因素有关？这些因素中哪些是由构造决定的，哪些是由运行条件决定的？

6-7　交流电机三相基波合成磁动势的性质如何？它的幅值大小、幅值空间位置、转向和转速各与哪些因素有关？这些因素中哪些是由构造决定的，哪些是由运行条件决定的？

第七章　异步电机的基本结构与运行状态

前面已经介绍，交流电机主要有同步电机与异步电机两种。同步电机接在频率为 f_1 的电网上运行时，其转速为同步转速 n_1，且 $n_1 = 60f_1/p$（p 为电机极对数），而异步电机运行时，转速 n 与所接电网频率 f_1 之间不存在这样的关系。原则上讲，只要是转速和所接的交流电源频率之间没有严格不变关系的电机都是异步电机。

第一节　异步电机的用途和分类

异步电机主要作电动机用，其功率范围从几瓦到上万千瓦，是国民经济各行业和人们日常生活中应用最广泛的电机，主要拖动各种生产机械。例如，在工农业应用中，它可以拖动风机、水泵、压缩机、各种轧钢设备、轻工机械、冶金和矿山机械等；民用电器中，电扇、洗衣机、电冰箱、空调等都是由单相异步电动机拖动。总之，异步电动机应用范围广，需要量大，是实现电气化和自动化不可缺少的动力设备。

异步电动机（asynchronus motor）之所以被广泛应用，是由于它具有结构简单、运行可靠、效率较高、成本较低及维修方便且适用于多种机械负载的工作特性等优点。但异步电动机也存在功率因数较低和调速性能较差的缺点，在一些生产机械中，不得不采用其他形式的电机（如直流电机）来拖动。随着科学技术的不断进步和发展，以上两个问题已经逐步得到解决。对于异步电动机引起的功率因数低问题，可以采用一些其他措施来提高电网功率因数；异步电动机调速性能差的方面，可采用异步电动机与电力电子装置结合，从而构成性能优良的调速系统。

异步电动机运行时，将定子绕组接到交流电源上，转子绕组直接短路（笼型电动机）或起动时接到一可变电阻（绕线转子电动机）上。异步电动机的转子电流由接到电源上的定子建立的基波旋转磁场感应产生。转子电流与旋转磁场相互作用产生电磁转矩，从而实现机电能量转换。所以，异步电动机又称作感应电动机（induction machines）。

异步电动机的种类很多。最常用的分类方法，一是按照定子绕组相数来分，有单相异步电动机、两相异步电动机和三相异步电动机；二是按照转子结构来分，有绕线转子（wound-rotor）异步电动机和笼型（squirrel-cage）异步电动机。

下面简单介绍三相异步电动机的基本知识。

第二节　三相异步电动机的结构

三相异步电动机主要由静止的定子（stator）和旋转的转子（rotor）两大部分组成，定子与转子之间存在气隙（air gap），此外，还有端盖、轴承、机座、风扇等部件。图 7-1 所示为三相笼型异步电动机的典型结构。

以下分别对三相异步电动机定、转子主要部件的结构进行简单介绍。

一、定子

异步电动机的定子由定子铁心、定子绕组和机座（stator frame）构成。

定子铁心是电动机磁路的一部分，为了减小交变磁场在铁心中引起的铁耗，异步电动机定子铁心一般采用晶粒无取向冷轧硅钢片，含硅量一般在 0.8% ~ 4.8%。这种硅钢片具有导磁性能好、铁耗小的特点，厚度为 0.35mm、0.5mm、0.65mm，叠压而成，叠片间需经绝缘漆绝缘处理。为了嵌放定子绕组，每个硅钢片上都冲制出一些沿圆周均匀分布、尺寸相同的槽。如图 7-2、图 7-3 所示。

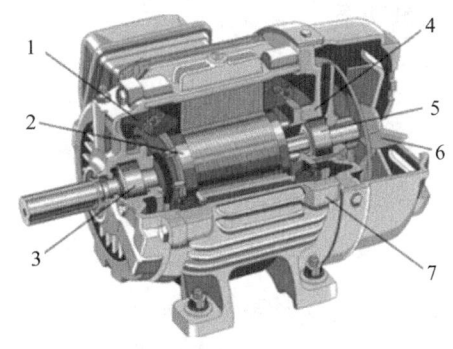

图 7-1 三相笼型异步电动机的典型结构
1—定子 2—转子 3、5—轴承 4—轴承盖
6—冷却风扇 7—外壳

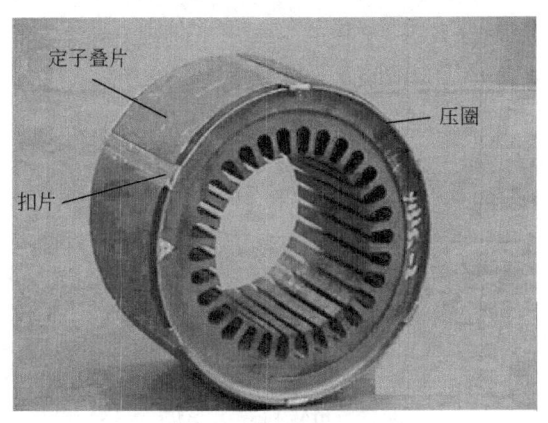

图 7-2 定子铁心照片

图 7-3 定子铁心硅钢片

定子绕组又称为电枢（armature）绕组，是定子的电路部分，由若干线圈按照一定规律嵌放在定子铁心槽中并连接起来构成。大中型三相异步电动机定子绕组为三相双层绕组，小型电动机为单层绕组。小型异步电动机定子绕组用高强度漆包圆铜线或铝线绕制而成；大型异步电动机的导线截面积较大，采用矩形截面的铜线或铝线制成线圈，再放置在定子槽内。定子绕组在交变磁场中感应电动势，绕组中有电流流过，从电网吸收电功率。高压大功率三相异步电动机定子绕组采用星形联结，只有 3 根线引出；中、小功率低压三相异步电动机在运行时，定子绕组通常采用三角形联结，但是一般把三相绕组的 6 个端子都引出，接到固定在机座上的接线盒中，这样便于使用者根据实际需要将三相绕组接成星形或三角形联结，如图 7-4 所示。

机座主要用于固定和支撑定子铁心，端盖也固定在机座上，端盖上有轴承座，用于安置支撑转轴的轴承。

二、转子

异步电动机的转子由转子铁心、转子绕组和转轴组成。转轴用于固定和支撑转子铁心，并输出机械功率。

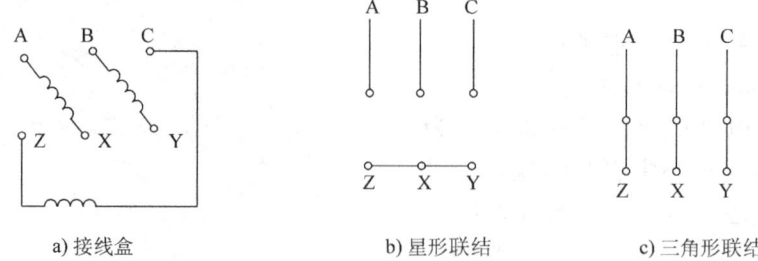

a) 接线盒　　　　　　　b) 星形联结　　　　　　c) 三角形联结

图 7-4　三相异步电动机的引出线

转轴一般用中碳钢做材料,起支撑和固定转子铁心及传递转矩的作用。

转子铁心也是电动机磁路的一部分。转子铁心形状如图 7-5a 所示,转子硅钢片形状如图 7-5b 所示。转子铁心也采用厚 0.5mm 的硅钢片,叠压成整体的圆柱形套装在转轴上,转子铁心外圆的槽内放置转子绕组。

　　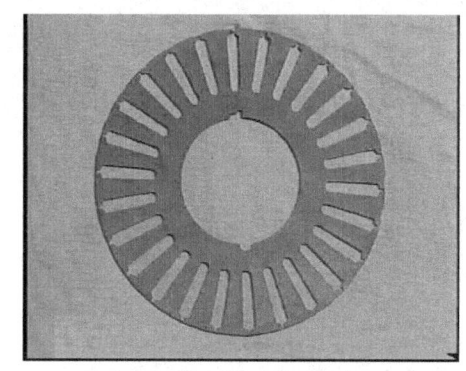

a) 转子铁心形状　　　　　　　　　　b) 转子硅钢片形状

图 7-5　转子铁心及硅钢片

转子绕组是转子的电路部分,在交变的磁场中感应电动势,流过电流并产生电磁转矩,转子绕组分为笼型绕组和绕线型绕组两种,所以按转子结构分类,异步电动机可分为笼型电动机和绕线转子电动机。

笼型绕组（cage winding）是自行短路的对称绕组,在转子铁心的每个槽中放置一根导体,称为导条,每根导条的轴向长度都比铁心略长。在导条的两端用短路环 [也称为端环（end ring）] 把所有导条伸出铁心的部分连接起来,形成一个闭合回路,如图 7-6a 所示。整个绕组的外形像一个鼠笼,因此得名。制造时,把叠好的转子铁心放在铸铝的模具内,把鼠笼和端部的内风扇一次铸成,铸好的笼型转子如图 7-6b 所示。

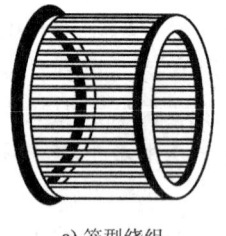　　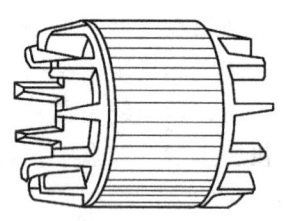

a) 笼型绕组　　　　　b) 铸铝笼型转子

图 7-6　笼型转子绕组

绕线转子上放置三相交流绕组，其极数与定子相同，一般用双层绕组，连接成星形，如图 7-7 所示，三相出线端子引到 3 个集电环（也称滑环，slip ring）上，再利用 3 个固定在定子上的电刷（也称碳刷，carbon brushes）将电动势引出到外电路，这样可利用外电路串附加电阻以改善电动机的起动性能或调节转速，这是绕线转子异步电动机的特点。

三、气隙

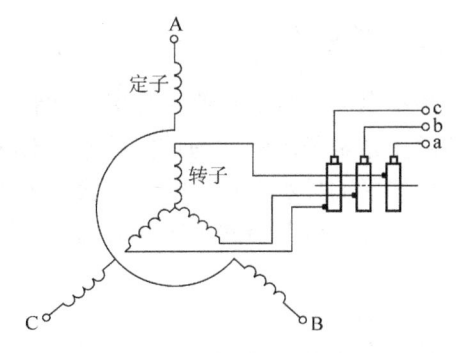

图 7-7　绕线转子异步电动机接线

异步电动机定子与转子之间有一小的间隙，称为电机气隙。气隙的大小对异步电动机运行性能有重要影响。异步电动机的气隙磁场是由励磁电流产生，为了减小励磁电流，提高功率因数，气隙应尽可能小。但气隙过小不仅使装配困难，而且电动机运行时定、转子之间可能发生摩擦。气隙减小，气隙磁场的谐波幅值和附加损耗会增大，因此异步电动机最小气隙长度通常由制造工艺、运行可靠性、运行性能等多种因素决定。异步电动机的气隙较同容量的同步电动机要小得多，中小型异步电动机的气隙一般为 0.2~2mm；功率越大，转速越高，气隙长度越大。

第三节　三相异步电动机的运行状态

一、三相异步电动机的基本工作原理

三相异步电动机由定子和转子两大部件组成，定子上有三相交流绕组，转子按一定方式构成闭合回路。当定子绕组通入三相对称交流电后，产生旋转磁场，以 $n_1 = 60f_1/p$ 的速度旋转，它切割转子绕组并在其中感应出电动势，电动势的方向由右手定则决定。由于转子是闭合回路，转子中便有电流产生，电流方向与电动势方向相同，而载流导体在磁场中将产生电磁力 f_{em}，其方向由左手定则决定。异步电动机工作原理如图 7-8 所示。由电磁力形成的电磁转矩使转子旋转起来，转速为 n。不过转子转速达不到 n_1，因为转速如果达到 n_1 时，转子绕组与定子旋转磁场之间便无相对运动，不能在转子绕组中感应电动势，从而无法产生电流和转矩。因此，异步电动机转子的正常运行转速 n 不等于旋转磁场产生的同步转速 n_1，这是异步电动机的主要特点。

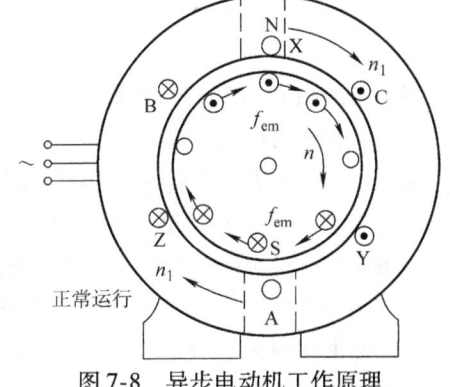

图 7-8　异步电动机工作原理

如果电动机转子轴上带有机械负载，则负载被电磁转矩拖动而旋转。当负载发生变化时，转子转速也随之发生变化，使转子导体中的电动势、电流和电磁转矩发生相应变化，以适应负载需要。因此异步电动机的转速是随负载变化而变化的。

二、转差率 s

异步电动机转子转速 n 与定子旋转磁场的同步转速 n_1 之间存在转速差 $\Delta n = n_1 - n$，此转速差正是定子旋转磁场切割转子导体的速度，它的大小决定着转子电动势及其频率的大小，直接影响异步电动机的工作状态，所以这个转速差对异步电动机的运行起了很重要的作用。通常将转速差与同步转速的比值，用转差率（又称为滑差，silp）s 来表示，即有

$$s = \frac{n_1 - n}{n_1} \tag{7-1}$$

转差率是异步电动机运行时的一个重要物理量。从式（7-1）可知，转子静止时，$n = 0$，则 $s = 1$；转速 $n = n_1$ 时，则 $s = 0$。所以，异步电动机运行时，s 的取值范围为 $0 < s < 1$。异步电动机在额定负载条件下运行时，一般额定转差率 $s_N = 0.01 \sim 0.06$。

三、三相异步电动机的 3 种运行状态

根据转差率 s 为正（或负）的大小，三相异步电动机可分为电动机运行状态、发电机运行状态和电磁制动状态 3 种运行状态，如图 7-9 所示。

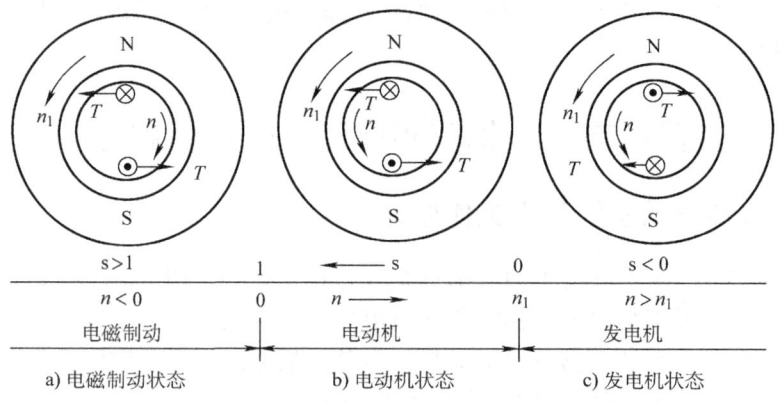

图 7-9 异步电机的 3 种运行状态

1. 电动机运行状态（$0 < s < 1$）

当异步电动机定子绕组通入三相交流电时，产生旋转磁场，旋转磁场的转速为同步转速 n_1，磁场切割转子，在转子绕组中感应电动势，产生电流，从而产生电磁转矩，使转子旋转起来，这时电磁转矩 T 是驱动转矩，电机作为电动机运行，将从电源吸收（输入）的电能转变为轴上的机械能（输出）。电动机运行状态转速的范围是从 0 到 n_1 之间变化，所以转差率从 1~0 之间变化，即 $0 < s < 1$，如图 7-9b 所示。

2. 发电机运行状态（$-\infty < s < 0$）

如果异步电动机由其他原动机驱动，使转子仍顺着旋转磁场方向旋转，并且使其转速 n 超过旋转磁场同步转速 n_1，即 $n > n_1$，这时感应在转子导体中的感应电动势和电流方向与电动机状态时相反，所以产生的电磁转矩方向反向，电磁转矩对电机转轴起制动作用。定子绕组中电流有功分量相对于电动机状态是反向的，即电机向电网输送出有功功率，将原动机的机械能通过电磁耦合磁场转变为电能，这时异步电动机为发电机运行状态，如图 7-9c 所示。

由于 $n > n_1$，所以 $-\infty < s < 0$，即转差率为负值。

3. 电磁制动状态 （$1 < s < +\infty$）

如果作用在电动机转子上的外转矩使转子朝着与旋转磁场方向相反的方向转动，如起重机放下重物的情况，由于转子绕组与旋转磁场相对运动方向仍与电动机状态时一样，所以感应电动势与电流有功分量与电动机状态时相同，电磁转矩方向如图 7-9a 所示，与电动机运行状态时一样，但外转矩使转子反方向旋转，所以电磁转矩对旋转的转子而言是制动性质。这时，电机一方面从电网吸收电功率，另一方面转子也从外部吸收机械功率（来自下放的重物），两者都转变为转子内部电阻上的损耗，异步电动机运行在电磁制动状态（electric braking）。这种状态下，电动机转速 $n < 0$，所以 $1 < s < +\infty$。

第四节 三相异步电动机的技术要求及额定值

一、电动机运行条件

根据国家标准 GB 755—2008《旋转电机 定额和性能》的规定，电动机运行需满足以下条件：

1）海拔不超过 1000m。
2）最高环境空气温度不超过 40℃。
3）最低环境空气温度不低于 -15℃。
4）最湿月的月平均最高相对湿度为 90%，同时该月平均最低温度不高于 25℃。
5）电动机电源电压应满足国家标准规定的电压标准。
6）电压、电流波形及对称性需满足标准要求。

二、电动机的工作制

电动机的工作制指电动机所承受的一系列负载状况，包括起动、电制动、空载、停机和断能及其持续时间和先后顺序。

电动机一共有 10 类工作制，分别是：S1 工作制——连续工作制；S2 工作制——短时工作制；S3 工作制——断续周期工作制；S4 工作制——包括起动的断续周期工作制；S5 工作制——包括电制动的断续周期工作制；S6 工作制——连续周期工作制；S7 工作制——包括电制动的连续周期工作制；S8 工作制——包括负载-转速相应变化的连续周期工作制；S9 工作制——负载和转速非周期变化的工作制；S10 工作制——离散恒定负载和转速工作制。

三、电动机的外壳防护等级

国家标准对电动机及其他电气成套设备的外壳一般有防护等级要求，主要目的是防止人体触及或接近壳内带电部分和触及壳内转动部件（光滑的旋转轴和类似部件除外），防止固体异物进入，并防止设备进水而产生有害影响。防护等级应在电机的铭牌上予以标注。

防护等级的标志由表征字母 IP 及它后面的数字组成。第一位数字表示外壳对人和壳内部件的防护等级，对于电机有 6 个防护等级：0 表示无防护电机；1 表示防护大于 50mm 固体的电机；2 表示防护大于 12mm 固体的电机；3 表示防护大于 2.5mm 固体的电机；4 表示防护大于 1mm 固体的电机；5 表示防尘电机。第二位数字表示由于外壳进水而引起有害影响的防护等级,共有9个等级:0表示无防护电机;1表示防滴电机;2表示15°防滴电机;3表示防淋水电机;4表示防溅水电机;5表示防海浪电机;7表示防浸水电机;8表示潜水电机。当只需要一位数字表征防护等级时,被省略的数字相应位置处用字母"X"代替,如IPX5或IP2X。

四、三相异步电动机的额定值

在三相异步电动机的机座上有铭牌,上面标有电动机在额定条件下运行的有关数据,电动机在运行时不能超过这些额定值,否则会损坏电动机。其额定值主要有:

1) 额定功率 P_N:指电动机在铭牌规定的额定条件下,转轴上输出的机械功率,单位为瓦(W)或千瓦(kW)。

2) 额定电压 U_N:电动机在额定工况下运行时,加在定子绕组出线端的线电压,单位为伏(V)或千伏(kV)。

3) 额定电流 I_N:指电动机定子绕组上所加电压为额定电压,转轴上输出功率为额定功率时定子绕组的线电流,单位为安(A)。

4) 额定频率 f_N:指加在定子侧的电源频率,我国规定标准工频为50Hz。

5) 额定转速 n_N:指电动机在定子绕组加额定电压,转轴输出额定功率时的转速,单位为 r/min。

6) 额定功率因数 $\cos\varphi_N$:指电动机在额定运行条件下定子侧的功率因数。

7) 额定效率 η_N:指电动机在额定运行条件下,转轴输出的机械功率(即额定功率)与定子侧输入的电功率(即额定输入功率)的比值。

除了以上各额定值外,三相异步电动机在铭牌上还标出了相数、绕组连接方式、绝缘等级、防护等级、额定温升等。对三相绕线转子异步电动机,还标有转子绕组的连接方式及转子的额定电压和电流。

对于三相异步电动机,定子三相绕组不管是接成星形还是三角形,其额定值之间均有下述关系表达式:

$$P_N = \sqrt{3} U_N I_N \eta_N \cos\varphi_N \tag{7-2}$$

【例 7-1】 已知一台三相异步电动机的额定功率 $P_N = 4\text{kW}$,额定电压 $U_N = 380\text{V}$,额定功率因数 $\cos\varphi_N = 0.77$,额定效率 $\eta_N = 0.84$,额定转速 $n_N = 960\text{r/min}$,求其额定电流 I_N。

解: 额定电流为

$$I_N = \frac{P_N}{\sqrt{3} U_N \eta_N \cos\varphi_N} = \frac{4 \times 10^3}{\sqrt{3} \times 380 \times 0.84 \times 0.77}\text{A} = 9.4\text{A}$$

【例 7-2】 一台三相4极笼型异步电动机,定子绕组为三角形联结,额定电压 $U_N = 380\text{V}$,额定频率 $f_N = 50\text{Hz}$。额定运行时,输入功率为11.42kW,输出功率为10kW,定子电流为20.1A,转速为1456r/min。求该电动机的额定效率和额定功率因数。

解: 由题意可知,该电动机的额定功率 $P_N = 10\text{kW}$,额定输入功率 $P_{1N} = 11.42\text{kW}$,额定电流 $I_N = 20.1\text{A}$,额定转速 $n_N = 1456\text{r/min}$,则

额定效率为

$$\eta_N = \frac{P_N}{P_{1N}} \times 100\% = \frac{10}{11.42} \times 100\% = 87.57\%$$

额定功率因数为

$$\cos\varphi_N = \frac{P_{1N}}{\sqrt{3}U_N I_N} = \frac{11.42\times 10^3}{\sqrt{3}\times 380\times 20.1} = 0.8632$$

思考题及习题

7-1　一台 50Hz 三相异步电动机,额定转速为 $n = 720\text{r/min}$,求电动机的极数和同步转速分别是多少?

7-2　异步电动机额定功率、额定电压、额定电流的定义是什么?为什么说公式 $P_N = \sqrt{3}U_N I_N \eta_N \cos\varphi_N$ 对星形或三角形联结的三相异步电动机均可采用?

7-3　什么叫异步电动机的转差率?如何根据转差率的不同来区别各种电动机不同运行状态?

7-4　设有一台 50Hz、8 极的三相异步电动机,额定转差率 $s_N = 0.043$,问该电动机的同步转速是多少?额定转速是多少?当该电动机起动时,转差率是多少?该电动机运行在 700r/min 时,转差率是多少,此时电动机处于什么工作状态?运行在 800r/min 时,转差率又是多少,电动机处于什么工作状态?

第八章 三相异步电动机的运行原理及工作特性

异步电机与变压器一样属于单边励磁的电机，也就是说，转子侧的电流是由感应产生的。从电磁关系看，异步电机与变压器相似，其定子绕组相当于变压器的一次绕组，转子绕组相当于变压器的二次绕组。因此，可以把分析变压器的理论用到分析异步电机中来。异步电机三相定、转子绕组都是对称的，正常对称运行时，各相发生的电磁过程完全相同，在分析时可以只讨论其中一相，如电动势方程、等效电路等，根据一相计算结果，再考虑相位后可以推广到其他两相。

第一节 转子不动时的异步电动机

一般异步电动机转子总是旋转的，转子不动是它的一种特殊情况，此时电动机定子绕组加电源，转子靠外力作用强迫在静止状态，即电动机处于堵转状态。转子不动时，异步电动机的运行方式与变压器二次侧短路时的运行状态非常相似。其定子侧相当于变压器的一次侧，转子侧相当于变压器的二次侧，变压器的二次侧和异步电动机的转子侧电动势、电流都是电磁感应产生的。其不同之处在于，异步电动机三相合成磁动势为旋转磁动势，变压器为脉动磁动势；异步电动机定、转子之间有气隙，空载励磁电流较大，而变压器一、二次绕组之间磁路无气隙，空载励磁电流较小；异步电动机的绕组是分布绕组，而变压器的绕组为集中绕组。

一、转子不动时异步电动机运行的电磁关系

当异步电动机定子三相绕组接到三相对称电源时，定子绕组中流过三相对称电流，在电动机中建立旋转磁动势 $\dot{F}_1$，产生以同步转速 $n_1 = 60f_1/p$ 旋转的旋转磁场。该磁场同时切割定子绕组和转子绕组，并在其中感应电动势。因为转子绕组是闭合的，在转子感应电动势作用下，转子绕组中有电流流过，转子电流建立转子旋转磁动势 $\dot{F}_2$。转子旋转磁动势的旋转方向与定子的旋转磁动势相同。转子不动时，转子感应电动势的频率 $f_2 = pn_1/60 = f_1$，即转子感应电动势频率与定子电流频率相同。因此，转子旋转磁场的速度 $n_2 = pf_2/60 = pf_1/60 = n_1$。可见，转子旋转磁动势和定子旋转磁动势在空间以同方向、同速度旋转，即两者相对静止。

转子磁动势的出现，就如同变压器二次侧磁动势对空载磁动势的影响一样，交流异步电动机气隙中的主磁通 $\dot{\Phi}_m$ 由 $\dot{F}_1$ 和 $\dot{F}_2$ 共同产生。主磁通通过气隙，并同时交链定子和转子绕组，分别在其上感应电动势 $\dot{E}_1$ 和 $\dot{E}_2$。异步电动机就是依靠主磁通实现定、转子之间能量传递的，在运行时气隙磁通即为主磁通。此外，与变压器类似，定子电流还产生只与定子绕组交链的定子漏磁通 $\dot{\Phi}_{1\sigma}$，$\dot{\Phi}_{1\sigma}$ 在定子绕组中感应漏电动势 $\dot{E}_{1\sigma}$，转子电流也产生只与转子绕组交链的转子漏磁通 $\dot{\Phi}_{2\sigma}$，$\dot{\Phi}_{2\sigma}$ 在转子绕组中感应漏电动势 $\dot{E}_{2\sigma}$。漏磁通只与自身绕组交链，只

起电压降作用，不传递能量。

综上所述，定子绕组在外加电压和内部感应电动势共同作用下，流过电流 $\dot{I}_1$；转子绕组在转子电动势作用下，流过电流 $\dot{I}_2$，整个电动机处于电磁平衡状态。

二、电动势平衡方程

后面讨论中，下标"1"和"2"分别表示定子和转子电路的各物理量（各量均为相值）。转子不动时，转子侧各量用下标"0"表示。

转子不动时，主磁通 $\dot{\Phi}_m$ 以同步转速 n_1 切割定子和转子绕组，感应电动势 $\dot{E}_1$ 和 $\dot{E}_{20}$，其有效值为

$$E_1 = 4.44 f_1 N_1 k_{w1} \Phi_m \tag{8-1}$$
$$E_{20} = 4.44 f_1 N_2 k_{w2} \Phi_m \tag{8-2}$$

式中，Φ_m 为气隙旋转磁场的每极磁通量；f_1 为定子感应电动势的频率，转子感应电动势频率在转子不动时与定子感应电动势频率相同；N_1、N_2 为定、转子绕组每相串联匝数；k_{w1}、k_{w2} 为定、转子绕组的基波绕组系数。

同样，漏磁通 $\dot{\Phi}_{1\sigma}$ 和 $\dot{\Phi}_{2\sigma}$ 也在绕组中感应漏电动势 $\dot{E}_{1\sigma}$ 和 $\dot{E}_{2\sigma}$，与变压器类似，漏电动势用漏抗压降来表示，有

$$\dot{E}_{1\sigma} = -j\dot{I}_1 x_1 \tag{8-3}$$
$$\dot{E}_{2\sigma} = -j\dot{I}_2 x_{20} \tag{8-4}$$

式中，x_1 为定子每相绕组漏电抗；x_{20} 为转子不动时，转子每相绕组漏电抗。

由于漏磁通的磁路主要是空气，所以漏电抗 x_1、x_{20} 为常数。

仿照变压器各电磁量正方向的规定，根据基尔霍夫定律，可写出定、转子回路电动势方程为

$$\dot{U}_1 = -\dot{E}_1 + j\dot{I}_1 x_1 + \dot{I}_1 r_1 = -\dot{E}_1 + \dot{I}_1 Z_1 \tag{8-5}$$
$$\dot{E}_{20} = \dot{I}_2 r_2 + j\dot{I}_2 x_{20} \tag{8-6}$$
$$Z_1 = r_1 + jx_1$$
$$Z_{20} = r_2 + jx_{20}$$

式中，Z_1 为定子漏阻抗；Z_{20} 为转子不动时转子漏阻抗。

三、磁动势平衡方程

从前面的分析已经知道，异步电动机转子不动时，其定子电流和转子电流分别产生同转向、同转速的旋转磁动势 $\dot{F}_1$ 和 $\dot{F}_2$，两者在空间保持相对静止。只有 $\dot{F}_1$ 和 $\dot{F}_2$ 相对静止才能共同作用在一个磁路上，建立所需要的旋转磁场，以实现机电能量转换。如果合成磁动势用 $\dot{F}_m$ 表示，则得到与变压器类似的磁动势平衡方程

$$\dot{F}_1 + \dot{F}_2 = \dot{F}_m \tag{8-7}$$

或

$$\dot{F}_1 = \dot{F}_m + (-\dot{F}_2) \tag{8-8}$$

把多相交流绕组合成磁动势表达式

$$F = \frac{m}{2} \times 0.9 \frac{N k_{w1}}{p} I$$

代入式（8-7）中，得

$$\frac{m_1}{2}\times 0.9\frac{N_1 k_{w1}}{p}\dot{I}_m = \frac{m_1}{2}\times 0.9\frac{N_1 k_{w1}}{p}\dot{I}_1 + \frac{m_2}{2}\times 0.9\frac{N_2 k_{w2}}{p}\dot{I}_2 \tag{8-9}$$

式中，$\dot{I}_m$ 为励磁电流；m_1、m_2 为定子、转子绕组的相数。

将式（8-9）化简，得到

$$\dot{I}_m = \dot{I}_1 + \frac{m_2 N_2 k_{w2}}{m_1 N_1 k_{w1}}\dot{I}_2 = \dot{I}_1 + \frac{1}{k_i}\dot{I}_2 \tag{8-10}$$

或

$$\dot{I}_1 = \dot{I}_m + \left(-\frac{1}{k_i}\dot{I}_2\right) = \dot{I}_m + \dot{I}_{1L} \tag{8-11}$$

式中，k_i 称为异步电动机的电流变比，$k_i = \dfrac{m_1 N_1 k_{w1}}{m_2 N_2 k_{w2}}$；$\dot{I}_{1L}$ 为定子绕组电流的负载分量，$\dot{I}_{1L} = -\dfrac{1}{k_i}\dot{I}_2$。

式（8-7）、式（8-8）、式（8-10）和式（8-11）分别是异步电动机磁动势平衡方程的不同形式。式（8-7）表明，负载时，定子磁动势 $\dot{F}_1$ 和转子磁动势 $\dot{F}_2$ 合成为气隙磁动势 $\dot{F}_m$，共同产生气隙磁通 $\dot{\Phi}_m$。式（8-11）表明，定子电流有两个分量，一个是励磁分量 $\dot{I}_m$，用以产生励磁磁动势 $\dot{F}_m$，励磁电流的大小决定于感应电动势所需要的主磁通大小（$E_1 = 4.44 f_1 N_1 k_{w1} \Phi_m$）以及主磁路的磁阻。由于异步电动机中主磁通两次穿过气隙，磁路磁阻大，所以需要的励磁电流也大，可达到额定电流的20%~60%，电动机的容量越小，励磁电流所占的分量越大。定子电流的另一个分量是负载分量，$\dot{I}_{1L} = (-1/k_i)\dot{I}_2$，它所产生的磁动势用来平衡转子磁动势 $\dot{F}_2$，它与 $\dot{F}_2$ 大小相等，方向相反，用来抵消转子磁动势的作用，以维持建立主磁通所需要的磁动势。因此，转子电流增加，将引起定子电流增加。这些关系与变压器相似。

四、转子绕组的折算

同分析变压器一样，要得到异步电动机的等效电路，必须经过绕组折算，将转子侧的各物理量折算到定子侧。折算方法是：将转子绕组相数为 m_2、匝数为 N_2、绕组系数为 k_{w2} 的实际绕组，折算到定子侧相数为 m_1、匝数为 N_1、绕组系数为 k_{w1} 的等效绕组。而折算前后转子绕组的电磁性能和平衡关系不变，即磁动势大小和相位不变。折算后各量在右上角用"'"表示。

1. 电流的折算

保持折算前后磁动势 $\dot{F}_2$ 不变，即 $\dot{F}_2 = \dot{F}_2'$，有

$$\frac{m_1}{2}\times 0.9\frac{N_1 k_{w1}}{p}I_2' = \frac{m_2}{2}\times 0.9\frac{N_2 k_{w2}}{p}I_2$$

则

$$I_2' = \frac{I_2}{\dfrac{m_1 N_1 k_{w1}}{m_2 N_2 k_{w2}}} = \frac{I_2}{k_i} \tag{8-12}$$

2. 电动势及电压的折算

保持折算前后电磁功率不变，有

$$m_1 E_2' I_2' = m_2 E_2 I_2$$

$$E_2' = \frac{m_2 E_2 I_2}{m_1 I_2'} = \frac{m_2 m_1 N_1 k_{w1}}{m_1 m_2 N_2 k_{w2}} E_2 = \frac{N_1 k_{w1}}{N_2 k_{w2}} E_2 = k_e E_2 \tag{8-13}$$

式中，k_e 为电动势变比，$k_e = \dfrac{N_1 k_{w1}}{N_2 k_{w2}}$。

3. 阻抗的折算

折算前后绕组的铜耗不变，有

$$m_1 r_2' I_2'^2 = m_2 r_2 I_2^2$$

$$r_2' = \frac{m_2}{m_1} \left(\frac{m_1 N_1 k_{w1}}{m_2 N_2 k_{w2}} \right)^2 r_2 = k_e k_i r_2 \tag{8-14}$$

根据折算前后功率因数不变的原则，有

$$\tan\theta_2 = \frac{x_2}{r_2} = \frac{x_2'}{r_2'}$$

由此得到折算后转子漏抗为

$$x_2' = k_e k_i x_2 \tag{8-15}$$

经过折算后异步电动机的基本方程为

$$\left. \begin{array}{l} \dot{U}_1 = -\dot{E}_1 + \dot{I}_1 (r_1 + jx_1) \\ 0 = \dot{E}_2' - \dot{I}_2' (r_2' + jx_2') \\ \dot{I}_1 = \dot{I}_m + (-\dot{I}_2') \\ \dot{E}_1 = \dot{E}_2' \\ \dot{E}_1 = -\dot{I}_m z_m = -\dot{I}_m (r_m + jx_m) \end{array} \right\} \tag{8-16}$$

五、等效电路

根据式（8-16）可以得到异步电动机转子不动时的等效电路，如图 8-1 所示，与变压器的等效电路相似，称为异步电动机的 T 形等效电路。从图 8-1 可以看出，转子不动时异步电动机运行状态与变压器短路时相似。

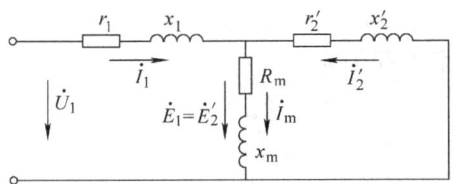

图 8-1　转子不动时，异步电动机的 T 形等效电路

第二节　转子旋转时的异步电动机

当转子以转速 n 旋转后，电动机主磁通 $\dot{\Phi}_m$ 仍以同步转速 n_1 切割定子绕组，产生感应电动势，所以定子回路电动势平衡方程不变，如式（8-5）所示。而转子绕组切割磁场的速度发生变化，以相对速度 $n_2 = n_1 - n$ 切割主磁通，所以转子中感应电动势的频率、大小及漏

抗都将发生变化。

一、转子感应电动势

转子转动后,以相对速度 $n_2 = n_1 - n$ 切割主磁通,所以转子绕组感应电动势的频率为

$$f_2 = \frac{pn_2}{60} = \frac{p(n_1-n)}{60} = \frac{pn_1}{60}\left(\frac{n_1-n}{n_1}\right) = sf_1 \qquad (8\text{-}17)$$

$f_2 = sf_1$,称为转差频率(slip frequency)。由于异步电动机在额定转速下运行时,转差率 s 很小,所以正常运行时,转子频率很低,约为 $1 \sim 3\text{Hz}$。

由于转子感应电动势频率的改变,所以转子感应电动势的大小也发生变化,有效值为

$$E_2 = 4.44 f_2 N_2 k_{w2} \Phi_m = sE_{20} \qquad (8\text{-}18)$$

可以看出,当异步电动机转速升高后,转子感应电动势相应减小。

二、转子电动势平衡方程

因为转子回路不变,所以电动势方程形式不变,为

$$\dot{E}_2 = \dot{I}_2(r_2 + jx_2) \qquad (8\text{-}19)$$

此时,转子漏抗为

$$x_2 = 2\pi f_2 L_2 = 2\pi sf_1 L_2 = sx_{20} \qquad (8\text{-}20)$$

三、磁动势平衡方程

转子旋转时,定子磁动势 $\dot{F}_1$ 相对于定子的转速仍为 n_1,而频率为 $f_2 = sf_1$ 的转子电流产生的转子旋转磁动势 $\dot{F}_2$ 的转速为 $n_2 = 60f_2/p = 60sf_1/p = sn_1$,这里要注意的是,这个速度是旋转磁场相对于转子的速度。转子旋转磁场相对于静止的定子来说,速度应该是转子本身的转速 n 加上转子磁动势相对于转子的转速 n_2,即 $\dot{F}_2$ 相对于定子的转速为

$$n + n_2 = (1-s)n_1 + sn_1 = n_1$$

所以,转子虽然旋转,但转子磁动势相对于定子的旋转速度不变,定子磁动势和转子磁动势仍然保持相对静止,这说明转子旋转时内部电磁过程和转子不动时相似,不同的是转子回路的频率,由 f_1 变为 $f_2 = sf_1$。

转子旋转时,磁动势平衡方程仍为

$$\dot{F}_1 = \dot{F}_m + (-\dot{F}_2) \qquad (8\text{-}21)$$

四、频率折算

转子转动后,转子绕组中感应电动势的频率与定子绕组中感应电动势不同,所以不能直接得到转子旋转时异步电动机的等效电路,必须将转子回路的频率进行折算。频率折算的目的是使转子回路各电量频率与定子侧相同,也就是要将旋转的转子折算为静止的转子。从前面的分析可知,异步电动机是依靠定、转子之间的电磁感应作用将定子侧能量传递到转子侧的,而二者之间联系的量为转子侧磁动势 $\dot{F}_2$。转子速度变化,则转子切割主磁场的速度变化,转子侧各电量频率也变化,但是转子磁动势相对于定子的速度总是恒定为 n_1,也就是说,将转子侧各电量频率进行等效不会影响转子磁动势的转速。因此,可以对转子侧的电量进行频率折算而不会改变电动机的电磁能量传递关系。只要保持折算前后转子中电流的大小

和相位不变，也就是转子磁动势的大小和相位相对于定子而言不变，那么从定子侧观察，旋转的实际转子和等效的静止转子效果就完全相同。

因为转子转动后转子电流为

$$\dot{I}_2 = \frac{\dot{E}_2}{r_2 + \mathrm{j}x_2} = \frac{s\dot{E}_{20}}{r_2 + \mathrm{j}sx_{20}} \tag{8-22}$$

将式（8-22）中分子分母同除以 s，有

$$\dot{I}_2 = \frac{\dot{E}_{20}}{\left(\dfrac{r_2}{s}\right) + \mathrm{j}x_{20}} = \dot{I}_{20} \tag{8-23}$$

只要等效的静止转子满足 $\dot{I}_{20} = \dot{I}_2$，则完成了频率折算。需要注意的是，式（8-23）中，$\dot{I}_2$ 与 $\dot{I}_{20}$ 大小和相位相同，但频率已从 f_2 变成 f_1 了，这一步就是转子绕组的频率折算。进行频率折算后，电动势由 $E_2 = sE_{20}$ 变为 E_{20}，电抗由 $x_2 = sx_{20}$ 变为 x_{20}，而电阻则由 r_2 变为 r_2/s。

从式（8-23）可以看出，频率折算的物理意义是：用一个静止的具有电阻为 r_2/s 的等效转子去代替电阻为 r_2 的实际旋转转子，等效转子与实际转子具有相同的转子磁动势。

频率折算后，转子电阻变成 r_2/s，把其分解为两项

$$\frac{r_2}{s} = r_2 + \frac{1-s}{s}r_2 \tag{8-24}$$

式（8-24）中右边第一项 r_2 代表转子本身的电阻，可见要完成转子的频率折算只需在转子回路中串入一个附加电阻 $[(1-s)/s]r_2$ 即可。附加电阻 $[(1-s)/s]r_2$ 在转子电路中将消耗功率，而实际电动机转子中并不存在这项电阻损耗，但要产生轴上的机械功率。由于静止的转子要与实际的转子等效，因此，消耗在电阻 $[(1-s)/s]r_2$ 上的功率就代表了实际电动机轴上所产生的总机械功率，这就是附加电阻的物理意义，即 $[(1-s)/s]r_2$ 是异步电动机轴上总机械功率的等效电阻。

经过频率折算后，再考虑转子绕组的折算，最终得到异步电动机的基本方程为

$$\left. \begin{aligned} \dot{U}_1 &= -\dot{E}_1 + \dot{I}_1(r_1 + \mathrm{j}x_1) \\ 0 &= \dot{E}_2' - \dot{I}_2'(r_2'/s + \mathrm{j}x_2') \\ \dot{I}_1 &= \dot{I}_\mathrm{m} + (-\dot{I}_2') \\ \dot{E}_1 &= \dot{E}_2' = -\dot{I}_\mathrm{m} z_\mathrm{m} \end{aligned} \right\} \tag{8-25}$$

五、等效电路

根据异步电动机的基本方程，可得到如图 8-2 所示的异步电动机的 T 形等效电路。结合等效电路，对电动机的几种运行情况进一步分析：

1）轻载时，电动机转差率很小，$s \approx 0$，$n \approx n_1$，等效电阻 $[(1-s)/s]r_2' \approx \infty$，转子侧电流 $I_2' \approx 0$，电动机相当于转子侧开路，此时，转子电流接近于零，定子电流几乎全部是励磁电流，用以产生主磁通和定、转子漏磁通，因此，定子功率因数很低，与变压器空载运行相似。所以，异步电动机空载运行将消耗大量无

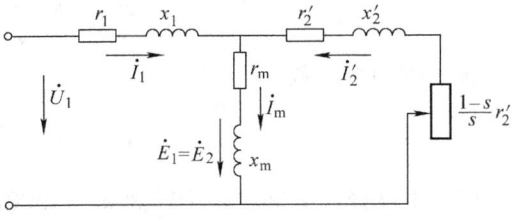

图 8-2 异步电动机的 T 形等效电路

功功率。

2）异步电动机起动时，$n=0$，$s=1$，等效电阻$[(1-s)/s]r_2'=0$，由于阻抗很小，电流I_2'很大，相当于变压器二次侧短路工作状态。此时，定子电流大，但功率因数低。因为一般来说，$x_2'>r_2'$，所以转子侧功率因数低，定子侧功率因数也低。

3）额定负载时，转差率较小，一般$s=0.02\sim0.06$，如$s=0.05$，则附加电阻$[(1-s)/s]r_2'=19r_2'$，附加电阻远远大于转子漏电抗，此时转子电路基本上呈阻性，转子电流不大，功率因数较高，定子侧功率因数也较高。

【例8-1】 有一台4极异步电动机，接到50Hz电源上，转差率$s=0.0387$，求：

（1）转子电流的频率；

（2）转子磁动势相对于转子的转速；

（3）转子磁动势在空间的转速。

解：（1）转子电流的频率为

$$f_2 = sf_1 = 0.0387 \times 50\text{Hz} = 1.935\text{Hz}$$

（2）转子磁动势相对于转子的转速为

$$n_2 = \frac{60f_2}{p} = \frac{60 \times 1.935}{2}\text{r/min} = 58\text{r/min}$$

（3）转子的转速为

$$n = (1-s)n_1 = (1-0.0387) \times 1500\text{r/min} = 1442\text{r/min}$$

转子磁动势在空间的转速为

$$n_2 + n = (58 + 1442)\text{r/min} = 1500\text{r/min}$$

即为同步转速。

【例8-2】 一台在频率50Hz下运行的4极异步电动机，额定转速$n_N = 1425\text{r/min}$，转子电路的参数$r_2 = 0.02\Omega$，$x_{20} = 0.08\Omega$，电动势变比$k_e = 10$，当$E_1 = 200\text{V}$时，求：

（1）电动机起动时，转子绕组每相的E_{20}、I_{20}、$\cos\varphi_{20}$及转子频率f_{20}；

（2）额定转速下转子绕组每相的E_2、I_2、$\cos\varphi_2$及转子频率f_2。

解：（1）起动瞬间，转子不动

$$n = 0, s = 1, f_{20} = f_1 = 50\text{Hz}$$

转子绕组电动势

$$E_{20} = \frac{E_1}{k_e} = \frac{200}{10}\text{V} = 20\text{V}$$

转子绕组电流

$$I_{20} = \frac{E_{20}}{\sqrt{r_2^2 + x_{20}^2}} = \frac{20}{\sqrt{0.02^2 + 0.08^2}}\text{A} = 242.5\text{A}$$

转子侧功率因数

$$\cos\varphi_{20} = \cos\left(\arctan\frac{x_{20}}{r_2}\right) = \cos 75.96° = 0.243$$

（2）4极异步电动机同步转速$n_1 = 1500\text{r/min}$，所以

额定转差率

$$s_N = \frac{n_1 - n}{n_1} = \frac{1500 - 1425}{1500} = 0.05$$

额定转速时转子绕组电动势

$$E_2 = sE_{20} = 0.05 \times 20\text{V} = 1\text{V}$$

转子绕组电流

$$I_{20} = \frac{sE_{20}}{\sqrt{r_2^2 + x_{20}^2}} = \frac{1}{\sqrt{0.02^2 + (0.05 \times 0.08)^2}}\text{A} = 49\text{A}$$

转子侧功率因数

$$\cos\varphi_{20} = \cos\left(\arctan\frac{sx_{20}}{r_2}\right) = \cos 11.3° = 0.98$$

转子频率

$$f_2 = sf_{20} = 0.05 \times 50\text{Hz} = 2.5\text{Hz}$$

计算结果表明，与转子起动状态比较，额定状态下运行的异步电动机，转差率较小，转子频率较低，转子电流较小，功率因数较高，具有较好的运行性能。

第三节　异步电动机的电磁转矩及机械特性

异步电动机电磁转矩是进行机电能量转换的重要物理量，由于转矩与功率密切相关，所以对电磁转矩的讨论从异步电动机的功率平衡关系入手。

一、功率平衡方程

三相异步电动机稳定运行时，从电源输入的电功率为

$$P_1 = 3U_1 I_1 \cos\varphi_1 \tag{8-26}$$

当电流流过定子绕组时，由于定子绕组有电阻 r_1，产生定子铜耗 p_{Cu1}

$$p_{\text{Cu1}} = 3I_1^2 r_1 \tag{8-27}$$

由于电动机定子铁心和转子铁心都处于变化的磁场中，还存在铁心损耗，铁耗包括磁滞损耗和涡流损耗。但三相异步电动机正常运行时，转子转速接近同步转速，转差率很小，所以转子电动势频率很低，大约为 2~3Hz，再加上转子铁心与定子铁心一样也是由硅钢片叠成的，所以转子铁心中的损耗很小，一般忽略不计。异步电动机铁耗主要指定子铁耗，即

$$p_{\text{Fe}} = p_{\text{Fe1}} = 3I_m^2 r_m \tag{8-28}$$

输入电动机的电功率 P_1 减去 p_{Cu1} 和 p_{Fe} 后，余下的功率通过电磁感应传递到转子侧，为电磁功率 P_{em}，它是通过气隙从定子侧传递到转子侧的总功率，即

$$P_{\text{em}} = P_1 - p_{\text{Cu1}} - p_{\text{Fe}} \tag{8-29}$$

从图 8-2 电动机的 T 形等效电路可知，电磁功率可以表示为

$$P_{\text{em}} = 3E_2' I_2' \cos\varphi_2 \tag{8-30}$$

从等效电路还可以看出，电磁功率是消耗在转子回路的总电阻 r_2'/s 上的功率，所以电磁功率也可表示为

$$P_{\text{em}} = 3I_2'^2 \frac{r_2'}{s} = \frac{3I_2'^2 r_2'}{s} = \frac{p_{\text{Cu2}}}{s} = 3I_2'^2 \left(r_2' + \frac{1-s}{s}r_2'\right) = p_{\text{Cu2}} + P_m \tag{8-31}$$

式中，p_{Cu2} 为转子绕组的铜耗，$p_{Cu2}=3I_2'^2r_2'$；P_m 为附加电阻上的损耗，$P_m=3I_2'^2\left(\dfrac{1-s}{s}r_2'\right)$，这部分损耗实际上就是传递到电动机转子上的机械功率，称为总机械功率（electromechanical power），它是转子绕组中电流与气隙磁场共同作用产生的电磁转矩，带动转子旋转所对应的功率，有

$$P_m = P_{em} - p_{Cu2} = 3I_2'^2\left(\dfrac{1-s}{s}r_2'\right) \tag{8-32}$$

从式（8-31）很容易得到转子铜耗与电磁功率的关系

$$p_{Cu2} = sP_{em} \tag{8-33}$$

可见，转子铜耗与转差率 s 有关，转差率越大，转子铜耗越大，所以 p_{Cu2} 又叫转差功率。当电动机负载增加时，s 增加，p_{Cu2} 增加。异步电动机正常运行时，s 很小，所以 p_{Cu2} 也不大。

从式（8-32）可以得到总机械功率与电磁功率的关系

$$P_m = (1-s)P_{em} \tag{8-34}$$

电动机运行时，还会产生轴承以及风阻等摩擦阻转矩，这也要损耗一部分功率，这部分功率叫机械损耗，用 p_m 表示。另外，由于定、转子开槽和定、转子磁动势中的谐波磁动势等，还会产生一些附加损耗，用 p_s 表示，p_s 一般不易计算，往往根据经验估算。在大型异步电动机中，p_s 约为输出额定功率的 0.5%，小型异步电动机满载时，可达输出额定功率的 1%～3% 或更大。

总机械功率 P_m 减去机械损耗 p_m 和附加损耗 p_s，才是转轴上真正输出的机械功率，用 P_2 表示

$$P_2 = P_m - p_m - p_s \tag{8-35}$$

可见，异步电动机运行时，从电源输入电功率 P_1 到转轴上输出功率 P_2 的全过程为

$$P_2 = P_1 - p_{Cu1} - p_{Fe} - p_{Cu2} - p_m - p_s \tag{8-36}$$

用功率流程图表示，如图 8-3 所示。

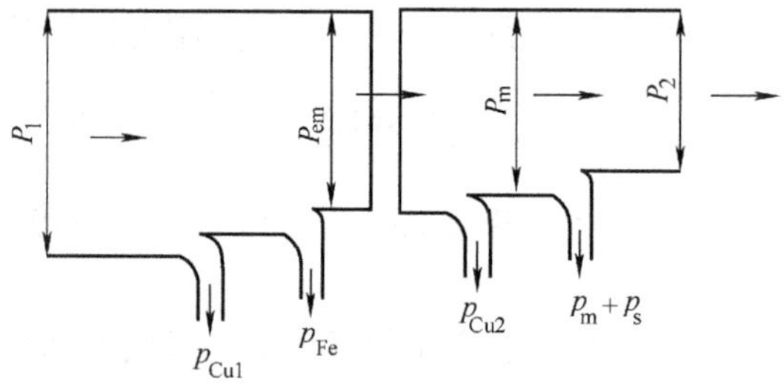

图 8-3　异步电动机的功率流程图

【例 8-3】　一台三相 2 极异步电动机，额定频率为 50Hz，在转速为 2985r/min 运行时，输入功率为 15.7kW，定子电流为 22.6A，定子绕组电阻 $r_1=0.2\Omega$，忽略铁耗，计算电动机转子铜耗。

解：电动机定子绕组铜耗为

$$p_{Cu1} = 3I_1^2 r_1 = 3 \times 22.6^2 \times 0.2\text{W} = 306\text{W}$$

电磁功率为

$$P_{em} = P_1 - p_{Cu1} - p_{Fe} = (15.7 - 0.3)\text{kW} = 15.4\text{kW}$$

2 极电动机同步转速为 $n_1 = 3000\text{r/min}$，则以 2985r/min 运行时的转差率为

$$s = \dfrac{n_1 - n}{n_1} = \dfrac{3000 - 2985}{3000} = 0.05$$

所以，转子铜耗为

$$p_{Cu2} = sP_{em} = 0.05 \times 15.4\text{W} = 770\text{W}$$

二、转矩平衡方程

将功率平衡关系式（8-35）两边除以机械角速度（mechanical angular velocity），便得到转矩（torque）平衡方程，即

$$\frac{P_2}{\Omega} = \frac{P_\mathrm{m}}{\Omega} - \frac{p_\mathrm{m} + p_\mathrm{s}}{\Omega} \tag{8-37}$$

于是，转矩平衡方程为

$$T_2 = T - T_0 \tag{8-38}$$

式中，Ω 为转子机械角速度，$\Omega = \frac{2\pi n}{60}$；$T_2$ 为输出转矩，$T_2 = \frac{P_2}{\Omega}$；T 为电磁转矩（electromechanical torque），$T = \frac{P_\mathrm{m}}{\Omega}$；$T_0$ 为与负载无关的空载转矩，$T_0 = \frac{p_\mathrm{m} + p_\mathrm{s}}{\Omega}$。

由于电磁转矩 $T = P_\mathrm{m}/\Omega$，而 $P_\mathrm{m} = (1-s)P_\mathrm{em}$，再考虑到转速 $n = n_1(1-s)$，可得

$$T = \frac{P_\mathrm{m}}{\Omega} = \frac{P_\mathrm{em}}{\Omega}(1-s) = \frac{P_\mathrm{em}}{\frac{2\pi n}{60}}(1-s) = \frac{P_\mathrm{em}}{\frac{2\pi n_1}{60}} = \frac{P_\mathrm{em}}{\Omega_1} \tag{8-39}$$

式中，Ω_1 称为旋转磁场的同步角速度，$\Omega_1 = \frac{2\pi n_1}{60} = \frac{2\pi}{60}\frac{60 f_1}{p} = \frac{2\pi f_1}{p} = \frac{\omega_1}{p}$。

式（8-39）表明，电磁转矩 T 既可以通过总机械功率 P_m 除以转子的机械角速度 Ω 求得，也可以通过电磁功率 P_em 除以旋转磁场的同步角速度（synchronus angular velocity） Ω_1 求得。

三、电磁转矩表达式

1. 物理表达式

利用异步电动机等效电路可知，电磁功率可以表示为

$$P_\mathrm{em} = m_1 E_2' I_2' \cos\varphi_2 = m_1 I_2'^2 \frac{r_2'}{s} \tag{8-40}$$

则电磁转矩为

$$\begin{aligned} T &= \frac{P_\mathrm{em}}{\Omega_1} = \frac{P_\mathrm{em}}{\omega_1/p} = \frac{p}{\omega_1} m_1 E_2' I_2' \cos\varphi_2 = \frac{pm_1}{2\pi f_1} \times 4.44 f_1 N_1 k_{\mathrm{w}1} \Phi_\mathrm{m} I_2' \cos\varphi_2 \\ &= C_\mathrm{T} \Phi_\mathrm{m} I_2' \cos\varphi_2 \end{aligned} \tag{8-41}$$

式中，m_1 为定子侧的相数；C_T 为转矩系数，由异步电动机结构决定，$C_\mathrm{T} = \frac{pm_1}{\sqrt{2}} N_1 k_{\mathrm{w}1}$。

式（8-41）表明，电磁转矩的大小由气隙每极磁通、转子电流及转子侧功率因数决定，或者说，电磁转矩与气隙每极磁通和转子电流的有功分量乘积成正比。

2. 参数表达式

式（8-41）常用于定性分析，进行深入分析时并不方便，根据异步电动机等效电路可推导出电磁转矩的参数表达式（推导从略），即

$$T = \frac{pm_1}{2\pi f_1} U_1^2 \frac{\dfrac{r_2'}{s}}{\left(\dfrac{r_2'}{s}\right)^2 + x_\mathrm{k}^2} \tag{8-42}$$

式中，x_k 为异步电动机的短路电抗，$x_k = x_1 + x_2'$。

四、机械特性

当异步电动机电源电压恒定，电动机参数已知时，可根据电磁转矩的参数表达式得到转差率 s 与电磁转矩 T 之间的关系曲线，即 T—s 曲线（torque-slip curve），称为异步电动机的机械特性曲线，如图 8-4 所示。

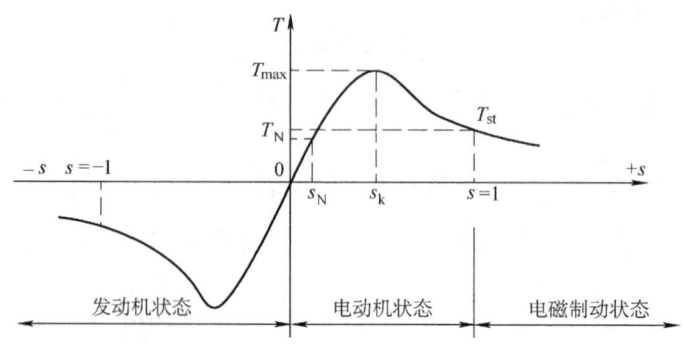

图 8-4 异步电动机的机械特性曲线

五、最大电磁转矩、起动转矩、额定转矩

1. 最大电磁转矩 T_{max}

由图 8-4 中 $T=f(s)$ 曲线可见，电磁转矩有一个最大转矩值 T_{max}。根据式（8-42），令 $dT/ds = 0$，可求出产生最大转矩的转差率 s_k，s_k 称为临界转差率，为

$$s_k = \frac{r_2'}{\sqrt{r_1^2 + (x_1 + x_2')^2}} \tag{8-43}$$

将 s_k 代入式（8-42），可得到最大电磁转矩表达式

$$T_{max} = \frac{m_1 p U_1^2}{4\pi f_1 (r_1 + \sqrt{r_1^2 + (x_1 + x_2')^2})} \tag{8-44}$$

一般定子绕组电阻很小，可忽略，这样，式（8-43）和式（8-44）可近似为

$$s_k = \frac{r_2'}{x_k} \tag{8-45}$$

$$T_{max} = \frac{m_1 p U_1^2}{4\pi f_1 x_k} \tag{8-46}$$

从式（8-45）和式（8-46）可以看出：

1）当电源频率和电动机参数不变时，最大电磁转矩 T_{max} 与电源电压的二次方成正比。

2）当电源电压和频率一定时，T_{max} 与短路电抗成反比。

3）T_{max} 与转子电阻 r_2' 无关，但临界转差率 s_k 与 r_2' 有关，增大 r_2'，s_k 增大，T-s 曲线的最大值向 s 增大方向偏移，如图 8-5 所示。

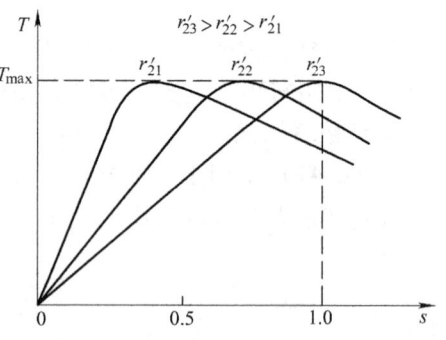

图 8-5 转子电阻对临界转差率 s_k 的影响

2. 起动转矩 T_{st}

起动转矩 T_{st}（又叫堵转转矩）的大小决定了电动机的起动性能，将 $s=1$ 代入式（8-42），可求出起动转矩为

$$T_{st} = \frac{pm_1 U_1^2 r_2'}{2\pi f_1 (r_2'^2 + x_k^2)} \tag{8-47}$$

从式（8-47）可知：

1) 起动转矩与外加电压的二次方成正比，电压减小，起动转矩成二次方倍减小。
2) 要增大起动转矩，可在转子回路串电阻，随着所串电阻的增大，起动转矩也增加。但是，随着转子电阻增加，转差率增大，转子铜耗也将增大。

要使电动机起动时有最大转矩，即 $T_{st}=T_{max}$，可令 $s_k=1$，则起动转矩为最大转矩时转子回路所串的电阻应为

$$r_{st}' = x_k - r_2' \tag{8-48}$$

3. 额定转矩 T_N

额定转矩是异步电动机带额定负载时输出的机械转矩，此时的转差率为额定转差率 s_N。T_N 可根据电动机铭牌标出的额定机械功率 P_N 和额定转速 n_N 求出，为

$$T_N = \frac{P_N}{\Omega_N} = \frac{P_N}{2\pi n_N/60} \tag{8-49}$$

六、过载能力和起动转矩倍数

1. 过载能力

电动机正常运行时，负载转矩必须小于最大电磁转矩 T_{max}，否则电动机将停转，T_{max} 又称为停转转矩，所以，与最大电磁转矩对应的临界转差率 s_k 为电动机稳定运行的最大转差率。

电动机带负载运行时，如果最大电磁转矩 T_{max} 较负载转矩大得越多，电动机承受短时过载能力越强，将最大电磁转矩与额定电磁转矩之比称为过载能力，用 K_m 表示，K_m 为

$$K_m = \frac{T_{max}}{T_N} \tag{8-50}$$

如果电动机的负载制动转矩大于最大转矩，电动机将停转。为保证电动机不会因为短时过载而停转，要求电动机具有一定的过载能力。一般异步电动机的 $K_m=1.6 \sim 2.5$，特殊要求时 $K_m=2.8 \sim 3.0$。

2. 起动转矩倍数

如果起动转矩 T_{st} 太小，在一定负载下电动机可能无法起动。T_{st} 越大，电动机起动越容易。通常用 T_{st} 与 T_N 的比值来表示电动机起动转矩的倍数，为

$$K_{st} = \frac{T_{st}}{T_N} \tag{8-51}$$

起动转矩倍数是电动机的又一个重要性能指标，我国生产的 Y 系列三相笼型异步电动机，K_{st} 为 $1.2 \sim 2.4$（中小型）和 $0.5 \sim 0.8$（大中型）。

七、稳定运行问题

异步电动机拖动机械负载稳定运行时，电磁转矩 T 与负载转矩 T_L 满足转矩平衡方程，

即 $T = T_L + T_0$，也就是说，电动机输出机械转矩 T_2 与负载转矩 T_L 相等。如果不考虑空载转矩，则有 $T = T_L$。电动机稳定运行条件如图 8-6 所示。图中分别给出了电动机的机械特性曲线和恒转矩负载的负载特性曲线，两者有两个交点 a 和 b，这两点上均能满足 $T = T_L$ 的条件。假设由于某种原因，负载转矩增加了 ΔT_L，此时，电动机的制动转矩大于驱动的电磁转矩，转子将减速，转差率 s 增加，如果电动机工作在 a 点，随着转差率的增加，电磁转矩也增大，电动机工作在新的工作点 a'，这样，驱动转矩与制动转矩达到新的平衡，电动机稳定运行；反之，若负载转矩减小 ΔT_L，则转子加速，转差率减小，电磁转矩减小，电动机同样可达到新的平衡。可见，a 点是稳定运行点。但是，对于 b 点，随着转差率的增加，电磁转矩反而减小，驱动转矩和制动转矩不能达到新的平衡，最后电动机将停转或飞车。所以，b 点是不稳定运行点。

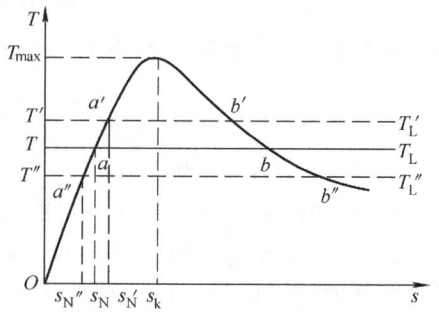

图 8-6 电动机稳定运行条件

就整个 T-s 曲线来看，在 s 由 0 到 s_k 范围内，电磁转矩随转差率增大而增大，所以这个区间是稳定工作区。在 s 由 s_k 到 1 的范围内，转矩随着转差率的增加而减小，这个区域是不稳定工作区。由此，得到异步电动机带恒转矩负载时稳定运行的条件为

$$\frac{\mathrm{d}T}{\mathrm{d}s} > \frac{\mathrm{d}T_L}{\mathrm{d}s} \tag{8-52}$$

第四节 三相异步电动机试验技术

根据国家标准 GB-T 1032—2012《三相异步电动机试验方法》的规定，三相异步电动机在出厂前必须进行一些相关的试验。主要包括：

1. 绝缘电阻的测量

绝缘电阻的测量主要是测量绕组对机壳及绕组相互间的绝缘电阻、轴承绝缘电阻、绕组在冷状态下的直流端电阻和相电阻。

2. 热试验

热试验的目的是确定电动机在额定负载条件下运行时定子绕组的工作温度和电动机某些部分温度高于冷却介质温度的温升。

3. 负载特性试验

负载特性试验的目的是确定电动机的效率、功率因数、转速、定子电流、输入功率等与输出功率的关系。试验采用直接负载法，用合适的设备给电动机加负载，试验需在额定电压和额定频率下进行。

4. 空载试验

空载试验的目的是确定电动机的励磁参数、空载损耗等。

5. 短路试验

下面介绍空载试验和短路试验。利用异步电动机等效电路计算时，需要知道电动机的参数，与变压器类似，异步电动机的参数也可以通过空载试验和短路试验得到。

一、异步电动机的空载试验

异步电动机的空载试验指电动机作为空载电动机运行,其轴端无有效机械功率输出的试验。绕线转子异步电动机的转子绕组应在集电环上短路。利用异步电动机的空载试验可以测量励磁参数,包括励磁电阻 r_m、励磁电抗 x_m 和励磁阻抗 Z_m,以及铁耗 p_{Fe} 和机械损耗 p_m。

空载试验时,异步电动机转子轴上不带任何负载,定子绕组上加额定频率的额定电压,待电动机运行一段时间,机械损耗达到稳定值。利用调压器改变定子电压,从 $(1.1 \sim 1.3)U_N$ 开始,逐渐减小电压,逐点测量定子电压 U_0、定子电流 I_0 和定子输入功率 P_0,试验电路如图 8-7 所示。根据测量得到的一系列数据,可以得到电动机的空载特性 $I_0 = f(U_0)$,$P_0 = f(U_0)$,如图 8-8 所示。

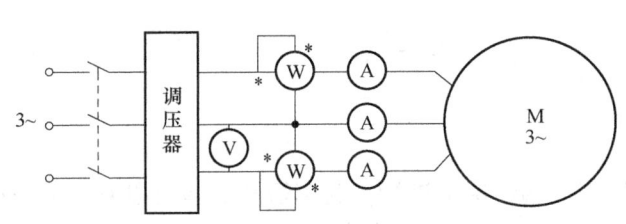
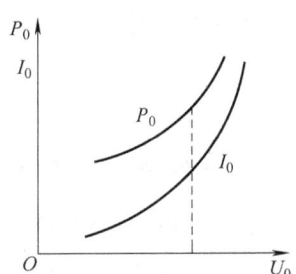

图 8-7 异步电动机空载试验电路　　　图 8-8 电动机空载特性

异步电动机空载运行时输入功率 P_0 用于克服定子铜耗、转子铜耗、铁耗、机械损耗和附加损耗。空载时转子绕组铜耗和附加损耗都很小,可忽略,则输入功率与定子铜耗、铁耗及机械损耗平衡,有

$$P_0 = p_{Cu1} + p_{Fe} + p_m \tag{8-53}$$

而 $p_{Cu1} = 3I_{0\phi}^2 r_1$,$I_{0\phi}$ 为定子相电流。从式(8-53)可知,要想得到电动机铁耗 p_{Fe} 和机械损耗 p_m,必须进行处理。

首先,从 P_0 中减去定子绕组铜耗,有

$$P_0' = P_0 - 3I_{0\phi}^2 r_1 = p_{Fe} + p_m \tag{8-54}$$

由于铁耗大小与磁通密度的二次方成正比,可近似认为与电源电压的二次方成正比,而机械损耗与电压无关,只与转速有关,在转速基本不变的情况下,可认为机械损耗为一常数。所以,$P_0' = f(U_0^2)$,近似为一条直线,如图 8-9 所示。在 $U_0 = 0$ 时,$p_{Fe} = 0$,而机械损耗只与转速有关,不随电压变化而变化,但电压过低时,电动机已经停转,无法得到试验数据。因此,将 $P_0' = f(U_0^2)$ 曲线延长至与纵轴相交,此时 $p_{Fe} = 0$,$P_0' = p_m$。所以,p_m 为平行于横轴的直线。求出机械损耗 p_m 后,电动机铁耗也可以得到,即

$$p_{Fe} = P_0 - 3I_{0\phi}^2 r_1 - p_m \tag{8-55}$$

图 8-9 $P_0' = f(U_0^2)$ 曲线

根据铁耗,励磁电阻为

$$r_m = \frac{p_{Fe}}{3I_{0\phi}^2} \tag{8-56}$$

电动机在额定电压下空载时，转速接近同步转速，有 $s \approx 0$，转子侧相当于开路，其等效电路如图 8-10 所示。根据等效电路，有

$$Z_0 = \frac{U_{0\phi}}{I_{0\phi}} = Z_1 + Z_m = (r_1 + r_m) + j(x_1 + x_m) \tag{8-57}$$

$$x_0 = \sqrt{Z_0^2 - r_0^2} \tag{8-58}$$

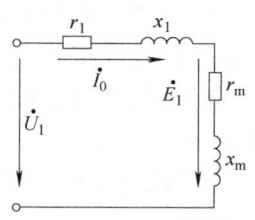

图 8-10 异步电动机空载试验等效电路

其中，$r_0 = r_1 + r_m$，励磁电阻 r_m 已根据铁耗求出，定子绕组电阻 r_1 可利用电桥测量，则可知道 r_0。根据 r_0 和 Z_0 得到 x_0，励磁电抗 $x_m = x_0 - x_1$，x_1 可根据短路试验得到，从而求出励磁电抗 x_m。由于 r_1 和 x_1 与励磁参数比较很小，也可以忽略，这样有

$$Z_m = \frac{U_{0\phi}}{I_{0\phi}}, \quad x_m = \sqrt{Z_m^2 - r_m^2} \tag{8-59}$$

二、异步电动机的短路试验

异步电动机的短路试验是在电动机堵转的情况下进行，利用短路试验可以测量电动机的短路阻抗 Z_k、短路电阻 r_k、短路电抗 x_k，还可以确定起动转矩与起动电流。

短路试验电路如图 8-11 所示。短路试验时，将电动机转子卡住不转，绕线式异步电动机的转子应短路（笼型电动机转子本身已短路）。由于此时电动机转速 $n = 0$，则转差率 $s = 1$，异步电动机 T 形等效电路中的等效电阻 $\frac{1-s}{s}r_2' = 0$，相当于转子电路中的负载直接短路，因此称为短路试验。

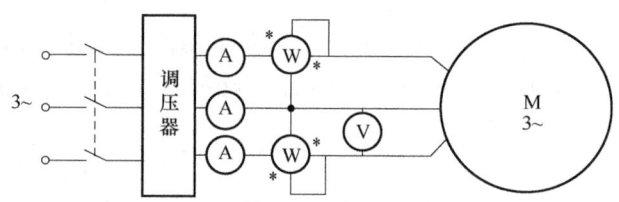

图 8-11 异步电动机短路试验电路

试验时，定子绕组加三相额定频率的电压，用调压器调节定子电压，使外施电压从 $U_k = 0.4U_N$ 开始降低，记录不同电压下的定子电压 U_k、定子电流 I_k 和输入功率 P_k，从而得到短路特性 $I_k = f(U_k)$ 和 $P_k = f(U_k)$，如图 8-12 所示。

短路试验时，由于 $s = 1$，$\frac{1-s}{s}r_2' = 0$，T 形等效电路中的转子支路阻抗很小，而励磁阻抗很大，所以可略去并联的励磁支路，即不考虑励磁电流和铁耗，此时等效电路如图 8-13 所示。

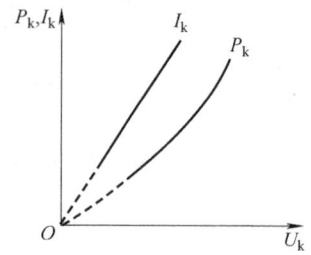

图 8-12 异步电动机短路特性

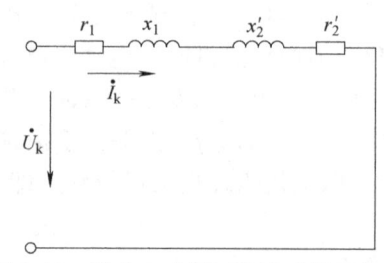

图 8-13 异步电动机短路试验等效电路

从等效电路可知，短路试验时，电源输入功率为

$$P_k = 3I_{k\phi}^2(r_1 + r_2') = 3I_{k\phi}^2 r_k \tag{8-60}$$

式中，r_k 为短路电阻，$r_k = r_1 + r_2'$。

所以

$$r_k = \frac{P_k}{3I_{k\phi}^2} \tag{8-61}$$

短路阻抗为

$$Z_k = \frac{U_{k\phi}}{I_{k\phi}}, \quad x_k = \sqrt{Z_k^2 - r_k^2}$$

$Z_k = Z_1 + Z_2'$ 和 $x_k = x_1 + x_2'$ 分别为电动机的短路阻抗和短路电抗。通常可认为 $x_1 = x_2' = \frac{1}{2}x_k$。从 r_k 中减去 r_1 即可得到 r_2'。这种近似对大中型异步电动机影响不大，但对于励磁阻抗较小的小型电动机，误差较大。

需要注意的是，当定、转子电流比额定值大很多时，漏磁通路径中的铁磁材料部分也会饱和，使漏电抗减小，通常饱和时的漏抗较正常工作时减小 15%～30%。因此，在短路试验时，最好测量 $I_k = I_N$、$I_k = (2～3)I_N$ 及 $U_k = U_N$ 三组数据。分别计算不同饱和程度的漏抗值，以便在不同情况下使用不同的漏抗值。如计算起动转矩时，采用饱和值（$U_k = U_N$）；计算最大转矩时，采用 $I_k = (2～3)I_N$ 时的值；正常运行时，则采用 $I_k = I_N$ 时的值，以使计算结果与实际情况更接近。

【例 8-4】 一台笼型三相异步电动机，已知铭牌参数为：$P_N = 10\text{kW}$，$U_N = 380\text{V}$，$I_N = 19.5\text{A}$，定子绕组 D 接法，$n_N = 2932\text{r/min}$，$f_N = 50\text{Hz}$，$\cos\phi_N = 0.89$。空载试验数据为：$U_0 = 380\text{V}$，$I_0 = 5.5\text{A}$，$P_0 = 824\text{W}$，$p_m = 156\text{W}$；短路试验数据为：$U_k = 89.5\text{V}$，$I_k = 19.5\text{A}$，$p_k = 605\text{W}$，$r_{175℃} = 0.963\Omega/$相。试计算：

(1) 额定输入电功率 P_{1N}；
(2) 定、转子铜耗 p_{Cu1}、p_{Cu2}；
(3) 电磁功率 P_{em} 和总机械功率 P_m；
(4) 效率 η；
(5) 电动机参数并画出简化等效电路。

解：（1）电动机额定输入功率为

$$P_{1N} = \sqrt{3} U_N I_N \cos\varphi_N = \sqrt{3} \times 380 \times 19.5 \times 0.89 \text{kW} = 11.4\text{kW}$$

(2) 定子侧铜耗

$$p_{Cu1} = 3I_{N\phi}^2 r_1 = 3 \times \left(\frac{19.5}{\sqrt{3}}\right)^2 \times 0.963 \text{W} = 366\text{W}$$

转子侧铜耗

$$p_{Cu2} = p_k - p_{Cu1} = (605 - 366)\text{W} = 239\text{W}$$

(3) 电磁功率可根据功率流程图计算出，则

$$P_{em} = P_{1N} - p_{Cu1} - p_{Fe}$$

其中，铁耗可根据空载试验数据得到，为

$$p_{Fe} = P_0 - 3I_{\phi0}^2 r_1 - p_m = \left[824 - 3 \times \left(\frac{5.5}{\sqrt{3}}\right)^2 \times 0.963 - 156\right]\text{W} = (824 - 29 - 156)\text{W} = 639\text{W}$$

电磁功率为
$$P_{em} = P_{1N} - p_{Cu1} - p_{Fe} = (11.4 - 0.366 - 0.639)\text{kW} = 10.395\text{kW}$$
总机械功率为
$$P_m = P_{em} - p_{Cu2} = (10.395 - 0.239)\text{kW} = 10.156\text{kW}$$

(4) 效率为
$$\eta = \frac{P_2}{P_1} = \frac{10}{11.4} = 0.877$$

(5) 励磁参数
$$r_m = \frac{p_{Fe}}{3I_{0\phi}^2} = \frac{639}{3 \times (5.5/\sqrt{3})^2}\Omega = 21.1\Omega$$
$$r_0 = r_1 + r_m = (0.963 + 21.1)\Omega = 22.1\Omega$$
$$Z_0 = \frac{U_{0\phi}}{I_{0\phi}} = \frac{380}{5.5/\sqrt{3}}\Omega = 119.7\Omega$$
$$x_m \approx x_0 = \sqrt{Z_0^2 - r_0^2} = \sqrt{119.7^2 - 22.1^2}\Omega = 117.6\Omega$$

短路参数
$$r_k = \frac{P_k}{3I_{k\phi}^2} = \frac{605}{3 \times (19.5/\sqrt{3})^2}\Omega = 1.59\Omega$$
$$Z_k = \frac{U_{k\phi}}{I_{k\phi}} = \frac{89.5}{19.5/\sqrt{3}}\Omega = 7.95\Omega$$
$$x_k = \sqrt{Z_k^2 - r_k^2} = \sqrt{7.95^2 - 1.59^2}\Omega = 7.79\Omega$$

电动机转差率
$$s = \frac{n_1 - n}{n_1} = \frac{3000 - 2932}{3000} = 0.0227$$

等效电阻为
$$\frac{1-s}{s}r_2' = \frac{1-0.0277}{0.0277}(r_k - r_1) = 43.05 \times 0.627\Omega = 27\Omega$$

电动机简化等效电路如图8-14所示。

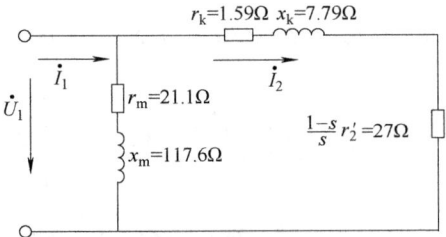

图 8-14 电动机简化等效电路

思考题及习题

8-1 异步电动机定子绕组接三相交流电源、转子不动时,定子电流、定子电动势、转子电流、转子电动势的频率分别是多少?转子旋转时,分别又是多少?

8-2 电源频率一定,转子转速发生变化,转子电流产生的基波磁场在空间的转速有无变化?为什么?

8-3 试说明三相异步电动机转子绕组折算和频率折算的意义,折算是在什么条件下进行的?

8-4 异步电机等效电路中$[(1-s)/s]r_2'$的物理意义是什么?能否不用电阻,而用电容或电感代替?

8-5 已知一三相异步电动机的数据为:$U_{1N}=380\text{V}$,定子绕组三角形联结,50Hz,额定转速$n_N=1426\text{r/min}$,$r_1=2.865\Omega$,$x_1=7.71\Omega$,$r_2'=2.82\Omega$,$x_2'=11.75\Omega$,r_m略去不计,$x_m=202\Omega$,求:(1)该电动机的极数;(2)同步转速;(3)额定负载时的转差率和转子频率;(4)绘出T形等效电路并计算额定负载时P_1、I_1、$\cos\varphi_1$。

8-6 设有一3000V、6极、50Hz、975r/min、星形联结的三相绕线转子异步电动机,每相参数为:$r_1=0.42\Omega$,$x_1=2.0\Omega$,$r_2'=0.45\Omega$,$x_2'=2.0\Omega$,$r_m=4.65\Omega$,$x_m=48.7\Omega$,试用T形等效电路计算在额定情况下的定子电流和转子电流。

8-7 异步电动机漏抗增加对其起动电流、起动转矩、最大转矩、功率因数等有何影响?

8-8 一台50Hz、380V的异步电动机,若运行在60Hz、380V的电网上,设转矩不变,问以下各量是增大还是减小?为什么?(1)励磁电抗X_m及励磁电阻R_m;(2)同步转速与满载转速(n_1及n_N)(设转差率不变);(3)最大转矩$T_{\max}$;(4)起动电流和起动转矩。

8-9 分析转差率s对异步电动机效率的影响。

第九章 三相异步电动机的起动、调速和制动

拖动系统中的异步电动机根据生产需要，经常都要进行起动、调速和制动，因而异步电动机的起动、调速和制动是电机学中需要讨论的另一个问题。本章简要介绍三相异步电动机中常用的起动、调速和制动方法。

第一节 异步电动机的起动

将异步电动机定子绕组接入三相交流电源，如果电动机的电磁转矩能够克服其轴上的阻力转矩，电动机将从静止状态加速到某一个转速稳定运行，这个过程称为起动。

对电动机起动过程有如下要求：
1) 起动电流小，起动转矩大，且起动过程中电动机转速平稳上升。
2) 起动时间短，设备简单，投资少。
3) 起动时能量损耗小。

异步电动机起动时，由于 $n=0$，$s=1$，根据等效电路可知，此时附加电阻 $[(1-s)/s]r_2'=0$，转子支路短路，所以起动电流很大，通常约为额定电流的 $5\sim7$ 倍。虽然起动电流大，但起动转矩并不大。从前一章分析已经知道，电磁转矩 $T=C_T\varPhi_m I_2'\cos\varphi_2$，起动时定子漏阻抗压降大，感应电动势和主磁通较正常运行时小，且起动时功率因数较低，所以起动转矩不大。

从上面分析可知，异步电动机起动时存在两个问题：一是起动电流大，导致母线电压降大，因而影响同一供电电网上的其他用电设备正常运行；二是起动转矩不大，如带较重负载时，起动较困难，即使能起动，起动时间长，对电动机不利。因此，必须根据拖动系统对起动性能的具体要求，确定电动机的起动方法。

一、三相笼型异步电动机的起动

三相笼型异步电动机有全压起动和减压起动两种起动方法。

1. 全压起动

全压起动是通过开关和接触器把异步电动机直接接到额定电压的交流电网上进行起动，又叫直接起动。

全压起动时，起动电流大，对电动机本身及其所接电力系统都有可能产生不利影响。笼型异步电动机起动时间不长，一般不会烧坏电动机，此时，主要考虑过大的起动电流产生的电压降对同一电网上其他设备的影响。也就是说，全压起动方法的使用受供电变压器容量的限制。供电变压器容量越大，起动电流在供电回路引起的电压降越小。一般来说，只要全压起动电流在电网中引起的电压降不超过额定电压的 $10\%\sim15\%$（频繁起动时取 10%），可以采用全压起动。

全压起动方式的优点是操作简单，起动设备的投资和维修费用小，所以可能的情况下应优先采用。在发电厂中，由于供电容量大，一般采用全压起动。如果供电变压器容量不够大，则应采用减压起动方式。

2. 减压起动

减压起动是使电动机起动时定子绕组上所加的电压低于额定电压，从而减小起动电流。减压起动在减小起动电流的同时，起动转矩也会减小，因此减压起动适用于对起动转矩要求不高的场合，如空载或轻载起动。下面介绍3种常用的减压起动方法。

（1）定子回路串电抗器减压起动

三相异步电动机起动时，在定子回路中串入电抗器，电抗器对电源电压起分压作用，电动机定子绕组上所加的电压降低，所以起动电流减小。待起动完毕，切除电抗器，电动机投入正常运行。

采用这种方法起动时，虽然起动电流减小，但起动转矩按电压二次方关系下降，比电流下降更多，起动特性不是很好，所以生产中很少使用。

（2）星—三角减压起动

这是用改变电动机定子绕组接法来实现减压起动的方法。起动时，将定子三相绕组连接成星形接到额定电压的电源上，起动后再将其改接为三角形联结正常运行，称为星—三角起动（又叫丫—△起动）。显然，这种方法只能适用于正常运行时定子绕组为三角形联结的电动机。

星—三角起动原理如图9-1所示，加在电动机定子绕组上的电源线电压为U，电动机每相阻抗为Z，电动机星形联结时，绕组相电压为$U/\sqrt{3}$，而线电流与相电流相等，为$I_{Yst}=U/(\sqrt{3}Z)$；电动机三角形联结时，绕组相电压与线电压相等为U，每相绕组电流为U/Z，线电流为$I_{\Delta st}=\sqrt{3}U/Z$，所以

$$\frac{I_{Yst}}{I_{\Delta st}}=\frac{\dfrac{U}{\sqrt{3}Z}}{\dfrac{\sqrt{3}U}{Z}}=\frac{1}{3} \qquad (9-1)$$

即

$$I_{Yst}=\frac{1}{3}I_{\Delta st}=\frac{1}{3}I_{st}$$

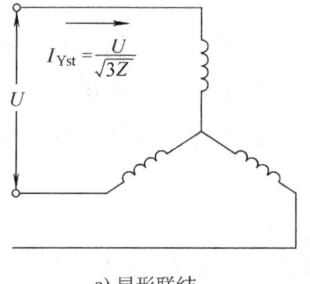

a) 星形联结　　　　　　b) 三角形联结

图9-1　星—三角起动原理

由此可见，利用星—三角起动时，起动电流减小为全压起动的 1/3。但是，起动转矩与电压的二次方成正比，所以起动转矩也减小为全压起动的 1/3。

（3）自耦变压器减压起动

图 9-2 所示为自耦变压器减压起动原理，起动时，合上开关 S_1，把开关 S_2 放在"起动"位置。自耦变压器高压侧接电源，异步电动机定子回路接入自耦变压器低压侧，电动机定子绕组上电压降低。起动结束后，将开关 S_2 接至"运行"位置，切除自耦变压器，电动机直接接至电网正常运行。

设自耦变压器电压比为 K_a，经过自耦变压器后，加在电动机绕组上的电压为电源电压的 $1/K_a$，电动机侧的起动电流 I_{2st} 为直接起动电流的 $1/K_a$。而由于电动机接在低压侧，变压器高压侧电流为低压侧的 $1/K_a$，所以电网侧的起动电流 I_{1st} 与直接起动时的起动电流 I_{st} 相比为

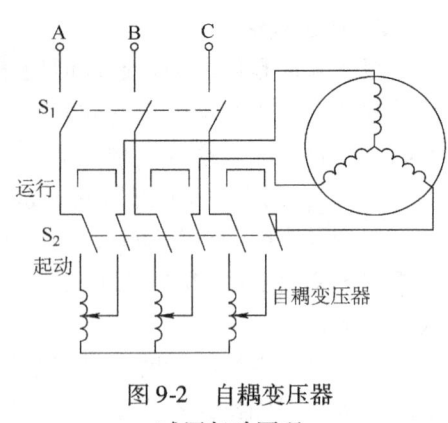

图 9-2　自耦变压器
减压起动原理

$$I_{1st} = \frac{1}{K_a} I_{2st} = \frac{1}{K_a^2} I_{st} \tag{9-2}$$

由式（9-2）可知，从电网供给电动机的起动电流只有直接起动时起动电流的 $1/K_a^2$ 倍，而电动机本身的起动电流为直接起动时的 $1/K_a$ 倍。由于起动转矩与电压的二次方成正比，所以起动转矩也下降为直接起动时的 $1/K_a^2$ 倍。显然，在相同起动转矩下，自耦变压器减压起动时的起动电流要小。

自耦变压器上设有几个抽头，可供使用时选择不同的减压比例，以适应不同的起动要求。所以，自耦变压器减压起动应用范围较广，但自耦变压器体积较大，造价高。

以上几种减压起动的方法，由于电动机定子绕组上电压降低，从而减小起动电流。但是在减小起动电流的同时，起动转矩也减小，所以只适用于轻载或空载起动。在需要重载起动时，常采用绕线转子异步电动机。

二、绕线转子异步电动机的起动

绕线转子异步电动机的特点是，转子绕组的端头接到集电环上经电刷引出，可接入外加电阻或变频电源。从上一章的讨论知道，转子回路串附加电阻，一方面可以增加起动转矩，另一方面可以减小起动电流，其起动机械特性如图 9-3 所示。当转子回路中串入电阻后，最大转矩不变，但最大转矩所对应的转差率 s_k 随串入电阻的增加而增大。因此，串入适当电阻，使 $s_k = 1$，则起动转矩达到最大。所以绕线转子异步电动机转子回路串电阻起动是一种起动性能较好的起动方法。

1. 转子串电阻起动

转子回路串电阻起动接线如图 9-4 所示，起动时，通过集电环、电刷串入电阻，所串电阻可分为多级，随着转速上升逐步切除所串入的电阻。起动完毕，切除起动电阻，电动机进入正常运行。

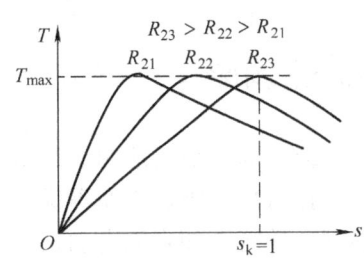

图 9-3 转子回路串电阻起动机械特性

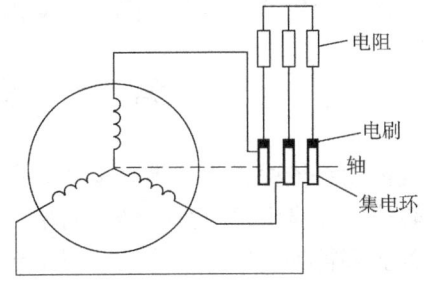

图 9-4 转子回路串电阻起动接线

2. 转子串频敏变阻器起动

图 9-5a 所示为转子串频敏变阻器起动接线。频敏变阻器是一个三相铁心线圈，相当于一个没有二次绕组的三相心式变压器，因此频敏变阻器的等效电路形式上与变压器空载时等效电路相同，如图 9-5b 所示，R 为线圈电阻，R_m 为铁心损耗的等效电阻，X 为线圈电抗。频敏变阻器的铁心由厚度为 30~50mm 的实心铁板或钢板叠成，其励磁阻抗与变压器有很大不同：在转子频率高时，铁心磁路饱和，电抗值很小；而铁心中涡流损耗很大，所以等效电阻很大。这样，电动机起动时，转子频率高，转子回路电阻很大，限制了起动电流，同时提高了起动转矩。随着电动机转速的升高，转子频率逐渐减小，频敏变阻器的电抗也随之减小，铁耗降低，等效电阻也减小。所以，转子串接的电阻随着电动机转速的升高自动减小，使电动机在整个起动过程中都产生较大的电磁转矩，且起动电流较小。

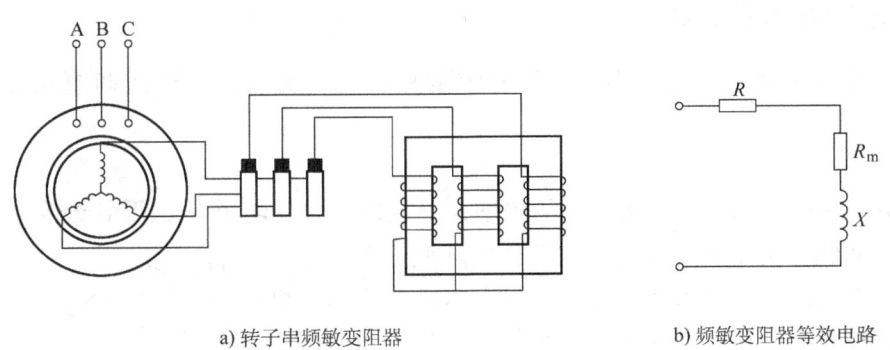

a) 转子串频敏变阻器　　　　　b) 频敏变阻器等效电路

图 9-5 转子串频敏变阻器起动接线

三、三相异步电动机的软起动

近年来，由于电力电子技术的不断发展，工业中开始采用软起动技术来取代传统的起动方法。常用的软起动是把 3 对反并联的晶闸管串接在异步电动机定子三相电路中，通过改变晶闸管的导通角来调节定子绕组电压，使其按照设定的规律变化，来实现软起动。

软起动器是一种采用数字控制的无触点减压起动控制装置，可以根据负载情况和生产要求灵活地设定电动机软起动方式及起动电流曲线，从而有效地控制起动电流和起动转矩，使电动机起动平稳，且对电网冲击小，起动功耗小。它较传统减压起动有更好的起动控制性能，因此在无调速要求的电力传动系统中应用逐渐增多。另外，软起动器还能实现电动机的软停车、软制动及断相、过载和欠电压等多种保护功能，可实现电动机轻载节能运行。其缺点是在工作中产生谐波，对电网和电动机产生不利影响。

第二节　异步电动机的调速

电气拖动系统中，为了提高生产效率和产品质量，或是为了节省能源，经常要求调节电动机的转速。异步电动机具有结构简单，价格便宜，运行可靠，维护方便等优点，在国民经济各行各业都得到了广泛的应用。但是异步电动机的调速性能不如直流电动机。近年来，随着电力电子技术和微电子技术的发展，以变频调速为代表的交流调速技术得到迅速发展。交流调速系统在性能和可靠性方面已经可以和直流系统相当，成本也在不断降低，出现了交流调速取代传统直流调速的趋势。但本章不对这部分内容作介绍，这里仅简要说明三相异步电动机主要调速方法的基本原理。

根据异步电动机的转速公式

$$n = (1-s)n_1 = (1-s)\frac{60f_1}{p} \tag{9-3}$$

可知，异步电动机的调速有以下几种方式：

1）改变转差率 s 调速，称为变转差率调速。
2）改变磁极对数 p 调速，称为变极调速。
3）改变电动机供电电源频率 f_1 调速，称为变频调速。

一、改变转差率调速

改变转差率调速方法有很多，这里介绍两种常用的方法，即调压调速和转子串电阻调速。

1. 调压调速

根据式（8-42）可知，当电源电压频率 f_1 一定时，改变电压 U_1，则电磁转矩 T 随 U_1^2 成正比变化，而临界转差率 s_k 不变，由此作出降低定子电压时的人为机械特性曲线，如图9-6所示。图中曲线1为固有机械特性。由图9-6可知，当定子电压下降后，$T=f(s)$ 曲线由1变化为2和3，如果负载转矩为额定转矩且保持不变，则电动机工作点由额定电压的 a 点移动至 b 点，转差率也增大，由 s_1 增加为 s_2，实现了电动机的调速。所以，当加在电动机定子上的电压改变时，电动机的临界转差率虽然不变，但运行转差率改变，电动机转速得到调节。

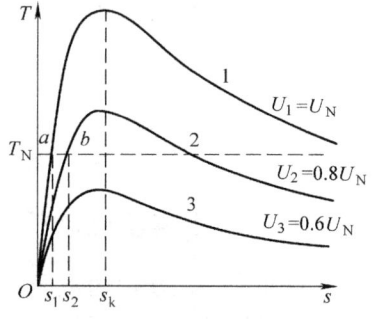

图9-6　降低定子电压时的人为机械特性曲线

对于一般异步电动机，改变电压时，转速变化不大，所以这种调速方式的调速范围很小，且电压降低较多时电动机可能到不稳定运行区域（运行转差率大于临界转差率时），直到电动机停转。因为最大转矩与电压的二次方成正比，随着电压下降，最大转矩下降更快，当最大转矩小于额定转矩时，电动机就没有过载能力了，此时，如果电动机带额定负载，则会停转。

2. 转子串电阻调速

电动机转子回路串电阻后，其机械特性发生变化，虽然最大转矩不变，但达到最大转矩时的临界转差率 s_k 变化，如图9-7所示。曲线1为不串电阻时的机械特性，曲线2为串入电阻后的机械特性，当电动机带一恒转矩负载，如曲线3，在未串入电阻时，电动机工作在曲线1和3的交点 a，转差率为 s_1；串入电阻后，电动机工作在曲线2和3的交点 b，转差率为 s_2。所以，转子回路串电阻后，电动机转差率增大，电动机转速降低，串入电阻越大，转速越低。

这种调速方法的优点是简单，调速范围广，缺点是调速电阻要消耗能量，增加功耗，效率降低，而随着转差率增大，转子铜耗也增加，效率降低更多。

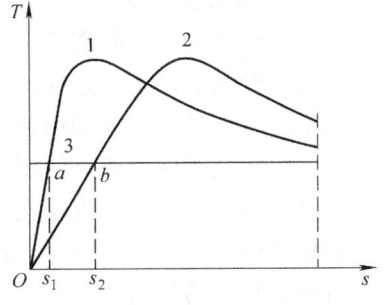

图9-7 转子回路串电阻调速

转子串电阻调速目前主要用于起重机械中的中、小功率异步电动机调速。

为了提高运行效率，也可以不在转子回路串电阻，而是改为接入电力电子电路，在转子的每相回路中串入频率为 $f_2 = sf_1$ 的附加电动势，这就是双馈调速（或串级调速），具体请参阅有关文献。

二、变极调速

变极调速是改变笼型异步电动机定子绕组的极数，使电动机同步转速改变来实现调速的。笼型异步电动机的转子极对数自动与定子的相等，利用这个特点，在定子绕组上布置两套具有不同极对数的绕组，从而可以获得两种转速。

显然，这种调速方式只能实现有级调速，平滑性差，且采用两套绕组材料消耗多，电动机体积增加，成本增大。近年来，随着单绕组变极调速理论的发展，在工程实际中一般采用单绕组变极调速方法，即通过改变一套绕组的连接方式来获得不同的极对数，从而实现调速。这种方法不适用于转子极对数固定的绕线转子异步电动机，只能用于笼型异步电动机。

三、变频调速

当转差率 s 基本不变时，电动机转速 n 与电源频率 f_1 成正比，因此改变频率 f_1 就可以改变电动机的转速，这种方法称为变频调速。

把异步电动机额定频率称为基频，变频调速时，可以从基频向下调节，也可以从基频向上调节。

1. 从基频向下调节

异步电动机正常运行时，定子相电压 U_1 和频率 f_1、主磁通 Φ_m 之间有如下关系：

$$U_1 \approx E_1 = 4.44 f_1 N_1 k_{w1} \Phi_m \tag{9-4}$$

从基频向下调节时，若电压 U_1 不变，则主磁通 Φ_m 将增大，使磁路过饱和而导致励磁电流急剧增加、功率因数降低，因此在降低频率 f_1 调速的同时，必须降低电源电压 U_1。

根据机械负载的情况，在调速中可采用不同的降低电压方法。例如，在拖动恒转矩负载时，保持主磁通 Φ_m 不变，以保证最大转矩基本不变，此时需按照保持 $U_1/f_1 \approx E_1/f_1$ 不变的规律来调节电压，也就是所谓的调频调压。在异步电动机拖动风机负载低速运行时，为了减小电动机铁耗,可使主磁通 Φ_m 低于其额定值,为此电压 U_1 应比保持 U_1/f_1 不变时的电压更低一些。

2. 从基频向上调节

由于电源电压不能高于电动机的额定电压,因此当频率从基频向上调节时,电动机端电压只能保持为额定值。这样,频率 f_1 越高,主磁通 Φ_m 越低,最大转矩也越小。因此,从基频向上调节不适合于拖动恒转矩负载。

目前,变频调速通过使用变频器来实现。变频器是一种采用电力电子器件的固态频率变换装置,作为异步电动机的交流电源,其输出电压的大小和频率都可以连续调节,可使异步电动机转速在较宽范围内平滑调节。变频调速是异步电动机各种调速方法中性能最好的,虽然目前变频器的价格还较高,但是其性价比在不断提高,因此,变频调速在国内外各行业中得到了日益广泛的应用。

第三节 异步电动机的制动

在生产过程中,有时需要快速停车、减速或定时定点停车,这时需要在电动机转轴上施加一个与转向相反的转矩,即进行制动。制动的方式可分为机械制动和电气制动。机械制动是由机械方式(如制动闸)施加制动转矩,电气制动是施加于电动机的电磁转矩方向与转速方向反向,迫使电动机减速或停止转动。这里介绍生产中常用的几种电气制动方式。

一、能耗制动

能耗制动是指在异步电动机运行时,把定子从交流电源断开,同时在定子绕组中通入直流电流,产生一个在空间不动的静止磁场,此时转子由于惯性作用仍按原来的转向转动,运动的转子导体切割恒定磁场,便在其中产生感应电动势和电流,从而产生电磁转矩,此转矩与转子由于惯性作用而旋转的方向相反,所以电磁转矩起制动作用,迫使转子停下来。

能耗制动时,储存在转子中的动能转变为转子铜耗,以达到迅速停车的目的,所以这种方式称为能耗制动。这种制动方式常用于需要电动机迅速停车时。

二、回馈制动

异步电动机运行时,若使转速 n 超过同步转速 n_1,则电磁转矩和转速方向相反,成为制动转矩,电动机转速减慢,此时异步电动机由电动状态变为发电状态运行。电动机的有功电流方向也反向,电磁功率为负,电动机将电能回馈到电网,所以回馈制动也称为再生发电制动。

三、反接制动

异步电动机运行时,如果改变气隙磁场旋转方向,则电磁转矩和转速方向相反,成为制动转矩,使电动机停车,这种方法称为反接制动。

1. 改变电源相序

异步电动机运行时,如果改变定子电流的相序,使电动机气隙磁场旋转方向反向,感应在转子中的感应电动势和电流反向,由于转子惯性作用,转子转向不变,所以由转子电流产生的电磁转矩方向与转子转向相反，电动机处于反接制动状态，使转速迅速降低。当转速降为零时，为避免电动机反向电动运行，需要及时切断电源。

这种制动方法的优点是制动迅速，设备简单；缺点是制动电流很大，需要采取限流措施，并且制动时能耗大，振动和冲击力也较大。

2. 负载转矩使电动机反转

这种制动是由外力使电动机转子的转向改变，而电源相序不变，这时电磁转矩方向不变，但与转子实际转向相反，所以电磁转矩为制动转矩，使转子减速。这种方式主要用于以绕线转子异步电动机为动力的起重机械拖动系统。当起重机械提升重物时，电动机运行在电动机状态，电磁转矩为拖动转矩，重物开始提升。如需下放重物，保持电源相序与提升重物时相同，但在转子回路中串入较大电阻，使电磁转矩小于负载转矩，于是重物拖动电动机转子反方向旋转，电动机运行在反接制动状态。

思考题及习题

9-1 三相异步电动机全压起动时，为什么起动电流大，而起动转矩却不大？

9-2 笼型异步电动机的几种减压起动方法，串电抗器起动、星—三角起动和自耦变压器起动，与全压起动比较，起动转矩和起动电流各有什么不同？

9-3 笼型异步电动机和绕线转子异步电动机各有哪些调速方法？各有什么特点？

9-4 变频调速中，当变频器输出频率从额定频率降低时，其输出电压如何变化？输出频率从额定频率升高时，输出电压又如何变化？为什么？

9-5 分别说明能耗制动、回馈制动和反接制动所需要的条件。

9-6 判断以下说法是否正确：

（1）额定运行时定子绕组接成星形联结的三相异步电动机，不能采用星—三角起动。

（2）三相笼型异步电动机全压起动时，起动电流很大，为了避免起动过程中因过大的电流而损坏电动机，轻载时需要采用减压起动。

（3）电动机负载越大，电流就越大，因此三相异步电动机只要是空载，就可以全压起动。

（4）三相绕线转子异步电动机，若在定子绕组中串接电阻或电抗，则起动时的起动转矩和起动电流都将减小；若在转子回路中串电阻或电抗，则可以增大起动转矩和减小起动电流。

第十章 三相异步电动机的异常运行

异步电动机运行时,一般都满足额定运行条件,但生产实际中也常会遇到一些非正常情况,如电源电压不是额定电压,电源频率不是额定频率,电源一相断线,发生两相短路或是单相对地短路等,这些情况都将使电动机处于非正常运行状态,即异常运行状态。

第一节 异步电动机在非额定电压下的运行

在异步电动机设计时,为了充分利用材料,总是让电动机在额定电压下运行时,铁心处于接近饱和的状态。当电压变化时,电动机铁心的饱和程度随之发生变化,这将引起励磁电流、功率因数和效率等变化;同时,电磁转矩与电压的二次方成正比,也就发生变化。若实际电压与额定电压之差不超过 ±5% 是允许的,这对电动机的运行不会有显著影响。若电压变化超过此值,则对电动机运行有很大的影响。

一、电源电压小于额定电压

如果电动机工作在电源电压小于额定电压,即 $U_1 < U_N$ 的情况下,根据 $U_1 \approx E_1 = 4.44 f_1 N_1 k_{w1} \Phi_m$ 可知,电源电压减小,则电动机中感应电动势 E_1 和主磁通 Φ_m 都将减小,励磁电流 I_m 也减少,铁耗也随之减小。如果负载一定,那么主磁通减少时,将引起转差率增加,使转子电流和转子漏抗增大,转子铜耗也增大。

若电动机运行在轻载情况下,由于转子电流和转子铜耗较小,在定子电流 I_1 的励磁分量 I_m 和负载分量 I_{1L} 中,励磁分量 I_m 起主要作用。当电源电压降低时,定子电流随励磁电流的减小而减小,定子功率因数提高。同时,轻载时,铁耗与铜耗相比起主要作用,电动机效率随铁耗的减小而略有提高。

由此可见,电动机轻载时,端电压降低对电动机运行有利,它使电动机的功率因数和效率提高。所以,实际应用中,可将正常运行时三角形联结的定子绕组在轻载时改成星形联结,以改善功率因数和效率。

若电动机工作在正常负载(接近额定)时,端电压降低对电动机运行不利。此时,转子电流较大,端电压降低时,转差率和转子电流增大,定子电流的两个电流分量中,负载分量起主要作用,所以定子电流随转子电流增大而增大。由于转差率增大,转子功率因数和定子功率因数降低。而负载较大时,虽然由于磁通减小使铁耗有所降低,但铜耗随电流的二次方增加,起主要作用,电动机的效率也将随铜耗的增加而减低。如果负载转矩为额定值,电压降低的结果将使定、转子电流大于额定值,引起电动机绕组发热,效率降低和功率因数变坏。所以,运行规程规定,电动机在额定负载下运行时,电压波动不能超过额定电压的 ±5%。一般电动机都设有欠电压保护,当电网电压过低时,自动切除电动机电源。

二、电源电压大于额定电压

如果电动机运行在电源电压大于额定电压,即 $U_1 > U_N$ 的情况下,由于端电压的升高,电动机主磁通增大,此时磁路饱和程度也增加,电动机的励磁电流 I_m 大大增加,使电动机功率因数下降,同时铁耗随主磁通增加也增大,导致电动机效率下降,温升提高。所以,当电动机在高于额定电压下运行时,必须减小负载。

第二节 异步电动机在非额定频率下的运行

大多数情况下,电网频率都保持额定频率,但有时由于发电量不足或电网发生故障,频率可能会发生变化。如果频率变化不超过额定值的 ±1%,对电动机运行不会造成严重影响。但如果频率偏差太大,则会影响电动机的运行。

根据前面所述,在不考虑定子绕组漏阻抗压降时,可以认为 $U_1 \approx E_1 = 4.44 f_1 N_1 k_{w1} \Phi_m$,即 $U_1 \propto f_1 \Phi_m$,保持电源电压不变,有 $\Phi_m \propto 1/f_1$,也就是说,主磁通与频率成反比。

当电网频率高于额定频率,即 $f_1 > f_N$ 时,主磁通 Φ_m 减小,励磁电流随之减小。同时,定子电流也减小,转速上升,对电动机的功率因数、效率和通风冷却等都会有所改善。

当电网频率低于额定频率,即 $f_1 < f_N$ 时,主磁通 Φ_m 将增大,铁心饱和程度增加,励磁电流增大很快,从而定子电流也增大,电动机的铁耗和铜耗均增大,引起电动机的功率因数和效率降低。同时,电动机转速下降,使电动机通风冷却条件变差,温升提高。此时,电动机必须减小负载,在轻载下运行,防止电动机过热。

*第三节 异步电动机在不对称电源电压下的运行

与变压器不对称运行分析一样,异步电动机的不对称运行分析采用对称分量法。由于异步电动机定子绕组为星形无中性线或三角形联结,所以电动机内不存在零序电压、零序电流和零序磁通,分析时只需分解为正序和负序分量。

对称的正序电流产生正序旋转磁动势 F_+,以同步转速 $n_1 = 60f_1/p$ 正向旋转,转子绕组切割此磁动势,产生正序感生电流,正序转子电流与正向旋转磁场相互作用,产生正向电磁转矩 T_+,此时,正序系统的转差率为

$$s_+ = s = \frac{n_1 - n}{n_1} \tag{10-1}$$

对称的负序电流产生负序旋转磁动势 F_-,以同步转速 $n_1 = 60f_1/p$ 反向旋转,转子绕组切割此磁动势,产生负序感生电流,负序转子电流与负序的旋转磁场相互作用,产生负序的电磁转矩 T_-,其方向与转子的转向相反,为制动转矩。

因为负序磁场反转,转速为 $-n_1$,所以负序电流的转差率为

$$s_- = \frac{-n_1 - n}{-n_1} = \frac{n_1 + n}{n_1} = \frac{2n_1}{n_1} - \frac{n_1 - n}{n_1} = 2 - s \tag{10-2}$$

在负序等效电路中,经折算后转子等效电阻为 $r_2'/(2-s)$。由于负序阻抗较小,将产生较大的负序电流,从而使不对称运行的铜耗增加,效率降低,并可能引起电动机过热。另

外，负序转矩为制动转矩，将使电动机输出减小。

可见，电动机在不对称情况下运行时，性能变差，实际运行时，不允许电动机三相电流出现严重的不对称。

*第四节　异步电动机电源缺相时的运行

三相异步电动机在运行中三相电源缺一相或定子绕组断相是时有发生的，这会给电动机运行带来不利的影响，严重时会烧坏电动机。

三相异步电动机正常运行时，由三相交流电源通入三相对称绕组产生三相平衡电流，产生圆形旋转磁场，当三相电源中缺少一相或三相绕组中任何一相断开，称为三相异步电动机的断相运行或缺相故障。异步电动机断相运行有几种类型，如图10-1所示，其中图10-1a、c 为电源一相断线，图10-1b、d 为绕组一相断线。

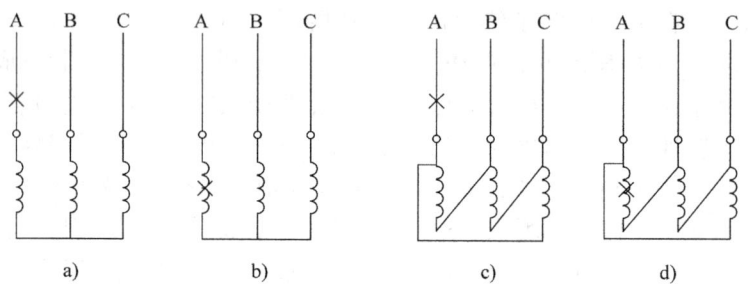

图 10-1　三相异步电动机的断相运行

断相运行是不对称运行的极端情况，由于负序分量的存在使电动机的运行性能变差。当电动机在额定负载下断相时，由于断相后负序转矩的存在，将发生停机事故；如果电动机的最大转矩大于负载转矩，电动机仍可继续运行，但此时转速降低，同时定子和转子电流增大，电动机温升升高，若长时间运行则可能烧坏电动机。

若是空载或轻载下断相，转速下降不多，电动机断相稳态电流也不大。

思考题及习题

10-1　为什么异步电动机轻载时，电压降低对电动机运行有利，而带额定负载时，电压过低会引起电动机发热甚至烧坏电动机？

10-2　一台 60Hz 的三相异步电动机能否在 50Hz 的三相额定电压下运行？其空载电流、转速、转矩、温升及效率将如何变化？

10-3　如果电网的三相电压显著不对称，三相异步电动机能否带额定负载长期运行？为什么？

10-4　为什么异步电动机会出现电源缺相或定子断相运行？断相运行对异步电动机有什么危害？为什么？

第十一章 单相异步电动机、异步发电机及特殊异步电机

*第一节 单相异步电动机

单相异步电动机由单相电源供电，使用方便，广泛应用于家电、电动工具、医疗器械中。与同容量的三相异步电动机比较而言，单相异步电动机的体积大、运行性能较差，所以单相异步电动机只做成小容量的。单相异步电动机通常在定子上有两相绕组，转子是普通的笼型转子。根据两个定子绕组的分布及供电情况的不同，可以产生不同的起动和运行性能。

一、单相异步电动机只有一个工作绕组时的转矩特性

单相异步电动机定子绕组上有两个交流分布绕组（一般相差 90°电角度），主绕组 m（也称工作绕组）和副绕组 a。

当 m 绕组相通入单相正弦交流电流时，将会产生正弦分布的基波脉振磁动势

$$f(x,t) = F_{m1}\cos x\cos\omega t = \frac{1}{2}F_{m1}[\cos(x-\omega t) + \cos(x+\omega t)] = F_+ + F_- \tag{11-1}$$

脉振磁动势可以分解为两个圆形旋转磁动势分量，它们可以分别在异步电动机中产生电磁转矩。所以一相工作定子绕组通电时，电动机中的电磁转矩为这两个旋转磁动势产生的电磁转矩的叠加，即 F_+ 产生 $T_+ = f(s)$，F_- 产生 $T_- = f(s)$，电动机机械特性为 $T = T_+ + T_-$。单相异步电动机机械特性曲线如图 11-1 所示。

一相绕组通电时，F_+ 和 F_- 幅值相等，转向相反，对应 T_+ 和 T_- 也相对于原点对称。

合成 $T = f(s)$ 具有特点：

1) 当 $s_+ = s_- = 1$，$n = 0$ 无起动转矩。

2) 在 $0 < s_+ < 1$，即 $n > 0$ 区域有正向转矩，在 $0 < s_- < 1$，即 $n < 0$ 区域有反向转矩。

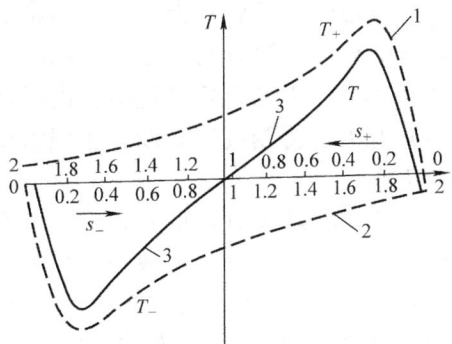

图 11-1 单相异步电动机机械特性曲线
1—正序电磁转矩 2—负序电磁转矩
3—合成电磁转矩

3) $T = 0$ 时，$s > 0$，即理想空载转速 $n_0 < n_1$，所以单相异步电动机的转差率略大于三相异步电动机的转差率。

二、单相异步电动机的起动方法

单相异步电动机的起动，就是要使定子产生一个旋转磁场，最好是产生一个圆形旋转场。有了旋转磁场，单相异步电动机就能起动。根据使定子产生旋转磁场的方法，可将单相

异步电动机分为分相式电动机和罩极式电动机。

1. 分相式电动机

（1）单相电阻起动异步电动机

主绕组 m 和副绕组 a 接到同电源电压 U 上，在主绕组电路中，感抗比电阻大得多，所以主绕组内电流 I_m 的相位滞后于电源电压 U，且相位角较大；在副绕组中，电阻比感抗大，副绕组的电流 I_a 的相位角也滞后于电源电压 U，但相位角较小，这样 I_m、I_a 之间出现了相位差。电阻分相法就是用电阻使副绕组和主绕组的电流产生相位差的方法。

电阻起动异步电动机的起动绕组只可以短时间工作，待电动机转速达到 75%～80% 额定转速时，由起动（离心）开关将副绕组切断，由主绕组单独运行工作。

离心开关是利用转子转速的变化，引起重块所产生的离心作用，通过滑动机构来闭合或分断触点，达到在起动时接通起动绕组的目的。电动机运转时，重块飞离、触点断开。电动机停止转动，重块复位，触点闭合，可以重新起动。

单相电阻起动异步电动机功率等级有 40W、60W、120W、180W、260W、350W，额定电压为 220V，同步转速有 1500r/min、3000r/min。适宜具有中等起动转矩和过载能力的小型车床、鼓风机、医疗机械等。

（2）单相电容起动异步电动机

单相电容起动异步电动机如图 11-2 所示。副绕组 a 与电容器 C 及离心开关 S 串联后，与主绕组 m 并联，再与电源接通。在副绕组电路内，容抗大于感抗，是电容性电路。如果电容器选择适当，可起动时的 I_a 相位正好超前 I_m 为 90°。电容分相法就是用电容器使副绕组和主绕组内的电流产生相位差的方法。

单相电容起动异步电动机的副绕组和电容器只可以短时间工作，待电动机转速达到 75%～80% 额定转速时，由起动（离心）开关 S 将副绕组切断，主绕组单独运行工作。

单相电容起动异步电动机的基本系列代号为 CO、CO2。功率等级有 120W、180W、250W、370W、550W、750W，额定电压为 220V，同步转速有 1500r/min、3000r/min。适宜具有较高起动转矩的小型空气压缩机、电冰箱、磨粉机、水泵等负载起动的机械。

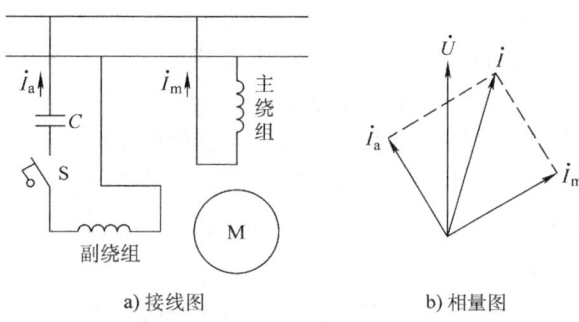

图 11-2 单相电容起动异步电动机

a) 接线图　　b) 相量图

（3）单相电容运行异步电动机

如果电容起动的单相异步电动机的副绕组设计成长期接在电源上工作，这种电动机就为单相电容运行电动机或单相电容电动机。

单相电容运行异步电动机的基本系列为 DO、DO2。功率等级有 8W、15W、25W、40W、60W、90W、120W、180W。同步转速有 1500r/min、3000r/min 两种。此种电动机具有较高的功率因数，效率高、体积小、重量轻，适宜电风扇、通风机、录音机及各种空载和轻载起动的机械。

（4）单相电容起动和运行异步电动机

单相电容起动异步电动机在副绕组中串联一个电容器，用这种方法可以提高起动转矩。单相电容运行异步电动机，其电容及副绕组长期参与运行，可使运行具有圆形或近圆形的磁场，改善了运行性能。

单相异步电动机有较大的起动转矩，需要副绕组串联的电容器容量应较大；要使电动机有较好的工作性能，副绕组串联的电容器容量应较小。要有大的起动转矩，又要有好的工作性能，则采用两个电容器并联后再与副绕组串联。

2. 罩极式电动机

（1）凸极式罩极异步电动机

定子铁心用硅钢片叠压而成，每个极上绕组有集中绕组，称为主绕组。在每个极面的一边开有一个小槽，槽中有短路铜环，罩住磁极面1/3左右。铜环把极面罩住一部分，故称为罩极电动机，又因为主磁极是凸出来的，全称为凸极式罩极异步电动机。

当定子绕组上通入单相交流电时，它所产生的脉动磁场在短路环的作用下，磁极之间形成一个连续移动的磁场，这是一个旋转磁场，使转子旋转。磁场的旋转方向是从磁极处向短路环方向移动。

（2）隐极式罩极异步电动机

主绕组匝数多，线较细；副绕组（罩极）匝数少，为2~8匝，线较粗，一般为主绕组导线直径的3~5倍。副绕组自成闭合回路，其作用与凸极式铜环一样，这种电动机在定子铁心槽上，不易看出磁极，故称为隐极式。隐极式异步电动机磁场旋转方向是从主绕组向副绕组方向移动，转子沿旋转磁场方向旋转。

凸极式或隐极式罩极异步电动机，起动转矩较小，功率因数和效率也较低，起动性能和运行性能较差，但结构简单，成本低，运行时噪声小，耐用，维修简单。功率范围为15~90W，额定电压为220V，适宜小型风扇、电动模型、电唱机及各类轻载起动的小功率电动设备。

*第二节　异步发电机

在现代电力系统中，同步发电机一统天下。但是，在一些小型或微型水电站中，在偏远地区的独立移动电站和风力发电站中，异步发电机（又名感应发电机）得到了普遍应用，特别是在独立移动电站中，实心转子三相异步发电机具有明显的优越性。

主要优点：笼型转子异步发电机结构简单、牢固，特别适合于高旋转速度；无集电环和电刷，可靠性高，不受使用场所限制；由于无转子励磁磁场，不需要同期及电压调节装置，电站设备简化；负载控制十分简单，多数情况下不需调速器。异步发电机尽管可能出现功率摇摆现象，但无同步发电机类似的振荡和失步问题，并网操作简便。

主要缺点：大容量异步发电机必须与同步发电机并列运行或接入电网运行，由同步发电机或电网提供自身所需的励磁无功，因此异步发电机是电网的无功负载。尽管从原理上说异步发电机可以借助于电容器孤立运行在自励状态，但处于这种运行状态时，发电机调压能力很弱，当发电机达到临界负载，将引起电压崩溃。异步发电机的励磁一般而言可由同步发电机、电网或静止电容器提供。具体的励磁提供方式由电站类型或电网运行条件决定。

一、异步发电机的工作原理

异步电机与直流电机、同步电机一样,其工作原理也是可逆的,它既可以作为电动机运行,也可以作为发电机运行。一台正在运行的异步电动机,若用一台原动机拖动,使转子转速 n 超过同步转速 n_1,这时转差率 $s = (n_1 - n)/n_1 < 0$,为负值,转子导体与旋转磁场的相对运动方向与电动状态相反,转子电流与旋转磁场相互作用产生的电磁力矩与转子旋转方向相反,为制动转矩,如图11-3所示。因此,要维护转子继续旋转,原动机就要输入机械功率,可见电动机已变为发电机运行状态。

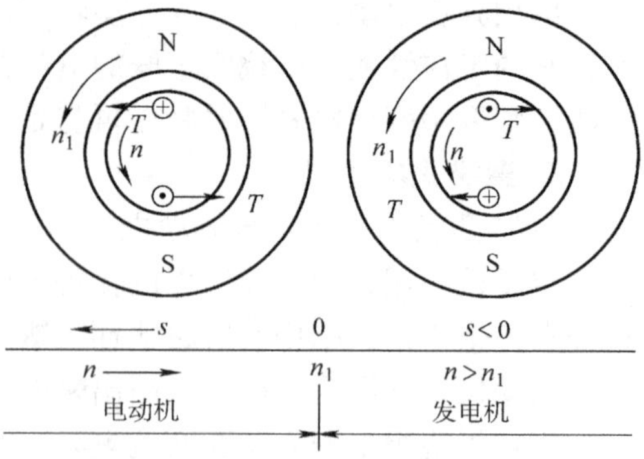

异步发电机中转子电流中的有功分量

$$I_{2a} = I_2 \cos\varphi_2 = \frac{sE_2 r_2}{r_2^2 + (sx_2)^2}$$

转子电流中的无功分量

$$I_{2r} = I_2 \sin\varphi_2 = \frac{s^2 E_2 x_2}{r_2^2 + (sx_2)^2}$$

图 11-3 异步电动机与发电机运行状态的比较
(图中气隙磁场形象地用 N、S 来表示)

式中,E_2、r_2、x_2 分别为每相转子回路的感应电动势、电阻和电抗。

在发电状态下,转差率 s 为负值,因此有功分量 I_{2a} 与电动状态时反向,即向电网输送有功功率;而无功分量 I_{2r} 方向不变,即在发电状态下继续从电网吸取无功电流。当电源电压和频率不变时,磁通基本不变,因此建立磁场所需的励磁电流 I_m(约等于空载电流 I_0),与异步电机的工作状态无关。这就是说,异步电机在发电状态下运行时,从电网吸取励磁电流,向电网输送一定的有功功率。

由于异步电机运行时需从电网吸取励磁电流,其值约为额定电流的 25%～40%,在电机容量较大时,将使电网的功率因数降低,因此在工业上较少采用。但对于没有交流电源,而用电量较少的偏僻山区、农村小电站等,可利用异步电机作发电机运行来提供农副业及照明用电。这种情况下异步电机用作发电机时可利用转子的剩磁来自励。为了建立电压,在定子上并联电容器组,如图11-4所示,电容器一般接成三角形,利用电容器来提供异步发电机所需的励磁电流。

由于异步发电机的定子绕组和电容器组成一振荡回路,因此,电压频率决定于该振荡回路的自振频率,改变电容值可改变输出电源的频率。当转速保持不变时,异步发电机的端电压和频率将随负载的增加而下降。要维持频率不变,需相应地提高发电机的转速;要维持电压不变,除了适当提高转速外,主要采用增加电容的办法来实现。为了调节输出电压,一般可将电容器分成若干组,根据端电压变化来决定投入或切除电容器的数量。

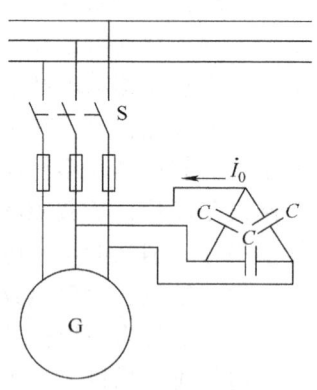

图 11-4 并联电容的自励异步发电机

二、电容器的选择

1. 空载时电容量的估算

一般为减小励磁用电容量,电容器接成三角形联结,当空载额定电压时,每相电容量 C_Δ（μF）按下式估算：

$$C_\Delta = \frac{1}{\sqrt{3}} \frac{I_0 \times 10^6}{2\pi f U_N} \tag{11-2}$$

式中,U_N 为额定线电压(V);f 为额定频率(Hz);I_0 为空载励磁电流(线电流)(A),$I_0 \approx (0.3 \sim 0.4)I_N$。

2. 负载时电容量的估算

假设异步发电机带电阻性负载,发电机带电阻性负载时所需的容性电流即为克服本身的无功分量 I_r。

$$I_r = I_1 \sqrt{1 - \cos^2\varphi} \tag{11-3}$$

式中,I_1 为额定负载电流(A);$\cos\varphi$ 为发电机满载时的功率因数。

电容器三角形联结时每相电容量 C_Δ(μF)为

$$C_\Delta = \frac{1}{\sqrt{3}} \frac{I_r \times 10^6}{2\pi f U_N} \tag{11-4}$$

三、电容器的安装

异步发电机与电容器的连接位置有两种：

1) 定子绕组出线端接主电容及辅助电容。在定子绕组出线端接上一组固定电容器以供给空载时的无功电流,这组电容器称为主电容器,同时接附有转换开关的辅助电容器,供给增加负载时所需的励磁电流。为便于调节,辅助电容器可由若干组小容量电容器并联组成。

2) 主电容器固定地接在异步发电机定子绕组出线端上,辅助电容器分别接至配电线路上,即在负载端接辅助电容器,使电容电流足以补偿负载引起的压降,保持发电机电压稳定。

四、运行中的几个问题

负载性质：三相异步发电机主要用于照明负载,只有少量的供给动力负载（一般负载容量在发电机容量的25%以下,且单机容量不大于发电机容量的10%）。

失压调整：为使电压较为稳定,其一是调整电容量,其二是调整原动机转速。

失磁处理：用 3~6V 干电池在每相定子绕组端充磁即可。

开机、停机操作程序：

开机时先投入电容器,再开动原动机,达额定电压后再加负载,负载和辅助电容一起投入,或一面加负载,一面调整辅助电容以维持电压稳定。

停机时先减少辅助电容,逐步减小负载,如辅助电容装在负载端,则一同拉闸,然后停机,每次停机后应将电容器放电。

*第三节 交流测速发电机

测速发电机把输入机械转速信号变换为电压信号输出,是自动控制系统中转速检测的常用元件之一,广泛用于转速的测量和转速反馈控制系统,另外还在自动控制系统中用作校正元件和计算元件。自动控制系统对测速发电机的主要要求有:

1)输出特性呈正比关系并保持稳定。即要求测速发电机的输出电压与转速应保持严格的正比关系,且不随外界条件的变化而发生改变。

2)测速发电机的转动惯量要小,以保证反应迅速。

3)测速发电机的灵敏度高。即要求测速发电机的输出电压对转速的变化反应灵敏。

按照测速发电机输出信号的不同,可分为直流和交流两大类,下面介绍交流测速发电机的工作原理。

交流测速发电机有同步测速发电机和异步测速发电机两种,异步测速发电机又有空心杯转子式和笼型转子式两种。下面只介绍自动控制系统中应用最为广泛的空心杯转子式异步测速发电机。空心杯转子式异步测速发电机的转子是一个薄壁的空心杯形转子,用高电阻率的磷青铜(属非磁性材料)制成。定子两相绕组空间位置应严格保持垂直,一个作励磁用,称为励磁绕组,另一个作输出电压用,称为输出绕组。空心杯转子测速发电机与直流测速发电机相比,具有结构简单、工作可靠等优点,是目前较为理想的测速元件。

交流异步测速发电机的工作原理如图 11-5 所示,杯形转子可以看做由无数多的导条并联组成,和笼型转子一样。励磁绕组通入正弦电流时,在绕组的轴线方向上产生一个随时间按正弦规律变化的脉动磁通 Φ_1。Φ_1 在转子中感应出电流产生,并由此产生转子磁通 Φ_2。

测速发电机静止时,Φ_2 也沿励磁绕组的轴线方向,忽略励磁绕组的电阻和漏抗,合成磁通 Φ 在励磁绕组中产生的感应电动势 E_1 与励磁电压 U_1 的关系为

$$U_1 \approx E_1 \approx 4.44 f_1 N_1 \Phi_m \tag{11-5}$$

可见,当 U_1 和 f_1 不变时,合成磁通 Φ 的大小基本保持不变,仍为原来的磁通 Φ_1。由于 Φ_1 的方向与输出绕组的轴线垂直,在输出绕组中不产生感应电动势,因此,当测速发电机静止不动时,输出电压为零。

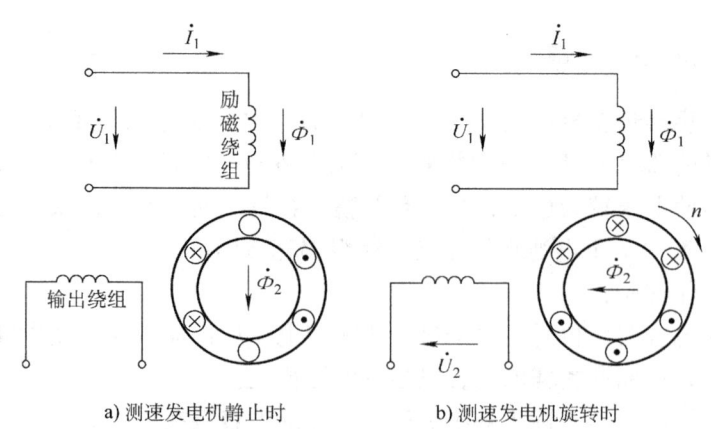

a) 测速发电机静止时 b) 测速发电机旋转时

图 11-5 交流异步测速发电机的工作原理

测速发电机旋转时，转子导体因切割磁通 Φ_1 而产生电动势和电流。E_2 和 I_2 与磁通 Φ_1 及转子转速 n 成正比，转子电流 I_2 产生磁通 Φ_2，两者也成正比，磁通 Φ_2 的方向与输出绕组的轴线方向一致，因而在输出绕组中产生与励磁电压频率相同的感应电动势，输出绕组两端得到频率相同的输出电压，其大小与磁通 Φ_2 成正比，输出电压 U_2 与励磁电压 U_1 及转子转速成正比。因而从电压表的读数便可反映出测速发电机的转速。

思考题及习题

11-1 单相异步电动机有哪些起动方法？怎样改变单相电容电动机的转向？

11-2 异步发电机有哪两种运行方式？列出异步发电机的优缺点。

11-3 改变电容量的大小为什么能改变异步发电机的端电压？

11-4 简述交流测速发电机的工作原理。

异步电机部分小结

一、异步电动机的工作原理

当对称三相绕组中通入对称三相电流时，在空气隙中产生旋转磁场，当该磁场切割转子导体时，根据电磁感应定律，导体内会产生电动势 e_2。由 e_2 产生电流 i_2，i_2 与 e_2 相同，载流导体在磁场中受到电磁力 F，在电磁力 F 的作用下，转子顺旋转磁场方向旋转，转速为 n。

转差率是异步电机的一个主要参数，$s = (n_1 - n)/n_1 \times 100\%$，根据 s 的正负和大小可以判断电机的运行状态。

根据异步电动机的电磁关系，若定子旋转磁场正向旋转，则转子感应电动势的相序为正序，转子电流也为正序，也产生正向旋转的磁动势 F_2，即 F_2 与定子磁动势 F_1 转向相同，如果定子旋转磁场的转速为 n_1，转子转速为 n，此时定子旋转磁场以 $n_1 - n$ 的速度切割转子，所以在转子中感应电动势的频率 $f_2 = sf_1$，转子电流产生的磁动势 F_2 相对于转子的转速为 $n_2 = 60f_2/p = sn_1$。而转子本身又以 n 的速度旋转，所以转子磁动势相对于定子的转速为 $sn_1 + n = n_1$，即无论转子的实际转速为多少，转子磁动势 F_2 和定子磁动势 F_1 在空间的转速总是等于 n_1，它们之间没有相对运动。由于 F_1 与 F_2 相对静止，就可以把 F_1 和 F_2 合成稳定的气隙磁场，才能满足异步电动机稳定运行的必要条件。

经过频率和绕组的折算，可得异步电动机方程式、相量图和等效电路。等效电路是分析和计算异步电动机性能的有力工具。在给定参数和电源电压的情况下，若已知 s，则电动机的转速、电流、转矩、损耗和功率均可用等效电路算出。

二、功率转换过程

异步电动机从电源输入的电功率 P_1 扣除定子绕组的铜损耗 p_{Cu1} 和定子铁损耗 p_{Fe}，就是电磁功率 P_{em}，P_{em} 借助气隙磁场由定子传送到转子，扣除 p_{Cu2}，转子铁耗忽略不计（因 s 很小，即气隙磁场与转子铁心相对速度小），得到总机械功率 P_m，P_m 扣除机械损耗 p_m 和杂散损耗 p_s 即为电动机轴上输出的功率 P_2。

三、转矩方程式

转矩平衡式为 $T=T_2+T_0$，式中，T 为电磁转矩，T_2 为输出转矩，T_0 为空载转矩。电磁转矩的物理表达式为

$$T = C_T \Phi_m I_2' \cos\varphi_2 \left(C_T = \frac{1}{\sqrt{2}} p m_1 N_1 k_{w1} \right)$$

式中，C_T 称为转矩常数。

参数表达式为

$$T = \frac{pm_1}{2\pi f} U_1^2 \frac{r_2'/s}{\left(\frac{r_2'}{s}\right)^2 + x_k^2}$$

异步电动机机械特性就是 $T=f(s)$ 的关系，该曲线是电动机的最主要的运行特性。

机械特性曲线的几个特殊点如下：

临界转差率

$$s_k = \pm \frac{r_2'}{\sqrt{r_1^2 + (x_1+x_2')^2}}$$

最大转矩点

$$T_{\max} = \pm \frac{pm_1 U_1^2}{4\pi f} \frac{U_1^2}{[r_1 + \sqrt{r_1^2 + (x_1+x_2')^2}]}$$

如负载转矩 $T_L > T_{\max}$，电动机将停转，所以为保证电动机不因短路过载而停转，要求电动机具有一定的过载能力；起动点，$s=1(n=0)$，异步电动机起动转矩为

$$T_{st} = \frac{pm_1}{2\pi f} U_1^2 \frac{r_2'}{(r_1+r_2')^2 + x_k^2}$$

若增大 r_2'，可增加起动转矩，对绕线转子异步电动机，在转子电路中串附加电阻，如串入一适当电阻，使 $s_k=1$（即在起动时产生最大转矩）；额定运行点和理想空载点也是机械特性的两个重要工作点。

标志起动性能的主要技术指标是起动转矩倍数和起动电流倍数，常常希望起动转矩大，起动电流小；另外起动设备应尽量简单，便于操作和维修。

异步电动机的调速方法：改变定子绕组极对数 p；改变供电电源的频率 f_1；改变电动机的转差率 s；各种调速方法的优缺点和适用场合。

异步电动机的制动方法以及各种方法的优缺点和适用场合。

了解特殊的异步电机的工作原理、特点和运用。

异步电机部分模拟测试题及答案

一、模拟测试题

（一）填空题

（1）定子电流产生的基波旋转磁场以（　　）速度切割定子，以（　　）速度切割转子，转子电流产生的基波旋转磁场以（　　）速度切割转子，以（　　）速度切割定子，定子电流

的基波旋转磁场与转子电流的基波旋转磁场的相对切割速度为（　　）。

（2）s 在（　　）范围内，异步电机运行于电动机状态，s 在（　　）范围内。异步电机运行于发电机状态。

（3）异步电动机星—三角起动适用于（　　）。

（4）异步电机根据转子的结构可分为（　　）和（　　）两类。

（5）一台三相 8 极异步电动机的电网频率 50Hz，空载运行时转速为 735r/min，此时转差率为（　　），转子电动势的频率为（　　）。当转差率为 0.04 时，转子的转速为（　　），转子的电动势频率为（　　）。

（6）绕线转子异步电动机转子串入适当的电阻，会使起动电流（　　），起动转矩（　　）。

（7）深槽和双笼型异步电动机是利用（　　）原理来改善电动机的起动性能的。

（8）4 极异步电动机运行时，电源频率为 60Hz，转差率为 0.025，定子电流频率是（　　），定子电动势频率是（　　），转子电流频率是（　　），转子电动势频率是（　　），定子电流产生的基波旋转磁场以（　　）r/min 速度切割定子，以（　　）r/min 速度切割转子，转子电流产生的基波旋转磁场以（　　）r/min 速度切割转子，以（　　）r/min 速度切割定子，定子电流的基波旋转磁场与转子电流的基波旋转磁场的相对切割速度为（　　）r/min。

（9）异步电动机直接起动适用于（　　）。

（10）三相异步电动机，如使起动转矩到达最大，此时 s_k =（　　），转子总电阻值约为（　　）。

（二）问答题

1. 画出异步电动机的 T 形等效电路，各参数的物理意义是什么？
2. 增大异步电动机转子电阻对起动电流、起动转矩、最大转矩有何影响？若负载转矩保持不变，转速及转差率怎样变化？
3. 简述异步电动机有哪几种主要的调速方法。
4. 异步电动机带负载运行，若电源电压下降过多，会产生什么严重后果？如果电源电压下降 20%，对最大转矩、起动转矩、转子电流、气隙磁通、转差率有何影响（设负载转矩不变）？
5. 异步电动机的电磁转矩与哪些因素有关，哪些是运行因素，哪些是结构因素？

（三）计算题

1. 设有一额定容量为 5.5kW，频率为 50Hz 的三相 4 极异步电动机，在某一运行情况下，自定子方面输入的功率为 6.32kW，定子铜耗为 341W，转子铜耗为 237.5W，铁心损耗为 167.5W，机械损耗为 45W，杂散损耗为 29W，求电磁功率 P_{em}、机械功率 P_m 及输出功率 P_2 的数值，在这样的运行情况下，该电动机的效率是多少？这时的转差率是多少？转速是多少？电磁转矩和机械转矩各是多少？

2. 三相异步电动机 P_N = 7.5kW，U_N = 380V，n_N = 962r/min，定子三角形联结，$\cos\varphi_N$ = 0.827，p_{Cu1} = 470W，p_{Fe} = 234W，p_m = 45W，p_s = 80W，试求额定负载时的转差率 s_N、转子铜耗 p_{Cu2}、定子电流 I，以及负载转矩 T_{2N}、空载转矩 T_0、电磁转矩 T_N。

3. 一台三相异步电动机，P_N = 75kW，n_N = 975r/min，U_N = 3000V，I_N = 18.5A，$\cos\varphi_N$ = 0.87，f = 50Hz，试问：（1）电动机的极数是多少？（2）额定负载下 s_N 和 η_N 是多少？

二、模拟测试题答案

（一）填空题

(1) n_1、n_1-n、n_1-n、n_1、0

(2) $0<s<1$、$s<0$

(3) 定子三角形联结的电动机

(4) 绕线型，笼型

(5) 0.02、1Hz、720r/min、2Hz

(6) 减小、增大

(7) 集肤效应

(8) 60Hz、60Hz、1.5Hz、1.5Hz、1800、45、45、1800、0

(9) 适用于较小容量的电动机

(10) 1、x_k

（二）问答题

1. 答：T形等效电路图如图8-2所示，其中 r_1 和 x_1 代表定子绕组的电阻和漏抗，r_2' 和 x_2' 代表转子绕组的电阻和漏抗折算到定子侧的值，r_m 和 x_m 代表励磁电阻和电抗，$[(1-s)/s]r_2'$ 反映了电动机机械负载变化的大小，而此电阻上消耗的功率代表了电动机轴上产生的总机械功率。

2. 答：在转子回路串电阻增加了转子回路阻抗，由式

$$I_{st} = \frac{U_1}{\sqrt{(r_1+r_2')^2+(x_1+x_2')^2}}$$

可见，起动电流随转子电阻增大而减小，转子回路串电阻同时，还减小转子回路阻抗角，从而提高转子回路功率因数 $\cos\varphi_2$；起动电流减小使得定子漏抗电压降低；电动势 E_1 增加，使气隙磁通增加。起动转矩与气隙磁通、起动电流、$\cos\varphi_2$ 成正比，虽然起动电流减小了，但气隙磁通和 $\cos\varphi_2$ 增加，使起动转矩增加。

如果所串电阻太大，使起动电流太小，起动转矩也将减小。

而最大转矩

$$T_{max} = \pm\frac{pm_1}{4\pi f}\frac{U_1^2}{[r_1+\sqrt{r_1^2+(x_1+x_2')^2}]}$$

与转子电阻无关。若负载转矩保持不变，转速降低及转差率增大。

3. 答：由 $n=(1-s)(60f_1/p)$ 知，异步电动机调速方法主要有：①变极调速；②变频调速；③变转差调速。其中改变转差调速分为串级调速、变压调速、转子回路串电阻调速。

4. 答：最大转矩和起动转矩与电压二次方成正比。如果电源电压下降过多，当起动转矩下降到小于负载转矩时，电动机不能起动。当最大转矩下降到小于负载转矩时，原来运行的电动机将停转。

电源电压下降20%，则最大转矩下降到原来的64%，起动转矩也下降到原来的64%。磁通下降到原来的20%，不考虑饱和的影响时，空载电流下降到原来的20%。在负载转矩不变的情况下，$I_2\cos\varphi_2$ 上升20%，定子电流相应上升，电动机的转速有所降低，s 增大。

第十一章　单相异步电动机、异步发电机及特殊异步电机 | 145

5. 答：电磁转矩参数表达式

$$T = \frac{m_1 p U_1^2 \frac{r_2'}{s}}{2\pi f_1 \left[\left(r_1 + \frac{r_2'}{s}\right)^2 + (x_1 + x_2')^2\right]}$$

电磁转矩 T 与下列因素有关①电源参数：电源电压 U_1、频率 f_1；②电动机本身参数：相数 m_1、极对数 p、定、转子漏阻抗 r_1、x_1、r_2'、x_2'；③运行参数：转差率 s。其中，U_1、f_1 及 s 是运行因素，m_1、p、r_1、x_1、r_2'、x_2' 为结构因素。

（三）计算题

1. 解：电磁功率 $P_{em} = P_1 - p_{Cu1} - p_{Fe} = (6.32 - 0.341 - 0.1675)\text{W} = 5811.5\text{W}$

机械功率 $P_m = P_{em} - p_{Cu2} = (5.8115 - 0.2375)\text{W} = 5745\text{W}$

输出功率 $P_2 = P_m - p_m - p_s = (5.574 - 0.045 - 0.029)\text{W} = 5500\text{W}$

转差率 $s = p_{Cu2}/P_{em} = 237.5/5811.5 = 0.0408$

效率 $\eta = P_2/P_1 = 5500/6320 = 87\%$

转速 $n_N = (1-s)n_1 = (1-s)(60f_1/p) = (1-0.0408)\frac{60 \times 50}{2}\text{r/min} = 1439\text{r/min}$

电磁转矩 $T = \frac{P_{em}}{\Omega_1} = \frac{P_{em}}{2\pi f_1/p} = \frac{2 \times 5811.5}{2\pi \times 50}\text{N·m} = 37.00\text{N·m}$

机械转矩 $T_2 = \frac{P_2}{\Omega} = \frac{P_{em}}{2\pi n/60} = \frac{60 \times 5500}{2\pi \times 1439}\text{N·m} = 36.45\text{N·m}$

2. 解：因为 $n_N = 962\text{r/min}$，可知 $n_1 = 1000\text{r/min}$，$s_N = \frac{1000-962}{1000} = 0.038$，从功率流程图可知 $P_m = P_N + p_m + p_s = (7500 + 45 + 80)\text{W} = 7625\text{W}$

$$P_{em} = \frac{P_m}{1-s_N} = \frac{7625}{1-0.038}\text{W} = 7926.2\text{W}$$

$$p_{Cu2} = s_N P_{em} = 0.038 \times 7926.2\text{W} = 301.2\text{W}$$

$$P_1 = P_{em} + p_{Fe} + p_{Cu1} = (7926.2 + 234 + 470)\text{W} = 8630.2\text{W}$$

$$I = \frac{P_1}{\sqrt{3}U\cos\varphi_N} = \frac{8630.2}{\sqrt{3} \times 380 \times 0.827}\text{A} = 15.86\text{A}$$

$$T_{2N} = \frac{P_N}{\Omega} = \frac{7500}{2\pi \times \frac{962}{60}}\text{N·m} = 9.55 \times \frac{7500}{962}\text{N·m} = 74.45\text{N·m}$$

$$T_0 = 9.55 \times \frac{p_0}{n_N} = 9.55 \times \frac{125}{962}\text{N·m} = 1.24\text{N·m}$$

$$T_N = T_0 + T_{2N} = (1.24 + 74.5)\text{N·m} = 75.7\text{N·m}$$

或　　$T_N = 9.55\frac{P_m}{n_N} = 9.55 \times \frac{7625}{962}\text{N·m} = 75.7\text{N·m}$

3. 解：(1) 由 $n_N = 975\text{r/min}$，可以得到 $n_1 = 1000\text{r/min}$，$p = 3$

因为 $n_1 = 60f_1/p$, $n = (1-s)n_1 60f_1$, $s \in 2\% \sim 6\%$。如:

$p=1$, $n_1 = 3000\text{r/min}$; $p=2$, $n_1 = 1500\text{r/min}$;
$p=3$, $n_1 = 1000\text{r/min}$; $p=4$, $n_1 = 750\text{r/min}$。

选最接近 n_1 的值, $n_N = 975\text{r/min}$, 则 $n_1 = 1000$, $p = 3$。

(2) $s_N = (n_1 - n)/n_1 = (1000 - 975)/1000 = 2.5\%$

$$\eta_N = P_2/P_1 = \frac{P_N}{\sqrt{3} U_N I_N \cos\varphi_N} = 89.68\%$$

同步电机篇

同步电机（synchronous machine）是指电机转子的转速 n 恒等于旋转磁场转速 n_1 的交流电机。同步电机的转速为 n（r/min），电枢电流的频率为 f，交流电机的磁极对数为 p，它们之间的关系为

$$n = n_1 = \frac{60f}{p}$$

同步电机也因此得名。也可看出：当电机的极对数和转速一定时，同步电机做发电机运行时发出的交流电流频率是固定的。我国电力系统的标准电流频率为50Hz，设计为一对极时，转子的转速 n 必定为3000r/min，设计为两对极时，转速 n 必定是1500r/min，依次类推。

同步电机主要用来作为产生三相交流电的发电机运行，现在全世界的发电量绝大部分是同步发电机提供。尽管目前世界上在大力研发其他的发电形式，如磁流体发电、太阳能发电、核电、风力发电等，但在电力系统中还是以三相同步发电机为主。

同步电机和所有的旋转电机一样，从原理上讲，其运行是可逆的。同步电机可作为发电机运行，也可作为电动机运行，即将电能转换为机械能输出。只要电源频率不变，同步电动机的转速是恒定的，在不要求调速的场合，应用大型同步电动机可以提高运行效率。同步电动机可以通过调节励磁电流来改善电网的功率因数。近年来，小型同步电动机在变频调速系统中得到较多的应用。

此外，同步电机还可作为同步补偿机（synchronous compensator）（调相机）用，调相机实际是一台接在交流电网上空载运行的同步电动机，电机不带任何机械负载，靠调节转子的励磁电流向电网发出所需的感性或者容性无功功率，以达到改善电网功率因数或者调节电网电压的目的。

同步电机作为发电机、电动机或调相机，其基本原理都是相同的，只是运行方式不同而已。对强电专业，同步电机篇主要讨论发电机运行方式，研究同步发电机的原理、性能和基本的试验方法，在此基础上，从运行可逆性的角度再分析同步电动机和调相机各自具有的特点。

第十二章 三相同步电机的基本工作原理与结构

第一节 三相同步电机的基本工作原理及分类

一、三相同步发电机的基本工作原理

同步发电机（synchronous generator）是将机械能转变为交流电能的设备。在火电厂，发

电机用汽轮机作原动机，称为汽轮发电机；在水电厂，发电机用水轮机作原动机，称为水轮发电机；有的地方用柴油机作原动机，称为柴油发电机。

同步发电机和其他类型的旋转电机一样，由定子和转子两大部分组成。一般分为转场式同步发电机和转枢式同步发电机。图 12-1 所示是最常用的转场式同步发电机的结构模型，其定子铁心的内圆均匀分布着定子槽，槽内按一定规律嵌放有对称三相绕组 AX、BY、CZ，定子铁心和绕组又称为电枢铁心和电枢绕组。转子铁心上装有制成一定形状的成对磁极，磁极上绕有励磁绕组，通以直流电流时，将会在电机的气隙中形成极性相间的分布磁场，称为励磁磁场（也称主磁场、转子磁场）。原动机拖动转子以恒定速度旋转，励磁磁场随转子一起旋转并依次切割定子各相绕组（相当于绕组的导体反向切割励磁磁场）。定子绕组中将会感应出大小和方向按周期性变化的三相感应电动势。由于各相绕组结构相同，从而各相电动势的大小相等，由于各相绕组空间分布彼此相距 120°，从而三相正弦基波电动势时间相位差 120°，满足了三相电动势对称要求。如果电枢带上负载，就有电能的输出，实现机械能转换为电能。

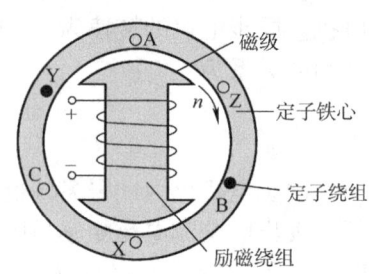

图 12-1　同步发电机的结构模型

二、三相同步电动机的基本工作原理

将同步电动机定子绕组接至三相交流电源，频率为 f 的三相交流电流将在同步电动机气隙中产生转速为同步转速 n_1 的旋转磁场。在一定条件下旋转磁场将吸住转子磁极一起同步旋转，转子轴上带上机械负载，就实现电能转换成机械能。

转子转速为同步转速为

$$n_1 = \frac{60f}{p}$$

三、调相机的基本工作原理

同步电动机不带任何机械负载，靠调节转子的励磁电流向电网发出所需的感性或者容性无功功率，以达到改善电网功率因数和调节电网电压的目的。过励时，输出感性无功功率，像电容器；欠励时，输出容性无功。调相机通常运行在过励状态，作为无功功率电源，提供感性无功，改善电网功率因数，保持电网电压稳定。

四、同步电机的分类

同步电机的分类方法有多种，常见的有以下几种分类方法：

按运行方式不同分为发电机、电动机和调相机。

按结构形式不同分为电枢旋转式和磁极旋转式。磁极旋转式按转子结构不同又分为凸极式和隐极式。

按安装方式不同分为卧式和立式。

按原动机类型不同分为汽轮发电机、水轮发电机、燃气轮发电机、柴油发电机、风力发电机等。

按冷却介质不同分为空气冷却、氢气冷却、水冷却等。

第二节　同步发电机的基本构造

现代大容量同步发电机绝大部分做成电枢固定而磁极旋转，称为转场式，而励磁绕组电流相对较小、电压低，安装在转子上引出较方便。电枢绕组电压高、容量大，安装在转子上使结构复杂、引出不方便。如有特殊要求时可作为电枢旋转式，如交流励磁机。

旋转磁极式结构的同步发电机的转子，根据磁极形状可分为隐极（non-salient pole）和凸极（salient pole）两种基本形式，如图 12-2 所示。

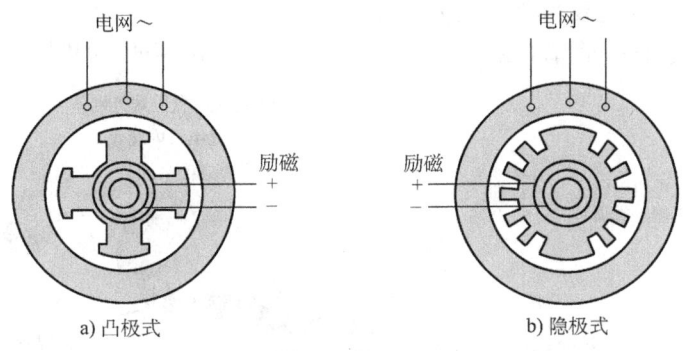

图 12-2　同步发电机的转子基本形式

在固定的电源频率下，采用哪一种形式的转子与电机的转速有关。对于汽轮机拖动的发电机，由于汽轮机的转速很高（如 $p=1$，$n=3000 \text{r/min}$，转子直径为 1m 时，转子圆周的线速度就达到 157m/s），要求有足够的机械强度，所以转子宜做成细而长的隐极式。隐极式转子上没有凸出的磁极，这种发电机通常称为隐式发电机。隐极同步电机在不考虑齿槽效应时，气隙均匀。而对于水轮机拖动的发电机，由于水轮机转速低，因而要求有较多的磁极，转子宜做成短而胖的凸极式。凸极式转子上有明显凸出的成对磁极和励磁绕组。凸极式的转子在结构和加工工艺上都较隐极式的简单。

同步电机的气隙要比容量相同的异步电机的大，因为异步电机的励磁电流由电源供给，需要从电网吸取感性无功功率，如果气隙大，则励磁电流大，电机的功率因数低，因此在机械允许的条件下，气隙要尽量小一些。同步电机的气隙磁场由转子电流和定子电流共同激励，从同步电机运行的稳定性考虑，气隙大，同步电抗小，短路比大，运行稳定性高。但气隙大，转子用铜量增大，制造成本增加。气隙大小的选择要综合考虑运行性能和制造成本两方面的要求。

同步发电机的基本结构部件包括：定子机座、定子铁心、定子绕组、转子铁心、转子绕组等。图 12-3 所示是国产 300MW 汽轮发电机外形结构。

图 12-3　国产 300MW 汽轮发电机外形结构

一、汽轮发电机结构

火电厂的生产现场如图 12-4 所示，汽轮机作为原动机，驱动同步发电机旋转，励磁机（或自动励磁调节器）给同步发电机提供励磁电流。

汽轮发电机（turbine generator）的基本结构除了定子和转子两个主要部分外，另外，还需要一套合适的冷却系统，图 12-5 所示是一台汽轮发电机的主要部件。现对它的主要组成部分，分别作一简单介绍。

图 12-4 火电厂的生产现场

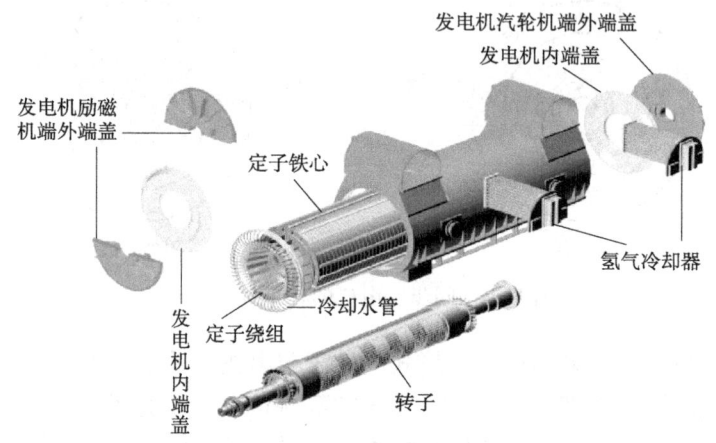

图 12-5 汽轮发电机的主要部件

1. 定子

汽轮发电机的定子是由机座（frame）、端盖（end closure）、定子铁心（stator core）和定子绕组（stator winding）等部件组成。对于水内冷电机还应包括进、出水的特殊结构。

（1）机座和端盖

机座的作用是固定和支撑定子铁心及定子绕组等部件，通过机座将整个定子安装、固定在厂房基础上。另外，机座内部还有合适的冷却风道。汽轮发电机的机座一般都采用钢板焊接而成。对机座的要求，除了使安装、运输方便外，还需要有足够的强度和刚度。除支撑定子绕组和定子铁心外，还应在正常和故障时能承受可能发生的最大应力，保证不产生不允许的变形。

端盖的作用是保护定子和转子的端部，另外，它可以使发电机内形成一个与外界隔绝的风路系统。端盖一般采用钢板焊接结构，也可采用灰铸铁或硅铝合金铸件，中等容量的发电机端盖也有采用玻璃钢压制的。为了防止加工、运输和运行中因受力而发生不允许的变形，端盖应有足够的刚度。

对于大型同步发电机，由于端部漏磁通较大，所以固定端盖的螺栓宜加以绝缘，以防止漏磁通引起的涡流流过螺栓而使其发热。

(2) 定子铁心

定子铁心是构成磁路和固定定子绕组的重要部件,要求导磁性能好、损耗小、刚度好、振动小,并在结构和通风系统布置上有良好的冷却效果。

定子铁心是由定子冲片叠压后组成,定子冲片用 0.35mm 或 0.5mm 或其他厚度的硅钢片叠成,硅钢片的两面涂有绝缘,以减小铁心的涡流损耗。一般呈扇形片,在扇形片的内圆部分开有放置线圈的槽,如图 12-6 所示,在叠制定子铁心的过程中,当将扇形片拼成一个整圆时,应将接缝错开。用硅钢片叠制的定子铁心压紧后就是一个坚实的整体。为了便于铁心的散热,在铁心沿轴向长度上,每隔 30~60mm 就留有 8~10mm 的风道。另外,在每段叠片的中部以及靠近两端处加垫 0.2mm 厚的绝缘片,以限制片间绝缘损坏时可能烧伤铁心的短路电流值。铁心一般采用径向通风,其通风结构应与发电机的通风冷却系统相配合。

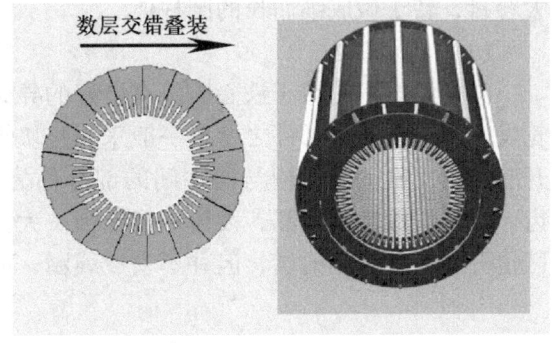

图 12-6 定子铁心

(3) 定子绕组

同步发电机的电能通过定子绕组输出。通常定子绕组也称为电枢绕组,是发电机进行能量转换的关键部件。汽轮发电机的定子绕组一般采用双层短距叠绕组形式。大型汽轮发电机的定子线圈由于尺寸大,为了制造和下线方便,如图 12-7 所示,常做成"半组式"结构,即将一个线圈的两个线圈边分开来制造,嵌入槽中后,再将其端接部分焊接起来。为了冷却的需要,大型同步发电机还通常采用空心与实心导体组合的形式,空心导体可实现定子绕组水内冷,定子绕组端部的水电连接如图 12-8 所示。

图 12-7 定子绕组下线

图 12-8 定子绕组端部的水电连接

2. 转子

发电机的转子的作用是传递原动机供给的机械能,支撑旋转的励磁绕组,形成良好的磁通路径和转子散热通道,因此对转子结构、材料和加工工艺要求较高。

汽轮发电机的转子是由转子铁心（rotor core）、转子绕组（rotor winding）、端环（end ring）以及集电环（slip ring）、风扇（fan）等部件组成，外形如图12-9所示。对于转子水内冷的发电机，还包括进、出水的特殊结构。

汽轮发电机的转速很高，考虑到汽轮机的效率，一般都是3000r/min（国外有3600r/min）。所以汽轮发电机的转子通常都是两极隐极式。转子的直径受离心力的影响，为了增大容量，转子做成细而长的圆柱体。

（1）转子铁心

汽轮发电机的转子铁心既要有良好的导磁性能，又要具有足够的机械强度和刚度，是汽轮发电机的最关键部件之一，一般采用整块钢锭锻制而成，如图12-10所示。在转子铁心上开有两组对称的槽，槽与槽之间的部分称为齿，有两个齿特别宽，称为大齿，其余的叫小齿。小齿嵌放励磁线圈，大齿形成磁极。大型发电机有时为了加强转子表面的冷却，在大齿区也开有一些较小的槽，但并不安放线圈，而只作通风之用，这种槽称为通风槽。

图12-9　汽轮发电机转子外形

图12-10　转子铁心

对于大型两极汽轮发电机的转子，当长度与直径的比值较大时，为了减小倍频振动的影响，常在大齿部分沿轴向每隔一定距离开有径向月牙槽，如图12-11所示，这样使大齿方向与小齿方向的刚度尽可能接近。有的发电机在大齿开有槽，内装阻尼绕组，阻尼绕组构成自行短接的半笼型结构，用来提高发电机的负序承载能力。

（2）励磁绕组

励磁绕组的作用是通入直流励磁电流使转子建立起磁场。汽轮发电机的励磁绕组是属于同心式绕组结构，它是由许多从小到大的励磁线圈连接而成，整个励磁绕组就是将所有转子小齿的线圈连接起来，而将绕组的两头引出，连接到集电环上。励磁绕组的外观如图12-12所示。

（3）护环和中心环

汽轮发电机转子绕组的端部在高速旋转中将承受巨大的离心力，并在通过励磁电流时产生热膨胀，造成径向和轴向位移。护环用来套在转子绕组端部外面，防止径向位移，而中心环则用来阻止轴向位移。大型汽轮发电机一种常用的护环结构如图12-9所示。为了避免因护环偏心引起的振动以及不对称运行或异步运行时因转子表面感应电流引起配合面上的电灼伤，要求护环与转子本体、护环与中心环之间有较紧密的配合。

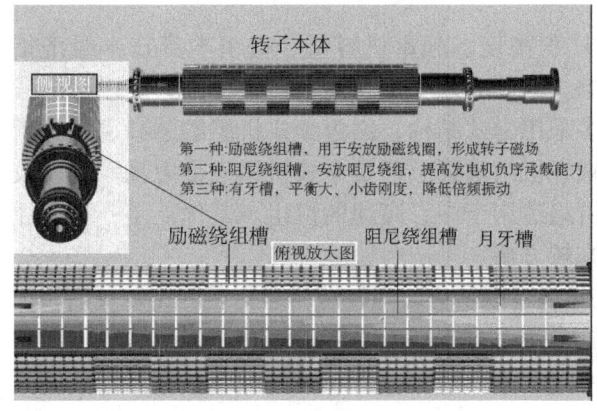

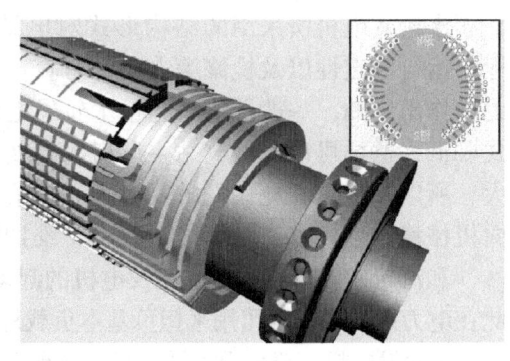

图 12-11 转子铁心结构　　　　　图 12-12 转子励磁绕组外观

（4）其他部件

集电环与电刷的作用是将外界的直流电引入转动的励磁绕组。集电环（滑环），一般用耐磨的锻钢制成。集电环的表面需要进行硬度处理，加工完的集电环表面要求光洁。电刷是发电机中最易损坏和维护工作量最大的零件，汽轮发电机一般采用石墨或电化石墨电刷。虽然每种电刷以石墨粉作为主要原料，但是含量和工艺的不同，在电导率、比重、硬度、强度、伏安特性等方面有不同的性能。为使两集电环磨损均匀，在运行中要定期改变集电环的极性。

电刷放在刷盒内，刷盒内有弹簧给电刷一个均匀的压力，以防止电刷在运行时发生振动，使其与集电环间保持有良好的滑动接触。

风扇的作用是使发电机内部通风冷却。一般装在转子两端，当发电机运行时，风扇随转子而转动，使冷却气体流过线圈和铁心，带走热量。

二、水轮发电机

水轮发电机（hydroelectric generator）由水轮机拖动，它的主要结构形式有卧式、立式和灯泡贯流式，如图 12-13 所示。通常小容量水轮发电机多采用卧式结构，中等容量水轮发电机采用立式或卧式结构，而大容量水轮发电机则广泛采用立式结构。

　　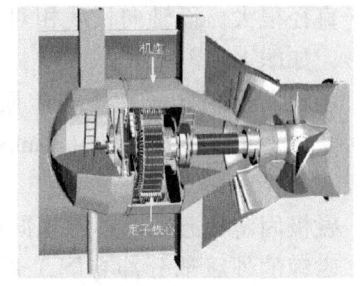

a) 立式水轮发电机　　　b) 卧式水轮发电机　　　c) 灯泡贯流式水轮发电机

图 12-13 水轮发电机的 3 种结构形式

立式水轮发电机又可分为悬吊式和伞式两种，发电机推力轴承位于转子上部的统称为悬吊式，位于转子下部的统称为伞式。

水轮发电机所采用的结构形式对电站主厂房高度、起重机容量、机组本身技术经济指标、运行稳定性以及检修等方面都有直接影响。因此必须立足全局，对各种因素加以综合考虑后作出判断。一般低速大容量水轮发电机多采用伞式结构，因为伞式机组的总高度比悬吊式要低，这样可以降低电站主厂房的高度和减轻机组重量。但是伞式机组的推力轴承直径较大，所以其轴承损耗比悬吊式要大。悬吊式机组适用于中、高速的机组。其优点是：机组径向机械稳定性较好、轴承损耗较小、维护检修较方便。

和汽轮发电机相比，水轮发电机的起动和投入并联所需时间较短，运行调度比较灵活，因此在电力系统中，除可用来担负基本负载外，还常用作担负调峰负载或作调相运行。至于冷却方式，水轮发电机一般采用空气冷却，只有容量相当大的发电机才需要考虑采用水内冷却方式。

1. 定子

水轮发电机的定子由机座、定子铁心和定子绕组等部件组成。

大、中型水轮发电机的直径相当大，为了便于运输，通常把定子机座连同铁心一起分成几段，分别制造好后，再运到电站组装成一整体，如图 12-14 所示。

水轮发电机的定子铁心一般用扇形硅钢片叠成。和汽轮发电机一样，铁心在叠装过程中应将每层扇形片间的接缝错开。当铁心的厚度叠到 30~60mm 时就留出一冷却风道。铁心被固定在机座内圆的支持筋上，这样在机座外壳与铁心外圆之间留有通风道。铁心内圆部分开有槽，槽内放置定子绕组。

图 12-14 水轮发电机定子分段铁心

水轮发电机定子绕组的形式不同于汽轮发电机。由于水轮发电机的极数较多，每极每相槽数较小，为了改善电动势波形，广泛采用分数槽绕组。对于大容量的水轮发电机，为节省极间连接线。一般采用单匝波绕组，因此上、下层导线可采用两根线棒分别制造，嵌线后再连接起来。

2. 转子

水轮发电机的转子均做成凸极式，水轮发电机的转子直径很大，而轴向长度相对较短，整个转子呈扁盘形，如图 12-15 所示。

水轮发电机转子由磁极、励磁绕组（field winding）、磁轭和阻尼绕组（damper winding）等部分构成。

磁极固定在磁轭上，磁轭同时也是磁路的组成部分。磁轭的外缘部分冲有倒 T 形的缺口以装配磁极。图 12-16 所示为磁极与磁轭的连接方式。

磁极上套有励磁绕组。励磁线圈大部分采用扁铜

图 12-15 带阻尼绕组的凸极同步机转子

线立绕而成，如图 12-17 所示，励磁线圈串联后接到集电环上。一般还装有阻尼绕组，就是裸铜条，放入极靴的阻尼槽中，然后两端用短路环连接起来，形成一整体。

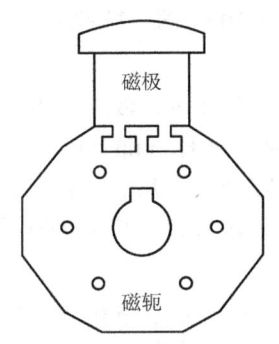

图 12-16 磁极与磁轭的连接

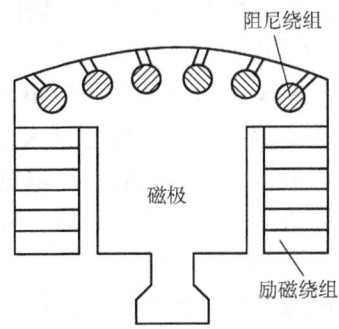

图 12-17 凸极同步发电机的转子磁极与转子绕组

在水轮发电机中也有集电环、电刷、风扇以及相应的冷却装置。

第三节 大型同步发电机的基本系统

一、同步发电机的绝缘与冷却

发电机运行时，由于绕组中的电流和磁路中的交变磁场会产生热量，因此会使发电机发热、温度升高，而且随着发电机单机容量的增加，温升（temperature rise）会越来越高。由于铁心冲片的绝缘和线圈绝缘允许温升限度，因此发电机必须加以冷却。

1. 同步发电机的绝缘系统

同步发电机的绝缘主要是定子绕组和转子绕组的绝缘。

（1）定子绕组绝缘

定子绕组绝缘（stator winding insulation）主要有匝间、层间、对地（槽绝缘）和连接线以及引出线的绝缘。匝间绝缘根据不同的电压等级，采用聚酯漆包双玻璃丝包线或聚酰亚胺薄膜包双玻璃丝包线。层间绝缘用玻璃布板做成的层间垫条来实现。对地绝缘和连接线及引出线绝缘，一般采用环氧玻璃粉云母多胶带。

（2）转子绕组绝缘

转子绕组绝缘主要有匝间绝缘、对地绝缘和引出线绝缘。匝间绝缘一般为导线本身的双玻璃丝包线或环氧玻璃坯布。对地绝缘，用环氧玻璃坯布和醇酸云母板构成。引出线绝缘常用黄玻璃漆布管。

2. 同步发电机的温升要求

发电机某部件与周围介质温度之差，称为该部件的温升。发电机在额定负载下长期运行达到热稳定状态时，各部件温升的允许极限，称温升限度。发电机绝缘等级不同，其温升限度要求不一样，以 B 级绝缘为例，定子绕组、励磁绕组、铁心、集电环等温升限度约为 80℃。

3. 同步发电机的冷却方式

以汽轮发电机为例，它的冷却系统（cooling systems）都是封闭的，冷却介质都是循环使用的。常用的冷却介质有空气、氢气和水。目前发电机的冷却方式有：空气冷却；水-氢-

氢，即定子绕组用水冷却，转子绕组采用氢内冷，定子铁心为氢冷；水—水—氢，即定子绕组和转子绕组用水冷却，定子铁心为氢冷。由于氢气的密度仅为空气的1/14，导热性能比空气好，其冷却效果比空气好，所以，大容量同步发电机采用水-氢-氢冷却。

(1) 空气冷却

容量在50MW以下的同步发电机常用空气冷却。冷空气经风扇送入发电机后，一部分吹拂转子绕组端部，另一部分进入定子、转子之间的气隙，再有一部分吹拂定子绕组和铁心。这三部分空气分别吸取了一定热量变为热空气，在气隙处汇合后，一同经铁心的风道排出发电机，进入冷却器进行冷却，被冷却后的空气再用风扇送入发电机内循环使用。

(2) 氢气冷却

氢气的散热性能要比空气好得多。容量在50～600MW的汽轮发电机中，广泛应用氢气为冷却介质。氢气由装在转子两端的风扇强制循环，并通过设置在定子机座两端的氢气冷却器冷却后循环使用。

(3) 水冷却

水的散热能力远远高于空气和氢气，因此近年来大、中型同步发电机广泛采用水为冷却介质。有的发电机定子采用水内冷，转子采用氢冷。有的采用定子、转子双水内冷。定子的水路系统是冷水从外部水系统通过管道流至装在定子机座上的进水环，分别经绝缘管流入各个线圈，吸收热量后再经绝缘水管汇总到装在机座上的出水环，然后排入发电机的外部水系统进行冷却。

转子水路系统是冷却水先进入装在励磁机侧轴端的进水支座，然后流入转轴中心孔内，沿几个径向孔流到集水箱，再经装在集水箱上的进水绝缘管，沿轴向流入各线圈。冷水吸热后，再经出水绝缘管汇总到出水箱，通过出水箱外缘上的排水孔流到出水支座内，最后由出水总管引出。

二、同步发电机的励磁

励磁系统（excitation system）是同步发电机的重要组成部分，同步发电机在运行时为了建立励磁磁场，转子绕组必须通入相应的直流电流，供给同步发电机转子励磁电流的整个系统，包括装置和线路称为励磁系统。同步发电机的运行可靠性与其励磁系统有十分密切的关系，现代同步发电机的发展对励磁系统提出越来越高的要求。为此，近年来同步发电机励磁系统所采用的形式，即励磁方式也日新月异。

1. 对励磁系统的要求

对励磁系统的要求如下：

正常运行时，供给励磁电流，为维持端电压、电网电压值或并联运行机组之间的无功功率分配，随负载情况变化，励磁电流能相应调节。

当系统电压严重下降时（如发生短路故障等），能强行励磁（简称强励）提高电动势，保持电压稳定。

突然甩负荷时，如水轮机组转速明显升高，能强行减磁，限制端电压过度增高。

当发电机内部发生短路故障时，能快速灭磁和减磁，以减小故障的损坏程度。

对两台以上并列运行的发电机，能成组调节无功功率，使无功合理分配。

其他：反应迅速，运行可靠，结构简单，损耗小，成本低，体积小等。

2. 励磁方式

(1) 直流励磁机励磁

这种励磁方式以直流发电机作为励磁电源，在同步发电机发展的早期，首先获得应用。目前中、小型发电机还有一部分采用这种励磁方式。直流励磁机通常与同步发电机同轴，采用并励或者他励接法，或采用负载电流反馈的复式励磁。采用他励接法时，励磁机的励磁电流由另一台被称为副励磁机的同轴的直流发电机供给，如图 12-18 所示。

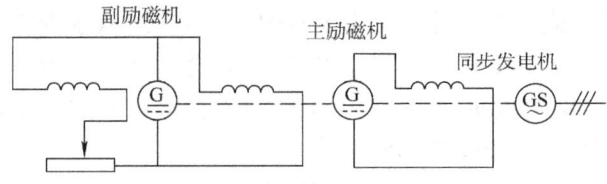

图 12-18 直流励磁机励磁

(2) 静止整流器励磁

同一轴上有 3 台交流发电机，即主发电机、交流主励磁机和交流副励磁机。副励磁机的励磁电流开始时由外部直流电源提供，待电压建立起来后再转为自励（有时采用永磁发电机）。副励磁机的输出电流经过静止晶闸管整流器整流后供给主励磁机，而主励磁机的交流输出电流经过静止的三相桥式硅整流器整流后供给主发电机的励磁绕组，如图 12-19 所示。

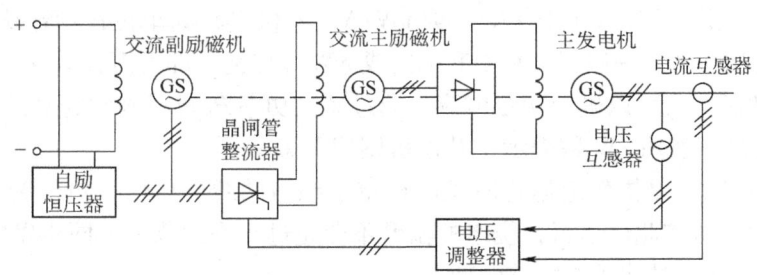

图 12-19 静止整流器励磁

(3) 旋转整流器励磁

静止整流器的直流输出必须经过电刷和集电环才能输送到旋转的励磁绕组，对于大容量的同步发电机，其励磁电流达到数千安培，使得集电环严重过热。因此，在大容量的同步发电机中，常采用不需要电刷和集电环的旋转整流器励磁系统，如图 12-20 所示。主励磁机是旋转电枢式三相同步发电机，旋转电枢的交流电流经与主轴一起旋转的硅整流器整流后，直接送到主发电机的转子励磁绕组。交流主励磁机的励磁电流由同轴的交流副励磁机经静止的晶闸管整流器整流后供给。由于这种励磁系统取消了集电环和电

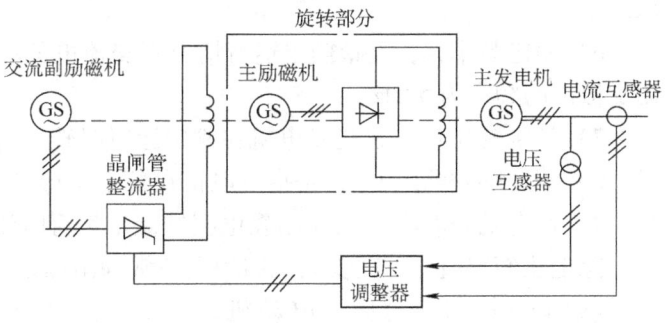

图 12-20 旋转整流器励磁

刷装置，故又称为无刷励磁系统。

第四节 同步电机的型号与额定值

一、型号

我国生产的汽轮发电机有 QFQ、QFN、QFS 等系列。前两个字母表示汽轮发电机，第三个字母表示冷却方式，Q 表示氢外冷，N 表示氢内冷，S 表示双水内冷。

水轮发电机有 TS 系列，T 表示同步，S 表示水轮。例如，QFS—300—2 表示容量为 300MW 双水内冷 2 极汽轮发电机；TSS1264/160—48 表示双水内冷水轮发电机，定子外径为 1264cm，铁心长为 160cm，极数为 48。

另外，同步电动机系列有 TD、TDL 等，TD 表示同步电动机，后面的字母指出其主要用途。例如，TDG 表示高速同步电动机；TDL 表示立式同步电动机。同步补偿机为 TT 系列。

二、额定值

在同步发电机的铭牌上，规定了同步发电机的主要技术数据和运行方式。这些数据，就是同步发电机的额定值，在使用中，应当严格遵守。同步电机的额定值主要有：

1) 额定容量 S_N（或额定功率 P_N）：对同步发电机来说，额定容量 S_N 是指发电机输出的额定视在功率，一般以 kV·A（千伏安）或 mV·A（兆伏安）为单位；额定功率 P_N 是指发电机输出的额定有功功率。一般以 kW（千瓦）或 mW（兆瓦，即百万瓦）为单位。对同步发电机，通过额定容量 S_N 可以确定额定电流，通过额定功率 P_N 可以确定配套的原动机的容量。电动机的额定容量一般用 kW 数表示，补偿机则用 kvar 表示。

2) 额定电压 U_N：是指额定运行时发电机定子绕组的线电压值，单位为 V（伏）或 kV（千伏）。同步发电机在此值运行，绕组的温升不会超过允许的范围。同步发电机一般接成丫联结，同步电动机有丫联结或△联结两种方式。

3) 额定电流 I_N：是指发电机在额定运行时，流过定子绕组的线电流，单位为 A（安）。

4) 额定效率 η_N：是指发电机在额定运行时的效率。它是发电机有功输出功率和输入功率之比（%）。有功输出功率等于输入功率加发电机总消耗。

5) 额定功率因数 $\cos\varphi_N$：是指在额定运行情况下，发电机组的有功功率和额定容量的比值，即额定运行时，发电机组每相定子电压与电流之间的相位差的余弦值，也即 $\cos\varphi_N = P_N/S_N$。

6) 额定频率 f_N：是指额定运行情况下交流电的频率，单位为 Hz（赫兹）。我国规定使用交流电的频率为 50Hz。

7) 额定转速 n_N：是指发电机在额定运行时转子每分钟的转速，单位为 r/min（转/分）。

8) 额定励磁电压 U_{fN}：是指发电机在额定运行时所需要的励磁电压，单位为 V（伏）。

9) 额定励磁电流 I_{fN}：是指发电机在额定运行时流过励磁绕组的电流，单位为 A（安）。

除上述额定值外，同步电机铭牌上还常列出额定负载时的温升 t_N。

【例 12-1】 一台同步电动机，已知 $P_N = 100\text{kW}$，$U_N = 15750\text{V}$，定子为丫形联结，$\cos\varphi_N = 0.8$（超前），$\eta_N = 95.61\%$，求电动机的额定电流。

解：同步电动机 $P_N = \sqrt{3}U_N I_N \cos\varphi_N \eta_N$

所以 $I_N = \dfrac{P_N}{\sqrt{3}U_N \cos\varphi_N \eta_N} = \dfrac{100 \times 10^3}{\sqrt{3} \times 15750 \times 0.8 \times 0.9561}\text{kA} = 4.792\text{kA}$

答：电动机的额定电流为 4.792kA

【例 12-2】 有一台 QFS—300—2 型汽轮发电机，$U_N = 18\text{kV}$，$\cos\varphi_N = 0.85$（滞后），$f_N = 50\text{Hz}$，试求：

（1）发电机的额定电流；

（2）发电机在额定运行时能发多少有功功率和无功功率？

解：（1）额定电流 $I_N = \dfrac{P_N}{\sqrt{3}U_N\cos\varphi_N} = \dfrac{300 \times 10^6}{\sqrt{3} \times 18 \times 10^3 \times 0.85}\text{A} = 11320\text{A}$

（2）额定功率因数角 $\varphi_N = \arccos 0.85 = 31.79°$

有功功率 $P_N = 300\text{MW}$

无功功率 $Q = P_N \tan\varphi_N = 300 \times \tan 31.79° = 186\text{Mvar}$

思考题及习题

12-1 什么叫同步电机？其感应电动势频率和转速有何关系？怎样由其极数决定它的转速？

12-2 为什么同步电机的气隙要比容量相同的异步电机的大？

12-3 同步电机的频率、极数和同步速度之间有何关系，试求下列电机的极对数或同步速度：

（1）同步电动机 $f = 50\text{Hz}$，$n = 750\text{r/min}$，$2P = ?$

（2）水轮发电机 $f = 50\text{Hz}$，$2P = 32$，$n = ?$

12-4 为什么大容量同步电机采用磁极旋转式而不用电枢旋转式？

12-5 汽轮发电机为什么宜做成隐极式，而水轮发电机宜于做成凸极式？

12-6 在同步发电机的铭牌上一般至少标有哪些额定值？说明这些额定值各自所代表的意义。

12-7 国产 200MW 的汽轮发电机，已知其额定电压 $U_N = 15750\text{V}$，定子为Y形联结，$\cos\varphi_N = 0.85$，求发电机的额定电流。

12-8 国产汽轮发电机的型号表示方法有哪些特点？用什么方法表示它的冷却方式、功率和转速？

12-9 国产水轮发电机的型号表示方法有哪些特点？用什么方法表示它的冷却方式、功率、尺寸大小和转速？

12-10 有一台 TS854—210—40 型水轮发电机，$P_N = 100\text{WM}$，$U_N = 13.8\text{kV}$，$\cos\varphi_N = 0.9$（滞后），$f_N = 50\text{Hz}$，求：

（1）发电机的额定电流；

（2）额定运行时能发出多少有功和无功功率？

（3）转速是多少？

第十三章　三相同步发电机的电磁关系及分析方法

本章分析同步发电机对称运行时的内部电磁关系，通过气隙磁场的分析推导同步发电机的基本方程式、相量图或等效电路。

第一节　三相同步发电机空载时的电磁关系

当原动机带动同步发电机在同步转速下运行，励磁绕组通入适当的励磁电流，电枢绕组不带任何负载时的运行情况，称为空载运行。空载运行是同步发电机最简单的运行方式，其气隙中的磁场仅有直流励磁电流产生的励磁磁场，称为空载磁场或主磁场（main field），磁场的强弱由励磁电流决定。

凸极同步发电机空载内部磁通分布如图 13-1 所示，主磁场的路径：主极铁心→气隙→电枢齿→电枢磁轭→电枢齿→气隙→另一主极铁心→转子磁轭。漏磁场的路径主要是气隙和非磁性材料。励磁电流、励磁磁动势与磁通的关系为

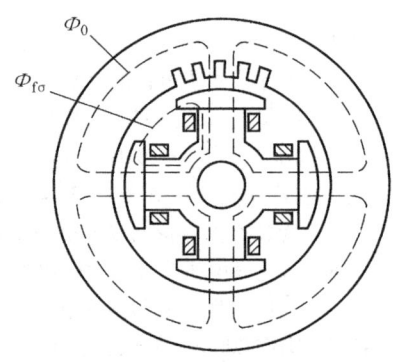

图 13-1　凸极同步发电机空载内部磁通分布

$$I_\mathrm{f} \rightarrow F_\mathrm{f} \rightarrow \begin{cases} \dot{\Phi}_0 \\ \Phi_{\mathrm{f}\sigma} \end{cases}$$

主磁通 Φ_0 通过气隙与定、转子交链，随着转子以同步转速旋转，在定子绕组中感应三相电动势，从而实现定、转子间的机电能量转换。漏磁通 $\Phi_{\mathrm{f}\sigma}$ 只与转子绕组交链，不参与定、转子间能量转换。

隐极同步发电机的励磁绕组嵌埋于转子槽内，沿转子圆周的气隙可视为是均匀的。励磁磁动势在空间的分布为一个阶梯形，受齿槽的影响，励磁磁动势建立气隙磁通密度呈现出波动变化。用谐波分析法可求出其基波分量。合理地选择大齿的宽度可以使气隙磁通密度的分布接近正弦波。对于凸极同步发电机来说，定转子间的气隙沿整个电枢圆周分布不均匀，极面下气隙较小，而极间气隙较大，极面下的磁阻较小，而极间磁阻很大，F_f 建立的气隙磁场在一个极的范围内气隙径向磁通密度的分布近似于平顶的帽形。极靴以外的气隙磁通密度减少很快，相邻两极中心线上的磁通密度为零。气隙磁通密度可以用傅里叶谐波分析的方法分解出空间基波和一系列谐波。通常将极靴的极弧半径做成小于定子的内圆半径，而且两圆弧的圆心不重合（称为偏心气隙），从而形成极弧中心处的气隙最小，沿极弧中心线两侧方向气隙逐渐增大，这样可以使得气隙磁通密度的分布较接近正弦波形。在本书以后的分析中，如无特殊说明，仅考虑磁通密度的基波分量。

第二节 三相同步发电机负载后的电磁关系

空载时,同步发电机中只有直流励磁电流产生的励磁磁场,以同步转速旋转。定子绕组带上对称负载后,转子保持为同步转速,定子边三相对称电流流入三相对称绕组产生的电枢磁动势 F_a,电枢磁动势与励磁磁动势共同形成气隙磁通。其关系为

$$\left.\begin{array}{l} I_f \to F_f \to \dot{\Phi}_0 \\ \dot{I} \to F_a \to \dot{\Phi}_a \\ \phantom{\dot{I} \to F_a} \to \dot{\Phi}_\sigma \end{array}\right\} \text{气隙磁通 } \dot{\Phi}_\delta$$

一、定、转子磁动势的关系

定子三相对称绕组中对称三相电流产生基波电枢磁动势 F_a,转速为 $n = 60f_1/p = n_1$,转向由通电 A、B、C 的相序决定。电枢磁动势与转子转向相同,极对数取决于绕组的节距 y,设计时与转子极对数 p 相同。

转子绕组通入直流电流产生每极基波励磁磁动势 F_{f1}。励磁磁动势转速和转子转速一样为同步转速,转向和转子转向一致,极对数和转子磁极的极对数相同。

励磁磁动势与电枢磁动势的比较见表 13-1。

表 13-1 励磁磁动势与电枢磁动势的比较

	基波波形	大 小	位 置	转 速
励磁磁动势	正弦波	恒定不变,由励磁电流大小决定	由转子位置决定	由原动机的转速决定(根据 f、p)
电枢磁动势	正弦波	恒定不变,由电枢电流大小决定	由电枢电流的瞬时值决定	由电流的频率和磁极对数决定

可见,两个旋转磁动势的转速均为同步转速,而且转向一致,两者在空间处于相对静止状态,称为"同步",可以用矢量加法将其合成为一个气隙磁动势 F_δ。气隙磁通密度可以看成是由合成磁动势 F_δ 在发电机的气隙中建立起来的磁场。可见同步发电机带对称负载以后,发电机内部的磁动势和磁场将发生显著变化,会使发电机的端电压发生变化,还将影响到发电机的机电能量转换和运行性能,这些变化主要是由于电枢磁动势的出现所致。

二、电枢反应

电枢磁动势的存在将使气隙磁场的大小和位置发生变化,这一现象称为电枢反应(armature reaction)。电枢反应会对发电机性能产生重大影响。电枢反应的性质有去磁、增磁和交磁。电枢反应的性质取决于这两个磁动势幅值的相对位置,而这一位置与励磁电动势 $\dot{E}_0$ 和电枢电流 $\dot{I}$ 之间的相位差,即角度 ψ 有关,角 ψ 取决于负载的性质。

1. 时空相矢图

同步发电机中需要的坐标轴选取如图 13-2 所示。直轴(纵轴、d 轴):主磁极轴线位

置;交轴(横轴、q轴):与直轴成90°电角度的位置;相轴:每相绕组的轴线位置。时轴:时间相量在其上投影可得瞬时值。

图 13-2 所示的瞬间,A 相绕组的感应电动势最大,如果 $\psi=0$,则此时 A 相电流最大,三相时间相量图如图 13-3 所示,三相合成电枢磁动势 F_a 轴线与 A 相绕组轴线重合。所以一般情况,电枢电流 $\dot{I}$ 超前或滞后励磁电动势 $\dot{E}_0$ 任意相位 ψ 时,F_a 的轴线位置也超前或滞后 A 相绕组轴线 ψ 电角度。由于 F_a 与 F_{f1} 同步旋转,故在负载一定的情况下,F_a 与 F_{f1} 的空间相位差等于 $90°+\psi$ 电角度。

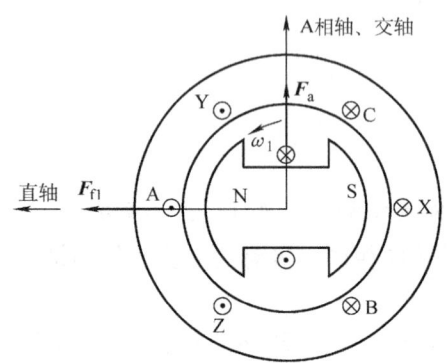

图 13-2 同步电机中需要的坐标轴定义

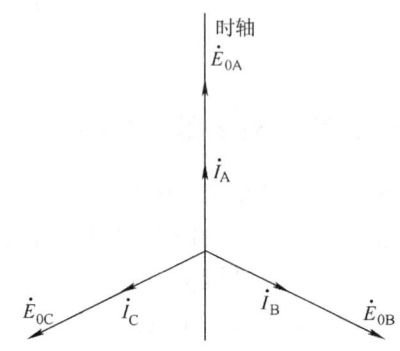

图 13-3 三相时间相量图

为了分析方便,常常将时间相量 $\dot{E}_0$、$\dot{I}$、$\dot{\Phi}_0$、$\dot{U}$ 和空间矢量 F_a、F_{f1}、F_δ 画在一起构成时空相矢图。将时间相量图的参考轴与 A 相绕组轴线、交轴 q 重合,则 F_{f1} 和 $\dot{\Phi}_0$ 在 d 轴上,$\dot{E}_0$ 在 q 轴上;画出与 ψ 对应的 $\dot{I}$;F_a 与 $\dot{I}$ 同方向,就可以求出 $F_\delta = F_{f1} + F_a$。利用时空相矢图,可以方便地分析不同负载时电枢反应的情况。

2. $\psi=0°$ 的电枢反应

$\psi=0°$ 时的时空相矢图如图 13-4 所示,F_{f1} 和 $\dot{\Phi}_0$ 在 d 轴上,$\dot{E}_0$ 在 q 轴上,$\psi=0°$ 则 $\dot{I}$ 与 F_a 都与 $\dot{E}_0$ 重合,电枢磁动势在交轴上。这种作用在交轴上的电枢反应称为交磁作用。交轴电枢磁动势使得转子励磁绕组受一阻力矩(制动力矩),这样要维持 n_1,必须输入更多的机械功率。这种情况下发电机输出有功功率,发电机不发出无功功率。

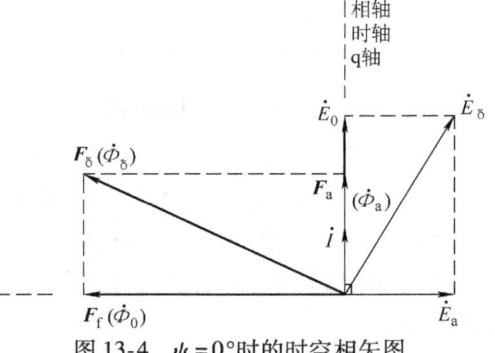

图 13-4 $\psi=0°$ 时的时空相矢图

3. $\psi=90°$ 的电枢反应

$\psi=90°$ 时的时空相矢图如图 13-5 所示,此时 F_a 与 F_{f1} 之间的夹角为 180°,即两者反相,转子磁动势和电枢磁动势一同作用在直轴上,方向相反,电枢反应为纯去磁作用,合成磁动势的幅值减小,这一电枢反应称为直轴去磁电枢反应。

4. $\psi=-90°$ 的电枢反应

此时 F_a 与 F_{f1} 之间的夹角为 0°,即两者同相,转子磁动势和电枢磁动势一同作用在直轴上,方向相同,电枢反应为纯增磁作用,合成磁动势的幅值加大,如图 13-6 所示。这一电枢反应称为直轴增磁电枢反应。

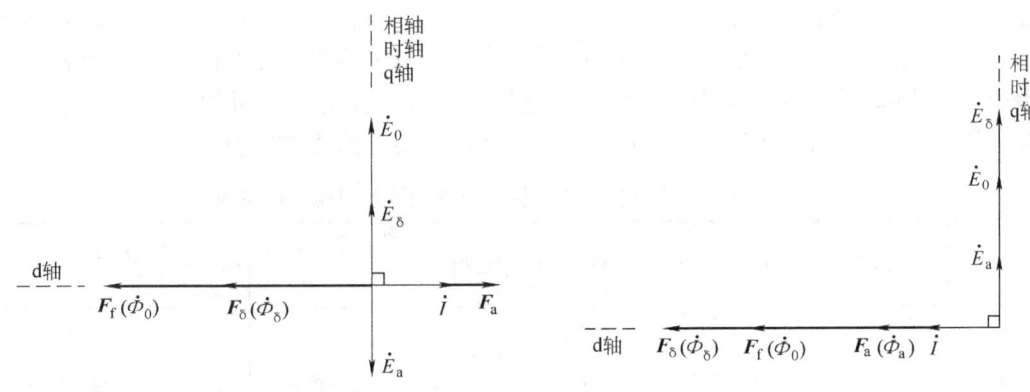

图 13-5　$\psi = 90°$ 时的时空相矢图　　　　图 13-6　$\psi = -90°$ 时的时空相矢图

5. 一般情况下（$0 < \psi < 90°$）的电枢反应

可将 $\dot{I}$ 分解为直轴分量 $\dot{I}_d$ 和交轴分量 $\dot{I}_q$，认为 $\dot{I}_d$ 产生直轴电枢磁动势 F_{ad}，F_{ad} 与 F_{fl} 反相，起去磁作用；认为 $\dot{I}_q$ 产生交轴电枢磁动势 F_{aq}，F_{aq} 与 F_{fl} 正交，起交磁作用。ψ 为任意锐角时的时空相矢图如图 13-7 所示，此时电枢反应的性质既有交磁电枢反应，又有直轴去磁电枢反应。

6. 电枢反应对同步发电机运行性能的影响

当同步发电机空载运行时，定子绕组开路，没有负载电流，不存在电枢反应，因此也不存在由转子到定子的能量传递。当同步发电机带有负载时，产生电枢反应。图 13-8 所示为不同负载性质时电枢反应磁场与转子电流的相互作用。

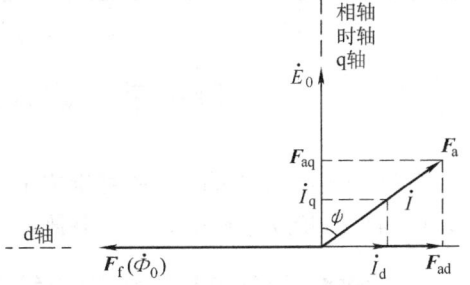

图 13-7　ψ 为任意锐角时的时空相矢图

图 13-8a 为 $\psi = 0$ 时，负载电流产生的交轴电枢反应磁场对转子电流产生电磁转矩的情况，由左手定则可知，这时电磁力将形成一个电磁转矩，它的方向和转子的旋转方向相反，对转子旋转起制动作用，此时交轴电枢磁场由与空载电动势同相的电流分量，即电流的有功分量 $\dot{I}_q$ 产生的。输出有功功率越大，$\dot{I}_q$ 越大，交磁电枢反应越强，所产生的制动转矩越大，就要求原动机输入更大的驱动转矩，才能保持发电机的转速不变。为了维持发电机的转速不变，必须随着有功负载的变化调节原动机的输入功率。

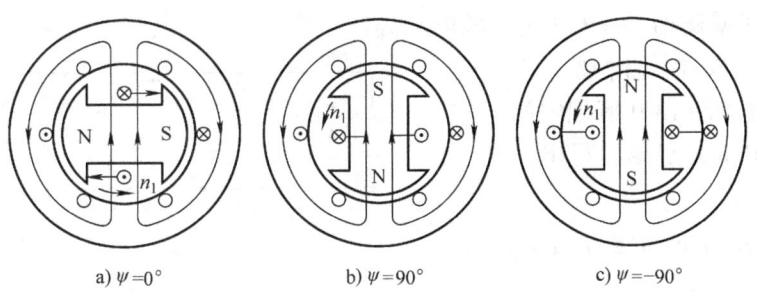

a) $\psi = 0°$　　　　b) $\psi = 90°$　　　　c) $\psi = -90°$

图 13-8　不同负载性质时电枢反应磁场与转子电流的相互作用

图 13-8b、c 为电枢反应直轴作用，其中，图 13-8b 为去磁，图 13-8c 为增磁，此时直轴

电枢磁场与电流的直轴分量同相,是由电流的无功分量 $\dot{I}_d$ 产生的。直轴电枢磁场对转子电流所产生的电磁力不形成电磁转矩,不影响转子旋转,只影响气隙磁场的强弱,影响发电机的端电压。表 13-2 所示为当 ψ 为不同值时的电枢反应性质及对发电机的影响。为保持发电机的端电压不变,必须随着无功负载的变化相应地调节转子的励磁电流。

表 13-2 当 ψ 为不同值时的电枢反应性质及对发电机的影响

	F_a 位置	$F_f F_a$ 夹角	F_a 记作	电枢反应性质	影响		$\psi \approx \varphi$, 负载性质
					F_δ	电压 U	
$\psi = 0°$	q 轴	$\psi + 90°$	F_{aq}	交轴	波形畸变	不变	电阻负载
$\psi = 90°$	d 轴	$\psi + 90°$	F_{ad}	去磁	削弱	下降	电抗负载
$\psi = -90°$	d 轴	$\psi + 90°$	F_{ad}	增磁	增强	增大	电容负载
$0 < \psi < 90°$	d、q 轴	$\psi + 90°$	$F_{aq} + F_{ad}$	交轴、去磁	削弱	下降	阻抗性负载
$-90° < \psi < 0°$	d、q 轴	$\psi + 90°$	$F_{aq} + F_{ad}$	交轴、增磁	增强	增大	阻容性负载

第三节 隐极同步发电机的分析方法

在分析发电机内部的磁场基础之上,利用电磁感应定律和电路基本定律,忽略磁路饱和时,可列写同步发电机的方程,并画出相应的相量图和等效电路。

一、磁路不饱和时隐极同步发电机的电磁过程

隐极同步发电机带上对称负载,转子边直流励磁电流产生励磁磁场,以同步转速旋转在定子绕组中产生感应电动势 $\dot{E}_0$。定子边三相对称电流流入三相对称绕组产生电枢旋转磁动势 F_a,F_a 将在发电机内部产生跨过气隙交链定子和转子绕组的电枢反应磁通 $\dot{\Phi}_a$ 和不通过气隙的漏磁通 $\dot{\Phi}_\sigma$,$\dot{\Phi}_a$ 和 $\dot{\Phi}_\sigma$ 将分别在电枢各相绕组中感应电枢反应电动势 $\dot{E}_a$ 和漏磁电动势 $\dot{E}_\sigma$。电磁关系如下:

$I_f \to F_f$(励磁磁动势)$\to \dot{\Phi}_0$(励磁磁通)$\to \dot{E}_0$(励磁电动势)

$\dot{I}$(三相对称电流)$\to F_a$(电枢磁动势)$\to \dot{\Phi}_a$(电枢反应磁通)$\to \dot{E}_a$(电枢反应电动势)

$\hookrightarrow \dot{\Phi}_\sigma$(定子漏磁通)$\to \dot{E}_\sigma$(定子漏电动势)

这样,在电枢任一相都存在 $\dot{E}_0$、$\dot{E}_a$、$\dot{E}_\sigma$,参考图 13-9 所规定的方向,根据基尔霍夫定律,写出一相回路电压方程式

$$\sum \dot{E} = \dot{E}_0 + \dot{E}_a + \dot{E}_\sigma \quad (13-1)$$
$$= \dot{U} + \dot{I} r_a$$

式中,U 为定子绕组的端电压;I 为定子电流;r_a 为定子绕组的电阻。

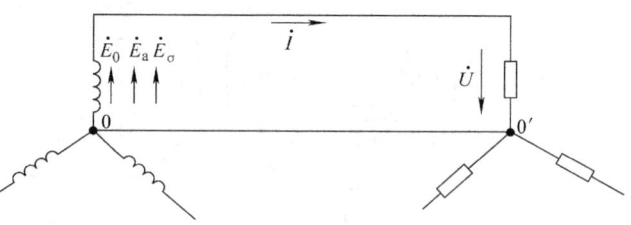

图 13-9 同步发电机各物理量正方向的规定

二、电枢反应电抗与同步电抗

1. 电枢反应电抗和漏电抗

根据隐极同步发电机的电磁关系

$$\dot{I} \to F_a \to \dot{\Phi}_a \to \dot{E}_a$$

由三相交流绕组的基波合成磁势可知

$$F_a = 1.35 \frac{Nk_{w1}}{p} I \tag{13-2}$$

式中，N 为每相定子绕组串联匝数；k_{w1} 为电枢基波绕组系数；I 为每相电枢电流有效值；p 为极对数。

电枢反应磁通为

$$\Phi_a = \Lambda_m F_a = \frac{F_a}{R_m} \tag{13-3}$$

式中，$\Lambda_m(R_m)$ 为电枢反应磁通回路上的磁导（磁阻），对于隐极同步发电机，忽略齿槽和饱和的影响，$\Lambda_m(R_m)$ 是常数。

磁通 Φ_a 以同步转速切割定子绕组，在每相定子绕组中产生的感应电动势称为电枢反应电动势 E_a

$$E_a = 4.44 f N k_{w1} \Phi_a \tag{13-4}$$

于是 $E_a \propto \Phi_a \propto F_a \propto I$，所以 $E_a \propto I$，引入比例系数 x_a，则

$$E_a = x_a I \tag{13-5}$$

比例系数 x_a 称为电枢反应电抗（reactance of armature reaction）。x_a 表示电枢反应磁场在定子每相绕组中感应的电枢反应电动势，可以看做单位相电流所产生的电枢反应电动势的大小。

考虑到相位关系后，每相电枢反应电动势为

$$\dot{E}_a = -\mathrm{j} x_a \dot{I} \tag{13-6}$$

同理，根据 $\dot{I}$（电枢电流）$\to \dot{\Phi}_\sigma$（定子漏磁通）$\to \dot{E}_\sigma$（定子漏电动势），漏电动势用负漏抗压降形式表示为

$$\dot{E}_\sigma = -\mathrm{j} x_\sigma \dot{I} \tag{13-7}$$

式中，x_σ 称为同步电机漏电抗。

2. 同步电抗

电枢反应电抗和定子漏电抗合并为一个电抗，称为同步电抗（synchronous reactance）

$$x_s = x_a + x_\sigma \tag{13-8}$$

式中，x_s 称为隐极同步发电机的同步电抗。

x_s 是对称稳态运行时表征电枢反应和电枢漏磁这两个效应的一个综合参数，数值上表达了单位电枢相电流在一相电枢绕组中引起的感应电动势的大小，不计饱和时，x_s 是一个常值。如果发电机的气隙减小，磁阻 R_m 减小，由 $x_s = 2\pi f(N^2/R_m)$（N 为定子绕组的串联匝数，f 为磁通变化频率）可得，同步电抗增大；电枢绕组匝数增加，同步电抗增大；铁心饱和程度提高，磁阻 R_m 增大，同步电抗减小；而励磁绕组匝数增加，由于未改变电枢绕组的匝数及电机磁路的磁阻，所以同步电抗不变。

三、磁路不饱和时隐极同步发电机的回路电压方程式、等效电路和相量图

由式（13-1），一相回路电压方程式为

$$\begin{aligned}\dot{E}_0 &= \dot{U} + \dot{I}r_a + j\dot{I}x_a + j\dot{I}x_\sigma \\ &= \dot{U} + \dot{I}r_a + j\dot{I}x_s \\ &= \dot{U} + \dot{I}Z_s\end{aligned} \qquad (13\text{-}9)$$

式中，Z_s 为同步阻抗。

可画出等效电路和带感性负载时的相量图，如图 13-10 所示。

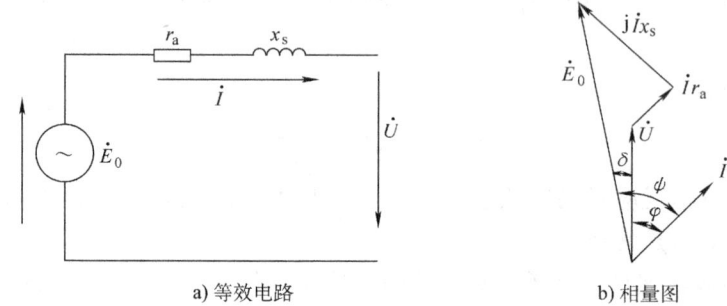

a) 等效电路   b) 相量图

图 13-10 不考虑饱和时隐极同步发电机的等效电路和相量图

在同步电机理论中，用电动势相量图来进行分析是十分重要和方便的方法。在做相量图时，认为发电机的相电压 U、相电流 I、负载功率因数 $\cos\varphi$，以及参数 r_a、x_s 为已知量的情况下，最终可以根据方程式画出对应的相量图。

参看图 13-10b，隐极同步发电机相量图可按以下步骤做出：

1) 在参考方向上做出相量 $\dot{U}$。
2) 根据 φ 角找出 $\dot{I}$ 的方向并做出相量。
3) 在 $\dot{U}$ 的尾端，加上相量 $\dot{I}r_a$ 和 $jx_s\dot{I}$，$jx_s\dot{I}$ 超前于 $\dot{I}$ 90°电角度。
4) 做出由 $\dot{U}$ 的首端指向 $jx_s\dot{I}$ 尾端的相量，该相量便是 $\dot{E}_0$。

由于上述等效电路和相量图比较简单，而且物理概念明确，有相当广泛的应用。

【例 13-1】 有一台 $P_N = 25000\text{kW}$，$U_N = 10.5\text{kV}$，Y形联结，$\cos\varphi_N = 0.8$（滞后）的汽轮发电机，$x_{s*} = 2.13$，电枢电阻略去不计。试求额定负载下励磁电动势 E_0 及 $\dot{E}_0$ 与 $\dot{I}$ 的夹角 ψ。

解：

$$\begin{aligned}E_{0*} &= \sqrt{(U_*\cos\varphi)^2 + (U_*\sin\varphi + I_* x_{s*})^2} \\ &= \sqrt{0.8^2 + (0.6 + 1 \times 2.13)^2} = 2.845\end{aligned}$$

故

$$E_0 = E_{0*}\frac{10.5}{\sqrt{3}}\text{kV} = 2.845 \times \frac{10.5}{\sqrt{3}}\text{kV} = 17.25\text{kV}$$

$$\tan\psi = \frac{I_* x_{s*} + U_*\sin\varphi_N}{U_*\cos\varphi_N} = \frac{1 \times 0.554 + 1 \times \sin 36.87°}{\cos 36.87°} = 1.4425$$

因

$$\cos\psi = \frac{U\cos\varphi}{E_0^*} = \frac{0.8}{2.845} = 0.281$$

得 $\psi = 73.67°$

第四节 凸极同步发电机的分析方法

一、电磁过程和双反应理论

凸极同步发电机带对称负载，转子边直流励磁电流产生的励磁磁场，以同步转速旋转，在定子绕组中产生感应电动势 $\dot{E}_0$。定子边三相对称电流流入三相对称绕组产生的电枢旋转磁动势 F_a，但凸极同步发电机的气隙不均匀，在极面下的磁导大，两极之间的磁导小。同一电枢磁动势波作用在气隙不同处，会遇到不同的磁阻，产生不同的磁通和磁通密度。

为了便于分析和计算，勃郎德（Blondel）引入双反应理论（double reaction theory）。双反应理论分析过程如下：

电枢基波磁动势 F_a 分解为直轴上的直轴电枢反应磁动势分量 F_{ad} 和交轴上的交轴电枢反应磁动势分量 F_{aq}，如图 13-11 所示。

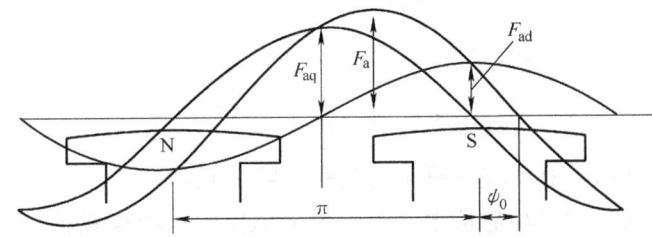

图 13-11 凸极同步发电机的电枢磁动势分解为直轴和交轴分量

凸极同步发电机的电枢磁场如图 13-12 所示。F_a 处于不同位置，产生的电枢磁场 B_a 不同，处于 d、q 轴上时，分别产生出如图 13-12 所示的磁动势。

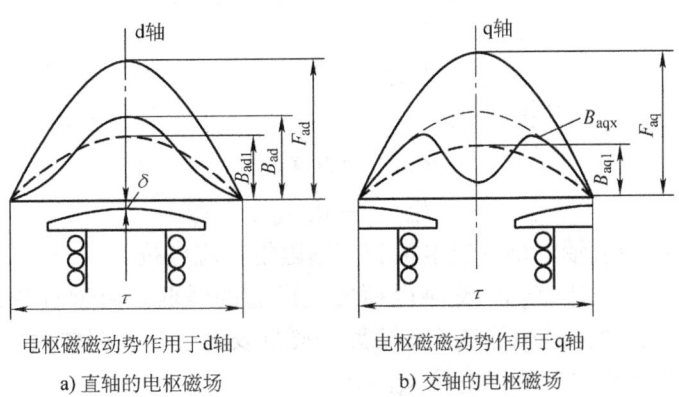

a) 直轴的电枢磁场　　b) 交轴的电枢磁场

图 13-12 凸极同步发电机的电枢磁场

根据直轴和交轴的磁导，分别求出直轴和交轴的磁通密度波及磁通，再求出在每相定子绕组中直轴电枢反应电动势 E_{ad} 和交轴电枢反应电动势 E_{aq}。

双反应理论的基础是当不计饱和时，适用叠加原理。

当不考虑饱和时，采用这种方法来分解凸极同步发电机的电枢磁动势，其结果是令人满意的。因此，双反应法已成为分析各类凸极电机（凸极同步电机、直流电机）的一种基本方法。

根据双反应理论，磁路不饱和时凸极同步发电机的电磁过程如图 13-13 所示。

在电枢任一相都存在 $\dot{E}_0$、$\dot{E}_{ad}$、$\dot{E}_{aq}$、$\dot{E}_\sigma$，根据基尔霍夫定律，写出一相回路电压方程式

$$\sum \dot{E} = \dot{E}_0 + \dot{E}_{ad} + \dot{E}_{aq} + \dot{E}_\sigma = \dot{U} + \dot{I}r_a \quad (13\text{-}10)$$

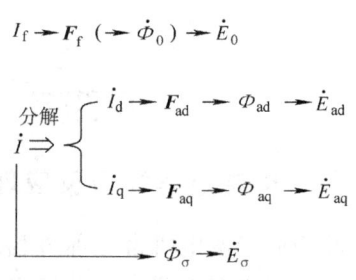

图 13-13　磁路不饱和时凸极同步发电机的电磁过程

二、直轴同步电抗与交轴同步电抗

根据电磁关系

$$\dot{I}_d \rightarrow \dot{F}_{ad} \rightarrow \dot{\Phi}_{ad} \rightarrow \dot{E}_{ad}$$

直轴电流分量 I_d 产生直轴电枢反应磁动势分量 F_{ad} 基波幅值为

$$F_{ad} = 1.35 \frac{Nk_{w1}}{p} I_{ad}$$

直轴电枢反应磁通分量 Φ_{ad} 为

$$\Phi_{ad} = \Lambda_{ad} F_{ad} = \frac{F_{ad}}{R_{ad}}$$

式中，$\Lambda_{ad}(R_{ad})$ 为直轴电枢反应磁通回路上的磁导（磁阻）。

Φ_{ad} 在每相定子绕组中产生感应电动势称为电枢反应电动势 E_{ad}

$$E_{ad} = 4.44 f N k_{w1} \Phi_{ad}$$

$$E_{ad} \propto \Phi_{ad} \propto F_{ad} \propto I_d$$

同理

$$E_{aq} \propto \Phi_{aq} \propto F_{aq} \propto I_q$$

所以

$$E_{ad} \propto I_d, E_{aq} \propto I_q$$

引入比例系数、计入相位关系

$$\left. \begin{array}{l} \dot{E}_{ad} = -j\dot{I}_d x_{ad} \\ \dot{E}_{aq} = -j\dot{I}_q x_{aq} \end{array} \right\} \quad (13\text{-}11)$$

式中，x_{ad}、x_{aq} 分别称为直轴电枢反应电抗和交轴电枢反应电抗。

x_{ad}、x_{aq} 分别反映出上述直轴和交轴电枢反应磁通的强弱。由于直轴方向气隙比交轴方向气隙小得多，则直轴磁路的磁导比交轴磁路的磁导要大得多，同样大小的电流产生的磁通和相应的电动势也都大得多，所以电抗 $x_{ad} > x_{aq}$。

直轴同步电抗（direct-axis synchronous reactance）为

$$x_d = x_{ad} + x_\sigma$$

交轴同步电抗（quadrature-axis synchronous reactance）为

$$x_q = x_{aq} + x_\sigma$$

x_d 和 x_q 表征了当对称三相直轴或交轴电流每相为 1A 时，三相总磁场在电枢绕组中每相感应的电动势的大小。

隐极同步发电机 x_{s*} 约在 0.9~3.5 范围，凸极同步发电机 x_{d*} 在 0.6~1.6 范围（交轴 x_{q*} 在 0.4~1.0 范围）。隐极同步发电机可看成凸极同步发电机 $x_d = x_q = x_s$ 的一种特例。

三、磁路不饱和时凸极同步发电机的回路电压方程式和相量图

由式（13-10），一相回路电压方程式为

$$\sum \dot{E} = \dot{E}_0 + \dot{E}_{ad} + \dot{E}_{aq} + \dot{E}_\sigma = \dot{U} + \dot{I} r_a \tag{13-12}$$

将 $\dot{E}_{ad} = -jx_{ad}\dot{I}_d$，$\dot{E}_{aq} = -jx_{aq}\dot{I}_q$，$\dot{E}_\sigma = -jx_\sigma \dot{I}$，$\dot{I} = \dot{I}_d + \dot{I}_q$，$x_d = x_{ad} + x_\sigma$ 和 $x_q = x_{aq} + x_\sigma$ 代入式（13-12），得凸极同步发电机的回路电压方程式

$$\dot{E}_0 = \dot{U} + \dot{I} r_a + j\dot{I}_d x_d + j\dot{I}_q x_q \tag{13-13}$$

按式（13-13），对一台凸极同步发电机，已知相电压 U、相电流 I、负载功率因数 $\cos\varphi$，以及参数 r_a、x_d、x_q 的情况下，如果能够知道 $\dot{E}_0$ 与 $\dot{I}$ 之间的相位夹角 ψ，则能画出式（13-13）对应的相量图。

将式（13-13）作变换

$$\begin{aligned}\dot{E}_0 - j\dot{I}_d(x_d - x_q) &= \dot{U} + \dot{I} r_a + j(\dot{I}_d - \dot{I}_q)x_q \\ &= \dot{U} + \dot{I} r_a + j\dot{I} x_q\end{aligned} \tag{13-14}$$

根据式（13-14）可以做出凸极同步发电机带感性负载时的相量图，如图 13-14 所示，步骤如下：

1) 在参考方位做出相量 $\dot{U}$，根据 φ 角做出 $\dot{I}$。
2) 在 $\dot{U}$ 的尾端，加上相量 $\dot{I} r_a$ 和 $j\dot{I} x_q$，$j\dot{I} x_q$ 超前于 $\dot{U} 90°$，经过 $\dot{U}$ 首端和 $j\dot{I} x_q$ 尾端的直线就确定了 $\dot{E}_Q = \dot{U} + \dot{I} r_a + j\dot{I} x_q$ 的方位，也即确定了 q 轴，与 q 轴正交的方位即为 d 轴。
3) 将 $\dot{I}$ 再正交分解为 $\dot{I}_d$ 和 $\dot{I}_q$。
4) 根据方程式（13-13）即可做出 $\dot{E}_0$。

电动势相量图很直观地显示了同步发电机各个相量之间的数值关系和相位关系，对于分析和计算同步发电机的许多问题有较大的帮助。对于凸极同步发电机带感性负载

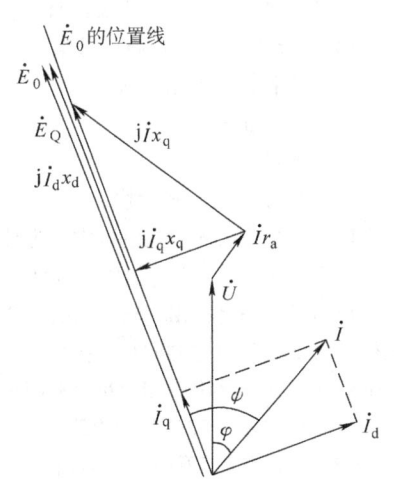

图 13-14 凸极同步发电机带感性负载时的相量图

$$\psi = \arctan \frac{U\sin\varphi + x_q I}{U\cos\varphi + I r_a}$$

【例 13-2】 有一台三相 1500kW 水轮发电机，额定电压是 6300V，丫形联结，额定功率因数 $\cos\varphi_N = 0.8$（滞后），已知额定运行时的参数：$x_d = 21.1\Omega$，$x_q = 13.7\Omega$，电枢电阻可略去不计。试计算发电机在额定运行时的励磁电动势。

解：

$$Z_{1N} = \frac{U_N}{\sqrt{3} I_N} = \frac{U_N^2 \cos\varphi_N}{P_N} = 21.17\Omega$$

$$x_{d*} = \frac{x_{d*}}{Z_{1N}} = 1 \qquad x_{q*} = \frac{x_{q*}}{Z_{1N}} = 0.646$$

$$\dot{E}_{Q*} = \dot{U}_* + j\dot{I}_* x_{q*} = 1 + 0.646 \underline{/90° - 36.87°} = 1.481 \underline{/20.43°}$$

则 $\psi = 20.43° + \varphi_N = 57.3°$。

将参考相量改为 $\dot{E}_Q$，则有

$$\dot{U}_* = 1\underline{/-20.43°} = 0.937 - j0.349$$
$$\dot{I}_{d*} = -j\sin\varphi = 0.842\underline{/-90°}$$
$$\dot{I}_{q*} = \cos\varphi = 0.54$$

则
$$\dot{E}_{0*} = \dot{U}_* + j\dot{I}_{d*}X_{d*} + j\dot{I}_{q*}X_{q*}$$
$$= 0.937 - j0.349 + 0.842 + j0.54 \times 0.646 = 1.78$$

故
$$E_0 = E_{0*}\frac{U_N}{\sqrt{3}} = 1.78 \times \frac{6300}{\sqrt{3}}\text{V} = 6474.4\text{V}$$

思考题及习题

13-1 同步发电机的气隙磁场，在空载时是如何激励的？在负载时是如何激励的？

13-2 同步发电机电枢反应性质由什么决定？

13-3 试比较三相对称负载时同步发电机的电枢磁动势和励磁磁动势的性质，它们的大小、位置和转速各是由哪些因素决定的？

13-4 同步电抗对应什么磁通？它的物理意义是什么？

13-5 为什么同步电抗的数值一般都较大（不可能做得较小），试分析下列情况对同步电抗的影响？
（1）电枢绕组匝数增加；
（2）铁心饱和程度增大；
（3）气隙加大；
（4）励磁绕组匝数增加。

13-6 在凸极同步发电机中，为什么要采用双反应理论来分析电枢反应？

13-7 凸极同步发电机中，为什么直轴电枢反应电抗 x_{ad} 大于交轴电枢反应电抗 x_{aq}？

13-8 有一台三相汽轮发电机，$P_N = 25000\text{kW}$，$U_N = 10.5\text{kV}$，丫形联结，$\cos\varphi_N = 0.8$（滞后），作单机运行。由试验测得它的同步电抗标幺值为 $x_{s*} = 2.13$。电枢电阻忽略不计。每相励磁电动势为7520V，试分析下列几种情况接上三相对称负载时的电枢电流值，并说明其电枢反应的性质：
（1）每相是 7.52Ω 的纯电阻；
（2）每相是 7.52Ω 的纯感抗；
（3）每相是 15.04Ω 的纯容抗；
（4）每相是 $(7.52 - j7.52)\Omega$ 的电阻电容性负载。

13-9 有一台 $P_N = 725000\text{kW}$，$U_N = 10.5\text{kV}$，丫形联结，$\cos\varphi_N = 0.8$（滞后）的水轮发电机，$r_{a*} = 0$，$x_{d*} = 1$，$x_{q*} = 0.554$，试求在额定负载下励磁电动势 E_0 及 $\dot{E}_0$ 与 $\dot{I}$ 的夹角。

13-10 有一台凸极同步发电机，$x_{d*} = 1$，$x_{q*} = 0.6$，电枢电阻略去不计，试计算发电机额定电压、额定容量（kV·A）、$\cos\varphi_N = 0.8$（滞后）时发电机的空载电动势 $\dot{E}_{0*}$，并做出相量图。

13-11 有一台三相1500kW水轮发电机，额定电压是6300V，丫形联结，额定功率因数 $\cos\varphi_N = 0.8$（滞后），已知额定运行时的参数：$x_d = 21.1\Omega$，$x_q = 13.7\Omega$，电枢电阻可略去不计。试计算发电机在额定运行时的励磁电动势。

第十四章 同步发电机的稳态运行特性及参数的测定

同步发电机的稳态运行特性（steady state operation characteristics）是指发电机转速为额定值且保持恒定，并供给三相对称负载时的一种稳态运行方式。它是同步发电机最基本的运行方式。稳定运行时的主要变量有电压 U、电枢电流 I、励磁电流 I_f 和功率因数 $\cos\varphi$。它们都可以在运行中被测量，它们之间互相联系，当其中两个量保持常数时，另外两个量之间的关系称为运行特性。同步发电机有如下特性：

空载特性：$n = n_1$，$I = 0$，$U = f(I_f)$；
短路特性：$n = n_1$，$U = 0$，$I_k = f(I_f)$；
负载特性：$n = n_1$，$I = $ 常数，$\cos\varphi = $ 常数时，$U = f(I_f)$；
外特性：$n = n_1$，$I_f = $ 常数，$\cos\varphi = $ 常数时，$U = f(I)$；
调整特性：$n = n_1$，$U = $ 常数，$\cos\varphi = $ 常数时，$I_f = f(I)$。

表征同步发电机运行特性的主要参数为同步电抗 x_s 或 x_d、x_q 及漏抗 x_σ 等。

变量和参数常采用标幺值，基值的选取如下：定子侧电压基值选额定电压；电流基值选额定电流；容量功率基值选发电机额定总容量；阻抗基值选额定相电压基值除以额定相电流值。转子侧是独立回路，基值选取与定子侧无关。工程实用上，转子电流基值常选空载电动势为额定电压时的励磁电流。下面分别讨论各种运行特性以及同步发电机稳态参数的求取。

第一节 空载特性、短路特性及不饱和电抗的求取

一、空载特性

1. 空载特性

当空载运行时，励磁电动势随励磁电流变化的关系称为同步发电机的空载特性。根据空载时的电磁过程

$$I_f \rightarrow F_f(F_f = N_f I_f) \xrightarrow{\text{以 } n_1 \text{ 转速旋转}} \Phi_0 \rightarrow E_0$$

每相定子绕组的感应电动势大小为

$$E_0 = 4.44 f N k_{w1} \Phi_0 \tag{14-1}$$

式中，Φ_0 为磁极的基波每极磁通；N 为每相定子绕组串联匝数；f 为感应电动势频率，$f = pn_1/60$。

可见励磁电动势的大小（有效值）与转子每极磁通成正比，而励磁电流的大小又和作用于同步发电机磁路上的励磁磁动势成正比例变化，所以空载特性与发电机磁路的磁化曲线具有类似的变化规律。同步发电机的空载特性如图 14-1 所示。

由图 14-1 可见，当励磁电流较小时，由于磁通较小，发电机磁路没有饱和，空载特性呈直线（将其延长后的直线称为气隙线）。随着励磁电流的增大，磁路逐渐饱和，磁化曲线

开始进入饱和段。磁路饱和后,需磁动势迅速增大。为了合理地利用材料,空载额定电压一般设计在空载特性的刚好弯曲处,如图中的 c 点。

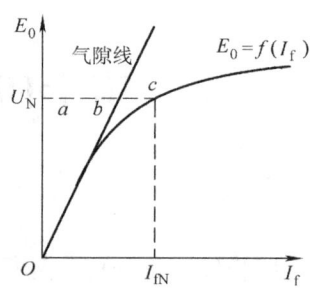

图 14-1 同步发电机的空载特性

2. 空载特性实验求取

空载特性可以通过计算或试验得到。调节励磁回路可变电阻,使励磁电流逐渐上升,然后逐渐减小励磁电流。由于存在剩磁,规定用下降曲线来表示空载特性,从 $1.3U_N$ 对应的励磁逐步减小,逐点记下 I_f 和 E_0 的读数,作出同步发电机的空载特性 $E_0 = f(I_f)$ 曲线。

同步发电机的空载特性也常用标幺值表示,空载电动势以额定电压为基值,取 $U = U_N$ 时的励磁电流(称为额定励磁电流)为励磁电流的基值。用标幺值表示的空载特性具有典型性,不论发电机容量的大小、电压的高低,其空载特性彼此都接近。

3. 空载特性的工程应用

空载特性在同步发电机理论中有着重要作用:

1) 将设计好的发电机的空载特性与标准空载曲线的数据相比较,如果两者接近,说明发电机设计合理,反之,则说明该发电机的磁路过于饱和或者材料没有充分利用。若过分饱和,将使励磁绕组用铜过多,且电压调节困难;若饱和度太低,则负载变化时电压变化较大,且铁心利用率较低,铁心耗材较多。

2) 空载特性结合短路特性可以求取同步发电机的参数。

3) 发电厂通过测取空载特性来判断三相绕组的对称性以及励磁系统的故障。

4. 对空载电动势波形的要求

同步发电机空载电动势的波形,应力求接近正弦性质。但要获得准确的正弦波形很不容易,因此容许一定程度的偏差。工程上将空载线电压的波形与正弦波形偏差的程度,一般用电压波形正弦性的畸变率来表示。根据 GB755—2000《电机基本技术要求》规定,电压波形正弦性畸变率可按下式算出:

$$K_u = \left(\frac{100}{u_1}\sqrt{u_2^2 + u_3^2 + \cdots + u_n^2}\right)\% \quad (14\text{-}2)$$

式中,u_1 为基波电压有效值,也可用线电压的有效值来代替;u_n 为 n 次谐波电压有效值。

对于额定功率在 300kV·A 以上的发电机,K_u 要求不超过 5%,对于额定功率在 10 ~ 300kV·A 的发电机,K_u 要求不超过 10%。

二、短路特性

发电机的转速 $n = n_1$,端电压 $U = 0$(三相稳态短路)时,短路电流 I_k 与励磁电流 I_f 的关系,即 $I_k = f(I_f)$ 称为短路特性(short circuit characteristics)。

1. 实验步骤

1) 电枢端三相绕组短路,接线如图 14-2 所示。

2) 原动机拖动转子至同步转速,$n = n_1$。

3) 调 I_f,使 I 由零逐步升至 $1.2I_N$ 左右,逐点记录电枢电流和励磁电流。

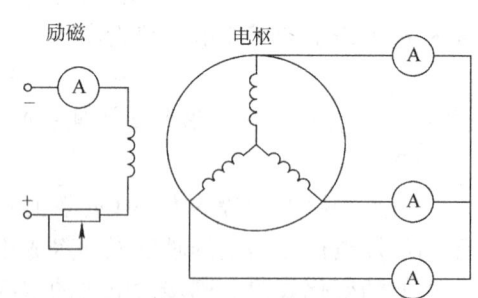

图 14-2 短路实验接线

4）画出 $U=0$，$I_k=f(I_f)$。

2. 短路特性

短路实验的等效电路如图 14-3 所示，短路时，限制短路电流的只有发电机的同步阻抗，忽略电枢电阻只考虑同步电抗，短路电流可认为纯感性，于是 $\dot{I}_q=0, \dot{I}_k=\dot{I}_d, \dot{E}_0=\dot{U}+\dot{I}r_a+j\dot{I}_kx_\sigma\approx j\dot{I}_kx_d=j\dot{I}(x_{ad}+x_\sigma)$，此时电枢磁动势是一个纯去磁作用的直轴磁动势，如图 14-4a 所示。因此合成磁动势 $F_\delta=F_f-F_{ad}$，其产生气隙感应电动势 $\dot{E}_\delta=\dot{U}+\dot{I}r_a+j\dot{I}x_\sigma\approx j\dot{I}x_\sigma$，可见气隙感应电动势很小，则气隙合成磁通小，磁路处于不饱和状态。又 $I_k\propto E_0$，$E_0\propto I_f$，即 $I_k\propto I_f$，所以短路特性曲线是一条直线，如图 14-4b 所示。

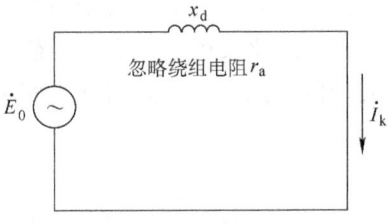

图 14-3 短路的等效电路

通过同步发电机的空载和短路试验可以求出直轴同步电抗不饱和值。

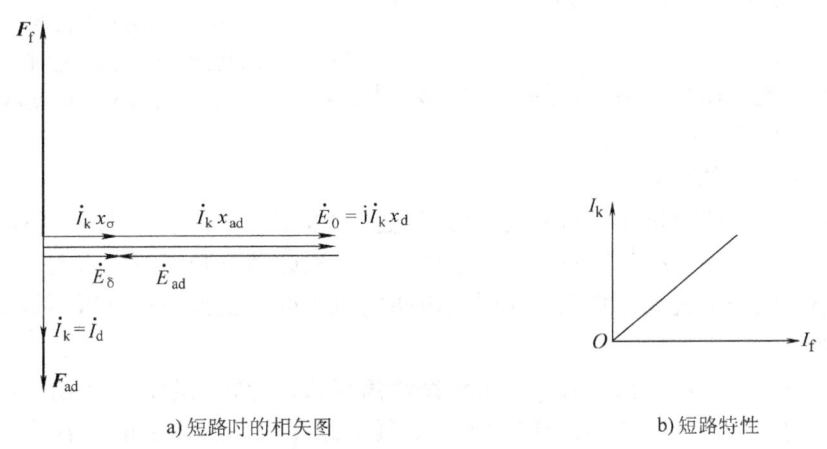

a) 短路时的相矢图　　　　　　　　b) 短路特性

图 14-4 短路时的相矢图和短路特性

3. x_d 的不饱和值的求取

设励磁电流为 I_f，每相空载电动势为 $\dot{E}_0$，如果在电枢出线端短路，测得每相短路电流为 $\dot{I}_k$，显然在略去电枢电阻时，同步电抗上的压降 x_dI_k 即为 E_0（见图 14-3）。

根据此关系可以得到测定同步电抗的简单方法：

1）用原动机带动同步发电机在同步转速下运转，测取其空载和短路特性。

2）将测取的数据在同一坐标纸上绘制成曲线，并做出气隙线。

3）选取一固定的 I_f，求得对应的短路电流 I_k 和对应于气隙线上的电动势 E_0'，如图 14-5 所示，则同步电抗可按下式求得：

$$x_{d(不饱和)}=E_0'/I_k \tag{14-3}$$

标幺值

$$x_{d*}=\frac{x_d}{Z_b}=\frac{E_0'}{I_k}\frac{I_{N\phi}}{U_{N\phi}}=\frac{E_{0*}'}{I_{k*}} \tag{14-4}$$

4. 短路比

短路比（short circuit ratio）是反映发电机综合性能的一个指标，它既和发电机的体积大小、耗用材料以及造价等因素有关，又和发电机的运行性能有关。

空载电动势等于额定电压时的励磁电流称为空载额定励磁电流 I_{f0}，在励磁电流为 I_{f0} 时做三相稳定短路试验测得的短路电流 I_k 与额定电流 I_N 之比叫短路比 K_c（见图 14-5）。

短路比又可定义为：空载时使空载电压为额定值的励磁电流 I_{f0} 与短路时使短路电流为额定值的励磁电流 I_{fk} 的比值

$$K_c = \frac{I_k}{I_N}\bigg|_{I_f=I_{f0}} = \frac{I_{f0}}{I_{fk}} \quad (14\text{-}5)$$

因为短路特性是一条直线，$I_{k0} \propto I_{f0}$，$I_N \propto I_{fk}$，转化为励磁电流的比，即

$$K_c = \frac{I_{f0}(U=U_N)}{I_{fk}(I_k=I_N)} = \frac{I_{f0}}{I'_{f0}} \cdot \frac{I'_{f0}}{I_{fk}} = k_\mu \frac{U_N}{E'_0} = k_\mu / x_{d*(\text{不饱和})} \quad (14\text{-}6)$$

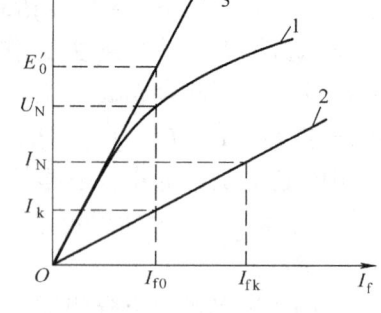

图 14-5　利用发电机的空载特性与短路特性求 x_d 的不饱和值和短路比
1—空载特性曲线　2—短路特性曲线
3—气隙线

可见短路比就是用标幺值表示的直轴同步电抗不饱和值的倒数与饱和系数之积。

短路比对发电机的影响：

短路比大，则同步电抗小，负载变化时发电机的电压变化就小，并联运行时发电机的稳定度较高；设计上，发电机气隙较大，转子的额定励磁磁动势和用铜量增大。

短路比小，同步电抗大，负载变化时发电机的电压变化就大——电压调整率大，发电机的稳定度较差。

由于水电站一般远离负荷中心，输电线路距离较长，稳定问题比较突出，所以水轮发电机应具有较大的短路比，一般选在 0.8~1.3 之间。近年来，随着发电机容量的增大，冷却方式的改进，为了提高材料利用率，随机组容量增大短路比降低。国外大型汽轮发电机的短路比有的仅为 0.4。

发电机短路比的降低，反映了单位功率所消耗材料下降，这无疑是一个优点。但是从另一个角度来看，由于 x_d 值增大后，运行性能要差一些。由于采用自动励磁调节装置，大大提高了运行稳定性，降低短路比可以提高发电机经济指标。

【例 14-1】　一国产三相 72500kW 的水轮发电机，$U_N = 10.5\text{kV}$，$\cos\varphi_N = 0.8$，Y形联结，空载特性如表 14-1 所示。

表 14-1　例 14-1 的数据

E_{0*}	0.55	1.0	1.21	1.27	1.33
I_{f*}	0.52	1.0	1.51	1.76	2.09

短路特性为过原点的直线，$I_{k*} = 1$ 时 $I_{f*} = 0.965$。

试求：（1）直轴同步电抗标幺值 $x_{d*\text{不饱和}}$ 和 $x_{d*\text{饱和}}$；

（2）短路比 K_c。

解：在短路特性上取对应 $I_{f*} = 0.52$ 时的 I_{k*}（在空载特性上有 $I_{f*} = 0.52$ 时的 $E_{0*} = 0.55$）

$$\frac{1}{0.965} = \frac{I_{k*}}{0.52}$$

$$I_{k*} = \frac{0.52}{0.965} = 0.5388$$

在短路特性上取对应 $I_{f*} = 1$ 时的 I_{k1*}（在空载特性上有 $I_{f*} = 1$ 时的 $E_{0*} = 1$）

$$\frac{1}{0.965} = \frac{I_{k1*}}{1}$$

$$I_{k1*} = \frac{1}{0.965} = 1.036$$

同步电抗的不饱和值和饱和值的标幺值

$$x_{d*\text{不饱和}} = \frac{E_{0*}}{I_{k*}} \bigg|_{I_{f*}=0.52} = \frac{0.55}{0.5388} = 1.02$$

$$x_{d*\text{饱和}} = \frac{U_{N*}}{I_{k1*}} \bigg|_{I_{f*}=1} = \frac{1}{1.036} = 0.965$$

短路比

$$K_c = \frac{I_{f0*}}{I_{fk*}} = \frac{1.0}{0.965} = 1.036$$

额定电流

$$I_N = \frac{P_N}{\sqrt{3} U_N \cos\varphi_N} = \frac{72500}{\sqrt{3} \times 10.5 \times 0.8} \text{A} = 4983 \text{A}$$

额定阻抗

$$Z_N = \frac{U_{N\phi}}{I_N} = \frac{10500}{\sqrt{3} \times 4983} \Omega = 1.216 \Omega$$

同步电抗的不饱和值和饱和值

$$x_{d\text{不饱和}} = x_{d*\text{不饱和}} Z_N = 1.02 \times 1.216 \Omega = 1.24 \Omega$$

$$x_{d\text{饱和}} = x_{d*\text{饱和}} Z_N = 0.965 \times 1.216 \Omega = 1.17 \Omega$$

第二节 零功率负载特性及漏电抗的求取

发电机的负载特性是指在负载电流 I = 常数，功率因数 $\cos\varphi$ = 常数的条件下，端电压 U 与励磁电流 I_f 的关系。其中，当 $\cos\varphi = 0$ 时的一条负载特性称为零功率因数特性（zero power factor characteristic）。

一、零功率因数负载特性曲线实验测定方法

测定同步发电机零功率因数特性时，要得到一定容量的零功率因数负载很不容易，实际上认为 $\cos\varphi \leqslant 0.2$ 即可。实验的接线如图 14-6 所示。实验时，将转子拖至 $n_N = n_1$，保持不变，电枢绕组接一可变纯电感负载，使 $\cos\varphi \leqslant 0.2$；调 I_f 及 U 大小，使电枢电枢电流 $I = I_N$，记录 U、I_f；改变 I_f，逐点记录 U（保持 $I = I_N$）、I_f。即可得到零功率因数负载特性曲线，如图 14-7 所示。通过空载、短路试验和零功率因数负载试验可以求出直轴同步电抗 x_d 的饱和值和定子漏抗 x_σ。

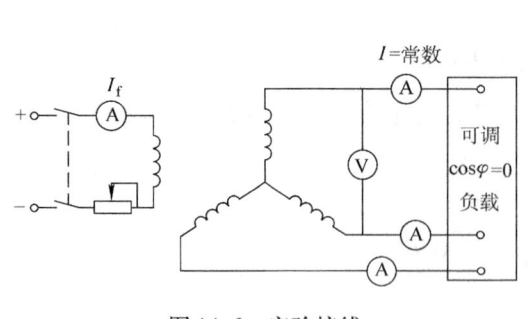

图 14-6 实验接线

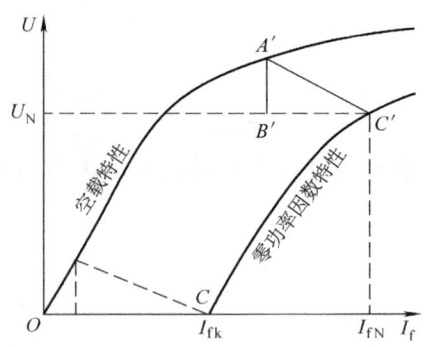

图 14-7 零功率因数负载特性曲线

二、同步电抗饱和值的求取

零功率负载时的等效电路和相矢图如图 14-8 所示。$\cos\varphi = 0$ 的负载为纯电感负载，即 $\psi = 90°$，从图 14-8b 可以看出，$\dot{E}_0$、$j\dot{I}x_d$、$\dot{U}$ 处于同一方向，其相量加减可简化为代数加减，即

$$U = E_0 - x_d I_d \tag{14-7}$$

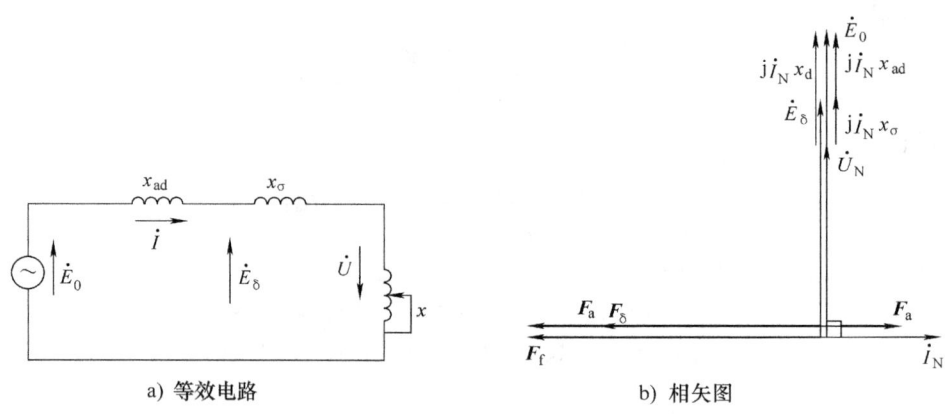

a) 等效电路　　　　b) 相矢图

图 14-8 零功率负载时的等效电路和相矢图

1. 同步电抗

在 $I_d = I = I_N$ 时的零功率因数特性曲线上取出对应于 $U = U_N$ 时的励磁电流 I_{fN}，然后在空载特性曲线上取出对应于 I_{fN} 的空载电动势 E_{0N}，由式（14-7）就可求得同步电抗的饱和值，即（见图 14-9）

$$x_{d饱和} = \frac{E_{0N} - U_N}{I_N} \tag{14-8}$$

2. 定子漏抗

$U = 0$ 时，对应于零功率因数特性上的励磁电流 $I_f = OC$，将该电流分为两部分，OB 段为克服漏抗压降的励磁电流，BC 段是用来克服电枢

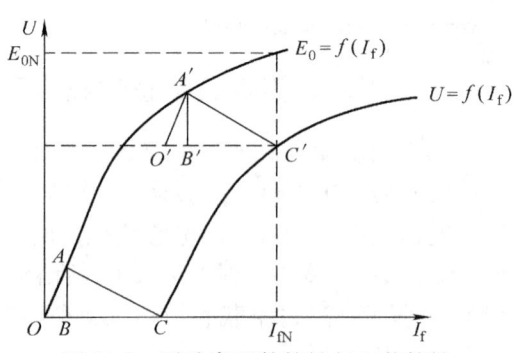

图 14-9 零功率因数特性与空载特性

反应的去磁作用的励磁电流，可见△ABC 的 BC 边代表电枢反应的去磁作用的励磁电流，AB 边代表定子漏抗。由于 BC 和 AB 均和电枢电流 I 成正比。所以当 I 一定时，△ABC 是固定的，此三角形称为同步发电机的特性三角形。只要求得特性三角形，就可以很方便地求得定子漏抗，即

$$x_\sigma = \frac{AB}{I_N} \tag{14-9}$$

对于一定的电枢电流 I，由于△ABC 是固定的，所以在空载特性曲线上移动△ABC 的顶点 A 时，C 的轨迹即为零功率因数特性。如果在零功率因数特性曲线上向上平移△ABC 的顶点 C 到额定电压 U_N 时，将得到△A'B'C'，并且 $\overline{O'C'} = \overline{OC}$，$O'A'//OA$，由此可得到特性三角形的作法：

1) 在额定电压 U_N 处作一水平线交零功率因数曲线于 C'，截取 O'C' = OC。
2) 过 O'做 OA 的平行线交空载特性曲线于 A'。
3) 过 A'作 A'B'⊥O'C'于 B'，则△A'B'C'即为特性三角形（见图 14-9）。

第三节 稳态参数的实验测定

同步发电机在对称稳态运行时的主要参数有直轴同步电抗 x_d、交轴同步电抗 x_q、定子漏抗 x_σ 等。对于 x_d 和 x_σ 的测定方法，前面已经作了说明。以下介绍用转差法测定凸极同步发电机的 x_d 和 x_q 值。

用转差法（slip method）可以测出凸极同步发电机的纵轴同步电抗 x_d 和横轴同步电抗 x_q 值。励磁绕组开路（或通过很大阻值的电阻短路，以防过电压），使 $I_f = 0$，用外力拖动转子转动，使 n 接近 n_1，对应的转差率 s < 1%，定子绕组外加额定频率三相对称电压［低压约 (0.02~0.15) U_N］，测量定子电压及对应电流。用示波器拍摄的转差法试验时转子励磁绕组开路电压及定子电压和电流波形如图 14-10 所示。

在试验过程中，由于转子与定子旋转磁场之间有相对运动，因此旋转磁场的轴线将不断地依次与转子 d 轴或 q 轴重合，相应地，定子的电抗将随着旋转磁场与转子主极相对位置的变化而在最大值 x_d 与最小值 x_q 之间作周期性的变动。当旋转磁场的轴线与转子 d 轴一致时，磁阻最小，定子电抗达最大值 x_d，而定子电流为最小值 I_{min}，由于供电线路压降最小，故定子每相的端电压为最大值 U_{max}，忽略定子电阻，则

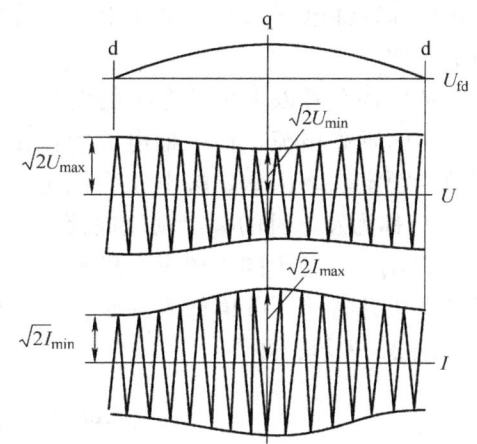

图 14-10 转差法试验时转子励磁绕组开路电压及定子电压和电流波形

$$x_d = \frac{U_{max}}{I_{min}} \tag{14-10}$$

同理，当旋转磁场的轴线与转子 q 轴一致时，磁阻最大，定子电抗达最小值 x_q，而定子电流为最小值 I_{max}，由于供电线路压降最大，故定子每相的端电压为最大值 U_{min}，忽略定

子电阻，则

$$x_q = \frac{U_{\min}}{I_{\max}} \quad (14\text{-}11)$$

因为实验时加的是低电压，电枢电流较小，产生的磁动势较小，磁路处于不饱和状态，测得的 x_d 和 x_q 为不饱和值。

第四节　外特性与调整特性

同步发电机的稳态运行特性包括外特性（external charateristics）、调整特性（regulation characteristics）和效率特性（efficiency characteristics）。从这些特性中可以确定发电机的电压调整率、额定励磁电流和额定效率，这些都是标志同步发电机运行性能的基本数据。

一、外特性

外特性是指发电机的转速为同步转速、励磁电流和负载功率因数不变时，发电机的端电压与电枢电流之间的关系，即 $n = n_1$，$I_f =$ 常值，$\cos\varphi =$ 常值时，$U = f(I)$。

图 14-11 所示为带有不同功率因数的负载时，同步发电机的外特性。从图可见，在感性负载和纯电阻负载时，外特性是下降的，这是由于电枢反应的去磁作用和漏阻抗压降所引起。在容性负载且内功率因数角为超前时，由于电枢反应的增磁作用和容性电流的漏抗电压上升，外特性亦可能是上升的。

从外特性可以求出发电机的电压调整率。调节发电机的励磁电流，使电枢电流为额定电流、功率因数为额定功率因数、端电压为额定电压，此励磁电流 I_{fN} 称为发电机的额定励磁电流。然后保持励磁电流为 I_{fN}，转速为同步转速，卸去负载（$I = 0$），此时端电压升高的百分值即为同步发电机的电压调整率，用 Δu 表示，即

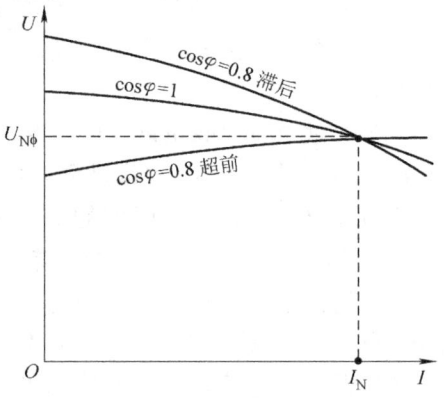

图 14-11　同步发电机的外特性

$$\Delta u = \frac{E_0 - U_N}{U_N}\bigg|_{I_f = I_{fN}} \times 100\% \quad (14\text{-}12)$$

Δu 是发电机的性能指标之一，按国家标准规定应不大于 50%，凸极同步发电机的 Δu 通常在 18% ~ 30% 以内，隐极同步发电机由于电枢反应较强，Δu 通常在 30% ~ 48% 这一范围内。通过采用快速励磁调节器，可以自动改变励磁电流使发电机端电压保持不变。

二、调整特性

调整特性是指发电机的转速为同步转速、端电压为额定电压、负载的功率因数不变时，励磁电流与电枢电流之间的关系，即 $n = n_1$，$U = U_N$，$\cos\varphi =$ 常值时，$I_f = f(I)$。

图 14-12 所示为带有不同功率因数的负载时，同步发电机的调整特性。由图可见，在感性负载和纯电阻负载时，为补偿电枢电流所产生的去磁电枢反应和漏阻抗压降，随着电枢电

流的增加，必须相应地增加励磁电流，此时调整特性是上升的。在容性负载时，调整特性亦可能是下降的。从调整特性可以确定额定励磁电流 I_{fN}。

三、效率特性

效率特性是指转速为同步转速、端电压为额定电压、功率因数为额定功率因数时，发电机的效率与输出有功功率的关系，即 $n = n_1, U = U_N, \cos\varphi = \cos\varphi_N$ 时，$\eta = f(P_2)$。

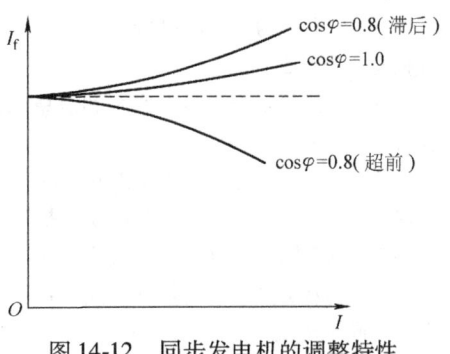

图14-12 同步发电机的调整特性

同步发电机的基本损耗包括电枢的基本铁耗 p_{Fe}、电枢基本铜耗 p_{Cu}、励磁损耗 p_{Cuf}、杂散损耗 p_s 和机械损耗 p_m。电枢基本铁耗是指主磁通在电枢铁心齿部和轭部中交变所引起的损耗。电枢基本铜耗是换算到基准工作温度时，电枢绕组的直流电阻损耗。励磁损耗包括励磁绕组的基本铜耗、变阻器内的损耗、电刷的电损耗以及励磁设备的全部损耗。机械损耗包括轴承、电刷的摩擦损耗和通风损耗。杂散损耗包括电枢漏磁通在电枢绕组和其他金属结构部件中所引起的涡流损耗，以及高次谐波磁场掠过主极表面所引起的表面损耗等。

总损耗 Σp 求出后，效率即可确定

$$\eta = \left(1 - \frac{\Sigma p}{P_2 + \Sigma p}\right) \times 100\% \tag{14-13}$$

现代空气冷却的大型水轮发电机，额定效率大致在96%~98.5%这一范围内；空冷汽轮发电机的额定效率大致在94%~97.8%这一范围内；氢冷时，额定效率约可增高0.8%。

【例14-2】 一台汽轮发电机并联于无穷大电网，$S_N = 31250 \text{kV·A}, U_N = 10.5 \text{kV}, \cos\varphi_N = 0.8 (\varphi_N > 0)$，Y形联结，$x_s = 7\Omega$，忽略电枢电阻，求电压变化率。

解：

$$Z_b = \frac{U_N/\sqrt{3}}{I_N} = \frac{U_N/\sqrt{3}}{S_N/\sqrt{3}U_N} = \frac{U_N^2}{S_N} = 3.528\Omega$$

$$x_{s*} = \frac{x_s}{Z_b} = \frac{7}{3.528} = 1.984$$

$$\dot{E}_{0*} = \dot{U}_* + j\dot{I}_* x_{s*}$$
$$= 1\underline{/0°} + j1\underline{/-36.87°} \times 1.984$$
$$= 2.7\underline{/35.93°}$$

$$\Delta u = \frac{E_0 - U_N}{U_N} = \frac{2.7 - 1}{1} = 170\%$$

由于采用相量图方法，忽略了发电机的饱和，所以求出的电压变化率偏大。

思考题及习题

14-1 为什么同步发电机的短路特性为一直线，设 $x_{d*} = 1$，且当短路电流 $I_k = I_N$，$I_{k*} \cdot x_{d*}$ 已等于额定电压，此时的短路特性仍为直线吗？为什么？

14-2 什么叫短路比？它与哪些量有关？为什么汽轮发电机的短路比可以比水轮发电机的短路比小？为什么说短路比过大发电机制造成本会增加？

14-3　发电机的端电压保持为额定值，发电机空载时的励磁电流和发电机带纯电感负载时的励磁电流是否相同？为什么？

14-4　通过同步发电机的空载和短路试验可以求出什么参数？通过空载、短路试验和零功率因数负载试验可以求出什么参数？

14-5　为什么用低转差法可以测得同步发电机的 x_d 和 x_q，所求的是饱和值还是不饱和值？

14-6　什么叫短路比？它和同步电抗有何关系？它的大小对发电机的运行性能和制造成本有何关系？

14-7　测定同步发电机的空载特性和短路特性时，如果转速降为原来 $0.95n_N$，对试验结果有什么影响？

14-8　为什么从空载特性和短路特性不能测定交轴同步电抗？为什么从空载特性和短路特性不能准确测定直轴同步电抗？

14-9　有一台三相汽轮发电机，$P_N = 25000\text{kW}$，$U_N = 10.5\text{kV}$，Y形联结，$\cos\varphi_N = 0.8$（滞后），作单机运行。由试验测得它的同步电抗标幺值为 $x_s* = 2.13$。电枢电阻忽略不计。每相励磁电动势为 7520V，试分析下列几种情况接上三相对称负载时的电枢电流值，并说明其电枢反应的性质：

（1）每相是 7.52Ω 的纯电阻；

（2）每相是 7.52Ω 的纯感抗；

（3）每相是 15.04Ω 的纯容抗；

（4）每相是（7.52 − j7.52）Ω 的电阻电容性负载。

14-10　有一台三相隐极同步发电机，$S_N = 26\text{kV}\cdot\text{A}$，$U_N = 400\text{V}$，$I_N = 37.5\text{A}$，$\cos\varphi_N = 0.85$，Y形联结，已知空载特性见表 14-2，短路特性见表 14-3。

表 14-2　空 载 特 性

E_0*	1.43	1.38	1.32	1.24	1.09	1.0	0.86	0.7	0.5
I_f*	3	2.4	2	1.6	1.2	1.0	0.8	0.6	0.4

表 14-3　短 路 特 性

I_k*	1.0	0.85	0.65	0.5	0.15
I_f*	1.2	1.0	0.8	0.6	0.2

求：x_s* 的不饱和值、饱和值及欧姆值。

第十五章 同步发电机并联运行

单机供电的缺点是明显的,既不能保证供电质量(电压和频率的稳定性)和可靠性(发生故障造成停电),又无法实现供电的灵活性和经济性,这些缺点可以通过多机并联来改善。

通过并联可将几台发电机或几个电站并成一个电网。现代发电厂中都是把几台同步发电机并联起来接在共同的汇流排上(见图 15-1),一个地区总是有多个发电厂并联起来组成一个强大的电力系统(电网),如图 15-2 所示。

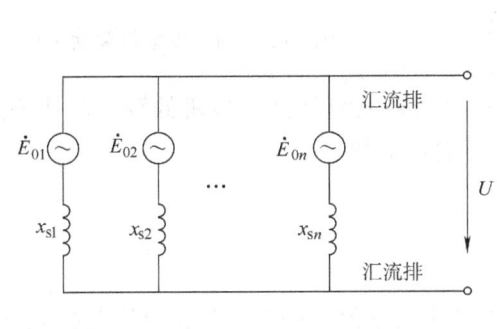

图 15-1 同步发电机并联成大电网   图 15-2 电力系统示意图

并网供电与单机供电相比有许多优点:

1)提高了供电的可靠性。其中一台发电机发生故障或定期检修不会引起停电事故。

2)提高了供电的经济性和灵活性。例如水电厂与火电厂并联时,在枯水期和丰水期,两种电厂可以调配发电,使得水资源得到合理使用。在用电高峰期和低谷期,可以灵活地决定投入电网的发电机数量,提高了发电效率和供电灵活性。

3)提高了供电质量,电网的容量巨大(相对于单台发电机或者个别负载可视为无穷大),单台发电机的投入与停机,个别负载的变化,对电网的影响甚微,衡量供电质量的电压和频率可视为恒定不变的常数,电网对单台发电机来说可视为无穷大电网或无穷大汇流排。同步发电机并联到电网后,它的运行情况要受到电网的制约,也就是说它的电压、频率要和电网一致而不会单独变化。

第一节 投入并联运行的条件与方法

一、投入并联的条件

把同步发电机并联至电网的过程称为投入并联(parallel operation),或称为并列、并车、整步。在投入并联时必须避免产生巨大的冲击电流,以防止同步发电机受到损坏、电网遭受干扰。

投入并联前必须检查发电机和电网是否适合以下条件:

1) 发电机的励磁电动势应与电网电压相等。

2) 发电机的频率与电网频率相等。

3) 并联合闸瞬间,发电机与电网的对应相的电压应同相位,亦即与发电机与电网回路电动势为零。

4) 相序相同。

5) 电压波形相同。

若以上条件中的任何一个不满足则在图15-3所示的开关S的两端会出现差额电压,如果闭合S,在发电机和电网组成的回路中必然会出现瞬态冲击电流。

上述条件中,除相序一致是绝对条件外,其他条件都是相对的,因为通常发电机可以承受一些小的冲击电流。

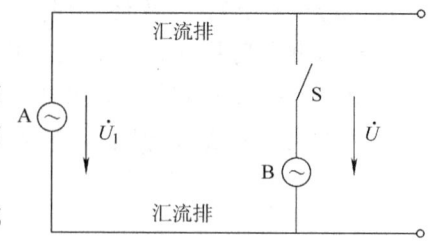

图15-3 同步发电机并联运行

投入并联的准备工作是检查投入并联条件和确定合闸时刻。通常用电压表测量电网电压,并调节发电机的励磁电流使得发电机的输出电压 $U_1 = U$。再借助同步指示器检查并调整频率和相位以确定合闸时刻。

二、同步发电机的并联方法

1. 准同步并联

发电机在投入并联合闸前已加励磁,当发电机电压的幅值、频率、相位分别与投入并联点系统侧电压的幅值、频率、相位接近相等时,将发电机断路器合闸,完成并车操作。

发电机准同步并联的实际条件:待并发电机与系统电压幅值接近相等,电压差不应超过额定电压的5%~10%;待并发电机电压与系统电压的频率应接近相等,频率差不应超过额定频率的0.2%~0.5%;在断路器合闸瞬间,待并发电机电压与系统电压的相位差应接近零,误差不应大于5°。

为了寻找合闸时刻,其原理采用同步指示装置。

(1) 灯光明暗法

如图15-4a所示,将3只灯泡直接跨接于电网与发电机的对应相之间。投入并联方法为:通过调节发电机励磁电流的大小使得 $U_G = U_S$,其中 U_G 为发电机电压,为 U_S 电网电压;电压调整好后,如果相序一致,灯光应表现为同时明、同时暗,如果灯光不是同时明、同时暗,则说明相序不一致,这时应调整发电机的出线相序或电网的引线相序,严格保证相序一致;通过调节发电机的转速改变发电机机端电压的频率,直到灯光同时明、同时暗十分缓慢时,说明同步发电机和电网的频率已十分接近,这时等待灯光完全变暗的瞬间到来,即可合闸投入并联。

当不满足并网条件时,灯光明暗法所见的现象和采取的措施:

1) 频率不等。相灯将呈现同时暗、同时亮的变化很快,说明发电机与电网的频率不同,需调节原动机转速从而改变发电机频率。

2) 电压不等。3个相灯没有绝对熄灭的时候,而是在最亮和最暗范围闪烁,需调节励磁电流从而改变发电机的端电压。

3) 相序不等。3个相灯明暗呈旋转变化状态,说明发电机与电网的相序不同,需对调发电机或电网的任意两根接线再进行观察。

4) 相位不等。3 组相灯不同时熄灭，不能合闸并网，需微调节转速。

(2) 灯光旋转法

如图 15-4b 所示，灯 1 跨接于 AB1，灯 2 跨接于 BA1，灯 3 跨接于 C1C。旋转法并车方法为：通过调节发电机励磁电流的大小使得 $U_G = U_S$，其中 U_G 为发电机电压，为 U_S 电网电压；电压调整好后，如果相序一致，则灯光旋转，否则说明相序不一致，这时应调整发电机的出线相序或电网的引线相序，严格保证相序一致；通

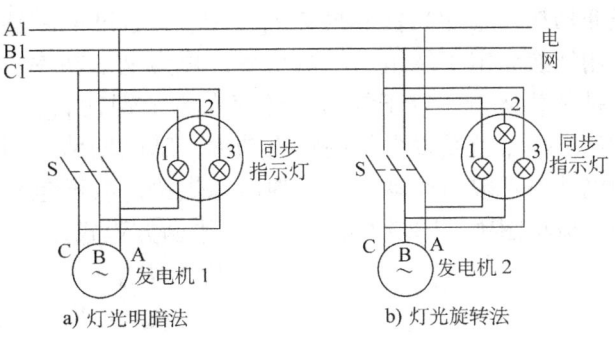

图 15-4 三相发电机整步

过调节发电机的转速改变发电机机端电压的频率，直到灯光旋转十分缓慢时，说明同步发电机和电网的频率已十分接近，这时等待灯 3 完全熄灭的瞬间到来，即可合闸投入并联。

灯光旋转法又称为理想整步法。由于它需对并联条件逐一检查和调整，所以费时较多。

准同步并联（quasi-synchronous paralleling）的优点是并列时冲击电流小，不会引起系统电压降低；不足是投入并联操作过程中需要对发电机电压、频率进行调整，并列时间较长且操作复杂，另外，如果合闸时刻不准确，可能造成非同步合闸。按自动化程度不同，准同步并联分为手动准同步、半自动准同步和自动准同步。

2. 自同步并联

将励磁绕组通过电阻（约为励磁电阻的 10 倍）短接，如图 15-5a 所示，拖动到接近同步速（相差 2% ~ 5%），在无励磁电流的情况下，将发电机接入电网。再接通励磁并调节励磁，如图 15-5b 所示，依靠定子磁场和转子磁场之间的电磁转矩将转子拉入同步转速，投入并联过程结束。需要注意的是：励磁绕组必须通过一限流电阻短接，因为直接开路，会在其中感应出危险的高压；而直接短路，将在定、转子绕组间产生很大的冲击电流。

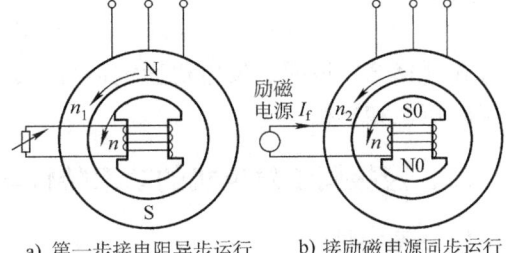

图 15-5 自同步并联的接线

自同步并联（self-synchronous paralleling）的优点是投入并联过程中不存在调整发电机电压、频率的问题，投入并联时间短且操作简单，在系统电压和频率降低的情况下，仍有可能将发电机并入系统，容易实现自动化；不足是并联发电机未接励磁，投入并联时会从系统中吸收无功而造成系统电压下降，同时产生很大的冲击电流。

第二节 并联运行的同步发电机电磁功率与功率特性

一、同步发电机的功率及转矩

同步发电机的功率流程图如图 15-6 所示。P_1 为原动机向发电机输入的机械功率，其中

一部分提供轴与轴承间的摩擦、转动部分与空气的摩擦及通风设备的损耗,总计为机械损耗 p_m 和杂散损耗 p_s,另一部分供给定子铁心中的涡流和磁滞损耗,总计为铁心损耗 p_{Fe},P_{em} 为通过电磁感应作用转换为定子绕组上的电功率,称为电磁功率。如果是负载运行,定子绕组中还存在定子铜耗 p_{Cu1},$P_2 = P_{em} - p_{Cu1}$ 就是发电机的输出功率。励磁回路所消耗的电功率一般由原动机或其他电源供给,故不包括在功率流程图中,同步发电机的功率平衡方程式为

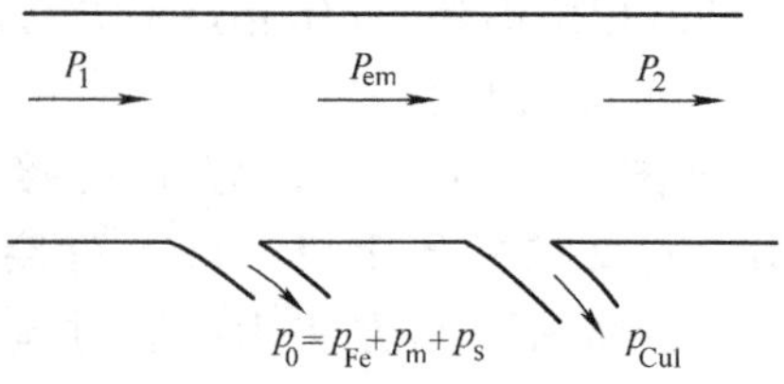

图 15-6 同步发电机的功率流程图

$$P_1 = P_{em} + p_{Fe} + p_m + p_s$$
$$P_{em} = P_2 + p_{Cu1} \tag{15-1}$$

式中,p_s 杂散损耗、p_m 机械损耗和 p_{Fe} 铁心损耗之和为发电机空载时的损耗,称为空载损耗 p_0。

定子绕组的电阻一般较小,其铜耗可以忽略不计,则有

$$P_{em} = P_2 = mUI\cos\varphi \tag{15-2}$$

功率 P 与转矩 T 的关系为 $P = T\Omega_1$,其中 $\Omega_1 = 2\pi n_1/60$,定义:

$T_1 = \dfrac{P_1}{\Omega_1}$ 为发电机轴上的输入机械转矩;

$T_0 = \dfrac{P_0}{\Omega_1}$ 为发电机空载轴上的输入转矩;

$T = \dfrac{P_{em}}{\Omega_1}$ 为电磁转矩。

转矩平衡式为

$$T_1 = T_0 + T \tag{15-3}$$

式(15-3)说明,发电机稳定运行时,驱动性质的原动机转矩与制动性质的电磁转矩和空载转矩之和平衡。

二、隐极同步发电机的功率特性与转矩特性

1. 功率特性

并联于无穷大电网的同步发电机,当电网电压和频率恒定、参数为常数、空载电动势 E_0 不变(即 I_f 不变)时,电磁功率和功角之间的关系 $P_{em} = f(\delta)$ 称为有功功率特性[也称功角特性(power-angle characteristic)]。有功功率特性是同步发电机的基本特性之一,通过它可以研究同步发电机接在电网上运行时输出功率的情况,并进一步揭示机组的稳定性。

为了分析方便,假设发电机并联于无穷大电网;发电机磁路不饱和;忽略电枢绕组电阻。

功角 δ 表示发电机的励磁电动势 $\dot{E}_0$ 和端电压 $\dot{U}$ 之间相角差。功角 δ 对于研究同步发电机的功率变化和运行的稳定性有重要意义。

图 15-7 所示为同步发电机的时空相矢图。图 15-7 中忽略了定子绕组的漏磁电动势,认为 $\dot{U} \approx \dot{E}_0 + \dot{E}_a$,$\dot{E}_0$ 对应于转子磁动势 $\boldsymbol{F}_f$,$\dot{E}_a$ 对应于电枢磁动势 $\boldsymbol{F}_a$,所以可近似认为端电压 $\dot{U}$ 由合成磁动势 $\boldsymbol{F}_\delta = \boldsymbol{F}_f + \boldsymbol{F}_a$ 所感应。$\boldsymbol{F}_\delta$ 和 $\boldsymbol{F}_f$ 之间的空间相角差即为 $\dot{U}$ 和 $\dot{E}_0$ 之间的时间相

角差。

所以功角 δ 在时间上表示端电压和励磁电动势之间的相角差，在空间上表现为合成磁场轴线与转子磁场轴线之间的空间夹角，如图 15-8 所示。并网运行时，$\dot{U}$ 为电网电压，其大小和频率不变，对应的合成磁动势 $F_δ$ 总是以同步速度旋转，因此功角的大小由转子磁动势 F_{f1} 和气隙磁动势 $F_δ$ 的相对速度决定。稳定运行时，F_{f1} 和 $F_δ$ 之间无相对运动，δ 具有固定的值。

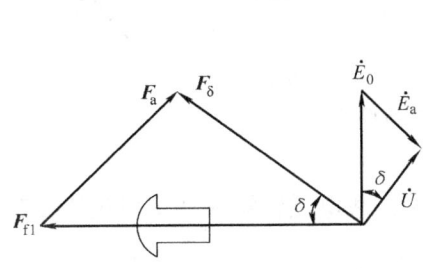

图 15-7　同步发电机的时空相矢图　　图 15-8　功角的空间模型

图 15-9 所示为隐极同步发电机的等效电路和相量图，由相量图知，$E_0\sinδ = Ix_s\cosφ$，则

$$I\cosφ = \frac{E_0\sinφ}{x_s} \tag{15-4}$$

将式（15-4）代入式（15-2）得

$$P_{em} = \frac{mE_0U}{x_s}\sinδ \tag{15-5}$$

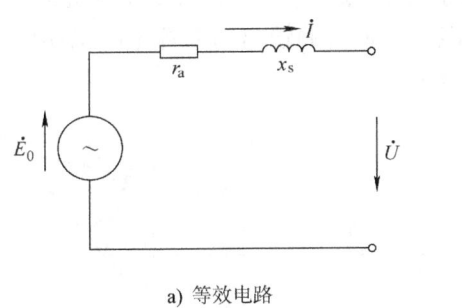
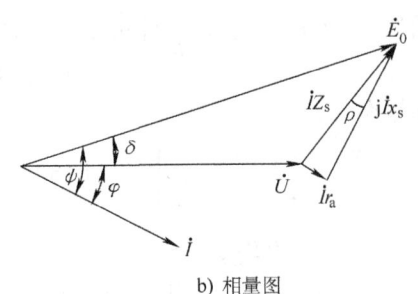

a) 等效电路　　　　　　　　　　　　b) 相量图

图 15-9　隐极同步发电机的等效电路和相量图

式（15-5）为隐极发电机的功率特性，若发电机并联于无穷大电网，则 U = 常数，如果发电机的励磁电流不变，I_f = 常数，则 E_0 = 常数，P_{em} 与 δ 为正弦关系。如图 15-10a 所示，当功角 δ = 90°时，电磁功率达到最大值 $P_{em\,max} = mE_0U/x_s$，称为功率极限，功率极限正比于励磁电压，反比于同步电抗。

可见功角是研究同步发电机运行状态的一个重要参数，它不仅决定发电机输出有功功率的大小，而且还反映发电机转子的相对空间位置，它把同步发电机的电磁关系和机械运动紧密联系起来。

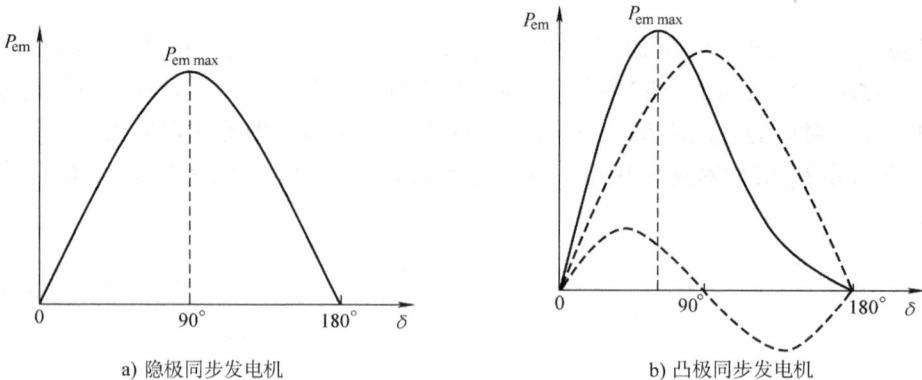

a) 隐极同步发电机　　　　b) 凸极同步发电机

图 15-10　发电机的功率特性曲线

2. 转矩特性

由于同步发电机的转速为同步转速，且保持不变，故电磁转矩和功率成正比，若略去电枢电阻，则得电磁转矩的公式为

$$T = \frac{P_{em}}{\Omega_1} = \frac{p}{\omega_1} \frac{mE_0 U}{x_s}\sin\delta \tag{15-6}$$

亦即电磁转矩随着 δ 角变化的曲线将与功率随着 δ 角而变化的曲线相同。用标幺值表示时由于取速度的基值为同步转速，所以同步发电机正常运行时转速标幺值为 1，转矩和功率便有相同标幺值。

三、凸极同步发电机的功率特性

不饱和隐极同步发电机的特点是 $x_d = x_q = x_s$，但凸极同步发电机中，$x_d \neq x_q$，功角特性的表示就有所不同。当发电机不饱和且忽略定子绕组电阻时，凸极同步发电机带感性负载时的相量图如图 15-11 所示。不计定子绕组的电阻，发电机的输出功率等于电磁功率，即

$$P_{em} = P_2 = mUI\cos\varphi$$

由相量图可得

$$\left.\begin{array}{l} I_q x_q = U\sin\delta \\ I_d x_d = E_0 - U\cos\delta \end{array}\right\} \tag{15-7}$$

或

$$\left.\begin{array}{l} I_q = \dfrac{U\sin\delta}{x_q} \\ I_d = \dfrac{E_0 - U\cos\delta}{x_d} \end{array}\right\} \tag{15-8}$$

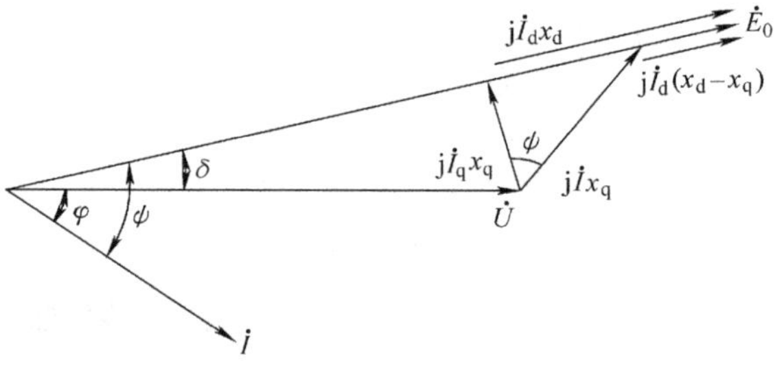

图 15-11　凸极同步发电机带感性负载时的相量图

于是

$$\begin{aligned} P_{em} = P_2 &= mUI\cos\psi = mUI\cos(\psi - \delta) \\ &= mUI\cos\psi\cos\delta + mUI\sin\psi\sin\delta \\ &= mUI_q\cos\delta + mUI_d\sin\delta \end{aligned} \tag{15-9}$$

将式（15-8）代入式（15-9），经整理可得

$$P_{em} = \frac{mE_0 U}{x_d}\sin\delta + mU^2\left(\frac{1}{x_q} - \frac{1}{x_d}\right)\sin\delta\cos\delta$$

$$= \frac{mE_0 U}{x_d}\sin\delta + mU^2 \frac{x_d - x_q}{2x_d x_q}\sin2\delta \qquad (15\text{-}10)$$
$$= P'_{em} + P''_{em}$$

可见凸极同步发电机的功率由两部分组成。第一项 $P'_{em} = (mE_0 U/x_d)\sin\delta$ 称为基本电磁功率。由于 $P'_{em} \propto E_0$，所以又称为励磁功率，是由定子电流与转子磁场之间的相互作用而形成的。第二项 $P''_{em} = mU^2[(x_d - x_q)/(2x_d x_q)]\sin2\delta$，称为附加电磁功率，它是由 d、q 轴磁导差异而产生的，又称磁阻功率，与励磁无关，只与电网电压有关。即使 $E_0 = 0$，转子没有加励磁，只要 $U \neq 0$、$\delta \neq 0$，而沿交轴、直轴的磁阻不相同（即 $x_d \neq x_q$），就会产生附加电磁功率。基本电磁功率在 $\delta = 90°$ 时达到最大值，附加电磁功率则在 $\delta = 45°$ 时有最大值，总的电磁功率的最大值将出现在 $45° \sim 90°$ 之间，具体位置将视两项幅值的相对大小而定。

根据式（15-10）作出的功率特性如图 15-10b 所示，由图可见，凸极同步发电机的最大电磁功率比具有相同的 E_0、U 及 x_d 的隐极同步发电机略大。同步发电机的 E_0 越大，附加电磁电磁功率在整个电磁功率中所占的比例就越小，在正常情况下，附加电磁功率仅占百分之几。无论凸极机、隐极机，当功角 $\delta = 0$ 时，$P_{em} = 0$。

四、无功功率与功角的关系

同步发电机并入电网，不仅可以向系统发送有功功率，而且可以向电网输送无功功率，运行方式灵活多样。并联于无穷大电网的同步发电机当电网电压和频率恒定、参数为常数、空载电动势 E_0 不变（即 I_f 不变）时，$Q = f(\delta)$ 为无功功率特性。

同步发电机的无功功率 $Q = mUI\sin\varphi$，它与有功功率特性的推导相似。隐极同步发电机无功功率为

$$Q = \frac{mE_0 U}{x_s}\cos\delta - \frac{mU^2}{x_s} \qquad (15\text{-}11)$$

由式（15-11）画出隐极同步发电机的无功功率特性，如图 15-12 所示，当电网电压和频率恒定、参数为常数、空载电动势 E_0 不变（即 I_f 不变）时，无功功率 Q 也是功角 δ 的函数。当 $Q > 0$ 时，发电机发出感性无功（吸收容性）；当 $Q < 0$ 时，发电机向电网吸收感性无功（发出容性）。

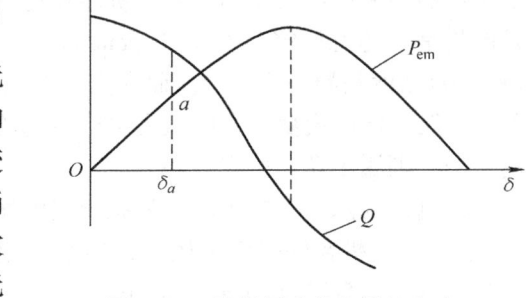

图 15-12 隐极同步发电机的有功功率和无功功率特性

同理，凸极同步发电机无功功率为

$$Q = \frac{mE_0 U}{x_d}\cos\delta - \frac{mU^2}{2}\left(\frac{1}{x_q} + \frac{1}{x_d}\right) + \frac{mU^2}{2}\left(\frac{1}{x_q} - \frac{1}{x_d}\right)\sin2\delta \qquad (15\text{-}12)$$

第三节　并联运行时有功功率的调节与静态稳定

一、有功功率的调节

有功功率特性 $P_{em} = f(\delta)$ 反映了同步发电机的电磁功率随着功角变化的情况。稳态运行

时,同步发电机的转速由电网的频率决定,等于同步转速,即发电机的电磁转矩 T 和电磁功率 P_{em} 之间成正比关系,$T = P_{em}/\Omega_1$。电磁转矩与原动机提供的动力转矩相平衡 $T_1 = T_0 + T$。其中 T_0 为空载转矩,是因摩擦、风阻等引起的阻力转矩。

可见要改变发电机输送给电网的有功功率,就必须改变原动机提供的动力转矩,这一改变可以通过调节水轮机的进水量或汽轮机的气门来达到。假设发电机与无穷大电网并联运行,所谓无穷大电网是指电网电压 U 及频率 f 不受外界干扰,保持不变,同步发电机并网之后,其电压和频率与电网保持一致,这是与无穷大电网并联运行的一个特点。

以隐极同步发电机为例,刚并网的发电机,$\dot{E}_0 = \dot{U}$,$P_2 = P_{em} = 0$,$P_1 = p_0$,处于平衡状态,$\delta = 0$,此时发电机输出的有功功率 $P_2 \approx P_{em} = (mE_0U/x_s)\sin\delta = 0$。

增加机械功率输入,假设保持励磁电流不变,$P_1 > p_0$,$P_1 - p_0 > 0$,发电机处于加速过渡过程,转子加速,转子磁场位置将超前合成磁场,$\delta > 0$。随着 δ 增加,$P_2 = P_{em} > 0$ 增加,当达到 $P_1 - p_0 = P_{em}$ 时,发电机加速过程结束,进入稳定运行,机械功率转化成电磁功率,使发电机输出有功功率 P_2,发电机内部自动改变功角,相应改变电磁功率和输出功率,达到新的功率平衡。

可见,并联于无穷大电网的同步发电机要增加有功功率输出,只有增加原动机的输入功率,使转子加速,功角 δ 增加,电磁功率和输出功率才会相应的增加,一直到 $\delta = 90°$,电磁功率达到最大值 $P_{em\,max} = mE_0U/x_s$,在功率极限范围内,输入转矩越大,有功功率输出就越大。

二、静态稳定

并联在电网上稳定运行的同步发电机,当受电网或原动机方面某些微小扰动时,如果不考虑调压器和调速器的作用,发电机能在这种干扰消失后,继续保持原来稳定运行状态,就称发电机是"静态稳定"(steady-state stability)的,也叫"小干扰稳定"(small-signal stability),否则就是静态不稳定。而同步发电机遇到突然加负载、切除负载等正常操作时,或者发生短路、电压突变、发电机失去励磁电流等非正常运行时,发电机能否继续保持同步运行的问题,则属于动态稳定问题。

当发电机为隐极发电机时,静态稳定的概念如图 15-13 所示,设输入功率为 P_1,电磁功率为 P_{em},发电机要保持稳定运行,功率一定要平衡,即 $P_1 = P_{em} + p_0$,忽略空载损耗,则 $P_1 = P_{em}$,在图 15-13 中有 a 和 d 两个平衡点,下面分析 a、d 两点的运行特性。

假设发电机运行在 a 点,若发电机受到微小增大的瞬时扰动,使转子得到一个位移增量 $\Delta\delta$,运行点由原来的 δ_a 变到 δ_b,电磁功率也相应地增加到 P_{emb},从图中可以看到,正的功角增量 $\Delta\delta = \delta_b - \delta_a$ 产生正的电磁功率 $\Delta P_{em} = P_{emb} - P_{ema}$。而原动机的机械功率与功角无关,仍然为 $P_1 = P_{em}$,从而使转子上的转矩平衡受到破坏,并且此时电磁功率大于机械功率,转子上制动性质的转矩增加,迫使发电机减速,功角 δ 逐渐减小,经过衰减振荡后,发电机回

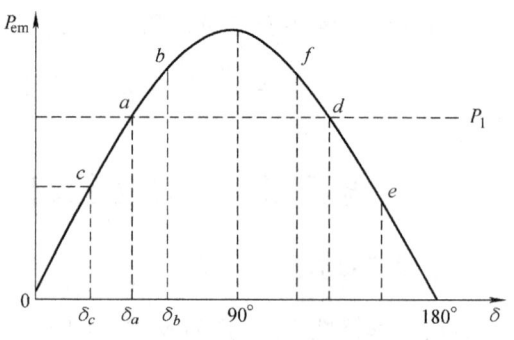

图 15-13 静态稳定的概念

到原来的运行 a 点。如果在 a 点受到某扰动，产生一个负的角度增量 $\Delta\delta = \delta_c - \delta_a$，则电磁功率增量 $\Delta P_{em} = P_{emc} - P_{ema}$ 也为负，转子上产生驱动性质的转矩，使发电机加速，功角 δ 增加，发电机回到 a 点运行。由以上分析可见，在运行点 a，发电机受到小扰动后能够自动恢复到原来的平衡状态，因此，a 点是静态稳定的。

若发电机运行在 d 点，如果发电机受到原动机输入的能量微小增大的扰动，发电机转子加速，功角 δ 增加，运行点由原来的 δ_d 变到 δ_e，显然产生电磁功率减小，转子上制动性质的转矩减小，转子不断地加速而失去同步。如果发电机受到原动机输入的能量微小减小的扰动，发电机转子减速，功角 δ 减小，运行点由原来的 δ_d 变到 δ_f，显然产生电磁功率增加，转子上制动性质的转矩增加，转子不断地减速，功角 δ 不断地减小，最后达到工作点 a，不能回到 d 点运行，因此，d 点是静态不稳定点。

同步发电机失去同步后，必须立即减小原动机输入的机械功率，否则将使转子达到极高的转速，以致离心力过大而损坏转子。另外，失步后，发电机的频率和电网频率不一致，定子绕组中将出现一个很大的电流而烧坏定子绕组。因此，保持同步是十分重要的。

为了判断同步发电机是否静态稳定并衡量其稳定程度，引入比整步功率（以隐极发电机为例）

$$P_{\text{syn}} = \frac{\mathrm{d}P_{em}}{\mathrm{d}\delta} = m\frac{E_0 U}{x_s}\cos\delta \tag{15-13}$$

当功角处于 0 到 δ_m 范围内时，随着 δ 的增大，P_{em} 亦增大，$P_{\text{syn}} > 0$，同步发电机在这一区间能够稳定运行。而当超过 δ_m 时，随着 δ 的增大（假设保持励磁电流不变），P_{em} 反而减小，$P_{\text{syn}} < 0$，电磁功率无法与输入的机械功率相平衡，发电机转速越来越大，发电机将失去同步，故在这一区间发电机不能稳定运行。$P_{\text{syn}} = 0$，$\delta = \delta_m$，发电机处于极限位置。

比整步功率 P_{syn} 越大，δ 越小，发电机静态稳定性越好，空载时，$\delta = 0$，P_{syn} 最大，最稳定；$\delta = \pi/2$，$P_{\text{syn}} = 0$，将进入不稳定状态；$\delta > \pi/2$，$P_{\text{syn}} < 0$，失去稳定。所以同步发电机与无穷大电网并联运行，短路比大的同步发电机，其同步电抗小，和短路比小的同步发电机相比，在有功功率相同的情况下，功角要小些，故短路比大的同步发电机稳定性较好；输出有功功率相同时，过励状态下功角较小，故过励状态下稳定性好；轻载时功角较小，故轻载时稳定性好。

综上所述，并联于无穷大电网的发电机所承担的有功功率是可以通过调节原动机输入的机械功率来改变的，而且发电机承担的有功功率的极限是 $P_{em\,\text{max}}$。当 $0 < \delta < \delta_m$ 时发电机可以稳定运行；$\delta > \delta_m$ 发电机不能稳定运行。

为使发电机能够稳定运行，应使最大电磁功率比额定电磁功率大得多。发电机的最大电磁功率与额定电磁功率之比，称为过载能力，用 K_m 表示，对于隐极发电机

$$K_m = \frac{P_{em\,\text{max}}}{P_N} \approx \frac{m\dfrac{E_0 U}{x_s}}{m\dfrac{E_0 U}{x_s}\sin\delta} = \frac{1}{\sin\delta} \tag{15-14}$$

过载能力越大，发电机的稳定性越好。对于汽轮发电机，额定情况下功角为 30°~40°，过载能力为 1.6~2.0。过载能力是表达静态稳定的能力，不是发电机可以带负载的倍数。过载能力设计，是从提高稳定观点考虑的，不是从发热观点考虑的。

从式 (15-13) 和式 (15-14) 可见，发电机的功率极限和比整步功率都正比于励磁电动

势，反比于同步电抗，所以要提高稳定性，可以增大励磁电流、减小同步电抗。

若发电机经变压器及输电线与电网并联，则式（15-5）中的 x_s 要改为（$x_s + x_T + x_L$），其中 x_T 是变压器的短路电抗，x_L 为输电线路电抗，且都是折算到发电机侧的数值，这时，发电机的最大电磁功率为 $P_{em\,max} = mE_0U/(x_s + x_T + x_L)$，显然过载能力降低了，特别是线路较长时，对稳定运行很不利。为了提高远距离输电的静态稳定，除系统中采取措施外，从发电机角度来说，希望发电机有较小的同步电抗，也就是要有较大的短路比。

应当注意，当发电机的励磁电流不变时，δ 的变化也将引起无功功率的变化。感性无功功率随着有功功率的增加而减少，甚至可能导致无功功率改变符号，这是应当避免的。因此，如果要求改变发电机所承担的有功功率时，应该在调节发电机有功功率的同时适当调节发电机的励磁电流。

【**例 15-1**】 已知一台三相隐极同步发电机数据如下：额定容量 $S_N = 31250$ kV·A，额定电压 $U_N = 10500$ V（Y形联结），额定功率因数 $\cos\varphi = 0.8$（滞后），定子每相同步电抗不饱和值 $x_s = 7\Omega$，此发电机并联于无穷大电网运行（采用标幺值计算）：

（1）求：发电机输出额定负载时的功率角 δ_N，电磁功率 P_{em}，电压变化率以及过载能力 K_m 为多少？

（2）若输出功率减小一半，励磁电流不变，求：发电机的功率角 δ'、电磁功率 P'_{em}、$\cos\varphi'$；

（3）若仅励磁电流增大 10%，认为励磁电动势与励磁电流成正比变化，求：发电机的功率角 δ''、电磁功率 P''_{em}、$\cos\varphi''$。

解：（1）
$$Z_b = \frac{U_N/\sqrt{3}}{I_N} = \frac{U_N/\sqrt{3}}{S_N/\sqrt{3}U_N} = \frac{U_N^2}{S_N} = 3.528\Omega$$

$$x_{s*} = \frac{x_s}{Z_b} = \frac{7}{3.528} = 1.984$$

$$\dot{E}_{0*} = \dot{U}_* + j\dot{I}_* x_{s*} = 1\underline{/0°} + i1\underline{/-36.87°} \times 1.984 = 2.7\underline{/35.93°}$$

或者
$$\tan\delta = \frac{I_* x_{s*} \cos\varphi}{U_* + I_* x_{s*} \sin\varphi} = 0.7246$$

所以
$$\delta_N = 35.93°$$

$$P_{em} = P_2 = P_N = S_N\cos\varphi = 0.8 \times 31250\text{kW} = 25000\text{kW}$$

$$K_m = \frac{1}{\sin\delta_N} = 1.705$$

$$\Delta u = \frac{E_{0*} - U_{N*}}{U_{N*}} = \frac{2.7 - 1}{1} = 170\%$$

（2）若输出减小一半

$$E_{0*} = 2.7$$

$$P_{em} = P'_N = \frac{P_N}{2} = 12500\text{kW}$$

$$P'_{em*} = \frac{P_{2N*}}{2} = \frac{\sqrt{3}U_N I_N \cos\varphi_N}{2\sqrt{3}U_N I_N} = \frac{\cos\varphi_N}{2} = 0.4 = \frac{E_{0*}U_*}{x_{s*}}\sin\delta'$$

$$\delta' = 17.09°$$

$$Q'_* = \frac{E_{0*} U_*}{x_{s*}}\cos\delta' - \frac{U_*^2}{x_{s*}^2} = \frac{\cos 17.09°}{1.984} - \frac{1}{1.984}$$

$$\cos\varphi' = \frac{P'_{em*}}{S'_*} = \frac{P'_{em*}}{\sqrt{P'^2_{em*} + Q'^2_*}} = 0.447$$

(3) 若励磁电流增大 10%

$$E''_{0*} = 2.7 \times 1.1 = 2.97$$

$$P''_{em*} = P_{2*} = 0.8 = \frac{E''_{0*} U_*}{x_{s*}}\sin\delta''$$

$$\delta'' = 32.30°$$

$$Q''_* = \frac{E''_{0*} U_*}{x_{s*}}\cos\delta'' - \frac{U_*^2}{x_{s*}^2} = \frac{\cos 32.30°}{1.984} - \frac{1}{1.984}$$

$$\cos\varphi'' = \frac{P''_{em*}}{S''_*} = \frac{P''_{em*}}{\sqrt{P''^2_{em*} + Q''^2_*}} = 0.724$$

【例 15-2】 设有一凸极式同步发电机，Y形联结，$x_d = 1.2\Omega$，$x_q = 0.9\Omega$，和它相连的无穷大电网的线电压为 230V，额定运行时 $\delta_N = 24°$，每相空载电动势 $E_0 = 225.5$V，求该发电机：

(1) 在额定运行时的基本电磁功率；
(2) 在额定运行时的附加电磁功率；
(3) 在额定运行时的总的电磁功率；
(4) 在额定运行时的比整步功率。

解： (1) 额定运行时的基本电磁功率

$$P'_{em} = m\frac{E_0 U}{x_d}\sin\delta = 3 \times \frac{225.5 \times 230/\sqrt{3}}{1.2}\sin 24° \text{W} = 30445\text{W}$$

(2) 额定运行时的附加电磁功率

$$P''_{em} = m\frac{U^2}{2}\left(\frac{1}{x_q} - \frac{1}{x_d}\right)\sin 2\delta = 3 \times \frac{(230/\sqrt{3})^2}{2}\left(\frac{1}{0.9} - \frac{1}{1.2}\right)\sin(2 \times 24°)\text{W} = 5460\text{W}$$

(3) 额定运行时的总的电磁功率

$$P_{em} = P'_{em} + P''_{em} = 35.905\text{kW}$$

(4) 额定运行时的比整步功率

$$P_{syn} = \frac{dP_{em}}{d\delta} = \frac{3E_0 U}{x_d}\cos\delta_N + 3U^2\left(\frac{1}{x_q} - \frac{1}{x_d}\right)\cos 2\delta_N$$

$$= \left[\frac{3 \times 225.5 \times 230/\sqrt{3}}{1.2}\cos 24° + 3 \times (230/\sqrt{3})^2\left(\frac{1}{0.9} - \frac{1}{1.2}\right)\cos(2 \times 24°)\right]\text{kW/rad}$$

$$= 78.2\text{kW/rad}$$

第四节　并联运行时无功功率的调节与 V 形曲线

接在电网上运行的负载类型很多，多数负载除了消耗有功功率外，还要消耗感性无功功率，如接在电网上运行的异步电机、变压器、电抗器等。所以电网除了供应有功功率外，还要供应大量滞后性的无功功率。电网所供给的绝大部分无功功率由并网的同步发电机共同分担。同步发电机在向系统输出有功功率的同时也向系统输出感性无功功率，此时发电机的电枢反应在直轴方向是去磁性质，为了维持发电机端电压不变，必须增加励磁电流。因此无功功率的调节必须依靠励磁电流的调节。

根据发电机的功率平衡，如果保持原动机的拖动转矩不变（即不调节原动机的气门、油门或水门），原动机的输入功率不变，那么发电机输出的有功功率亦保持不变。

以不饱和隐极同步发电机为例，假设不考虑电枢电阻，且认为与无穷大电网并联，无功输出为零，不同励磁时的相量图如图15-14所示。

刚并网的发电机未带有功负载，发电机励磁电动势等于端电压，$\dot{E}_0 = \dot{U}$，电枢电流为零，且不存在电枢磁动势，励磁绕组的主磁动势 F_f 与合成磁动势 F_δ 相等，如图15-14a所示，此时称发电机正常励磁，发出的无功 $Q = mUI\sin\varphi = 0$。

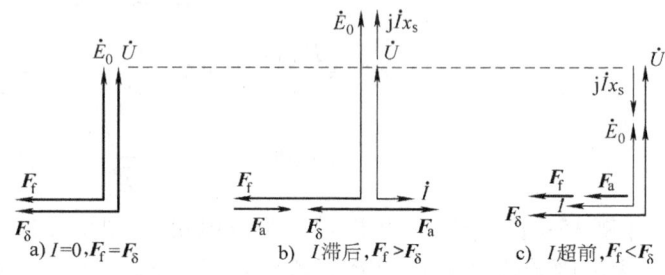

图15-14 无功输出为零不同励磁时的相量图

如图15-14b所示，若励磁电流增加，则励磁磁动势 F_f 增大，励磁电动势 E_0 增大，但发电机端电压仍为电网电压 U，根据发电机的端电压方程式 $\dot{E}_0 = \dot{U} + j\dot{I}x_s$，则发电机产生一滞后端电压90°的电枢电流，这一电枢电流产生去磁性质的电枢磁动势 F_a，$F_\delta = F_f - F_a$。此时称发电机过励运行，发出感性无功 $Q = mUI\sin\varphi > 0$。且励磁电流增加越大，电枢电流就越大，发出的感性无功也越大。

同理，如图15-14c所示，若励磁电流减小，则励磁磁动势 F_f 减小，励磁电动势 E_0 减小，但发电机端电压仍为电网电压 U，根据发电机的端电压方程式 $\dot{E}_0 = \dot{U} + j\dot{I}x_s$，则发电机产生一超前端电压90°的电枢电流，这一电枢电流产生助磁性质的电枢磁动势 F_a，$F_\delta = F_f + F_a$。此时称发电机欠励运行，发出容性无功 $Q = mUI\sin\varphi < 0$。且励磁电流减小越多，电枢电流就越大，发出的容性无功也越大。

当同步发电机供给一恒定的有功功率时，由于调节无功功率，没改变原动机的输入，有功功率将保持不变，故

$$\left. \begin{array}{l} P_2 = mUI\cos\varphi = 常数 \\ P_{em} = m\dfrac{E_0 U}{x_s}\sin\delta = 常数 \end{array} \right\} \quad (15-15)$$

由于 m、U、x_s 均不变，由式（15-15）可得

$$\left. \begin{array}{l} I\cos\varphi = 常数 \\ E_0\sin\delta = 常数 \end{array} \right\} \quad (15-16)$$

图15-15给出了有功功率不变（P_2 = 常数）而励磁电动势变化时隐极发电机的电动势相量图，$\dot{E}_0$ 和 $\dot{I}$ 的末端分别落在直线 AB 和 CD 上。

如果在某一励磁电流 I_f 时，$\dot{I}_1$ 正好与 $\dot{U}$ 同向，此时无功功率为零，发电机输出的全部是有功功率，

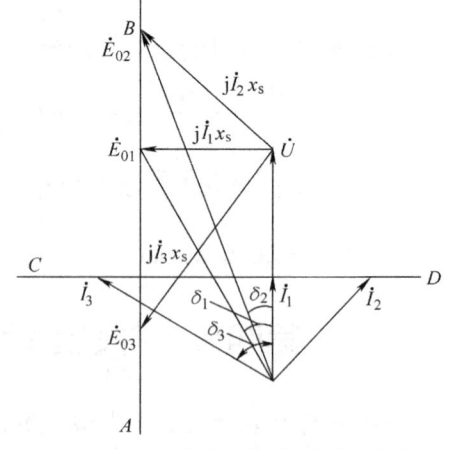

图15-15 P_2 = 常数，调节励磁时的相量图

称为发电机正常励磁。

如增加励磁电流到 I_{f2}，则 $\dot{E}_0$ 将沿直线 AB 上移到 $\dot{E}_{02}$，$\dot{I}$ 将沿直线 CD 右移至 $\dot{I}_2$，$\dot{I}_2$ 滞后于 $\dot{U}$，发电机处于过励状态，输出功率中除了有功功率外，还有滞后性的无功功率。

如将励磁电流减小到 I_{f3}，则 $\dot{E}_0$ 沿 BA 下移到 $\dot{E}_{03}$，$\dot{I}$ 沿 DC 左移到 $\dot{I}_3$，$\dot{I}_3$ 超前于 $\dot{U}$，发电机处于欠励状态，发电机输出功率中除了有功功率外，还有超前性的无功功率。励磁电流继续减小，功角继续增大，当功角 $\delta = 90°$ 时，发电机处于静态稳定极限。发电机的运行不仅要受到定子电流的影响，还要受到静态稳定的影响。

综上所述，通过调节励磁电流可以达到调节同步发电机无功功率的目的。当从某一欠励状态开始增加励磁电流时，发电机输出超前的无功功率开始减少，电枢电流中的无功分量也开始减少。达到正常励磁状态时，无功功率变为零，电枢电流中的无功分量也变为零。此时，如果继续增加励磁电流，发电机将输出滞后性的无功功率，电枢电流中的无功分量又开始增加。

显然，当输出不同的有功功率时，励磁电动势 E_0 和电枢电流 I 的轨迹在不同的位置。

电枢电流随励磁电流变化的关系称为 V 形曲线。V 形曲线是一簇曲线，每一条 V 形曲线对应一定的有功功率，随着输出有功功率增大，曲线往上抬。V 形曲线上都有一个最低点，对应 $\cos\varphi = 1$ 的情况。将所有的最低点连接起来，将得到与 $\cos\varphi = 1$ 对应的曲线，该线左边为欠励状态，功率因数超前，右边为过励状态，功率因数滞后（见图 15-16）。随励磁电流 I_f 减小，功角 δ 增加，当 I_f 减小到一定值时，$\delta = 90°$，发电机将失去稳定。V 形曲线可以利用图 15-15 所示的电动势相量图及发电机参数大小来计算求得，亦可直接通过负载试验求得。

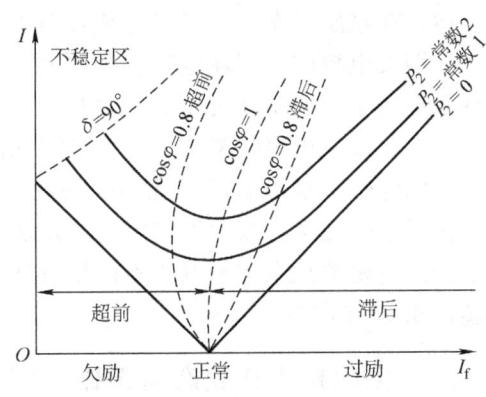

图 15-16 同步发电机的 V 形曲线

*第五节 同步发电机并网后正常运行分析

发电机并网后，就可向电网输送电能，由于电能的发、输、配是在同一瞬间完成，因此必须保持系统功率的平衡，有功的不平衡会影响电网的频率，无功的不平衡主要影响电网的电压。电力系统要保持稳定运行，必须随时保持系统有功、无功的平衡，所以并网的同步发电机，经常要根据负载情况调节其有功功率和无功功率输出，在调节时应控制发电机的有功功率和无功功率、电压和电流以及励磁电流等参数处于允许运行的限度范围内。本节以隐极同步发电机为例，简述发电机调节运行状态时各参数变化的相互联系。

一、发电机工作状态与有功输出的关系

有功功率的调节依靠原动机输入功率的调节来实现。发电机并网后，若维持励磁不变，只开大气门（或水门）即增大原动机的输出，转子轴上的机械转矩增大，使输入的机械转矩 T_1 大于电磁转矩 T，转子将会升速，使功角 δ 增大，其电磁功率也会增大，发电机就多

输出电能。在新的条件下保持 $T_1 = T + T_0$，得到新的平衡，这时定子电流和功率表上均有新的指示。

根据同步发电机接在无穷大电网上的相量图，励磁电流不变（即励磁电动势 E_0 的大小不变），则 $\dot{E}_0$ 的端点轨迹是一个圆。若原动机的输入增加，使发电机的输出增加，由图 15-17 知，功角 δ 增大，$\delta_1 \rightarrow \delta_2 \rightarrow \delta_3$，电枢电流增加，$I_1 \rightarrow I_2 \rightarrow I_3$，功率因数角减小 $\varphi_1 \rightarrow \varphi_2 \rightarrow \varphi_3$（$\varphi_3 = 0$），如果继续增大，功率因数角可能由滞后变为超前。

但若只开大气门（或水门），不调节励磁，功率因数表的指示将移向"超前"，甚至变为进相运行，这种状态称为欠励磁状态，发电机向电网输送有功，同时又向电网吸收无功。发电机一般不允许欠励运行，这时运行人员应立即增加励磁电流，使定子电流的大小和相位发生变化，发电机便可从欠励状态过渡到正常励磁。继续增大励磁，定子电流增大，功率因数表指针移向滞后，运行在过励状态。一般发电机设计和运行都在过励状态，即发电机向电网输送有功的同时，并向电网输送感性无功功率。正常情况下，功率因数为 0.8（滞后），这时发电机每发出 100kW 有功，同时发出 700～750kvar 无功。以保证系统对有功、无功的需求。在运行期，电

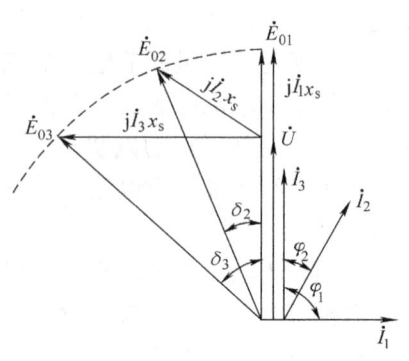

图 15-17　同步发电机输入增加，不同 δ 的相量图

站可按调度的要求，或根据实际情况发送有功和无功，让水流充沛的电站多发有功。但多发有功的发电机要注意定子电流不得超过其允许值，同时为了运行的稳定性，功率因数一般不得超过 0.95（滞后）运行。

二、发电机工作状态与工作电压的关系

当发电机与无限大容量电网并联运行时，往往因电网电压波动而导致发电机端电压波动。假定原动机输入到发电机轴上的功率不变，则发电机输出的有功功率不变，同时励磁电流也没改变，因而励磁电动势 E_0 不变。其相量图如 15-18 所示，图中

$$\overline{DC} = U\sin\delta = \frac{E_0 U\sin\delta}{x_s}\frac{x_s}{E_0} = \frac{x_s}{E_0}P_{em} \quad (15\text{-}17)$$

由式（15-17）可知，线段 DC 正比于有功输出，当 DC 不变，则发电机有功输出不变，图中励磁电动势 E_0 不变，仅仅端电压 U 改为 U'，端电压 U 的端点轨迹在 CC' 直线上。端电压从 C 降到 C'，由图可知，发电机功角变大，定子电流略增加且更加滞后，相应的无功输出 $Q = mUI\sin\varphi$ 也必然发生变化。

电网实际运行中，允许电压波动，比如 $\pm 5\%$。当电压下降 5% 时，因发电机铁心磁通密度相应降低，使铁心温升降低，所以允许定子电流略增，但电流一般不超过额定值的 5%，否则会因绕组铜耗增大而引起发电机温升增加；当电压增大 5% 时，发电机铁心磁通密度增大，漏磁通增加，使

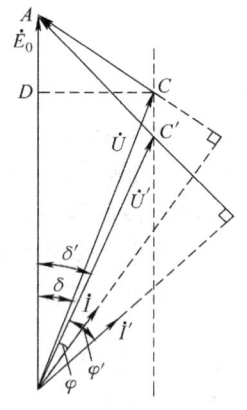

图 15-18　$P_2 =$ 常数，$E_0 =$ 常数时发电机工作状态与端电压的相量图

转子铁心表面产生较大的附加损耗，使转子过热，同时定子铁心温升增高，结果使发电机温升增加，通常端电压增高在 5% 以内时，定子电流减小 5%，以保证发电机维持出力不变持续运行，同时温升在允许限度内。

【例 15-3】 有一台汽轮发电机并联于无穷大电网运行，额定负载时功角 $\delta_N = 20°$，现因电网发生故障，电压下降为原来的 60%，试问：为使 δ 角不超过 25°，那么应增加励磁电流，使发电机的 E_0 上升为原来的多少倍（假定故障前后发电机输出的有功功率不变）？

解： 故障前后输出的有功功率不变，则

$$P_{em*} = \frac{E_{01*} U_{N*}}{x_{s*}} \sin\delta_N = \frac{E_{02*} U_*}{x_{s*}} \sin\delta$$

则

$$\frac{E_{01*} \times 1}{x_{s*}} \sin 20° = \frac{E_{02*} \times 0.6}{x_{s*}} \sin 25°$$

所以

$$\frac{E_{02*}}{E_{01*}} = \frac{\sin 20°}{0.6 \sin 25°} = 1.349$$

即上升为原来的 1.349 倍。

*第六节 同步发电机的振荡

同步发电机并联在无穷大电网上正常运行时，定子磁极和转子磁极之间可看成有弹性的磁力线联系。当负载增加时，功角将增大，这相当于把磁力线拉长；当负载减小时，功角将减小，这相当于磁力线缩短。当负载突然变化时，由于转子有惯性，功角不能立即稳定在新的数值，而是在新的稳定值左右要经过若干次摆动，这种现象称为同步发电机的振荡。振荡有两种类型：一种是振荡的幅度越来越小，功角的摆动逐渐衰减，最后稳定在某一新的功角下，仍以同步转速稳定运行，称为同步振荡（synchronous oscillations）；另一种是振荡的幅度越来越大，功角不断增大，直至脱出稳定范围，使发电机失步，发电机进入异步运行，称为非同步振荡。

一、发电机振荡或失步时的现象

1）定子电流表指示超出正常值，且往复剧烈运动。这是因为各并联电动势间夹角发生了变化，出现了电动势差，使发电机之间流过环流。由于转子转速的摆动，使电动势间的夹角时大时小，力矩和功率也时大时小，因而造成环流也时大时小，故定子电流的指针就来回摆动。这个环流加上原有的负载电流，其值可能超过正常值。

2）定子电压表和其他母线电压表指针指示低于正常值，且往复摆动。这是因为失步发电机与其他发电机电动势间夹角在变化，引起电压摆动。因为电流比正常时大，压降也大，引起电压偏低。

3）有功负载与无功负载大幅度剧烈摆动。这是因为发电机在未失步时的振荡过程中送出的功率时大时小，失步时有时送出有功，有时吸收有功的缘故。

4）转子电压、电流表的指针在正常值附近摆动。发电机振荡或失步时，转子绕组中会感应交变电流，并随定子电流的波动而波动，该电流叠加在原来的励磁电流上，就使得转子电流表指针在正常值附近摆动。

5）频率表忽高忽低地摆动。振荡或失步时，发电机的输出功率不断变化，作用在转子上的转矩也相应变化，因而转速也随之变化。

6）发电机发出有节奏的鸣声，并与表计指针摆动节奏合拍。

7）低电压继电器过载保护可能动作报警。

8）在控制室可听到有关继电器发出有节奏的动作和释放的响声，其节奏与表计摆动节奏合拍。

9）水轮发电机调速器平衡表指针摆动，可能有剪断销剪断的信号，压油槽的油泵电动机起动频繁。

二、发电机振荡和失步的原因

根据运行经验，引起发电机振荡和失步的原因有：

1）静态稳定破坏。这往往发生在运行方式的改变，使输送功率超过当时的极限允许功率。

2）发电机与电网联系的阻抗突然增加。这种情况常发生在电网中与发电机联络的某处短路，一部分并联元件被切除，如双回线路中的一回被断开，并联变压器中的一台被切除等。

3）电力系统的功率突然发生不平衡。如大容量机组突然甩负荷、某联络线跳闸等，造成系统功率严重不平衡。

4）大机组失磁。大机组失磁，从系统吸收大量无功功率，使系统无功功率不足，系统电压大幅度下降，导致系统失去稳定。

5）原动机调速系统失灵。原动机调速系统失灵，造成原动机输入转矩突然变化，功率突升或突降，使发电机转矩失去平衡，引起振荡。

6）发电机运行时电动势过低或功率因数过高。

7）电源间非同期并列未能拉入同步。

三、单机失步引起的振荡与系统性振荡的区别

单机失步引起振荡时，失步机组的表计摆动幅度比其他机组表计摆动幅度要大；失步机组的有功功率表指针摆动方向正好与其他机组的相反；失步机组有功功率表摆动可能满刻度，其他机组在正常值附近摆动。

系统性振荡时，所有发电机表计的摆动是同步的。

四、发电机振荡和失步时应采取的措施

当发生振荡或失步时，应迅速判断是否为本厂误操作引起，并观察是否有某台发电机发生了失磁。如本厂情况正常，应了解系统是否发生故障，以判断发生振荡或失步的原因。发电机发生振荡或失磁的处理如下：

如果不是某台发电机失磁引起，则应立即增加发电机的励磁电流，以提高发电机电动势，增加功率极限，提高发电机稳定性。这是由于励磁电流的增加，使定、转子磁极间的拉力增加，削弱了转子的惯性，在发电机达到平衡点时而拉入同步。这时，如果发电机励磁系统处在强励状态，1min 内不应干预。

如果是由于单机大功率原因引起，则应降低有功功率，同时增加励磁电流。这样既可以降低转子惯性，也由于提高了功率极限而增加机组稳定运行能力。

当振荡是由于系统故障引起时，应立即增加各发电机的励磁电流，并根据本厂在系统中的地位进行处理。如本厂处于送端，为高频率系统，应降低机组的有功功率；反之，本厂处于受端且为低频率系统，则应增加有功功率，必要时采取紧急拉路措施以提高频率。

如果是单机失步引起的振荡，采取上述措施经一定时间仍未进入同步状态时，可根据现场规程规定，将机组与系统解列，或按调度要求将同期的两部分系统解列。以上处理，必须在系统调度统一指挥下进行。

思考题及习题

15-1 同步发电机并入电网后，有功功率和无功功率是怎样调节的？同步发电机的功率极限决定于什么？

15-2 功角 δ 的时间、空间物理意义是什么？

15-3 比较下列情况同步发电机的稳定性：
(1) 当有较大的短路比或较小的短路比时；
(2) 在过励状态或欠励状态下运行时；
(3) 在轻载下运行或重载状态下运行时；
(4) 直接接至电网或通过外电抗接至电网。

15-4 试分析 V 形曲线上 $\cos\varphi = 1$ 的连线为什么随着负载有功功率的增加而向励磁电流增大的方向偏移。

15-5 一台并联于无穷大电网运行的发电机，其负载电流落后于电压一个相角，如逐渐减小其励磁电流，试问电枢电流如何变化？

15-6 与无限大电网并联运行的同步发电机如何调节有功功率？试用功角特性分析说明。

15-7 与无限大容量电网并联运行的同步发电机如何调节无功功率？试用相量图分析说明。

15-8 什么是 V 形曲线？什么时候是正常励磁、过励磁和欠励磁？一般情况下发电机在什么状态下运行？

15-9 试比较 ψ、φ、δ 这三个角的含义。角的正、负又如何？

15-10 与无穷大电网并联运行的同步发电机，当调节有功功率输出时，如果要保持无功功率输出不变，问此时功角 δ 和励磁电流如何变化？定子电流和空载电动势又如何变化？用同一相量图画出变化前、后的相量图。

15-11 与无穷大电网并联运行的同步发电机，当保持输入功率不变，只改变励磁电流时，功角 δ 是否变化？输出的有功功率和空载电动势又如何变化？用同一相量图画出变化前、后的相量图。

15-12 当同步发电机与大容量电网并联运行以及单独运行时，其 $\cos\varphi$ 分别由什么决定的？为什么？

15-13 试利用功角特性和电动势平衡方程式求出隐极同步发电机的 V 形曲线。

15-14 一台隐极发电机，$S_N = 7500\text{kV·A}$，$\cos\varphi_N = 0.8$（滞后），$U_N = 3150\text{V}$，Y 形联结，同步电抗为 1.6Ω。不计定子阻抗，试求：
(1) 当发电机额定负载时，发电机的电磁功率 P_{em}、功角 δ、比整步功率 P_{syn} 及静态过载能力；
(2) 在不调整励磁的情况下，当发电机输出功率减到一半时，发电机的电磁功率 P_{em}、功角 δ、比整步功率 P_{syn} 及负载功率因数 $\cos\varphi$。

15-15 一台三相隐极发电机与大电网并联运行，电网电压为 380V，Y 形联结，忽略定子电阻，同步电抗 $x_s = 1.2\Omega$，定子电流 $I = 69.51\text{A}$，相电动势 $E_0 = 278\text{V}$，$\cos\varphi = 0.8$（滞后）。试求：
(1) 发电机输出的有功功率和无功功率；

(2) 功角。

15-16　一台汽轮发电机，额定功率因数为 $\cos\varphi = 0.8$（滞后），同步电抗 $x_{s*} = 0.8$，该发电机并联于大电网，如励磁不变，输出有功功率减半，求电枢电流及功率因数。

15-17　一台三相Y形联结隐极同步发电机与无穷大电网并联运行，已知电网电压 $U = 400\text{V}$，发电机的同步电抗 $x_s = 1.2\Omega$，当 $\cos\varphi = 1$ 时，发电机输出有功功率为 80kW。若保持励磁电流不变，减少原动机的输出，使发电机输出有功功率为 20kW，忽略电枢电阻，求功率角、功率因数、定子电流、输出的无功功率及其性质。

15-18　试推导凸极同步发电机无功功率的功角特性。

15-19　三相隐极同步发电机，Y形联结，$S_N = 60\text{kV·A}$，$U_N = 380\text{V}$，同步电抗 $x_s = 1.55\Omega$，电枢电阻略去不计。试求：

（1）当 $S = 37.5\text{kV·A}$、$\cos\varphi = 0.8$（滞后）时的 E_0 和 δ；

（2）拆除原动机，不计损耗，求电枢电流。

15-20　三相凸极同步电动机 $x_q = 0.6 x_d$，电枢绕组电阻不计，接在电压为额定值的大电网上运行。已知该电动机自电网吸取功率因数为 0.80（超前）的额定电流。在失去励磁时，尚能输出的最大电磁功率为电动机的输入容量（视在功率）的 37%，求该电动机在额定功率因数为 0.8（超前）时的励磁电动势 E_0（标幺值）和功角 δ。

第十六章 同步发电机的异常运行分析及处理

*第一节 同步发电机的不对称运行

发电机是根据三相电流平衡对称的工况下长期运行的原则设计制造的,因而在使用时尽量让同步发电机在对称情况下运行。然而,有时会遇到各种原因导致同步发电机的不对称运行(asymmetric operation)。当同步发电机接有容量较大的单相负载(如单相电炉、民用电中的照明与家用电器、工业中的电气铁轨采用单相电源为牵引电机供电等),或发生不对称故障时(如单相或两相短路时),发电机都处于不对称运行状态。同步发电机的不对称运行属于异常运行状态,即介于正常和具有破坏性的事故运行之间的一种运行状态。

在不对称负载运行下,同步发电机的电枢电压和电枢电流都会出现三相不对称,使接到电网的变压器和电动机运行情况变坏,效率降低。

不对称运行采用对称分量法(symmetrical component method)分析,实践证明,就基波而言,不计饱和时,所得结果基本接近实际情况。本节主要介绍发电机不对称运行的电磁关系和对发电机的影响。

一、相序阻抗和等效电路

同步发电机不对称运行时,发电机可能包括正序分量(positive sequence component)、负序分量(negative sequence component)和零序分量(zero sequence component)。不计饱和,三相不对称运行时可采用对称分量法将不对称电压和不对称电流分解为正序、负序和零序系统,在不同相序中取其中一相的等效电路分析。

1. 正序阻抗

正序阻抗是转子通入励磁电流同步旋转时,电枢绕组的正序三相对称电流所遇到的阻抗。对于隐极发电机:$Z_+ = r_+ + jx_+ = r_a + jx_s$。对于凸极发电机,由于气隙不均匀,仍用双反应理论,正序电抗数值大小决定于正序旋转磁场与转子的相对位置,有 x_d 及 x_q 之分,当发生三相对称稳态短路时,忽略电枢电阻,电枢反应磁场在直轴,$x_+ = x_d$(不饱和)。

2. 负序阻抗

负序电流产生漏磁通及负序电枢反应磁通,漏磁通产生漏感电动势,漏感电动势用漏抗压降表示,负序电枢反应磁通产生负序电枢反应电动势,负序电枢反应电动势用负序电枢反应电抗压降表示,漏电抗与负序电枢反应电抗之和为负序电抗 x_-。负序电流流入定子绕组,产生一负序圆形旋转磁场 F_-,速度为 n_1,方向与转子转向相反,F_- 以 $2n_1$ 切割转子,在转子中产生感应电动势及电流,且频率 $f_2 = pn/60 = 2f_1$,将转子励磁绕组、阻尼绕组及转子本身看成一对称的多相短路绕组,转子电流通过转子绕组产生旋转磁场 F_2,相对转子的速度为 $2n_1$,F_2 与 F_- 相对静止,这样转子绕组对定子绕组的影响可以看成异步电机转子堵转时对定子绕组的影响(对于交流电而言,发电机转子绕组相当于短路)。

这样,对于同步发电机,与异步电机 x_1 对应的为定子漏抗 x_σ;对于隐极发电机,与 x_m

对应的为 x_a，与 x_2 对应的为励磁漏抗 $x_{f\sigma}$，显然 $x_- \ll x_s$；对于凸极发电机，由于气隙不均匀，故等效电路也有不同，等效电路如图 16-1 所示，当负序磁场正对转子直轴时，应同时考虑励磁绕组和阻尼绕组的影响。图中 x_σ、$x_{f\sigma}$、$x_{D\sigma}$ 分别表示定子

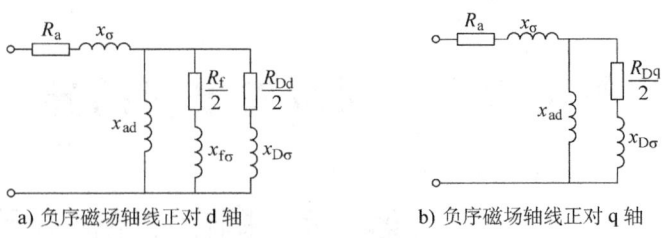

a) 负序磁场轴线正对 d 轴　　　b) 负序磁场轴线正对 q 轴

图 16-1　负序电抗的等效电路

绕组、励磁绕组和阻尼绕组（设直轴 d 和交轴 q 阻尼绕组漏抗相同）的漏抗，且转子各量均已折算到定子侧。由图 16-1a 所示等效电路，忽略电阻可得

$$x_{d-} = x_\sigma + \frac{1}{\dfrac{1}{x_{ad}} + \dfrac{1}{x_{f\sigma}} + \dfrac{1}{x_{D\sigma}}} = x_d'' \tag{16-1}$$

如果直轴上无阻尼绕组，则

$$x_{d-} = x_\sigma + \frac{1}{\dfrac{1}{x_{ad}} + \dfrac{1}{x_{f\sigma}}} = x_d' \tag{16-2}$$

当负序磁场正对转子交轴时，由于交轴上没有励磁绕组但有交轴阻尼绕组作用存在，等效电路如图 16-1b 所示，忽略电阻可得

$$x_{q-} = x_\sigma + \frac{1}{\dfrac{1}{x_{aq}} + \dfrac{1}{x_{D\sigma}}} = x_q'' \tag{16-3}$$

如果交轴上无阻尼绕组，则

$$x_{q-} = x_\sigma + x_{aq} = x_q \tag{16-4}$$

由图 16-1 可见，由于存在励磁绕组或阻尼绕组的作用，负序电抗总是小于同步电抗。从物理意义来说，负序磁场以两倍同步速相对转子旋转，转子上的励磁绕组和阻尼绕组都会感应两倍频率的电动势和电流，按楞次定律，这些感应电流都产生削弱定子负序磁场的作用，使气隙中的负序磁场减小很多。由此可见，负序电抗标幺值小于正序电抗标幺值，但比定子漏抗标幺值大。

负序电抗 x_- 的取值与发电机外电路情况有关，若发电机出线端直接外加负序电压，略去电阻，则 $x_- = x_{d-}x_{q-}/(x_{d-} + x_{q-})$；若发电机外加负序电压，经过很大电抗 x_e 接至定子绕组，那么 $x_- = (x_{d-} + x_{q-})/2$；若外电抗 $x_e = x_-$，则 $x_- = \sqrt{x_{d-}x_{q-}}$。

一般同步发电机中，负序电抗的标幺值：汽轮发电机为 $x_- \approx 0.15$；没有阻尼绕组的水轮发电机为 $x_- \approx 0.4$；有阻尼绕组的水轮发电机为 $x_- \approx 0.25$。

3. 零序阻抗

零序阻抗是转子同步旋转、励磁绕组短路时，电枢绕组中通入零序电流所遇到的阻抗。三相零序电流同大小、同相位，所以它们所建立的基波磁动势为零。零序电抗约等于定子漏抗

$$x_0 \approx x_\sigma \tag{16-5}$$

4. 各序等效电路

正序等效电路：正序电动势就是正常的空载电动势，即 $\dot{E}_{A+} = \dot{E}_{0A}$，所以正序电压方程式为

$$\dot{E}_{A+} = \dot{U}_{A+} + j\dot{I}_{A+}Z_+ \tag{16-6}$$

根据电压方程式做出的正序等效电路如图 16-2a 所示。

负序等效电路：发电机没有反转的励磁磁通，定子绕组中不会感应负序电动势，$\dot{E}_{A-} = 0$，A 相定子回路负序电压方程式为

$$\dot{U}_{A-} = -j\dot{I}_{A-}Z_- \tag{16-7}$$

负序等效电路如图 16-2b 所示。

零序等效电路：定子绕组中也不存在零序励磁电动势，零序电路也为无源电路，$\dot{E}_{A0} = 0$，A 相定子回路电压方程式为

$$\dot{U}_{A0} = -j\dot{I}_{A0}Z_0 \tag{16-8}$$

零序等效电路如图 16-2c 所示。

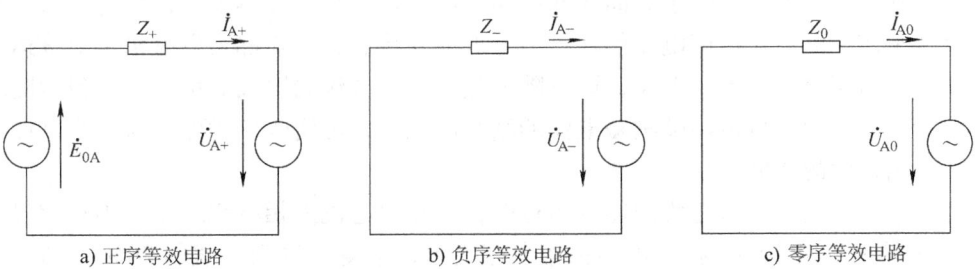

图 16-2 各相序的等效电路

二、不对称运行对发电机的危害

不对称运行对发电机的危害主要有两点：使转子表面局部过热而发生转子烧损事故；使转子产生振动，进而发生轴瓦磨损。

1. 转子表面局部过热

当三相电流对称时，其合成的旋转磁场与转子是同方向且转速相等的，即旋转磁场相对于转子来说是静止的，旋转磁场的磁力线不会切割到转子。当三相电流不对称时，即在发电机中会有正序、负序、零序分量电流。正序电流分量产生正序旋转磁场，它与转子以同方向、同速度旋转。而负序电流在定、转子气隙中建立一个以同步转速旋转、方向与转子转向相反的旋转磁场（负序旋转磁场），它以 2 倍的同步转速切割转子，在转子表面各部件（如大齿、小齿、槽楔、护环等）上感应 2 倍工频电流。由于转子结构不对称，2 倍工频电流在转子上分布不均匀，一般大齿的导磁性能较好，故大齿上感应的电流较大，小齿和槽楔上的电流相对要小些，而且在集肤效应和大齿上横向槽作用下，造成在转子表面和大齿横向槽两侧的电流密度较大，容易出现局部温度升高、过热。另外，转子上感应的 2 倍工频电流，不仅沿转子轴向分布，还有径向分布，形成环流，电流流经护环及其嵌装表面、槽楔与齿的搭接处等部位时，因各部位的接触电阻较大，也容易出现高温和过热，这些高温和过热点的存在很可能发生转子局部烧损。从以往转子被烧损的情况看，有以下几个特点：大齿表

面过热变色，横向槽两侧过热痕迹较重，局部变色发蓝；护环及本体嵌装面有过热烧伤，局部发黑、发蓝，有烧熔化和放电痕迹；转子槽楔及搭接处、邻近小齿有过热松动现象。

2. 转子振动

负序电流使转子产生振动的原因有两个。一方面，是负序磁场以 2 倍同步转速切割转子及转子本身，磁路不对称，故负序旋转磁场的轴线与转子纵轴重合时，磁阻小、磁通大，在转子上的作用力矩大；与转子横轴重合时，磁阻大、磁通小，在转子上的作用力矩小，这样在定、转子之间产生交变的电磁转矩，致使转子所受力矩也是交变的，转子因此产生振动。另一方面，转子上的 2 倍工频电流流经转子上各部件，因其使用材料不同，各自的热容量也不同，如护环的热容量较小，在护环与转子本体之间就会形成温差，使护环失去紧力。目前，转子护环与本体之间的紧力标准，对 3000r/min 转子来说，冷态松脱转速不低于 3700r/min，故在 3000r/min 下残余紧力值不大，护环与本体之间存在温差就容易使护环紧力消失。失去紧力后，虽然护环因径向位移量很小，不会在轴上自由回转，但在不平衡力作用下，护环可能一侧紧贴转子轴表面，而另一侧稍离转子轴表面，使转子中心偏移，转子产生振动。另外，负序电流在转子表面局部产生高温过热，转子受热不均，发生不对称热变形也可能使转子产生振动。负序电流使转子产生振动的特点，一般都与发电机不对称运行时间的长短及产生负序电流的大小有关，而且随三相不平衡电流的增大而增大，并包含随时间增长而加大的成分，同时也可能随励磁电流的增大而加大，可用改变励磁电流大小来测量振动的变化，找出振动的原因。

因此，我国规定：在额定负载连续运行时，汽轮发电机三相电流之差，不得超过额定值的 10%，水轮发电机和同步补偿机的三相电流之差，不得超过额定值的 20%，同时任一相的电流不得大于额定值。

三、防止措施

防止发电机长时间出现负序电流，是确保发电机安全运行的又一重要措施，对这一点必须给予足够的重视。要防止发电机在运行中长时间出现负序电流，则必须防止其长时间处在不对称工况下运行。所以，首先要做好的是电站所承载的负载如何均匀分配的问题，即必须认真做好自供区的负载三相平衡分配，尽量避免不平衡度超出允许值的现象发生。

架设输电线路时，三相导线必须采用同材质、同截面积的导线（对 380V/220V 供电系统，最好 4 根导线都采用同材质、同截面积的导线）。线路中导线的接头，应设法均匀分布在三相导线之中，不应全部集中在某一相上。认真做好线路器材（如绝缘子等）的选购、检测及安装工作，提高线路的架设质量，确保线路具有必须具备的绝缘水平。

加强对线路的运行管理，杜绝、防止、减少线路在运行中发生单相接地、两相短路事故。一旦发生以上不对称短路事故，能够尽早发现并及时排除。

当然，发电机处在完全对称平衡的工况下运行也是难以实现的，但满足如下几条原则是可以做到的：发电机转子的任何一点温度不得超过允许值；机械振动不得超过允许值；任何一相定子电流均不得超过其额定值。为此，有关规程明文做出规定：水轮发电机三相电流的不平衡程度必须满足：三相电流之差，最大不得超过其额定值的 20%。

*第二节 同步发电机的突然短路

同步发电机对称稳态运行时，电枢磁动势的大小不随时间而变化，它在空间以同步速度旋转，与转子没有相对运动，因此不会在转子绕组中感应电流。

同步发电机的突然短路（sudden short-circuit）是指：发电机在原来正常稳定运行的情况下，出线端发生三相突然短路，发电机从原来的稳态运行状态过渡到稳态短路状态。该过渡过程包括次暂态（有阻尼绕组）、暂态和稳态短路 3 个阶段。突然短路时，定子电流在数值上发生急剧变化，电枢反应磁通也随着变化，并在转子的励磁绕组和阻尼绕组中感应电动势和感应电流，这种电流将建立各自的磁场，又反过来影响电枢磁场和定子电流的变化。这种定子和转子绕组之间的互相影响，致使在短路过程中，定子绕组的电抗小于稳态同步电抗，从而导致在短路过渡过程中定子短路电流很大，并且是一个随时间衰减的电流，这就是突然短路暂态过程的特点。

一、突然短路定子绕组的电抗的变化

为了分析简单起见，假设不考虑机械过渡过程，发电机的转速保持为同步速不变；发电机的磁路不饱和；不考虑强励的情况，发生短路后，励磁系统的励磁电流始终保持不变；突然短路前为空载运行，突然短路发生在发电机的出线端。此时励磁绕组和阻尼绕组仅交链励磁磁链 Ψ_0。图 16-3 所示为无阻尼绕组同步发电机正常稳态运行时横轴磁链和纵轴磁链示意图。

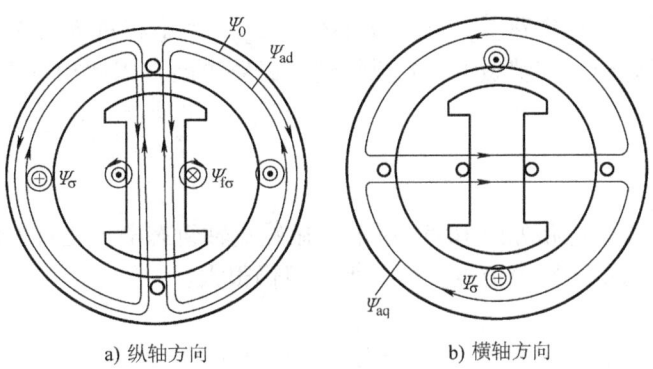

a) 纵轴方向　　b) 横轴方向

图 16-3　无阻尼绕组同步发电机正常稳态运行时横轴磁链和纵轴磁链示意图

1. 直轴次暂态电抗 x_d''

发生三相突然短路时，由于电枢电流和电枢磁链的突然变化，突然变化的磁链 Ψ_{ad} 要穿过转子绕组，但励磁绕组及阻尼绕组交链的磁链不能突变，故要感应出电流，抵消磁链 Ψ_{ad} 的变化，从而维持穿过自己的磁链不变，所以磁链 Ψ_{ad} 的路径如图 16-4a 所示，相当于 Ψ_{ad} 被挤出，只能从阻尼绕组和励磁绕组外侧的漏磁路通过，这样磁链成为次暂态磁链 Ψ_{ad}''。忽略铁心的磁阻，此时磁路的磁阻包括气隙磁阻、励磁绕组漏磁路磁阻和阻尼绕组漏磁路磁阻，因此相对应的直轴次暂态电抗（direct-axis sub-transient reactance）$x_d'' = x_{ad}'' + x_\sigma$，其中

$$x_{ad}'' = \cfrac{1}{\cfrac{1}{x_{ad}} + \cfrac{1}{x_{f\sigma}} + \cfrac{1}{x_{D\sigma}}}$$

式中，$x_{f\sigma}$、$x_{D\sigma}$ 分别为励磁绕组和阻尼绕组的漏抗。其等效电路如图 16-5a 所示，显然直轴次暂态电抗比直轴同步电抗小得多，所以此时的短路电流很大，其值可达额定电流的 10 ~ 20 倍。

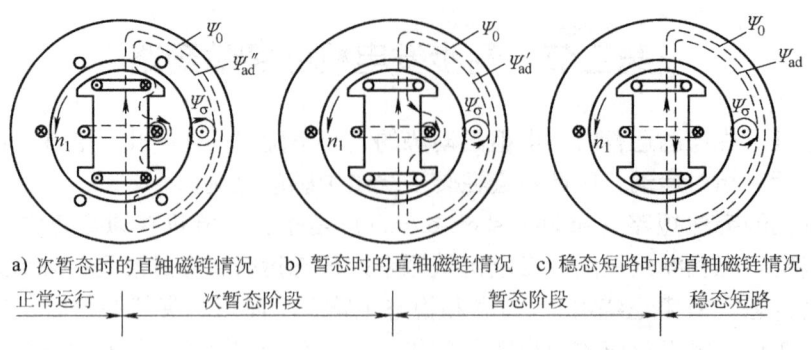

a) 次暂态时的直轴磁链情况　　b) 暂态时的直轴磁链情况　　c) 稳态短路时的直轴磁链情况

正常运行　｜　次暂态阶段　｜　暂态阶段　｜　稳态短路

图 16-4　突然短路的过渡过程

2. 直轴暂态电抗 x'_d

由于同步发电机的各绕组都有电阻存在，因此阻尼绕组和励磁绕组中因短路而引起的感应电流分量都会随时间变化衰减为零。由于阻尼绕组匝数少，电感小，电流很快衰减为零，而励磁绕组匝数多，电感较大，衰减较慢，因此可以近似地认为阻尼绕组中感应电流衰减完之后，励磁绕组电流分量才开始衰减。此时电枢磁通可穿过阻尼绕组，但仍被挤在励磁绕组外侧的漏磁路上，成为暂态磁链 Ψ'_{ad}，发电机进入暂态过程，如图 16-4b 所示。此时磁路的磁阻包括气隙磁阻、励磁绕组漏磁路磁阻，因此相对应的直轴暂态电抗 $x'_d = x'_{ad} + x_\sigma$，其中

$$x'_{ad} = \cfrac{1}{\cfrac{1}{x_{ad}} + \cfrac{1}{x_{f\sigma}}}$$

其等效电路如图 16-5b 所示。显然直轴暂态电抗比直轴同步电抗小，比次暂态电抗大，所以此时的短路电流虽有所减小，但仍很大。

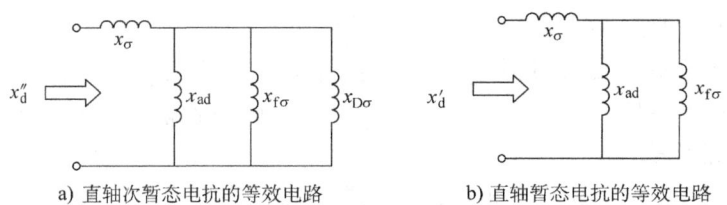

a) 直轴次暂态电抗的等效电路　　　　b) 直轴暂态电抗的等效电路

图 16-5　直轴电抗的等效电路

在励磁绕组中感应电流也衰减完之后，只有励磁电流 I_f 存在，电枢磁通穿过阻尼绕组和励磁绕组，如图 16-4c 所示，发电机进入稳态短路状态，过渡过程结束。这时发电机的电抗就是稳态运行的直轴同步电抗 $x_d = x_{ad} + x_\sigma$，突然短路电流也衰减到稳态短路电流。

3. 交轴电抗

如果发电机通过负载而短路，则短路电流产生的电枢磁场不仅有直轴分量还会有交轴分量。由于交轴方向没有励磁绕组，交轴方向的磁路和电抗有所不同。同理交轴次暂态电抗（quadrature-axis sub-transient reactance）$x''_q = x''_{aq} + x_\sigma$，其中

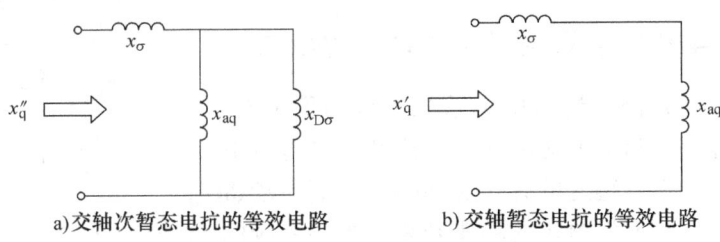

交轴暂态电抗 $x'_q = x'_{aq} + x_\sigma = x_q$，由于无励磁绕组，其中，$x'_{aq} = x_{aq}$，等效电路如图 16-6 所示。

图 16-6 交轴电抗的等效电路

二、突然短路电流及其衰减

由前分析可知，短路最初瞬间由于各绕组要保持原来的磁链不变，因而定、转子绕组都有感应电流产生，又由于各绕组都有电阻，所以这些感应电流都要衰减，最后各绕组电流衰减为各自的稳态值。定子中的感应电流包括维持短路初瞬磁链不变的非周期分量和用以抵消转子电流在定子中产生的周期分量，非周期分量与短路时刻有关。

定子电流的周期分量的最大值 $I''_m = E_{0m}/x''_d$，在阻尼绕组中感应电流衰减完之后，电枢磁通穿过阻尼绕组，电流幅值变为 $I'_m = E_{0m}/x'_d$，此过程的衰减时间常数为阻尼绕组时间常数 T''_d。在励磁绕组中感应电流衰减完之后，达到稳态短路，电枢磁通穿过阻尼绕组和励磁绕组，电流幅值变为 $I_m = E_{0m}/x_d$，此过程的衰减时间常数为励磁绕组时间常数 T'_d。有阻尼绕组的同步发电机突然短路电流的衰减过程如图 16-7 所示。

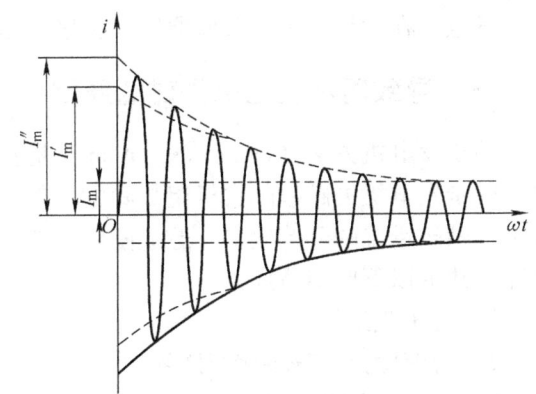

图 16-7 有阻尼绕组的同步发电机突然短路电流的衰减过程

由于非周期分量与短路时刻有关，短路发生的时刻不同，其短路电流的值就不同，最恶劣的情况发生短路出现的最大电流称为冲击电流，其值可达额定电流的 10~20 倍，它出现在短路后半个周波时刻。

三、同步发电机突然短路对发电机的影响

冲击电流产生巨大的电磁力，可能破坏绕组（特别是端部）。发电机突然短路会使定子绕组的端部受到很大的电磁力的作用，这些力包括定子绕组端部相互间的作用力 F_3、定子绕组端部和转子绕组端部相互间的作用力 F_1 以及定子绕组端部和铁心之间的相互作用力 F_2，如图 16-8 所示。

冲击电流产生巨大的电磁力矩,会使发电机组受到剧烈的振动,并给发电机部件带来危害,或带来频率的波动。

短路电流使绕组温升剧增,不过一般不会对绕组绝缘造成太大破坏。

四、同步发电机突然短路对电力系统的影响

同步发电机突然短路会影响电力系统运行的稳定性。线路上发生突然短路,过大的短路冲击电流使电网电压下降,发电机因电压过低,输送的有功功率降低,而原动机的输入暂时未降低,从而发电机的转速升高,影响系统的稳定性。

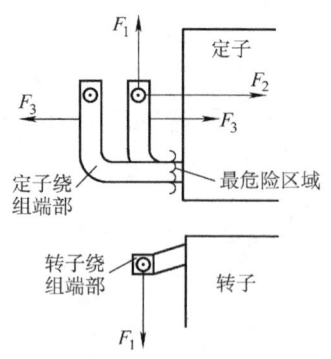

图16-8 突然短路时定、转子绕组端部间的作用力

在不对称突然短路时,造成电力系统过电压。

不对称突然短路时,会产生高频干扰。不对称突然短路,定子电流会产生一系列高次谐波,高频电磁波会对附近的通信线路造成干扰。

*第三节　同步发电机的失磁运行

发电机在运行中由于某些原因失去励磁电流,致使转子的磁场消失,称为发电机失磁。

一、导致同步发电机失磁的原因

同步发电机失磁(loss of excitation)是指发电机的励磁电流突然消失或部分消失的现象。同步发电机失磁故障占机组故障的比例最大,它是电力系统常见故障之一,特别是大型机组,励磁系统的环节较多,造成励磁回路短路或开路故障的概率较大。同步发电机的失磁故障大致由以下原因造成:

1) 转子绕组故障。
2) 直流励磁机磁场绕组断线。
3) 运行中的发电机灭磁开关误跳闸。
4) 磁场变阻器接触不良,或换向器严重打火。
5) 自动励磁调节装置故障或误操作等原因造成励磁回路断路。
6) 励磁绕组断线,最常见的断线位置是凸极发电机励磁绕组两个线圈之间的连接处。

二、失磁运行时的物理过程

发电机失磁初期,由于转子电感线圈电流不会跃变,励磁电流按指数规律衰减,发电机的励磁电动势 E_0 也按指数规律衰减。如果发电机并联在电压 U 为常数的无限大系统的母线上,则根据功角特性 $P_{em} = (mUE_0/x_s)\sin\delta$ 可知,E_0 的衰减使发电机的电磁功率减少,制动性质的电磁转矩也减少。由于原动机的惯性,发电机的输入机械转矩来不及变化,使转子加速,导致 δ 增加。当励磁电流减小到一定值时,使 δ 增加到等于或大于静态稳定极限角($\delta = 90°$),发电机在剩余转矩作用下失去同步,变成异步运行。

失磁后的发电机若不从电网解列，则进入以某一转差与电网保持连接并带一定的有功功率的异步运行状态。从提高供电可靠性和不至于即刻使电网发生大的有功功率缺额的观点上看，失磁后的同步发电机最好不立即从系统解列，而维持一段时间在电网上运行，使之有可能寻找失去励磁的原因并恢复励磁。因此，无励磁异步运行，作为一种过渡的运行方式有很大的实际意义。

同步发电机失磁故障（突然部分或全部失去励磁）占机组故障比例最大，它是电力系统常见故障之一。例如励磁回路或励磁调节器装置故障、励磁开关误断开等原因均会导致发电机失磁。通常，这类故障能较快消除或切换至备用励磁机恢复励磁。

发电机失磁以后，向电网送出的有功功率大为减少，同时从电网中吸收大量无功功率，其数值可接近额定容量，造成电网的电压水平下降。当失磁发电机容量在电网中所占比重较大时，会引起电网电压水平的严重下降，甚至引起电网振荡和电压崩溃，造成大面积的停电事故，这时，失磁发电机应靠失磁保护动作或立刻从电网中解列，停机检查；当失磁发电机在电网容量中比重较小，电网可供其所需的无功而不至使电网电压降得过低时，失磁发电机可不必立即从电网解列。

三、无励磁运行对发电机本机和电网的影响

发电机失磁异步运行，将在转子的阻尼绕组（若有）、转子体表面、转子绕组（经灭磁电阻或励磁机电枢绕组闭合）中产生差频电流，引起附加温升。此电流在槽楔与齿壁之间、槽楔与套箍之间以及齿与套箍的接触面上，都可能引起局部高温，产生严重的过热现象，危及转子的安全。

同步发电机异步运行，在定子绕组中将出现脉动电流，它将产生交变的力矩，使机组产生振动，影响发电机的安全。

定子电流增大，可能使定子绕组温度升高。

发电机失磁前向系统送出无功功率，失磁后从系统吸收无功功率，这样将造成系统较大的无功功率差额，使系统电压水平下降，特别是失磁发电机附近的系统电压将严重下降，威胁安全生产。

上述无功功率差额的存在，将造成其他发电机组的过电流。失磁发电机与系统相比，容量越大，这种过电流越严重。

由于过电流，就有可能引起系统中其他发电机或元件故障切除，以致进一步导致系统电压水平的下降，甚至使系统电压崩溃而瓦解。

四、无励磁运行时表计的指示变化与原因

（1）转子电流表的指示为零或接近于零

发电机失去励磁后，转子电流迅速地依指数规律衰减，其减小的程度与失磁原因、剩磁大小有关。当励磁回路开路时，转子电流表指示为零；当励磁回路短路或经小电阻闭合时，转子回路有交流电流通过，直流电流表有指示，但指示值很小。

（2）定子电流表的指示升高并摆动

失磁后的发电机进入异步运行状态时，既向电网送出有功功率，又从电网吸收无功功率，所以造成电流指示值的上升。摆动的原因简单地说是由于转子回路中有差频脉动电流所

引起的。

（3）有功功率表的指示降低并摆动。

异步运行发电机的有功功率的指示平均值比失磁前略有降低，这是因为机组失磁后，转子电流很快以指数曲线衰减到零，原来由转子电流所建立的转子磁场也很快消失，这样，作为制动转矩的电磁转矩也消失了，"释载"的转子在原动机的作用下很快升速。这时汽轮机的调速系统将自动使气门关小一些，以调整转速。所以在平衡点建立起来的时候，有功功率要下降一些。有功功率降低的程度和大小，与汽轮机的调整特性以及该发电机在某些转差下所能产生的异步转矩的大小有关。

（4）机端电压显著下降，且随定子电流摆动

由于定子电流增大，线路压降增大，导致机端电压下降，危及厂用负载安全稳定运行。如在发电机带50%额定功率时，6.3kV母线电压平均值约仍为失磁前的78%，最低值达72%。

（5）无功功率表指示负值，功率因数表指示进相

这是由于失磁后的发电机的无功由输出变为输入而发生了反向，发电机进入定子电流超前于电压的进相运行状态而造成的结果。

（6）转子各部件温度升高

异步运行发电机的励磁绕组、阻尼绕组、转子铁心等处产生转差电流，从而在转子上引起损耗使温度升高，特别是在转子本体端部温升更高，它们的大小与异步电磁转矩和转差成正比，严重时将危及转子的安全运行。

五、发生发电机无励磁异步运行时的处理原则

发电机发生失磁后的处理方法结合实际试验数据一般都有具体的规定，原则上应掌握以下两点：

对于不允许无励磁运行的发电机应立即从电网上解列，以避免损坏设备或造成系统事故。

对于允许无励磁运行的发电机应按无励磁运行规定执行，一般要进行以下操作：

1）迅速降低有功功率到允许值（失磁规定的功率值与表计摆动的平均值相符合），此时定子电流将在额定电流左右摆动。

2）手动断开灭磁开关，退出自动电压调节装置和发电机强行励磁装置。

3）注意其他正常运行的发电机定子电流和无功功率值是否超出规定，必要时按发电机允许过载规定执行。

4）对励磁系统进行迅速而细致的检查，如属工作励磁机问题，应迅速起动备用励磁机恢复励磁。

5）注意厂用分支电压水平，必要时可倒至备用电源接带。

6）在规定无励磁运行的时间内，仍不能使机组恢复励磁，则应该把发电机自系统解列。

发电机失磁后短时间内采用异步运行方式，继续与电网并列且发出一定有功功率，对于保证机组和电网安全、减少负载损失均具有重要意义。在实际的机组运行过程中，运行人员应结合失磁时的各种现象做出准确判断和果断处理，确保机组的安全、稳定、经济地运行。

*第四节　同步发电机的进相运行

当发电机正常运行时，向系统提供有功的同时还提供无功，定子电流滞后于端电压一个角度，此种状态即迟相运行。当逐渐减少励磁电流使发电机从向系统提供无功而变为从系统吸收无功，定子电流从滞后而变为超前发电机端电压一个角度时，此种状态即进相运行（leading phase operation）。

随着电力系统的发展，机组容量的不断扩大和超高压远距离输电线路的应用，系统有很大的电容电流。在负荷低谷时期，由于输电线的电容电流使系统产生的无功功率增加，造成电力系统特别是110kV以上的母线电压超过额定值的上限。随着电力市场的建立和完善，发电企业已经开始实行竞价上网，电压作为电能质量的重要指标，同时也作为辅助电力市场的重要部分，考核与奖励将会越来越重。传统的电压调节手段已不能满足现代电力系统运行的要求，所以增加发电机的无功调节手段势在必行。发电机的进相运行，吸收电力系统中过剩的无功功率来降低电压，是电网调节一种强有力的调控手段。

一、发电机进相运行的效益

1. 降压效益

由于系统负荷低谷时，无功过剩，因此系统电压过高。采用发电机进相运行后，已成功进行进相运行机组的试验结果表明，每吸收无功功率 5~10Mvar，一般可使 220kV 母线电压降低 1kV。

2. 节能效益

变压器、电动机等电气设备铁耗与电压的二次方成正比，运行电压升高使损耗增大，进相运行使运行电压降低后，可使这部分损耗消除。另外，进相运行还可以减少励磁电流，降低厂用电量。

3. 保证电力设备安全

运行电压升高，由于铁耗的增加使电气设备运行温度升高，势必加速绝缘老化，缩短其使用寿命，进相运行使电气设备处于正常额定电压运行，可确保设备在设计使用期内安全运行。

二、发电机进相运行应考虑的几个问题

1. 发电机定子铁心端部发热

发电机端部漏磁通是由转子和定子的漏磁通合成的，它是一个随转子同速旋转的旋转合成磁场。该旋转漏磁场磁通在切割静止的定子端部各金属结构件时，就会在其中引起涡流和磁滞损耗，引起发热。特别是定子端部铁心、压指、压环等磁阻较小的部件，因通过的磁通大，在局部冷却强度不足时，就会出现局部温升过高的现象。发电机由迟相变为进相运行时，端部合成磁通随之显著增大，端部元件的温升也显著增大，甚至越限，成为限制发电机进相运行的条件之一。因此，要通过现场试验做出温升曲线来确定进相运行的深度。

2. 发电机的静态稳定

根据功角特性 $P_{em} = (mUE_0/x_s)\sin\delta$，同步发电机进相运行较迟相运行状态，励磁电流

大幅减小，励磁电动势 E_0 相应降低。从功角关系看，在有功不变的情况下，功角 δ 必将相应的增大，发电机静态稳定性降低，如图 16-9 所示，发电机迟相运行功角为 δ_a。保持有功 P 恒定，降低励磁电流直到进相运行状态，此时励磁电动势为 E_{02}，功角增大为 δ_b，若增加进相深度，继续降低励磁电流，此时感应电动势 E_{03} 更低，功角为 $\delta = 90°$，达到静态稳定极限。若继续降低励磁电流，则失去静态稳定而失步。由此发电机的进相深度受到稳定的限制。

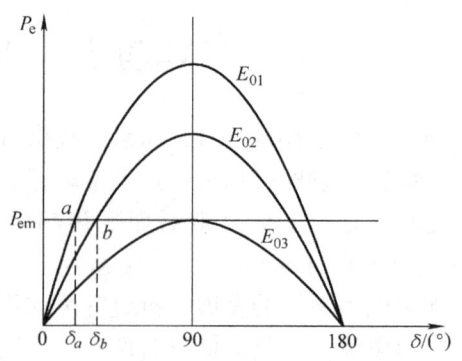

图 16-9　发电机功角随励磁电流降低而增大

3. 发电厂用电电压降低

发电机厂用电一般取自发电机出口。进相运行时，发电机由向系统发出无功变为吸收无功。由于实际系统不可能为无穷大系统，不能维持机端电压为恒定，即运行时发电机机端电压与厂用电电压要降低，厂用系统的电动机运行状态变差：输出下降，电流增大，可能造成厂用电动机和厂用变压器过电流，所以一般要控制在额定电压的 90% 以上。

三、发电机进相运行受哪些因素限制

当系统供给的感性无功功率多于需要时，将引起系统电压升高，要求发电机少发无功甚至吸收无功，此时发电机可以由迟相运行转变为进相运行。制约发电机进相运行的主要因素有：

1）系统稳定的限制。
2）发电机定子端部件温度的限制。
3）定子电流的限制。
4）厂用电电压的限制。

四、发电机进相运行采取的技术措施

1）进相运行机组的失磁保护压板不许退出，自动励磁调节装置必须投运，手动调节励磁状态下则不允许作为进相运行机组。必须具备欠励限制功能，并按要求进行整定，实际校核后投运，无此功能或不投此功能不得进相运行。另外相邻迟相运行机组也需投入自动励磁调节装置。

2）进相运行的机组必须装设双向无功功率表或双向功率因数表，以便运行人员监视和计量。

3）应装设"功角仪"，以便于运行中对发电机功角进行监视，确保发电机功角有一定的稳定裕度，要求 $\delta < 70°$。

4）发电机进相运行时，应注意机组厂用电压偏低引起的厂用电动机过电流问题，必要时应对厂用变压器分接头进行调整，使其满足要求。

5）发电机的进相运行必须严格按调度安排进行，当系统发生故障（如联络线因故障断开一回后），应迅速增加发电机励磁，使其转入迟相运行。

6）为避免机组进相运行时，同一电厂内部或附近电厂出现的非进相机组抢发无功的现

象,削弱进相运行的效果,要求非进相机组高功率因数运行。

7)发电机进相运行时,运行方式应保证厂用系统的安全运行。

8)当系统发生振荡时,进相运行机组不得干预自动增加无功。当系统及发电机发生振荡或失去同步时,应立即增加进相运行机组的励磁电流。如果再无法拉入同步时应降低有功负载,使之恢复正常。

9)机组在进相运行期间,应严密监视,使其各参数在允许范围内运行。监视发电机定子铁心、绕组的各点温度和机组振动情况以及厂用电系统的电压变化,如有超出额定允许值,应立即报告值长。

10)机组进相运行时所带的有功值 P 和进相吸收无功值 Q 的关系,应按规定执行。

*第五节 同步发电机常见故障

发电机在运行中会不断受到振动、发热、电晕等各种机械力和电磁力的作用,加之由于设计、制造、运行管理以及系统故障等原因,常常引起发电机温度升高、转子绕组接地、定子绕组绝缘损坏、励磁机电刷打火、发电机过载等故障。同步发电机运行中常见的故障及采取措施简述如下,有利于提高发电机运行中的日常维护水平,可供参考借鉴。

一、发电机非同期并列

发电机采用准同期法并列时,应满足电压、频率、相位相同这三个条件,如果由于操作不当或其他原因,并列时没有满足这三个条件,发电机就会非同期并列(asynchronous juxtaposition),它可能使发电机损坏,并对系统造成强烈的冲击,因此应注意防止此类故障的发生。当待并发电机与系统的电压不相同,其间存有电压差,在并列时就会产生一定的冲击电流。一般当电压相差在±10%以内时,冲击电流不太大,对发电机也没有什么危险。如果并列时电压相差较多,特别是大容量发电机并列时,如果其电压远低于系统电压,那么在并列时除了产生很大的电流冲击外,还会使系统电压下降,可能使事故扩大。一般在并列时,应使待并发电机的电压稍高于系统电压。如果待并发电机电压与系统电压的相位不同,并列时引起的冲击电流将产生同期转矩,使待并发电机立刻牵入同步。如果相位差很大时,冲击电流和同期转矩将很大,可能达到三相短路电流的2倍,它将使定子线棒和转轴受到一个很大的冲击应力,可能造成定子端部绕组严重变形、联轴器螺栓被剪断等严重后果。为防止非同期并列,有些厂在手动准同期装置中加装了电压差检查装置和相角闭锁装置,以保证在并列时电压差、相角差不超过允许值。

二、发电机过热

1)发电机没有按规定的技术条件运行,如定子电压过高,铁损增大;负荷电流过大,定子绕组铜损增大;频率过低,使冷却风扇转速变慢,影响发电机散热;功率因数太低,使转子励磁电流增大,造成转子发热。应检查监视仪表的指示是否正常,如不正常,要进行必要的调节和处理,使发电机按照规定的技术条件运行。

2)发电机的三相负荷电流不平衡,过载的一相绕组会过热;若三相电流之差超过额定电流的10%,即属于严重三相电流不平衡,会产生较大的负序磁场,从而增加损耗,引起磁极绕组及套箍等部件发热。应调整三相负荷，使各相电流尽量保持平衡。

3）风道被积尘堵塞，通风不良，造成发电机散热困难。应清除风道积尘、油垢，使风道畅通无阻。

4）进风温度过高或进水温度过高，冷却器有堵塞现象。应降低进风或进水温度，清除冷却器内的堵塞物。在故障未排除前，应限制发电机负荷，以降低发电机温度。

5）轴承加润滑脂过多或过少，应按规定加润滑脂，通常为轴承室的1/2～1/3（转速低的取上限，转速高的取下限），并以不超过轴承室的70%为宜。

6）轴承磨损。若磨损不严重，使轴承局部过热；若磨损严重，有可能使定子和转子摩擦，造成定子和转子局部过热。应检查轴承有无噪声，若发现定子和转子摩擦，应立即停机进行检修或更换轴承。

7）定子铁心绝缘损坏，引起片间短路，造成铁心局部的涡流损耗增加而发热，严重时会使定子绕组损坏，应立即停机进行检修。

8）定子绕组的并联导线断裂，使其他导线的电流增大而发热，应立即停机进行检修。

三、发电机定子绕组绝缘击穿、短路

1）定子绕组受潮。对于长期停用或经较长时间未检修的发电机，投入运行前应测量绝缘电阻，不合格者不准投入运行。受潮发电机要进行烘干处理。

2）绕组本身缺陷或检修工艺不当，造成绕组绝缘击穿或机械损伤。应按规定的绝缘等级选择绝缘材料，嵌装绕组及浸漆干燥等要严格按工艺要求进行。

3）绕组过热。绕组过热后会使绝缘性能降低，有时在高温下会很快造成绝缘击穿。应加强日常的巡视检查，防止发电机各部分发生过热而损坏绕组绝缘。

4）绝缘老化。一般发电机运行15～20年以上，其绕组绝缘老化，电气性能变化，甚至会发生绝缘击穿。要做好发电机的检修及预防性试验，若发现绝缘不合格，应及时更换有缺陷的绕组绝缘或更换绕组，以延长发电机的使用寿命。

5）发电机内部进入金属异物。在检修发电机后切勿将金属物件、零件或工具遗落到定子膛中；绑紧转子的绑扎线、紧固端部零件，以避免由于离心力的作用而松脱。

6）过大电压击穿：①线路遭受雷击，而防雷保护不完善。应完善防雷保护设施。②误操作，如在空载时，将发电机电压升得过高。应严格按操作规程对发电机进行升压，防止误操作。③发电机内部过电压，包括操作过电压、电弧接地过电压和谐振过电压等，应加强绕组绝缘预防性试验，及时发现和消除定子绕组绝缘中存在的缺陷。

四、发电机转子绕组接地

发电机转子因绝缘损坏、绕组变形、端部严重积灰时，将会引起发电机转子接地故障。转子绕组接地分为一点接地和两点接地。转子一点接地时，线匝与地之间尚未形成电气回路，因此在故障点没有电流通过，各种表计指示正常，励磁回路仍能保持正常状态，只是继保信号装置发出"转子一点接地"信号，其发电机可以继续进行。但转子绕组一点接地后，如果转子绕组或励磁系统中任一处再发生接地，就会造成两点接地。

转子绕组发生两点接地故障后，部分转子绕组被短路，因为绕组直流电阻减小，所以励磁电流将会增大。如果绕组被短路的匝数较多，就会使主磁通大量减小，发电机向电网输送

的无功输出显著降低，发电机功率因数降低，甚至变为进相运行，定子电流也可能增大。同时，由于部分转子绕组被短路，发电机磁路的对称性被破坏，将引起发电机产生剧烈的振动，这时凸极式发电机更为明显。转子线圈短路时，因励磁电流大大超过额定值，如不及时停机，切断励磁回路，转子绕组将会烧损。为了防止发电机转子绕组接地，运行中要求每个班的值班人员均应通过绝缘监视表计测量一次励磁回路绝缘电阻，若绝缘电阻低于 $0.5M\Omega$ 时，值班人员必须采取措施。对运行中励磁回路可能清扫到的部分进行吹扫，使绝缘电阻恢复到 $0.5M\Omega$ 以上，当转子绝缘电阻下降到 $0.01M\Omega$ 时，就应视作已经发生了一点接地故障。当转子发生一点接地故障后，就应立即设法消除，以防发展成两点接地。如果是稳定的金属性接地故障，而一时没有条件安排检修时，就应投入转子两点接地保护装置，以防止发生两点接地故障后，烧损转子，使事故扩大。转子绕组发生匝间短路事故时，情况与转子两点接地相同，但一般这时短路的匝数不多，影响没有两点接地严重。如果转子两点接地保护装置投入时，则它的继电器也将动作，此时应立即切断发电机主断路器，使发电机与系统解列并停机，同时切断灭磁开关，把磁场变阻器放在电阻最大位置，待停机后对转子和励磁系统进行检查。

五、发电机失磁

如前所述，发电机失磁是指发电机的励磁电流突然消失或部分消失的现象。发电机失磁后，由定子电流所产生的旋转磁场将在转子表面感应出频率等于转差频率的交流感应电动势，它在转子表面产生感应电流，使转子表面发热。发电机所带的有功负载越大，则转差率越大，感应电动势越大，电流也越大，转子表面的损失也越大。在发电机失磁瞬间，转子绕组两端将有过电压产生，转子绕组与灭磁电阻并联时，过电压数值与灭磁电阻值有关，灭磁电阻值大，转子绕组的过电压值也大。试验表明，如果灭磁电阻值选择为转子热态电阻值的 5 倍时，则转子的过电压值为转子额定电压值的 2~4 倍。

发电机失磁后，是否可以继续运行与失磁运行的发电机容量和系统容量的大小有关。大容量的发电机失磁后，应立即从电网中切除，停机处理。发电机容量较小，电网容量较大，一般允许发电机在短时间内，低负载下失磁运行，以待处理失磁故障。对于允许失磁运行的发电机，发生失磁故障后，应立即减小发电机负载，使定子电流的平均值降低到规定的允许值以下，然后检查灭磁开关是否跳闸。如已跳闸就应立即合上，如灭磁开关未跳闸或合上后失磁现象仍未消失，则应将自动调节励磁装置停用，并转动磁场变阻器手轮，试行增加励磁电流。此时若仍未能恢复励磁，可以再试着换用备用励磁机供给励磁。经过这些操作后，如果仍不能使失磁现象消失，就可以判断为发电机转子发生故障，必须安排停机处理。

六、发电机升不起电压

此类故障多发生在自励式同轴直流励磁机励磁的发电机上。

1. 故障现象

当发电机升速到额定转速后给发电机励磁时，励磁电压和发电机定子电压升不上去或励磁电压有，而发电机电压升不到额定值。

2. 故障原因

1）励磁机剩磁消失。
2）励磁机并励线圈接线不正确。
3）励磁回路断线。
4）励磁机换向器片间有短路故障，励磁机电刷接触不好或安装位置不正确。
5）发电机定子电压测量回路故障。

3. 一般处理

当发电机起动到额定转速后升压时，如励磁机电压和发电机电压升不起来，就应检查励磁回路接线是否正确、有否断线或接触不良、电刷位置是否正确、接触是否良好等。如以上各项都正常，而励磁机电压表有很小指示时，表示励磁机磁场线圈极性接反，应把它的正、负两根连线对换。如果励磁机电压表没有指示，则表明剩磁消失，应该对励磁机进行充磁。

七、发电机过载运行

运行中的发电机应在规定的额定负载或以下运行，否则发电机定、转子温度将超过其允许数值，使发电机定、转子绝缘很快老化而损坏。所以当发电机过载时，应进行调整，减小负载。

当系统发生事故，使电力不足或因系统运行情况突变而威胁到系统的静态稳定时，允许发电机在短时间内过载运行，此时值班人员应密切监视定转子绕组温度，其数值不得超过正常允许的最高监视温度。转子绕组也允许在事故情况有相应的过载。但是对任何发电机，都禁止在正常情况下使用这些过载裕量。

八、发电机中性线对地有异常电压

1）正常情况下，由于高次谐波影响或制造工艺等原因造成各磁极下的气隙不均、磁动势不等而出现的很低电压，若电压在一至数伏，不会有危险，不必处理。
2）发电机绕组有短路或对地绝缘不良，导致用电设备及发电机性能变坏，容易发热，应及时检修，以免事故扩大。
3）空载时中性线对地无电压，而有负荷时出现电压，是由于三相不平衡引起的，应调整三相负荷使其基本平衡。

九、发电机振动

1）转子不圆或平衡未调整好，应严格制造和安装质量或重新调整转子的平衡。
2）转轴弯曲，可采用研磨法、加热法及锤击法等校正转轴。
3）联轴节连接不正，应重新调整联轴节与螺栓，必要时联轴节端面需重新加工。
4）结构部件共振，可通过改变结构部件的支持方法来改变它固有的频率。
5）励磁绕组层间短路，应检修励磁绕组，并进行绝缘处理。
6）供油量或油压不足，应加大喷嘴直径升高油压，加大供油口减小间隙。
7）供油量过大或油压过高，就减小喷嘴直径，降低油压，提高面积压力，增大间隙。
8）定子铁心装配松动，应重新装压铁心。
9）轴承密封过紧，使转轴局部过热、弯曲。应检查和调整轴承密封，使其与轴有适当配合间隙。

10) 发电机通风系统不对称，应注意定子铁心两端挡风板及转子支架挡风板结构布置和尺寸的选择，使风路系统对称，增强盖板、挡风板的刚度并紧固牢靠。

*第六节 同步发电机试验技术

同步发电机是电力系统最主要的设备之一，它直接决定能否发电。发电厂同步发电机绝缘试验是同步发电机试验的主要内容，也是发电厂电气设备检修的重要内容。在制造和运行过程中，其绝缘可能受伤、质量不良或老化，因此，及早发现绝缘缺陷是完全必要的。而预防性试验正是有效的预防措施之一。在 DL/T 596—2005《电力设备预防性试验规程》中规定的试验项目共 23 项，本章试介绍同步发电机绝缘电阻的测量、直流电阻的测量、直流耐压试验及泄漏电流的测量、交流耐压试验和轴电压的测量。

一、绝缘电阻的测量

检查发电机绝缘是否存在受潮、脏污、机械损伤等问题。

1. 定子绝缘电阻的测量

测量接线图如图 16-10 所示，发电机额定电压在 1000V 以上者采用 2500V 兆欧表，测量 15s 和 60s 的绝缘电阻，并计算吸收比，如果绝缘电阻或吸收比偏小，可以增加测量 10min 的绝缘电阻，计算极化指数。对于环氧粉云母绝缘，吸收比不应小于 1.6，极化指数不应小于 2。

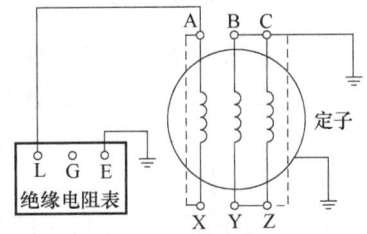

图 16-10 定子绝缘电阻测量接线图

吸收比 = 1min 绝缘电阻/15s 绝缘电阻。

极化指数 = 10min 绝缘电阻/1min 绝缘电阻。

注意：

1) 为了克服电容充电电流的影响，兆欧表的短路电流应足够大。如果吸收比的测量结果比较大，往往是由于兆欧表的短路电流太小造成的。

2) 测量前后应将被测量的绕组三相短路对地放电 5min 以上。如果由于意外原因造成测量中断，应该重新充分放电后再进行测量。如果放电不充分，对同一相重复测量的结果是绝缘电阻值偏大。而换相时，由于残余极化电动势与兆欧表的电动势方向一致，会出现一个极化电荷先释放再极化的过程，造成后面测量的两相绝缘电阻偏小的假象。

3) 当测量结果不合格时，应首先排除穿墙套管、支柱瓷瓶的影响，如用干净的布进行擦拭，或在套管上用软铜线绕一个屏蔽电极，接于兆欧表的屏蔽端子上。

4) 如果绝缘电阻和吸收比都很小，说明绝缘有受潮的可能，应对绕组进行烘干处理。对大型发电机可采用三相稳定短路的方式升流烘干或采用直流电流进行升温烘干；水内冷机组可通热水烘干；中小型发电机可用电热元件、大功率白炽灯或机组自带的加热元件进行烘干。

2. 转子绝缘电阻的测量

1) 使用 1000V 兆欧表进行测量，转子水内冷的发电机用 500V 兆欧表测量。

2）测量绕组（集电环）对转子本体（大轴）的绝缘电阻。
3）不测量吸收比。

3. 轴承座绝缘电阻的测量

由于发电机磁通不对称会在大轴上产生轴电压，为了防止轴电压与轴承间的环流烧坏轴瓦，通常将励磁机侧的轴承座与地绝缘。

有些汽轮发电机采用轴瓦绝缘的方式，每块轴瓦引出一个测点，应检查每个轴瓦的绝缘电阻，有些汽轮发电机没有引出轴瓦的测量点，只能在安装过程进行检查。

水轮发电机的推力轴承、导轴承在每块推力瓦下垫有绝缘垫，应在安装过程检查每块轴瓦的绝缘电阻，在轴承充油前每块轴瓦的绝缘电阻不应低于100mΩ。

当轴承绝缘不合格时，除了检查绝缘垫，还应注意检查与轴承相连接的部件如温度、振动传感器、油管等的绝缘是否正常。

4. 励磁机的励磁回路所连接的设备（不包括发电机转子和励磁机电枢）**绝缘电阻的测量**

1）小修时用1000V兆欧表，大修时用2500V兆欧表。
2）如果励磁回路中有半导体电子元件时，测量前应退出这些元件或将这些元件短路，避免这些元件在测量中击穿（或将兆欧表的电压降低到500V以下）。

二、直流电阻的测量

检查绕组导体是否存在断股、断裂、开焊或虚焊等问题。

测量发电机定子或转子绕组的直流电阻、灭磁电阻（不包括非线性灭磁电阻）等可以采用双臂电桥、电压电流法（直流）、直流电阻测试仪等。目前多数是采用直流电阻测试仪进行测量。测量要点为：

1）测量前应在定子绕组或转子绕组不同部位放置3支以上温度计，取平均值作为绕组的温度。
2）如果仪器的电流端子和电压端子分开时，应将电压端子夹在电流端子的内侧，避免电流端子的接触压降影响测量的准确度。
3）测量结果换算到75℃时的数值，并与历年试验数据进行比较。铜导体换算公式如下：

$$R_{75} = R_t \frac{235 + 75}{235 + t} \tag{16-9}$$

式中，R_{75}为换算至75℃时的电阻；R_t为温度t时测量的电阻值；t为测量时的温度。

三、直流耐压试验及泄漏电流的测量

1. 直流耐压试验的特点

（1）对检出绕组端部绝缘缺陷有较高灵敏度

在交流电压下绕组端部绝缘的电压分布与电容有关，如图16-11所示。由于发电机绝缘的介电系数比空气大，而且端部绕组距离铁心远，所以绝缘层的电容C_i比绝缘表面到铁心的电容C_g大得多，绝缘层的容抗比绝缘表面对地的容抗小得多，所以绕组端部的交流电压降主要是集中在绝缘表面上，绝缘层的电压降U_{Ci}就比较小，而且离铁心越远绝缘层上的压降越小，因此交流耐压不容易检查出端部绝缘的缺陷。

而直流电压的分布与绝缘电阻成正比，如图 16-12 所示，端部表面的绝缘在制造时从槽口向外依次喷涂低阻、中阻、高阻绝缘漆，所以端部绝缘层的绝缘电阻 R_i 比绝缘表面电阻 R_g 大得多，绝缘层上的电压降 U_{Ri} 很大，表面电位 U_{Rg} 较低，对检出端部绝缘层的缺陷有较高的灵敏度。

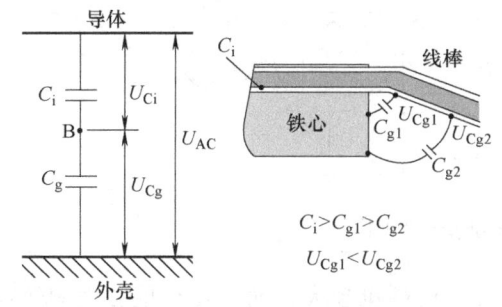 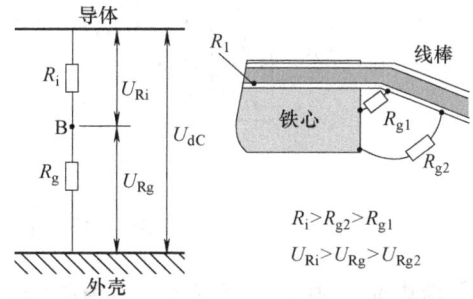

图 16-11　在交流电压下绕组端部绝缘的电压分布　　图 16-12　在直流电压下绕组端部绝缘的电压分布

由于交流耐压时绕组端部绝缘表面电压较高，所以交流耐压时端部电晕较大，而直流耐压时端部绝缘表面电压较低，一般不容易看到电晕。

（2）对绝缘的破坏性较小

直流耐压试验设备输出的功率一般都很小，对试品的破坏性也很小，而且不会像交流耐压试验那样对绝缘的破坏存在累积效应。在进行耐压试验时首先进行直流耐压试验，还可以通过监测直流泄漏电流的大小和变化了解绝缘是否存在局部缺陷或受潮等可以处理的问题，减少在交流耐压时绝缘击穿的可能性。

2. 直流耐压试验电压的确定

发电机绝缘在进行直流耐压和交流耐压试验时，它们的击穿电压值是不一样的。如果以 U_{DB} 代表直流击穿电压，以 U_{AB} 代表交流击穿电压，它们的比值 K 通常称为巩固系数，即

$$K = U_{DB}/U_{AB} \tag{16-10}$$

大量的试验统计数据说明，对新绝缘来说，K 值在 1.2~2.2 的范围内，平均值为 1.7 左右。绝缘无损伤时 K 值最大，随着绝缘损伤深度的增加，K 值成比例地减小。随着绝缘的运行小时数的增加，K 值也会随着减小。也就是说，在大多数情况下要击穿同一个绝缘缺陷，所施加的直流电压要比交流电压高得多。

根据我国的实际经验，K 的取值为 1.55~2.2，并据此制定出交流耐压与直流耐压的标准。以额定电压为 6kV~24kV 的发电机为例，按我国现行的交接和预防性试验标准，在进行定子绕组直流耐压和交流耐压试验时，K 值在 1.54~1.84 之间。

如果交流耐压值为 $1.5U_N$（U_N 为发电机额定电压），直流耐压值应为

$$1.5 \times (1.54 \sim 1.84) U_N = (2.31 \sim 2.76) U_N \tag{16-11}$$

平均值约为 $2.5U_N$，现有些电厂在进行 $1.5U_N$ 的交流耐压试验前随意将直流耐压的数值降为 $2.0U_N$，显然对后续的交流耐压试验是比较危险的，是不可取的做法。

四、交流耐压试验

1. 常规试验方法

试验接线图如图 16-13 所示，由于发电机试验时电容电流通常都比较大，限流电阻和保

护电阻的选择应根据实际情况选择，应保证被试品击穿时过电流保护能可靠动作并有足够大的功率，通常是水电阻，可添加食盐调节水的电阻。

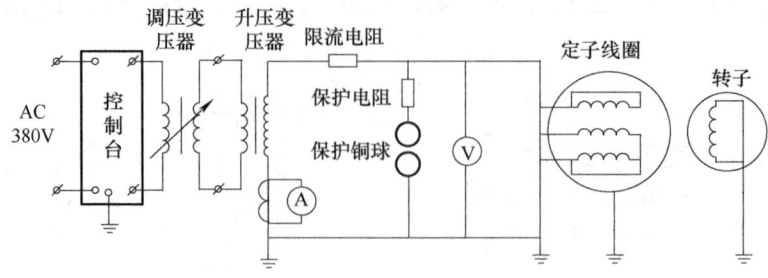

图 16-13　常规交流耐压试验接线图

限流电阻：由于电流较大，阻值越大，压降越大，损耗也越大，而且要有足够大的热容量，通常采用水电阻。

铜球保护电阻：为了保证铜球击穿后过电流保护装置能够动作。

2. 串联谐振交流耐压试验

试验接线图如图 16-14 所示。

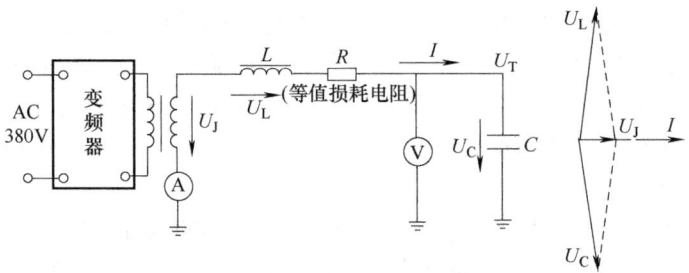

图 16-14　变频式串联谐振法交流耐压试验接线图

通过调整电感 L 或电容 C，或调整频率 f，都可以使试验回路达到谐振的状态。目前电子调频技术已经相当成熟，而且调频试验装置小巧轻便，已经得到广泛的应用。

电感线圈的品质因数 Q_L 等于线圈的感抗 X_L 与损耗电阻 R_L 的比值

$$Q_L = \frac{X_L}{R_L} \tag{16-12}$$

但在发电机试验回路中，除了线圈的电阻损耗，还存在绕组的绝缘损耗，对水内冷发电机，还存在水电阻引起的损耗。考虑电机绕组损耗后回路的等效 Q 值为

$$Q = \frac{1}{\frac{1}{Q_L} + \tan\delta} \tag{16-13}$$

国产空冷发电机整相绕组绝缘损耗通常为 0.03～0.06，水内冷绕组充水时总损耗可达 0.07～0.12，将这些数据以及 $Q_L \approx 30$ 代入上式，可得试验回路的等效 Q 值为：

国产空冷发电机试验：$Q \approx 10 \sim 16$

国产水内冷发电机试验：$Q \approx 6 \sim 10$

对于串联谐振，Q 值也等于试验电压与励磁变输出电压的比值，Q 值越大，励磁电压越

小，所需要的试验电源功率越小。

由于 X_L 是 R 的 Q 倍，所以击穿后回路电流下降到击穿前的 $1/Q$，不存在过电流的问题，所以试验比较安全。

在进行发电机的交流耐压试验时，为了防止绝缘击穿时由于电流过大而将定子铁心烧坏（定子铁心烧坏后极难修复），通常要求击穿后的短路电流不要大于5A。由于串联谐振法试验在试品击穿后回路电流会下降，而且试验电压波形较好（电压中的高次谐波不满足谐振条件被抑制），所以发电机的交流耐压应优先采用串联谐振法。

按照国标规定，工频试验电压的频率范围为 45~65Hz，因此在选择电感时应满足频率的规定。

串联谐振耐压的优点：

1）减小升压变压器输出电压为试验电压的 $1/Q$，从而减小试验设备容量。
2）试品击穿后电流下降为原来的 $1/Q$，比较安全。
3）不需要串接限流电阻（串联谐振法不应串联限流电阻）。

3. 并联谐振交流耐压试验

试验接线图如图 16-15 所示。

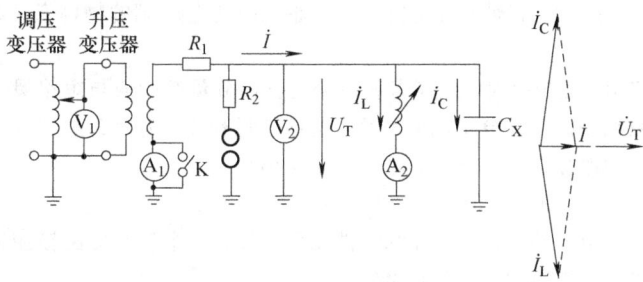

图 16-15　并联谐振法交流耐压试验接线图

并联谐振耐压试验特点如下：

1）试验电流为试品电流的 $1/Q$，从而减小试验设备容量。
2）试品击穿后的回路电流，当升压变压器短路阻抗的标幺值小于 $1/Q$ 时，击穿点电流会大于电容电流；如果在回路中串适当的限流电阻，相当于增加变压器的短路阻抗，可以减小短路电流，但会使试验回路的等效 Q 值下降，很难将击穿点电流限制在5A以下。
3）需要串接限流电阻，过电流保护应可靠。

五、轴电压的测量

1. 测量方法

1）试验前分别检查轴承座与金属垫片、金属垫片与金属底座的绝缘电阻，应大于 $0.5M\Omega$。
2）试验原理如图 16-16 所示。
3）在空载试验额定电压下，用高内阻的电压表先测量轴电压 U_1，然后将转轴的汽机端与轴承座短接，测量励磁机端大轴对轴承座的电压 U_2 以及轴承对地的轴电压 U_3。
4）在发电机不同负荷下分别测量发电机的轴电压。

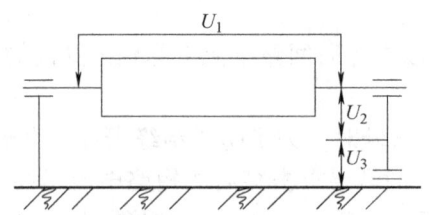

图 16-16 轴电压测量试验原理

2. 测量结果判断

1)轴电压一般不大于 10V。

2)正常情况下 $U_1 \approx U_3$,$U_2 \approx 0$,如果测量结果是 U_3 明显小于 U_1,U_2 数值较大(正常情况下一般 U_3/U_2 大于 10 以上),说明轴承绝缘不好,可能会产生轴电流。

思考题及习题

16-1 为什么同步发电机突然短路,电流比稳态短路电流大得多?为什么突然短路电流大小与合闸瞬间有关?

16-2 试述直轴同步电抗 x_d、直轴瞬变电抗 x_d'、直轴超瞬变电抗 x_d'' 的物理意义和表达式。阻尼绕组对这些参数有何影响?

16-3 同步发电机三相突然短路时,定子各相电流的直流分量起始值与短路瞬间转子的空间位置是否有关?与其对应的励磁绕组中的交流分量幅值是否也与该位置有关?为什么?

16-4 说明 x_d''、x_d' 的物理意义,比较 x_d''、x_d'、x_d 的大小?

16-5 为什么变压器的 $x_+ = x_-$,而同步电机 $x_+ \neq x_-$?

16-6 对两台发电机,定子的材料、尺寸和零件完全一样,一个转子的磁极用钢片叠成,另一个为实心磁极,问哪台发电机的负序电抗要小?为什么?

16-7 同步发电机失磁有哪些原因?为什么有些发电机失磁后还能向电网输出有功功率?

16-8 简要说明同步发电机失磁后的表计现象。

16-9 同步发电机进相运行受哪些因素限制?

16-10 为什么对大型同步发电机都要求有一定进相运行能力?

16-11 设有一台三相、Y 形联结的凸极同步发电机,测得各种参数如下:$x_d = 1.45\Omega$,$x_q = 1.05\Omega$,$x_- = 0.599\Omega$,$x_0 = 0.20\Omega$。发电机每相空载电动势 $E_0 = 220$V 时,试求:

(1)三相稳态短路电流;

(2)两相稳态短路电流;

(3)单相对中性点稳态短路电流。

16-12 一台汽轮发电机有下列数据:$x_{d*} = 1.62$,$x_{d*}' = 0.208$,$x_{d*}'' = 0.126$,$T_d' = 0.74$s,$T_d'' = 0.208$s,$T_a = 0.132$s。设该发电机在空载额定电压下发生三相突然短路,求:

(1)在最不利情况下定子突然短路电流的表达式;

(2)最大冲击电流值;

(3)在短路后经过 0.5s 时的短路电流值;

(4)在短路后经过 3s 时的短路电流值。

第十七章 同步电动机

同步电动机（synchronous motor）是转子转速与定子旋转磁场的转速相同的交流电动机。其转子转速 n 与磁极对数 p、电源频率 f 之间满足 $n=60f/p$。转速 n 取决于电源频率 f，故电源频率一定时，转速不变，且与负载无关。同步电动机具有运行稳定性高和过载能力大等特点，常用于多机同步传动系统、精密稳速系统和大型设备（如轧钢机）等。

同步电动机是同步电机的另一种重要的运行方式。同步电动机的功率因数可以调节，在不要求调速的场合，应用大型同步电动机可以提高运行效率。近年来，小型同步电动机在变频调速系统中应用很广泛。大功率同步电动机与同容量的异步电动机相比，最突出的优点是其功率因数可根据需要在一定范围内调节。另外，异步电动机的最大转矩与电压的二次方成正比，而同步电动机在不考虑凸极效应时最大转矩与电压成正比，因此在电网电压下降时，同步电动机的过载能力比同容量的异步电动机高。同步电动机的主要缺点是：起动比较复杂，需要直流励磁电源，结构也更复杂，制造成本和维护成本都更高。

同步电动机一般都做成凸极式的，为了能够自起动，在转子磁极的极靴上装起动绕组。

同步电动机还可以接于电网作为同步补偿机。这时同步电动机不带任何机械负载，靠调节转子的励磁电流向电网发出所需的感性或者容性无功功率，以达到改善电网功率因数或者调节电网电压的目的。

第一节 同步电动机的基本电磁关系、方程式和相量图

一、从发电机状态过渡到电动机状态过程

1. 发电机状态

同步电机工作在发电机状态，并向电网输送一定的有功，其相量图如图 17-1a 所示，发电机 $\dot{E}_0$ 超前于 $\dot{U}$，转子主极轴线沿转向超前于气隙合成磁场轴线，δ 为正，电磁转矩为制动性质。原动机输入机械转矩克服电磁转矩，将机械能转变为电能。

2. 空载状态

发电机空载运行相量图如图 17-1b 所示，逐步减少原动机输入功率，使转子瞬时减速，δ 角和电磁功率相应减小。当 δ 角减至零时，发电机变为空载运行，其输入功率正好抵偿空载损耗。

3. 电动机状态

电动机状态相量图如图 17-1c 所示，$\dot{U}$ 超前于 $\dot{E}_0$，主极磁场落后于气隙合成磁场，δ 为负，电磁转矩为驱动性质，同步电机进入电动机运行状态，将电网输入的电能转换成机械能。

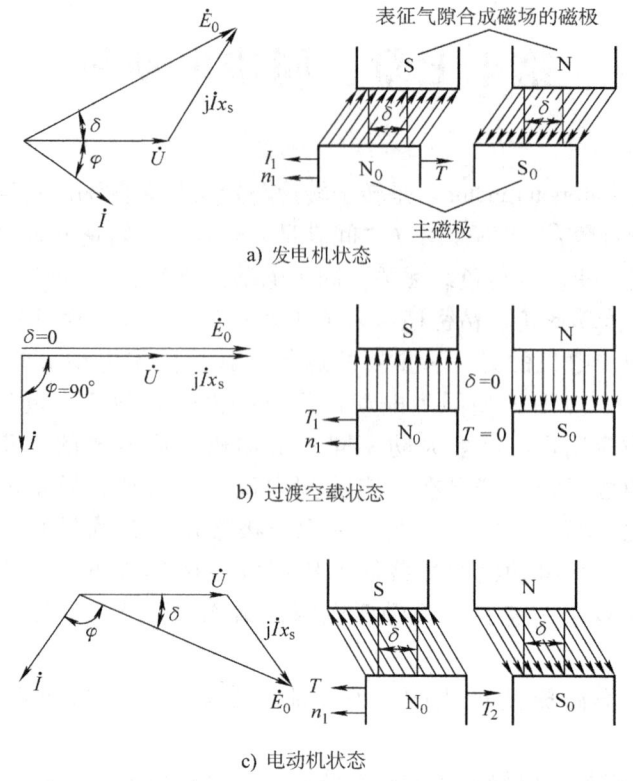

图 17-1 从发电机到电动机的过渡

二、方程式和相量图

同步电动机分析时采用电动机惯例，则电流 $\dot{I}$ 超前端电压 $\dot{U}$ （从电网吸收超前的容性电流），励磁电动势 $\dot{E}_0$ 滞后于电压 $\dot{U}$，φ 和 δ 角为正值，产生的电磁功率也为正值。电动势平衡方程式分别为：

隐极同步电动机

$$\dot{U} = \dot{E}_0 + \dot{I}r_a + j\dot{I}x_s \tag{17-1}$$

根据电动势方程可以画出隐极同步电动机的等效电路和相量图，如图 17-2 所示。

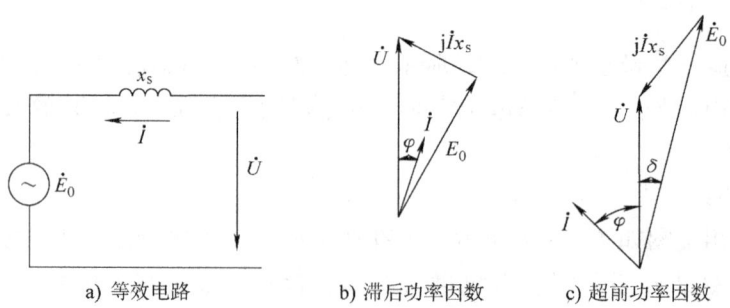

图 17-2 根据电动机方程画出的隐极同步电动机的等效电路和相量图

凸极同步电动机

$$\dot{U} = \dot{E}_0 + \dot{I}r_a + j\dot{I}_d x_d + j\dot{I}x_q \tag{17-2}$$

同理，根据电动势方程可以画出相量图。

三、功率、转矩平衡方程和功角特性

1. 功率平衡方程式

同步电动机正常运行时，由电网输入的电功率 P_1 除了很小部分消耗于定子铜耗外，即为由电磁场从定子传送到转子的电磁功率 P_{em}。转子上获得的总机械功率 P_m 为 P_{em} 中减去定子铁心损耗，总机械功率 P_m 除去机械损耗 p_m 和附加损耗 p_s（有的还包括励磁机功率 p_f）后才是电动机最后的输出功率 P_2

$$P_{em} = P_1 - p_{Cu1} \tag{17-3}$$

$$P_m = P_{em} - p_{Fe} \tag{17-4}$$

$$P_2 = P_m - p_s - p_m \tag{17-5}$$

2. 转矩平衡方程式

由式（17-4）、式（17-5）得

$$P_{em} = P_2 + p_0 \tag{17-6}$$

式中，p_0 称为空载损耗，$p_0 = p_{Fe} + p_m + p_s$。

式（17-6）各项除以 $\Omega_1 = 2\pi n_1/60$ 得到转矩平衡式

$$T = T_0 + T_2 \tag{17-7}$$

转矩平衡式说明，电动机稳定运行时，驱动性质的电磁转矩与制动性质的输出转矩和空载转矩之和平衡。

3. 功角特性

电动机运行时，励磁电动势 $\dot{E}_0$ 滞后于电压 $\dot{U}$，功角 δ 为正值，同理有

$$P_{em} = m\frac{E_0 U}{x_d}\sin\delta + m\frac{U^2}{2}\left(\frac{1}{x_q} - \frac{1}{x_d}\right)\sin 2\delta \tag{17-8}$$

$$T = \frac{P_{em}}{\Omega} = m\frac{E_0 U}{\Omega x_d}\sin\delta + m\frac{U^2}{2\Omega}\left(\frac{1}{x_q} - \frac{1}{x_d}\right)\sin 2\delta \tag{17-9}$$

若令 $x_d = x_q = x_s$，即得隐极同步电动机的电磁功率和电磁转矩表达式

$$P_{em} = \frac{mE_0 U}{x_s}\sin\delta \tag{17-10}$$

$$T = \frac{P_{em}}{\Omega} = \frac{E_0 U}{\Omega x_s}\sin\delta \tag{17-11}$$

【例 17-1】 一台三相隐极同步电动机，其最大电磁转矩与额定电磁转矩之比为 2，不考虑定子电阻，励磁电流保持不变。试回答：（1）满载运行时将电源电压由额定值下降 30%，同步电动机还能稳定运行吗？（2）电压降到多少时同步电动机将失去同步？

解：由题意 $K_m = \dfrac{1}{\sin\delta_N} = 2$，则 $\delta_N = 30°$。

额定电压满载运行时 $P_{emN} = P_{emmax}/K_m = 0.5P_{emmax}$。

（1）电压下降 30% 时 $P'_{emmax} = \dfrac{mE_0U'}{x_s} = \dfrac{mE_0 \times 0.7U}{x_s} = 0.7P_{emmax}$，$P'_{emmax} > P_{emN}$，故电压降低 30% 时，同步电动机仍能稳定运行。

（2）设电压降至 U 时，最大电磁功率与额定电磁功率（对应于满载）相等，同步电动机将失去同步，即

$$\frac{mE_0U''}{x_s} = 0.5\frac{mE_0U_N}{x_s}$$

所以 $U'' = 0.5U_N$。

可见当电压下降至额定电压的一半时，电动机将失去同步。

第二节 同步电动机的无功功率调节

一、同步电动机的无功功率调节原理

同步电动机并在恒压电网上运行时，若输出功率 P_2 恒定，以隐极同步电动机为例，且忽略电枢电阻损耗。则

$$\left.\begin{array}{l} P_2 = mUI\cos\varphi = 常数 \\ P_{em} = m\dfrac{E_0U}{x_s}\sin\delta = 常数 \end{array}\right\} \tag{17-12}$$

由于 m、U、x_s 均不变，由式（17-12）可得

$$\left.\begin{array}{l} I\cos\varphi = 常数 \\ E_0\sin\delta = 常数 \end{array}\right\} \tag{17-13}$$

图 17-3 所示为输出功率不变（$P_2 = 常数$）而励磁电动势变化时隐极同步电动机的电动势相量图，$\dot{E}_0$ 和 $\dot{I}$ 的末端必落在直线 AB 和 CD 上。可见：

同步电动机输出有功功率 P_2 恒定，改变励磁电流可以调节其无功功率；

"正常"励磁时功率因数 $\cos\varphi = 1$，电枢电流全部为有功电流，故数值最小；

励磁电流小于正常励磁值（欠励）时，电动机功率因数 $\cos\varphi$ 滞后，同步电动机相当于感性负载，要从电网吸取滞后无功；

励磁电流大于正常励磁值（过励）时，电动机功率因数 $\cos\varphi$ 超前，同步电动机相当于容性负载，要从电网吸取超前无功。

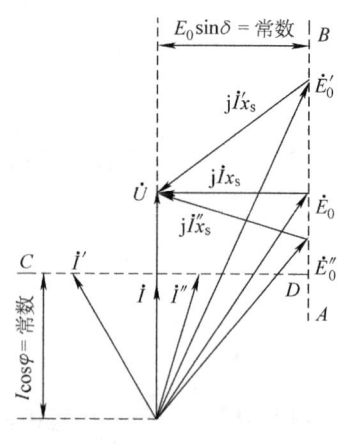

图 17-3 $P_2 = 常数$，调节励磁时的相量图

二、同步电动机的 V 形曲线

V 形曲线是同步电动机在有功功率恒定、励磁电流变化时，电枢电流随励磁电流变化的曲线，即 $I = f(I_f)$，如图 17-4 所示。

在欠励区，励磁电流减小到一定数值时，电动机将失步，不能稳定运行；

改变励磁可以调节电动机的功率因数；

利用同步电动机功率因数可调的特点，让其工作于过励状态，从电网吸收容性无功，即向电网输送感性无功，可以改善电网的无功平衡状况，从而提高电网的功率因数和运行性能及效益。

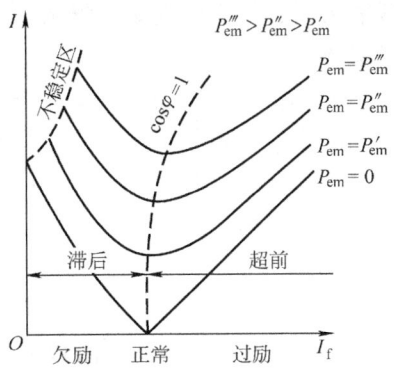

图 17-4 同步电动机的 V 形曲线

第三节 同步调相机

同步调相机（synchronous condenser），也称同步补偿机（synchronous compensator），其利用不带机械负载的同步电动机改变励磁调节功率因数的原理，并联运行于电网上提供感性无功功率，提高功率因数，降低线路压降和损耗，提高发电设备的利用率和效率。

一、调相机两种运行状态

调相机由于不带有功负载，运行只有两种状态，图 17-5a 所示为过励状态，$\dot{I}$ 超前于 $\dot{U}$，吸收容性无功功率，即发出感性无功功率。图 17-5b 所示为欠励状态，$\dot{I}$ 滞后于 $\dot{U}$，吸收感性无功功率。

二、调相机用途

调相机向电网补充无功功率，根据其所在位置不同，补偿作用也不同。

1. 受控补偿

如图 17-6 所示，调相机在负载节点补偿，当负载较大时，为了改善功率因数，调相机应过励运行；当电网负载很轻时，高压长输电线路将呈现较大的电容作用，使受端电网电压升高，此时，调相机应运行在欠励状态，吸收电网中多余的无功功率。

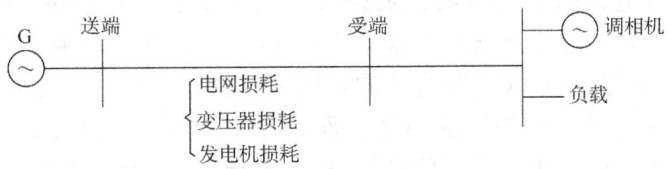

图 17-6 调相机的受控补偿

2. 中间补偿

如图 17-7 所示，调相机在输电线路上进行补偿，发电机送到系统的功率为 $P = mE_0U/(\sum x)\sin\delta$，当 $\sum x$ 减小时对稳定性有利，因为 $E_0U/(\sum x)$ 增加，δ 角减小，稳定性提高；当保持原过载能力时，输送的功率将增大；中间加补偿机相当于线路的 $\sum x$ 减小，提高了稳定性或增加了输出。

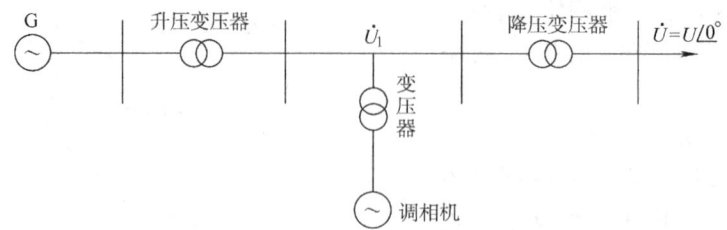

图 17-7 调相机的中间补偿

三、调相机特点

1) 因不带机械负载，调相机转轴可以较细。因为输出有功功率为零（忽略调相机本身的损耗），过励时，电流超前电压 90°；欠励时，电流滞后电压 90°，只要调节励磁电流，就能灵活地调节无功功率的性质和大小。电力系统在大多数情况下呈感性，故调相机通常都是在过励状态下运行，作为无功功率电源，提供感性无功，改善电网功率因数，保持电网电压稳定。

2) 由于没有稳定问题，x_s 可较大，使得气隙较小，励磁也较小，转子用铜量少。

3) 同步调相机的额定容量是按过励所能补偿的无功功率来确定的。

4) 也存在起动问题，一般利用异步起动，加起动绕组。

水电站在枯水期间，水轮发电机可作调相运行；同时有水轮机和汽轮发电机的电网，丰水期间，水轮发电机发有功功率，汽轮发电机作调相机运行。

*第四节 特殊同步电动机

一、永磁同步电动机

一般同步电机转子的励磁采用电磁式，如果用永磁体来代替，则称为永磁同步电机（permanent-magnet synchronous machine）。永磁同步电机即可作发电机也可作电动机。永磁同步电机作为发电机近年引起极大的关注，风力发电作为绿色能源之一，已在世界上和我国得到一定的应用，风力发电采用永磁同步发电机有重量轻、可靠性和效率高的优点。

磁钢是永磁同步电机的关键材料，永磁材料近年来的开发很快，现有铝镍钴、铁氧体和稀土永磁体 3 大类。稀土永磁体有第一代钐钴 1∶5，第二代钐钴 2∶17 和第三代钕铁硼。铝镍钴是 20 世纪 30 年代研制成功的永磁材料，其虽具有剩磁感应强度高、热稳定性好等优点，但矫顽力低，抗退磁能力差，而且要用贵重的金属钴，成本高，这些不足大大限制了它在电机中的应用。铁氧体磁体是 20 世纪 50 年代初开发的永磁材料，其最大的特点是价格低廉，有较高的矫顽力，其不足是剩磁感应强度和磁能积都较低。钐钴稀土永磁材料在 20 世纪 60 年代中期问世，它具有铝镍钴一样高的剩磁感应强度，矫顽力比铁氧体高，但钐稀土材料价格较高。20 世纪 80 年代初，钕铁硼稀土永磁材料出现，它具有高的剩磁感应强度，高的矫顽力，高的磁能积，这些特点特别适合在电机中使用。它的不足是温度系数大，居里点低，容易氧化生锈而需涂覆处理，经最近几年不断改进提高，现钕铁硼永磁材料最高的工作温度已可达 180℃，一般也可达 150℃，已足以满足绝大多数电机的使用要求。

永磁同步电动机的结构如图 17-8 所示。永磁同步电动机有不同结构的转子，例如凸极式转子。不同的转子结构往往带来自身性能上的特点，因而稀土永磁同步电动机可根据使用需要选择不同的转子结构形式。不同励磁形式同步电动机转子的一个极矩的横截面如图 17-9 所示。

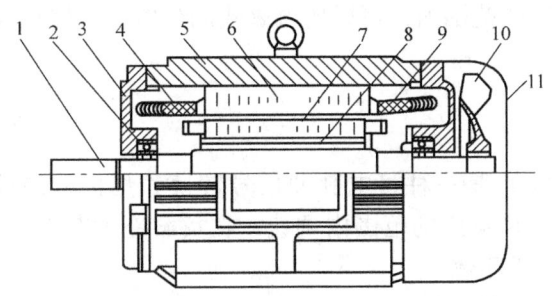

图 17-8　永磁同步电动机的结构
1—转轴　2—轴承　3—端盖　4—定子绕组
5—机座　6—定子铁心　7—转子铁心
8—永磁体　9—起动笼　10—风扇　11—风罩

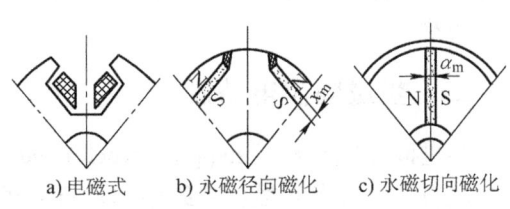

a) 电磁式　　b) 永磁径向磁化　　c) 永磁切向磁化

图 17-9　不同励磁形式同步电动机转子的一个极矩的横截面

现代工农业中的驱动电动机常用的有交流异步电动机、有刷直流电动机和永磁同步电动机（包括无刷直流电动机）3 大类，它们的综合特性比较见表 17-1。

表 17-1　3 大类电动机的综合特性比较

	机械特性	过载能力	可控性	平稳性	噪声	电磁干扰	维修性	寿命	体积	效率	成本
交流异步电动机	软	小	难	较差	较大	小	易	长	大	低	低
有刷直流电动机	软	大	易	较好	大	严重	难	短	较小	高	较高
永磁同步电动机	硬	大	易	较好	小	小	易	长	小	高	较高

交流永磁同步电动机由于其体积小、重量轻、高效节能等一系列优点，越来越引起人们重视，其控制技术日趋成熟，控制器已产品化。中、小功率的异步电动机变频调速正逐步为永磁同步电动机调速系统所取代。例如电梯的驱动系统对电动机的加速、稳速、制动、定位都有一定的要求。早期人们采用直流电动机调速系统。20 世纪 70 年代变频技术发展成熟，异步电动机的变频调速驱动迅速取代了电梯行业中的直流调速系统。而这几年电梯行业中最新驱动技术就是永磁同步电动机调速系统，其体积小、节能、控制性能好、容易做成低速直

接驱动，消除齿轮减速装置；其低噪声、平层精度和舒适性都优于以前的驱动系统，适合在无机房电梯中使用。可以预见，在调速驱动的场合，将会是永磁同步电动机的天下。

由于电子技术和控制技术的发展，永磁同步电动机的控制技术亦已成熟并日趋完善。以往同步电动机的概念和应用范围已被当今的永磁同步电动机大大扩展。永磁同步电动机已在从小到大，从一般控制驱动到高精度的伺服驱动，从人们日常生活到各种高精尖的科技领域作为最主要的驱动电动机出现，而且前景会越来越好。

而与电磁式同步电动机相比较，稀土永磁同步电动机具有以下优点：稀土永磁同步电动机无需电流励磁，不设电刷和集电环，因此结构简单、使用方便、可靠性高；由于上述结构的特点，使得稀土永磁同步电动机转子上无励磁损耗，无电刷和集电环之间的摩擦损耗和接触电损耗。因此，稀土永磁同步电动机的效率比电磁式同步电动机高，并且其功率因数可以设计在1.0附近；稀土永磁同步电动机在一定功率范围内，可以比电磁式同步电动机体积和重量更小。

二、步进同步电动机

步进同步电动机（stepping synchronous motor）是一种将电脉冲信号转换为角位移的控制微电机，可在各种数控系统中作执行元件，可在宽广的范围内调速，在负载能力范围内，其角位移的定位精度无积累误差，特别适用于开环数控系统中。步进电动机按其工作原理来分，主要有磁电式和反应式两大类，这里介绍常用的反应式步进电动机的工作原理。

图 17-10 所示为三相反应式步进电动机的结构。定子为三相绕组，每相有两个磁极，三相绕组为Y形联接。转子铁心及定子极靴上均有小齿，且定、转子齿距相等，图中转子齿数为 40。因此，每一齿距对应的空间角度为 360°/40 = 9°。B、C 两相与 A 相相差 120°和 240°，通过计算可知，B 极和 C 极正中的齿超前转子 14 号齿和 27 号齿的距离分别为 1/3 齿和 2/3 齿距。

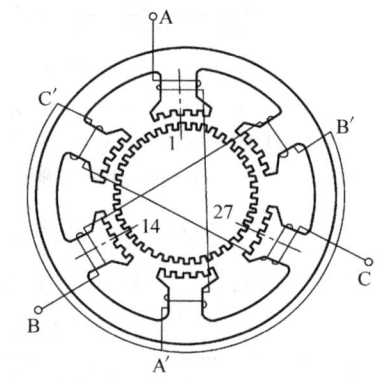

图 17-10 三相反应式步进电动机的结构

反应式步进电动机的工作原理如图 17-11 所示。首先有一相线圈（设为 A 相）通电，于是建立如图 17-11a 所示的磁场，由于转子力求整个磁路磁阻最小，转子 1 号齿对准磁极 A 极轴。然后，A 相断电，B 相通电，则磁极 A 的磁场消失，磁极 B 产生了磁场，如图 17-11b 所示，磁极的磁场把离它最近的 14 号齿吸引过去，14 号齿对准磁极 B 极轴，这时转子逆时针转了 3°。再接下去，B 相断电，C 相通电，如图 17-11c 所示。同理，转子又逆时针转了 3°，27 号齿对准磁极 C 极轴。若再 A 相通电，C 相断开，那么转子再逆时针转 3°，使转子 1 号齿对准磁极 A 极轴。定子各相轮流通电一次转子转过一个齿。这样按 A→B→C→A→B→C→A→… 次序轮流通电，步进电动机就一步一步地按逆时针方向旋转。通电线圈每转换一次，步进电动机旋转 3°，把步进电动机每步转过的角度称之为步距角。如果把步进电动机通电线圈转换的次序倒过来换成 A→C→B→A→C→B→… 的顺序，则步进电动机将按顺时针方向旋转，所以要改变步进电动机的旋转方向可以在任何一相通电时进行。

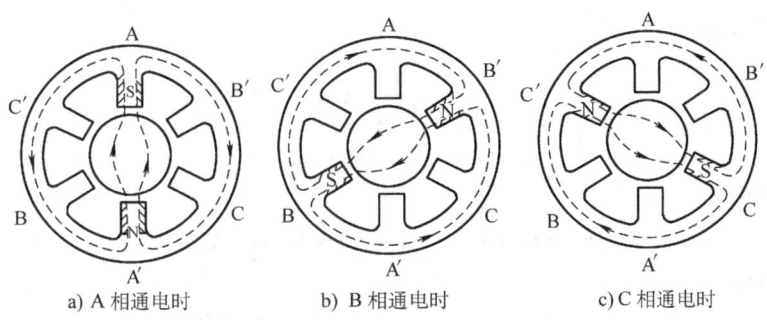

| a) A 相通电时 | b) B 相通电时 | c) C 相通电时 |

图 17-11　反应式步进电动机的工作原理

步进电动机已成为除直流电动机和交流电动机以外的第三类电动机。传统电动机作为机电能量转换装置，在人类的生产和生活进入电气化过程中起着关键的作用。可是在人类社会进入自动化时代的今天，传统电动机的功能已不能满足工厂自动化和办公自动化等各种运动控制系统的要求。为适应这些要求，发展了一系列新的具备控制功能的电动机系统，其中有自己特点，且应用十分广泛的一类便是步进电动机。随着微型计算机和数字控制技术的发展，又将作为数控系统执行部件的步进电动机推广应用到其他领域，如电加工机床、小功率机械加工机床、测量仪器、光学和医疗仪器以及包装机械等。

混合式步进电动机在当前很有发展前景。发展趋势之一是继续小型化，随着电动机本身应用领域的拓宽以及各类整机的不断小型化，要求与之配套的电动机也必须越来越小；发展趋势之二是改圆形电动机为方形电动机，由于电动机采用方形结构，使得转子有可能设计得比圆形大，因而其力矩体积比将大为提高；发展趋势之三是对电动机进行综合设计，即把转子位置传感器、减速齿轮等和电动机本体综合设计在一起，这样使其能方便地组成一个闭环系统，因而具有更加优越的控制性能；发展趋势之四是向五相和三相步进电动机方向发展，目前广泛应用的二相和四相步进电动机，其振动和噪声较大，而五相和三相步进电动机更具优势，就这两种步进电动机而言，五相步进电动机的驱动电路比三相步进电动机复杂，因此三相步进电动机系统的性能价格比要比五相步进电动机更好一些。

我国的情况有所不同，直到 20 世纪 80 年代，一直是磁阻式步进电动机占统治地位，混合式步进电动机是在 80 年代后期才开始发展的，至今仍然是两种结构类型同时并存。尽管新的混合式步进电动机完全可能替代磁阻式电动机，但磁阻式步进电动机的整机获得了长期应用，对于它的技术也较为成熟，特别是典型的混合式步进电动机的步距角（0.9°/1.8°）与典型的磁阻式电动机的步距角（0.75°/1.5°）不一样，用户改变这种产品结构不是很容易，这就使得两种机型并存的局面难以在较短时间内改变。

【例 17-2】　有一台发电机向一感性负载供电，有功电流分量为 1000A，感性无功电流分量为 1000A，求：

（1）发电机的电流 I 和 $\cos\varphi$；
（2）在负载端接入调相机后，如果将 $\cos\varphi$ 提高到 0.8，发电机和调相机的电流各为多少？
（3）如果将 $\cos\varphi$ 提高到 1，发电机和调相机的电流又各为多少？

解：（1）$I = \sqrt{I_a^2 + I_r^2} = \sqrt{1^2 + 1^2}\,\text{kA} = 1.414\,\text{kA}$

$$\cos\varphi = \frac{I_a}{I} = \frac{1}{1.414} = 0.707$$

（2）发电机电流

$$I_1 = \frac{I_a}{\cos\varphi} = \frac{1}{0.8}\text{kA} = 1.25\text{kA}$$

$$\cos\varphi = 0.8 \quad \sin\varphi = 0.06$$

发电机无功电流

$$I_{x1} = I\sin\varphi = 1.25 \times 0.6\text{kA} = 0.75\text{kA}$$

调相机的电流

$$I_t = I_r - I_{x1} = (1 - 0.75)\text{kA} = 0.25\text{kA}$$

（3）此时发电机电流全是有功分量

$$I = I_a = 1\text{kA}$$

无功电流全由调相机提供

$$I_t = I_x = 1\text{kA}$$

思考题及习题

17-1 同步电动机与异步电动机相比，有什么优缺点？

17-2 同步电动机带额定负载时，如 $\cos\varphi = 1$，若在此励磁电流下空载运行，$\cos\varphi$ 如何变化？

17-3 从同步发电机过渡到电动机时，功率角 δ、电流 I、电磁转矩 T 的大小和方向有何变化？

17-4 为什么当 $\cos\varphi$ 滞后时电枢反应在发电机的运行中为去磁作用，而在电动机中却为助磁作用？

17-5 一水电厂供应一远距离用户，为改善功率因数添置一台调相机，此机应装在水电厂内还是在用户附近？为什么？

17-6 有一台同步电动机在额定状态下运行时，功角 δ 为 30°。设在励磁保持不变的情况下，运行情况发生了下述变化，问功角有何变化（定子电阻和凸极效应忽略不计）：

(1) 电网频率下降 5%，负载转矩不变；

(2) 电网频率下降 5%，负载功率不变；

(3) 电网电压和频率各下降 5%，负载转矩不变。

17-7 同步电动机为什么没有起动转矩？其起动方法有哪些？

17-8 同步电动机在异步起动时，如果转子绕组形成闭合回路，为什么会产生单轴转矩？

17-9 一台三相凸极式同步电动机接在电压为额定值的大电网上运行。$x_q = 0.6x_d$，电枢绕组忽略不计。已知该电动机在失去励磁时尚能输出的最大电磁功率为额定容量（视在功率）的 37%，求该电动机在额定电流、额定功率因数为 0.8（超前）时的励磁电动势的标幺值和功角。

17-10 一台隐极式电动机在额定运行时，功角为 30°。设在励磁保持不变的条件下，运行状况发生了下述变化，问功角如何变化（定子电阻忽略不计）？

(1) 电网频率下降 5%，负载转矩不变；

(2) 电网频率下降 5%，负载功率不变；

(3) 电网电压和频率各下降 5%，负载转矩不变；

(4) 电网电压和频率各下降 5%，负载功率不变。

同步电机部分小结

同步电机最基本特点：转子的转速 n 恒等于旋转磁场转速 n_1；结构特点：转子分为凸极和隐极，空气隙比异步电机的空气隙要大，转子侧加直流励磁。

同步发电机对称运行时的内部电磁关系，通过气隙磁场的分析导出基本方程式和相量图，其核心是电枢反应。空载运行时气隙中的磁场仅有直流励磁电流产生的主磁场。同步发电机带上三相对称负载，三相电流产生基波电枢磁动势 F_a，电枢磁动势的存在，将使气隙磁场的大小和位置发生变化，这一现象称为电枢反应。电枢反应会对电机性能产生重大影响。电枢反应的性质有去磁、助磁和交磁。电枢反应的性质取决于这两个磁动势幅值的相对位置，而这一位置与励磁电动势 $\dot{E}_0$ 和电枢电流 $\dot{I}_a$ 之间的相位差，即角度 ψ 有关，角 ψ 又决定于负载的性质。当 $\psi=90°$ 时，产生去磁电枢反应，发电机端电压将降低；当 $\psi=-90°$ 时，产生助磁电枢反应，发电机端电压将升高；当 $\psi=0°$ 时，产生交磁电枢反应，发电机频率将降低；若要保持频率不变，应增加原动机输入。

同步电抗是同步发电机的一个重要参数，它由电枢反应电抗和定子漏电抗合成，是对称稳态运行时表征电枢反应和电枢漏磁总效应的一个综合参数。对于隐极同步发电机来说，由于气隙均匀，可以用一个参数 x_s 表示同步电抗；对于凸极同步发电机来说，由于气隙不均匀，引入双反应法，分别用 x_d 和 x_q 表征当对称三相直轴或交轴电流每相为 1A 时，三相总磁场在电枢绕组中每相感应的电动势。

基本方程式和相量图是分析同步发电机运行性能的重要工具。在不计饱和时，利用叠加原理。隐极同步发电机的回路电压方程式为 $\dot{E}_0 = \dot{U} + \dot{I}r_a + j\dot{I}x_s$；凸极同步发电机的回路电压方程式为 $\dot{E}_0 = \dot{U} + \dot{I}r_a + j\dot{I}_d x_d + j\dot{I}_q x_q$。根据负载性质可画出相量图。

同步发电机的稳态运行特性有：空载特性、短路特性、负载特性、外特性和调整特性。利用特性曲线可以求取 x_d 的不饱和值、短路比、x_d 的饱和值和漏电抗等。电压变化率与效率是同步发电机两个重要运行指标。

同步发电机与电网并联运行的条件：发电机的励磁电动势应与电网电压相等；发电机的频率与电网频率相等；并联合闸瞬间，发电机与电网的对应相的电压应同相位；相序相同；电压波形相同。同步发电机投入并联的方法有两种：准同步法和自同步法。准确同步法并网时无冲击电流，但时间较长，对危急情况不适用。自同步法用于事故状态下投入并联，操作简便迅速，不需增添设备，但冲击电流大。

功角 δ 在时间上表现为发电机的励磁电动势 $\dot{E}_0$ 和端电压 $\dot{U}$ 之间相角差，在空间上表现为合成磁场轴线与转子磁场轴线之间的空间夹角。并联于无穷大电网的同步发电机，当电网电压和频率恒定、参数为常数、空载电动势 E_0 不变（即 I_f 不变）时，电磁功率和功角之间的关系 $P_{em}=f(\delta)$ 为有功功率特性（也称功角特性）。有功功率特性是同步发电机的基本特性之一。隐极发电机的功角特性为

$$P_{em} = \frac{mE_0 U}{x_s}\sin\delta$$

凸极同步发电机的功角特性为

$$P_{em} = \frac{mE_0 U}{x_d}\sin\delta + mU^2 \frac{x_d - x_q}{2x_d x_q}\sin2\delta$$

并联于无穷大电网的同步发电机要增加有功功率输出，只有增加原动机的输入功率，使转子加速，功角 δ 增加，电磁功率和输出功率便会相应的增加，直到 $\delta=90°$，电磁功率达到功率最大值为

$$P_{\text{em max}} = \frac{mE_0 U}{x_s}$$

在功率极限范围内，输入转矩越大，有功功率输出就越大。但其输出受静态稳定的限制，对于隐极同步发电机，比整步功率 P_{syn} 越大，发电机静态稳定越好。空载时，$\delta = 0$，P_{syn} 最大，最稳定；$\delta = \pi/2$，$P_{\text{syn}} = 0$，将进入不稳定状态；$\delta > \pi/2$，$P_{\text{syn}} < 0$，失去稳定。要提高稳定性，可以增大励磁电流，减小同步电抗，使 δ 运行在较小的值。

并联于无穷大电网的同步发电机的无功功率的调节是通过调节励磁电流来实现的。当从某一欠励状态开始增加励磁电流时，发电机输出超前的无功功率开始减少，电枢电流中的无功分量也开始减少。达到正常励磁状态时，无功功率变为零，电枢电流中的无功分量也变为零。此时，如果继续增加励磁电流，发电机将输出滞后性的无功功率，电枢电流中的无功分量又开始增加。电枢电流随励磁电流变化的关系称为 V 形曲线。V 形曲线是一簇曲线，每一条 V 形曲线对应一定的有功功率，随着输出有功功率增大，曲线往上抬。V 形曲线上都有一个最低点，对应 $\cos\varphi = 1$ 的情况。将所有的最低点连接起来，$\cos\varphi = 1$ 曲线左边为欠励状态，功率因数超前，右边为过励状态，功率因数滞后。随励磁电流 I_f 减小，功角 δ 增加，当 I_f 减小到一定值时，$\delta = 90°$，同步电机将失去稳定。

同步电动机是同步电机的另一种重要的运行方式。同步电动机最大的特点是功率因数可通过调励磁电流来调节。不带任何机械负载的同步电动机可作为调相机。靠调节转子的励磁电流向电网发出所需的感性或者容性无功功率，以达到改善电网功率因数或者调节电网电压的目的。

同步发电机不对称运行采用对称分量法分析。正序电抗就是同步电抗；零序电抗与漏抗性质相似；而负序电抗却不同，由于负序磁场与转子有相对运动，转子上的绕组（阻尼绕组和励磁绕组）会产生感应电流，转子电流产生转子磁场对负序磁场起削弱作用，所以负序电抗比正序电抗小。不对称运行对发电机的危害主要是使转子表面局部过热而发生转子烧损事故；使转子产生振动，进而发生轴瓦磨损。

同步发电机突然短路时，由于短路初瞬绕组磁链守恒，在转子的励磁绕组和阻尼绕组中感应电动势和感应电流，这种电流将建立各自的磁场，又反过来影响电枢磁场和定子电流的变化，致使在短路过程中，定子绕组的电抗小于稳态同步电抗，从而导致在短路过渡过程中定子短路电流很大，短路电流是一个随时间衰减的电流。

失磁运行是同步发电机的异步运行，发电机的转速将高于系统的同步转速，从原来向系统输出无功功率变成从系统吸取大量的无功功率。

进相运行的实质是欠励磁运行，限制进相运行的因素主要是发电机定子铁心端部发热和发电机的静态稳定。

同步电机部分模拟测试题及答案

一、模拟测试题

（一）填空题

（1）同步发电机的电枢反应的性质有（   ），电枢反应的性质取决于（   ）。

(2) 同步发电机投入并联的方法有（　　）、（　　）。
(3) 利用同步发电机空载和短路特性可测定（　　）参数。
(4) 同步发电机并网的条件是：① （　　）；② （　　）；③ （　　）。
(5) 改善并网运行的同步发电机稳定运行的方法：① （　　）；② （　　）；③ （　　）。
(6) 一台同步发电机，当铁心饱和程度增加，其同步电抗（　　），当空气隙减小，同步电抗（　　），增加转子绕组匝数，但铁心饱和程度不变，同步电抗（　　）。
(7) 同步发电机与电网并联，如将发电机励磁电流减为零，若是凸极发电机此时电磁功率为（　　），若是隐发电机此时电磁功率为（　　）。
(8) 与无穷大电网并联运行的汽轮发电机，欲增加有功输出，应（　　），欲增加感性无功输出，应（　　）。

（二）问答题

1. 什么叫同步发电机的短路比？短路比的大小与 x_d、短路电流、电压变化率、稳定性能以及成本有何联系？
2. 与无穷大电网并联运行的同步发电机，当保持输入功率不变时，只改变励磁电流时，功角 δ 是否变化？输出的有功功率和空载电动势又如何变化？用同一相量图画出变化前、后的相量图。
3. 写出凸极式同步发电机带对称负载时的方程式。
4. 什么叫同步发电机的电枢反应？电枢反应的性质有哪些？电枢反应的性质由什么决定？
5. 为什么同步电抗的数值一般都较大（不可能做得较小），试分析下列情况对同步电抗的影响：
(1) 电枢绕组匝数增加；
(2) 铁心饱和程度增大；
(3) 气隙加大；
(4) 励磁绕组匝数增加。

（三）计算题

1. 已知，$S_N = 2500 \text{kV} \cdot \text{A}$，$U_N = 6.3 \text{kV}$，丫形联结，额定负载且 $\cos\varphi = 0.8$（超前），$x_s = 10.4\Omega$，$r_a = 0.071\Omega$，求：E_0、δ 和 Δu。
2. 一台三相隐极式同步发电机与大电网并联运行，电网电压为 380V，丫形联结，忽略定子电阻，同步电抗 $x_s = 1.2\Omega$，定子电流 $I = 69.51\text{A}$，相电动势 $E_0 = 278\text{V}$，$\cos\varphi = 0.8$（滞后）。试求：
(1) 发电机输出的有功功率和无功功率；
(2) 功角 δ。
3. 有一台 TS854—210—40 的水轮发电机，$P_N = 100\text{MW}$，$U_N = 13.8\text{kV}$，$\cos\varphi_N = 0.9$，$f_N = 50\text{Hz}$，求：（1）发电机的额定电流；（2）额定运行时能发多少有功和无功功率？（3）转速是多少？

二、模拟测试题答案

（一）填空题

（1）助磁、去磁和交磁，负载的性质

（2）准同步法，自同步法

（3）x_d 的不饱和值

（4）电机相序和电网相序要一致，发电机频率和电网频率要相同，发电机电压和电网电压大小要相等、相位要一致

（5）减小同步电抗，增大励磁电流，减小功角

（6）答：减小，变大，不变

（7）答：$\dfrac{mU^2}{2}\left(\dfrac{1}{x_q}-\dfrac{1}{x_d}\right)\sin2\delta$，0

（8）增大原动机的输入，增大励磁电流

（二）问答题

1. 答：空载电动势等于额定电压时的励磁电流称空载额定励磁电流 I_{f0}，在励磁电流为 I_{f0} 时做三相稳定短路试验测得的短路电流 I_k，与额定电流 I_N 之比叫短路比；短路比又可定义为：空载时使空载电压为额定值的励磁电流 I_{f0} 与短路时使短路电流为额定值的励磁电流 I_{fk} 的比值。K_c 大，x_d 小，短路电流大，气隙大，发电机尺寸大。励磁磁动势大，成本高。但电压变化率小，稳定性好。

2. 答：假若增加励磁电流 I_f，则功角 δ 减小，输出的有功功率不变，空载电动势增大。相量图如图 17-12 所示。

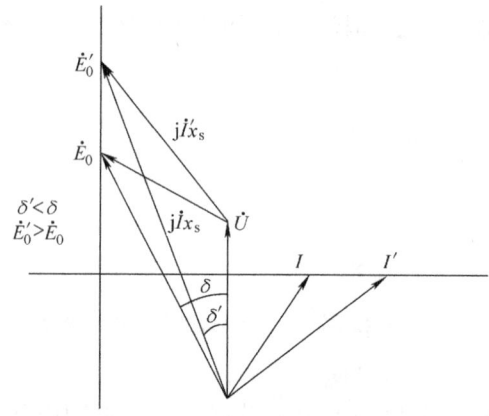

图 17-12 同步电机部分模拟测试题答案图

3. 答：对称负载时凸极同步发电机的方程式

$$\dot{E}_0 = \dot{U} + \dot{I}r_a + j\dot{I}_d x_d + j\dot{I}_q x_q$$

4. 答：空载时定子无电流，同步发电机仅有一个以 n_1 旋转的转子励磁磁场，在定子中感应三相对称电动势，称励磁电动势。而当定子有负载，定子有电流→电枢磁动势。现在发电机气隙中的磁动势由励磁磁动势及电枢磁动势合成建立。电枢磁动势对励磁磁动势的影响称为电枢反应；电枢反应的性质有助磁、去磁和交磁；电枢反应的性质由负载的性质决定。

5. 答：由于发电机的气隙较小，磁阻 R_m 很小，由 $x = 2\pi f(N^2/R_m)$ 得，同步电抗较大。

(1) 电枢绕组匝数增加，同步电抗增大；

(2) 铁心饱和程度提高，磁阻 R_m 增大，同步电抗减小；

(3) 气隙增大，磁阻 R_m 增大，同步电抗减小；

(4) 励磁绕组匝数增加，由于未改变电枢绕组的匝数及发电机磁路的磁阻，所以同步电抗不变。

(三) 计算题

1. 解：$I_N = \dfrac{S_N}{\sqrt{3}U_N} = \dfrac{2500 \times 10^3}{\sqrt{3} \times 6.3 \times 10^3}$ A $= 229.4$ A

$$U_N = \dfrac{6300}{\sqrt{3}} V = 3637 V$$

$$\dot{E}_0 = \dot{U} + \dot{I}r_a + j\dot{I}x_s$$
$$= 3637 + 229.0\angle 36.8°(0.071 + j10.4)$$
$$= 1932.7\angle 40.86°$$

$E_0 = 2932.7$ V $\delta = 40.86°$

$$\Delta u = \dfrac{E_0 - U_N}{U_N} = \dfrac{2932.7 - 3637}{3637} = -19.36\%$$

2. 解：输出有功功率

$$P_2 = P_{em} = \sqrt{3}UI\cos\varphi = \sqrt{3} \times 380 \times 69.51 \times 0.8 W = 36598 W$$

由 $P_{em} = \dfrac{3E_0 U}{x_s}\sin\delta$，得 $\sin\delta = \dfrac{P_{em}x_s}{3E_0 U} = 0.239$

因此功角 $\delta = 13.84°$

无功功率

$$Q = \dfrac{3E_0 U}{x_s}\cos\delta - 3\dfrac{U^2}{x_s} = 27.46 kvar$$

或者

$$Q = \sqrt{3}UI\sin\varphi = 27.46 kvar$$

3. 解：(1) 额定电流 $I_N = \dfrac{P_N}{\sqrt{3}U_N\cos\varphi_N} = \dfrac{100 \times 10^6}{\sqrt{3} \times 13.8 \times 10^3 \times 0.9}$ A $= 4648.6$ A

(2) 有功功率

$$P_N = 100 MW$$

无功功率

$$Q_N = P_N\tan\varphi = 100 \times \tan(\arccos 0.9) = 48.4 Mvar$$

(3) 转速

$$n_N = \dfrac{60 f_N}{p} = \dfrac{60 \times 50}{20} r/min = 150 r/min$$

直流电机篇

直流电机（direct-current dynamo）是电机的主要类型之一，直流电机既可作为发电机使用，也可作为电动机使用。用作直流发电机时，直流电机将机械能转化为直流电能；而作为直流电动机时，直流电机将直流电能转化为机械能。由于直流电动机具有良好的调速性能，所以在许多调速性能要求较高的场合得到广泛使用。直流发电机可用作励磁机，一般小于100MW 的单机同步发电机可用直流发电机作为励磁机。直流电机还可用作信号传递，直流测速发电机将机械信号转换为电信号，直流伺服电动机将控制信号转换为机械信号。

由于直流电机存在换向器，其制造复杂，维护困难，价格较高，近十几年来变流器的快速发展，大有取代直流发电机的趋势。由于直流电机具有以下突出的优点：直流发电机的电动势波形较好，对电磁干扰的影响小，直流电动机的调速范围宽广，调速特性平滑，直流电动机过载能力较强，起动和制动转矩较大，因此仍得到一定的应用。为了提高直流电机的可靠性，延长寿命，除了在直流电机结构上不断改进，使其能长期可靠地运行外，国际上一直致力于研制新型直流电机，如无刷直流电机、永磁直流电机。永磁材料在直流电机中的普遍应用已是必然趋势。我国稀土资源丰富，为我国永磁直流电机的发展提供了良好的条件。

第十八章　直流电机的基本工作原理与结构

第一节　直流电机的基本工作原理

一、直流发电机的工作原理及物理模型

直流电机一般是磁极固定、电枢旋转的结构。图 18-1 所示是一台直流发电机（DC generator）的物理模型，固定部分（定子）装设了一对静止的主磁极 N 和 S，在旋转部分（转子）装设电枢铁心，定子与转子之间有一气隙。在电枢铁心上放置了电枢线圈，线圈的首端和末端分别连到两个圆弧形的铜片上，此铜片称为换向片。换向片之间互相绝缘，由换向片构成的整体称为换向器。换向器固定在转轴上，换向片与转轴之间也互相绝缘。在换向片上放置着一对固定不动的电刷 A 和 B。当电枢旋转时，电枢线圈通过换向片和电刷与外电路接通。电机内部的固定部分的磁场，可以是如图 18-2 所示的磁铁产生，也可以是磁极铁心上绕套线圈，再通过直流电产生。磁极铁心上绕套的线圈每个磁极上有一个，即电机有几个磁极就有几个励磁线圈，这几个线圈串联（或并联）起来就构成了励磁绕组。这里要注意，各线圈通过电流的方向不可出错。设原动机拖动转子以 n 的转速转动，线圈的导体 ab 和 cd 分别切割不同极性磁极下的磁力线，产生感应电动势，其大小与磁通密度 B、导体的有效长度 l 和导体切割磁场速度 v 这三者的乘积成正比，即 $e = Blv$，其方向用右手定则判断。因为

电刷 A 通过换向片引出的电动势始终是切割 N 极磁力线的线圈边的电动势，所以电刷 A 始终为正极性。同样道理，电刷 B 始终为负极性，所以电刷能引出方向不变但大小变化的脉动电动势。直流发电机的工作原理就是把电枢线圈中产生的交变电动势，靠换向器配合电刷的作用，使之从电刷端引出时转变为直流电动势。

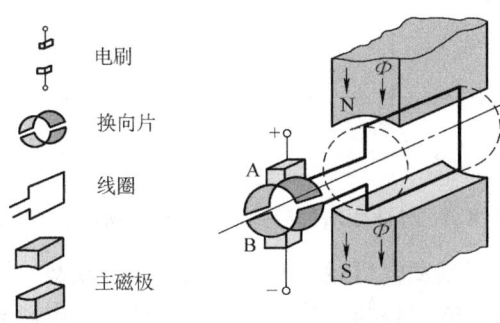

图 18-1　直流电机的物理模型

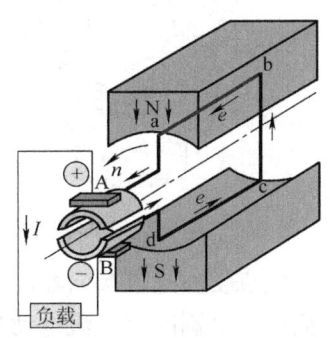

图 18-2　直流发电机的工作原理

但是要注意，某一根转子导体的电动势性质是交流电，如图 18-3b 所示。而经电刷输出的电动势却是直流电，但此电动势在零和最大值之间脉动，脉动太大，如图 18-3c 所示，不能做直流电源。

若两线圈串联，与原有线圈相距 90°电角度再设置一个线圈，其两端各接有换向片，并与原有换向片 A、B 相距 90°电角度，换向器包含 4 片换向片，相邻换向片间各相距 90°电角度。当电枢旋转时，两个线圈的感应电动势在时间相位上相距 90°电角度，两线圈串联的合成电动势如图 18-4 所示，脉动幅值减小了。电枢导体数增加，如图 18-5 所示，可以减小感应电动势脉动幅值。当每极下导体数大于 8 时，感应电动势脉动可小到 1%，如图 18-6 所示。

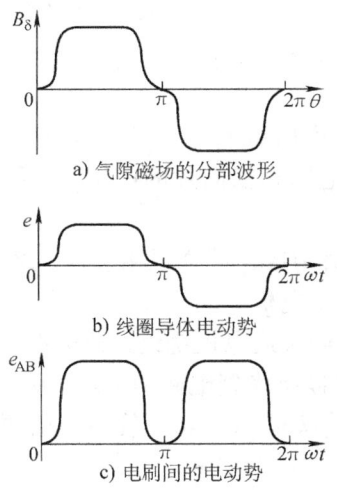

图 18-3　直流发电机原理图

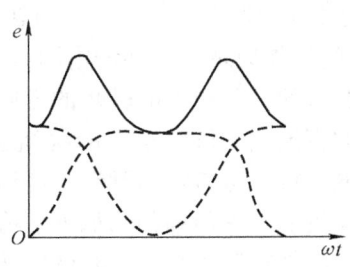

图 18-4　两线圈串联的合成电动势

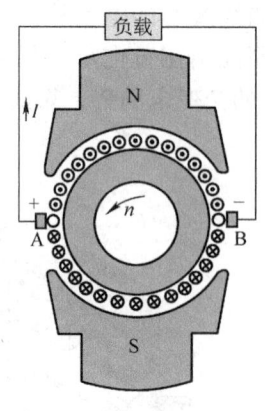
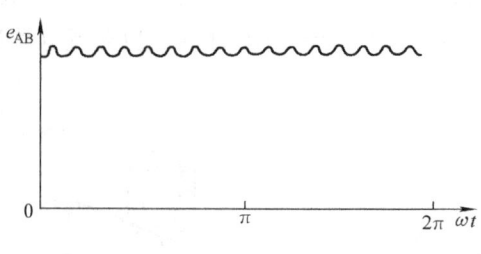

图18-5 电枢绕组的导体数增加　　图18-6 导体数增加后感应电动势脉动很小

直流发电机实质是带换向器的交流发电机。直流发电机运行时电枢线圈内电动势、电流方向是交流电，电刷间为直流电动势。线圈中感应电动势与电流方向一致，产生的电磁转矩 T 与转子转向相反，是制动性质。

二、直流电动机的原理

对直流电机发电机，如果去掉原动机，并给两个电刷加上直流电源，如图18-7a所示，则有直流电流从电刷 A 流入，经过线圈 abcd，从电刷 B 流出，根据电磁力定律，载流导体 ab 和 cd 受到电磁力的作用，其方向可由左手定则判定，两段导体受到的力形成了一个转矩，使得转子逆时针转动。如果转子转到如图18-7b所示的位置，电刷 A 和换向片 2 接触，电刷 B 和换向片 1 接触，直流电流从电刷 A 流入，在线圈中的流动方向是 dcba，从电刷 B 流出。此时载流导体 ab 和 cd 受到电磁力的作用方向

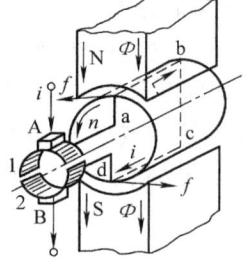
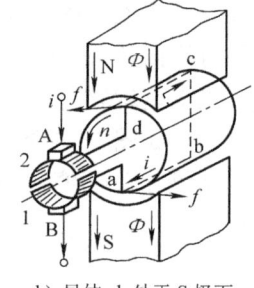

a) 导体 ab 处于 N 极下　　b) 导体 ab 处于 S 极下

图18-7 直流电动机的原理

同样可由左手定则判定，它们产生的转矩仍然使得转子逆时针转动。这就是直流电动机（DC motor）的工作原理。外加的电源是直流的，但由于电刷和换向片的作用，在线圈中流过的电流是交流的，其产生的转矩的方向却是不变的。

实际中的直流电动机转子上的绕组也不是由一个线圈构成，同样是由多个线圈连接而成，以减少电动机电磁转矩的脉动，绕组结构形式同直流发电机。

直流电动机的工作原理归纳如下：将直流电源通过电刷接通电枢绕组，使电枢导体有电流流过，电机内部有磁场存在，载流的转子（即电枢）导体将受到电磁力 f 的作用，$f = Bli_a$（左手定则），所有导体产生的电磁力作用于转子，使转子以 n（r/min）旋转，以便拖动机械负载。

一台直流电机从原理上既可以作为电动机运行，也可以作为发电机运行，只是外界条件不同而已。如果用原动机拖动电枢恒速旋转，就可以从电刷端引出直流电动势而作为直流电源对负载供电；如果在电刷端外加直流电压，则电动机就可以带动轴上的机械负载旋转，从

而把电能转变成机械能。这种同一台电机能作电动机或作发电机运行的原理,在电机理论中称为可逆原理。

第二节 直流电机的基本结构与励磁方式

直流电机都是由固定的定子和旋转的转子(又称电枢)两大部分组成,如图 18-8 所示,每一部分也都由电磁部分和机械部分组成,以便满足电磁作用的条件。

一、定子部分

直流电机定子主要由主磁极(main pole)、机座(frame)、换向极(commutating pole),以及端盖(end closure)和电刷装置(brush apparatus)等部件组成。如图 18-9 所示。

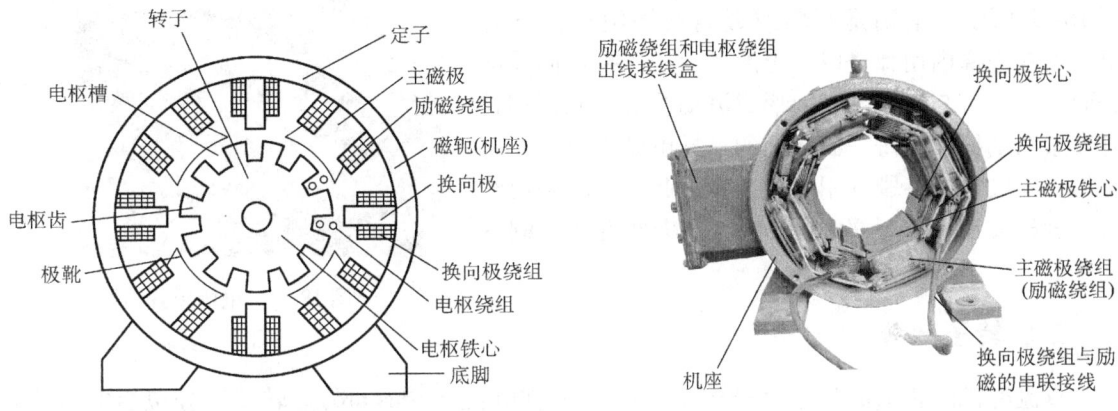

图 18-8 直流电机的组成　　　　图 18-9 直流电机定子的组成

1. 主磁极

主磁极的作用是建立主磁场。主磁极由主磁极铁心和套装在铁心上的励磁绕组构成,结构如图 18-10 所示。主磁极铁心靠近转子一端扩大的部分称为极靴,它的作用是使气隙磁阻减小,改善主磁极磁场分布,并使励磁绕组容易固定。为了减少转子转动时由于齿槽移动引起的铁耗,主磁极铁心采用 1~1.5mm 的低碳钢板冲压一定形状叠装固定而成。主磁极上装有励磁绕组,整个主磁极用螺杆固定在机座上。主磁极的个数一定是偶数,励磁绕组的连接必须使得相邻主磁极的极性按 N、S 极交替出现。

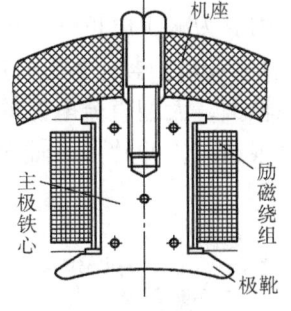

图 18-10 主磁极结构

2. 机座

机座有两个作用,一是作为主磁极的一部分,二是作为直流电机的结构框架。机座中作为磁通通路的部分称为磁轭。机座一般用厚钢板弯成筒形以后焊成,或者用铸钢件(小型机座用铸铁件)制成。机座的两端装有端盖。

3. 换向极

换向极是安装在两相邻主磁极之间的一个小磁极,它的作用是改善直流电机的换向情况,使直流电机运行时不产生有害的火花。换向极结构和主磁极类似,是由换向极铁心和套在铁心上的换向极绕组构成，并用螺杆固定在机座上，如图18-11所示。换向极的个数一般与主磁极的极数相等，在功率很小的直流电机中，也有不装换向极的。换向极绕组在使用中是和电枢绕组相串联的，要流过较大的电流，因此和主磁极的串励绕组一样，导线有较大的截面积。

4. 端盖

端盖装在机座两端并通过端盖中的轴承支撑转子，将定转子连为一体，同时端盖对直流电机内部还起防护作用。

5. 电刷装置

电刷装置是电枢电路的引出（或引入）装置，它由电刷、刷握、刷辫和汇流条等部分组成，如图18-12所示。电刷是石墨或金属石墨组成的导电块，放在刷握内用弹簧以一定的压力按压在换向器的表面，旋转时与换向器表面形成滑动接触。刷握用螺钉夹紧在刷杆上，每一刷杆上的一排电刷组成一个电刷组，同极性的各刷杆用连线连在一起，再引到出线盒。刷杆装在可移动的刷杆座上，以便调整电刷的位置。

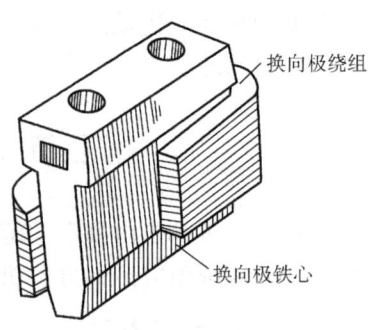

图 18-11 换向极结构

图 18-12 电刷装置结构

二、转子部分

直流电机的转动部分称为转子（rotor），又称电枢（armature）。转子部分包括电枢铁心（armature core）、电枢绕组（armature winding）、换向器（commutator）、转轴（shaft）、轴承（bearing）以及风扇（fan）等，如图18-13所示。

1. 电枢铁心

电枢铁心既是主磁路的组成部分，又是电枢绕组支撑部分；电枢绕组嵌放在电枢铁心的槽内。为减少电枢铁心内的涡流损耗，铁心一般用厚0.5mm且冲有齿、槽的型号为DR530或DR510的硅钢片叠压夹紧而成，如图18-14所示。小型直流电机的电枢铁心冲片直接压装在轴上，大型直流电机的电枢铁心冲片先压装在转子支架上，然后再将支架固定在轴上。为改善通风，冲片可沿轴向分成几段，以构成径向通风道。

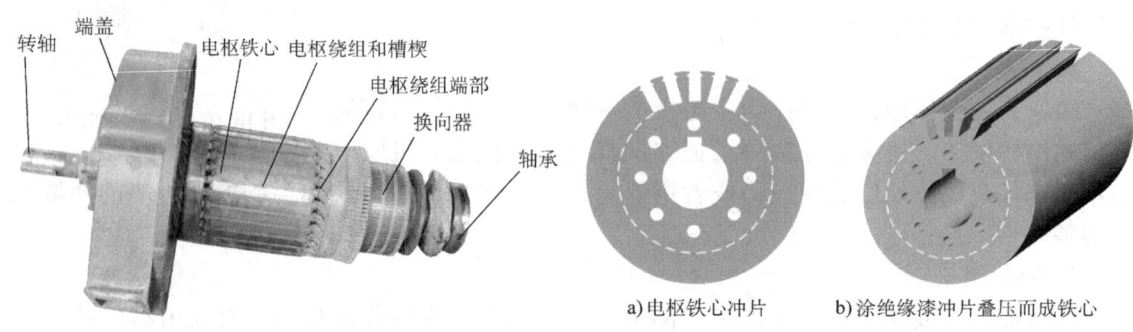

图 18-13 直流电机的转子　　　　　　图 18-14 电枢铁心

2. 电枢绕组

电枢绕组由一定数目的电枢线圈按一定的规律连接组成，它是直流电机的电路部分，也是感生电动势、产生电磁转矩进行机电能量转换的部分。线圈用绝缘的圆形或矩形截面的导线绕成，分上下两层嵌放在电枢铁心槽内，上下层以及线圈与电枢铁心之间都要妥善地绝缘，并用槽楔压紧，如图 18-15 所示。大型直流电机电枢绕组的端部通常紧扎在绕组支架上。

3. 换向器

在直流发电机中，换向器起整流作用，在直流电动机中，换向器起逆变作用，因此换向器是直流电机的关键部件之一。换向器由许多鸽尾形的换向片排成一个圆筒，其间用云母片绝缘，两端再用两个 V 形环夹紧而构成，如图 18-16 所示。每个电枢线圈首端和尾端的引线，分别焊入相应换向片内。小型直流电机常用塑料换向器，这种换向器用换向片排成圆筒，再用塑料通过热压制成。

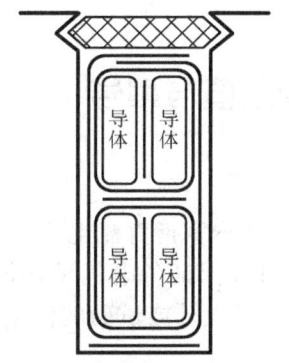

图 18-15 电枢绕组导体在槽内的布置

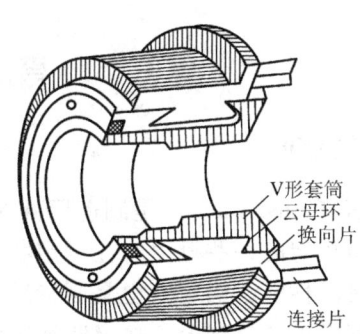

图 18-16 换向器

三、励磁方式

直流电机产生磁场的励磁绕组的接线方式称为励磁方式（exciting mode）。实质上就是励磁绕组和电枢绕组如何连接，就决定了它是什么样的励磁方式。以直流电动机为例，有 4 种励磁方式，如图 18-17 所示。

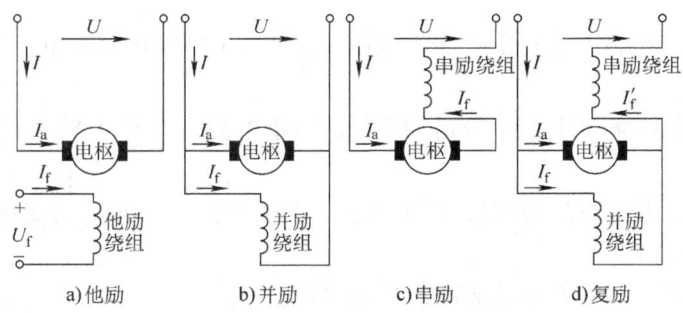

图 18-17 直流电动机 4 种励磁方式

1. 他励直流电机

他励电机（separately-excited machine）的励磁电流是由另外的直流电源供给，如图 18-

17a 所示，其特点是励磁电流 I_f 与电枢电压 U 及负载电流 I 无关。

2. 并励直流电机

并励电机（shunt-excited machine）的励磁绕组与电枢绕组并联，如图 18-17b 所示，其特点是励磁电流 I_f 不仅与励磁回路电阻有关，还受电枢端电压 U 的影响。

3. 串励直流电机

串励电机（series-excited machine）的励磁绕组与电枢绕组串联，如图 18-17c 所示，其特点是励磁电流 I_f 电枢电流 I 相等，电枢电流变化励磁电流就变化，串励直流电机极少采用。

4. 复励直流电机

复励电机（compound-excited machine）的励磁绕组既有并联绕组，又有串联绕组，串励绕组和并励绕组共同接在主极上，并励匝数较多，串励匝数较少，如图 18-17d 所示。所以具有串励和并励直流电机的特点。若串、并励磁动势方向相同为积复励（常用），若串、并励磁动势方向相反为差复励。

第三节 直流电机的额定值与型号

一、额定值

额定值（rated value）是制造厂商对各种电气设备（本章指直流电机）在指定工作条件下运行时所规定的一些量值。在额定状态下运行时，可以保证各电气设备长期可靠地工作，并具有优良的性能。额定值也是制造厂商和用户进行产品设计或试验的依据，额定值通常标在各个电气设备的铭牌上，故又叫铭牌值。

1. 额定功率 P_N

额定功率指电机在铭牌规定的额定状态下运行时，电机的输出功率，以瓦（W）为量纲单位。若大于 1kW 或 1MW 时，则用 kW 或 MW 表示。

对于直流发电机，P_N 是指输出的电功率，它等于额定电压和额定电流的乘积。$P_N = U_N I_N$。对于直流电动机，P_N 是指转轴输出的机械功率，所以公式中还应有效率 η_N 存在。$P_N = U_N I_N \eta_N$。

2. 额定电压 U_N

额定电压指额定状态下电枢出线端的电压，以伏（V）为量纲单位。

3. 额定电流 I_N

额定电流指电机在额定电压、额定功率时的电枢电流，以安（A）为量纲单位。

4. 额定转速 n_N

额定转速指额定状态下运行时转子的转速，以转每分（r/min）为量纲单位。

5. 额定励磁电流 I_f

额定励磁电流指电机在额定状态时的励磁电流。

在实际运行时，电机各物理量在额定值时的运行，称为额定运行。电机处于额定运行状态，具有良好的性能，工作可靠。当电机电流小于额定电流时的运行，称为欠载运行，电机长期欠载，效率不高，造成浪费；当电机电流大于额定电流时的运行，称为过载运行，长期过载，使电机过热，降低使用寿命甚至损坏电机。所以额定值是选择电机的依据，应根据实际使用情况，合理选择电机容量，使电机工作在额定运行状态。

二、国产直流电机主要型号

国产直流电机的系列产品代号采用大写汉语拼音字母表示，型号采用汉语拼音字母和阿拉伯数字组合表示。

1. Z2 系列

Z2 系列是普通中小型直流电机。例如，Z2—72 表示直流电动机、第二次改进设计型，7 表示机座号，7 后面的 2 表示长铁心（2 号表示长铁心，1 号表示短铁心）。该系列直流电机有发电机、调压发电机、电动机等。其工作方式为连续的，仅用于正常的使用条件，即非湿热地区、非多尘或无有害气体场所，以及非严重过载或无冲击性过载要求的情况下。Z2 系列容量范围为 0.4～220kW，采用 E 级和 B 级绝缘。新设计的 Z4 系列直流电动机，可以取代 Z2、Z3 系列直流电动机。

2. ZZJ 系列

ZZJ 系列是一种冶金起重辅助传动直流电动机，适用于轧钢机、起重机、升降机、电铲等。该系列电动机的转动惯量低、过载能力大、速度反应快。因而能经受快速而频繁的起动、制动与反转。

其他系列的直流电机型号、技术数据可从产品目录或相关的手册中查到。

第四节　直流电机的电枢绕组

电枢绕组是按一定规律绕制和连接起来的线圈组，是直流电机的电磁感应的关键部件之一，是直流电机的电路部分，也是实现机电能量转换的枢纽，它由若干绕组元件和换向器组成。电枢绕组的构成，应能产生足够的感应电动势，并允许通过一定电枢电流，从而产生所需的电磁转矩和电磁功率。此外，还要节省有色金属和绝缘材料，结构简单，运行可靠。

直流电枢绕组通常采用双层绕组。线圈的有效部分包含两个有效边。放在槽内且靠近槽口的有效边叫上层边，靠近槽底的有效边叫下层边。同一槽中上下层间用绝缘纸隔开。同一线圈上下两有效边沿圆周方向的距离即为线圈的跨距，通常用槽距（两相邻槽间距离）的倍数表示。跨距约等于一个极距（相邻两磁极的距离，也常用槽距的倍数表示）。图 18-18 所示为一个线圈在槽中的安置。线圈嵌入槽内的部分称为有效部分，伸出槽外的部分称为连接端部，简称端部。

电枢绕组大的分类为环形和鼓形。环形绕组曾只在原始电机用过，由于容易理解，故讲原理时也用此类绕组。现代直流电机均用鼓形绕组，它又分为叠绕组、波绕组和蛙形绕组。鼓形绕组比环形绕组制造容易，又节省导线，运行较可靠，经济性好，故现在均用鼓形绕组。

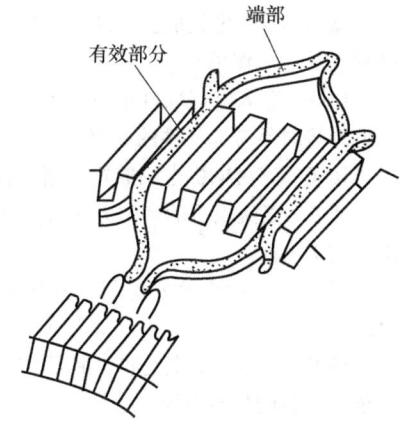

图 18-18　线圈在槽中的安置

下面从模型原理简单介绍单叠绕组（simplex lap winding）的电枢绕组的一般知识。电枢绕组结构模型如图 18-19 所示，组成电枢绕组的线圈（也称元件），一个线圈在嵌线时必须使一个有效边在下层，另一个有效边在上层。线圈按上层边编号，与上层边相连的换向片的编号与上层边的编号一致。为得到较大的感应电动势和电磁转矩，线圈的节距最好等于或者接近于一个极矩，相邻连接的两个线圈互相交错地重叠排列。

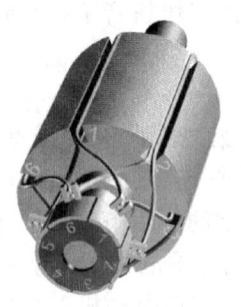 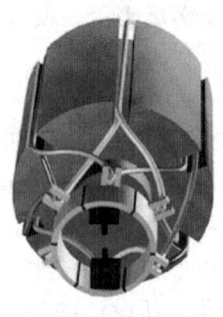 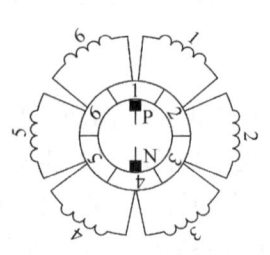 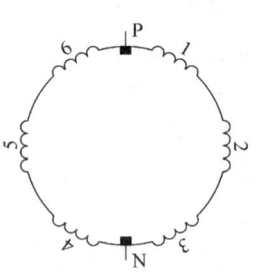

a) 换向片与线圈编号配合　　b) 电枢绕组与电刷连接　　c) 电枢绕组与电刷电气连接　　d) 一对电刷将环形闭合电枢绕组分成两条对称的并联支路

图 18-19　电枢绕组结构模型

如图 18-19 所示，通过换向片，6 个线圈依次串联构成一个闭合回路。两个电刷位于换向器内圆对称位置（实际放置在外圆上）。位于对称位置的电刷将闭合的 6 个线圈分成两个并联支路。所以一对电刷将环形闭合电枢绕组分成两条对称的并联支路。叠绕组的并联支路数较多，它等于极数或为极数的整数倍，所以又叫并联绕组。

所有的直流电机的电枢绕组总是自成闭路。电枢绕组的支路数（$2a$）永远是成对出现，这是由于磁极数（$2p$）是一个偶数。其中 a 为支路对数，p 为极对数。为了得到最大的直流电动势，电刷总是与位于几何中性线上的导体相接触。

思考题及习题

18-1　直流发电机的工作原理是什么？

18-2　直流电机的可逆性原理如何描述？

18-3　直流电动机的工作原理是什么？

18-4　直流电机的主要结构是什么？基本结构由哪些主要部件组成？直流发电机和直流电动机的换向结构各起什么作用？

18-5　直流电枢绕组元件（线圈）内的电动势和电流是直流还是交流？若是交流，那么为什么计算稳态电动势时不考虑元件的电感？

18-6　直流电机电刷放置原则是什么？

18-7　直流电机的励磁方式有哪几种？每种励磁方式的励磁电流或励磁电压与电枢电流或电枢电压有怎样的关系？

18-8　一台直流发电机，其额定功率 $P_N = 7.5\text{kW}$，$U_N = 230\text{V}$，$n_N = 750\text{r/min}$，求该发电机的额定电流。

18-9　一台直流电动机，其额定功率 $P_N = 160\text{kW}$，$U_N = 220\text{V}$，$n_N = 1500\text{r/min}$，额定效率 $\eta_N = 90\%$，求该电动机的额定电流。

第十九章 直流电机的电磁关系及分析方法

本章主要分析直流电机空载和负载运行时的电磁关系，以及稳定运行时直流电机的基本方程式。

第一节 直流电机空载时电机内部的电磁关系

直流电机空载（no load）运行是指电机对外无功率输出、不带负载空转的一种状态。直流电机空载时，励磁绕组内有励磁电流，电动机电枢电流很小可忽略，而发电机电枢电流为零，此时直流电机内部的磁场是由励磁绕组通过电流产生的磁动势决定。

主磁极 N、S 交替分布排列，故磁场的分布是对称的。其中绝大部分磁通经主磁极、气隙、电枢铁心及定子磁轭闭合，这部分磁通同时交链励磁绕组和电枢绕组，称主磁通，记作 Φ_0。主磁通参与机电能量转换，能产生感应电动势和电磁转矩，是工作磁通。还有一小部分磁通不穿过电枢，仅与励磁绕组自身链绕，称漏磁通，记作 Φ_σ。漏磁通不穿过电枢表面，不参加机电能量转换，不是工作磁通。主磁通通过的磁路称主磁路，主磁路中气隙较小，故磁阻较小；漏磁通通过的磁路称漏磁路，漏磁路中空气隙较大，磁阻大。所以，漏磁通比主磁通小得多，约占主磁通的 20% 左右。直流电机主磁极磁路如图 19-1 所示。

如果不考虑电枢表面齿槽效应，假设电枢表面是光滑的，根据磁路定律可推出气隙磁通密度反比于气隙长度，即有 $B_0(x) \propto 1/\delta$。主磁极下的气隙小，而且均匀，气隙磁通密度分布均匀；在主磁极极靴尖，气隙增大，磁阻增大，磁通密度下降；在极靴尖外，气隙迅速增大，气隙磁通密度急剧下降，在相邻两极的空间分界线上，磁通密度降为零。空载时的磁场用函数 $B_0(x)$ 表示，称气隙磁通密度沿电枢表面空间分布的波形为平顶波，也可称为钟形曲线，如图 19-2 所示。

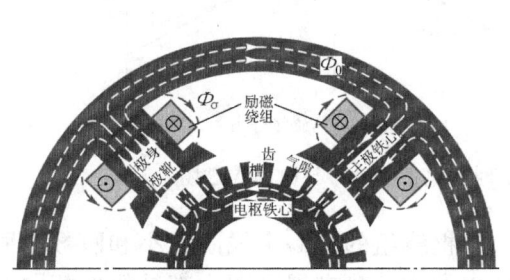

图 19-1 直流电机主磁极磁路

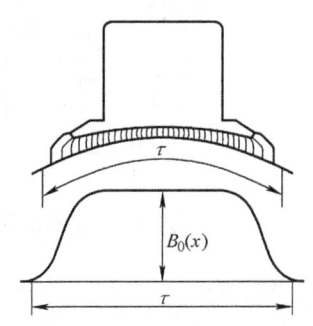

图 19-2 不计电枢齿槽影响的主磁场磁密分部曲线

第二节　直流电机负载时电机内部的电磁关系

直流电机空载运行时，由于电枢电流为零，气隙中仅有主极磁场，其分布如图 19-3 所示。负载运行时，电枢绕组中有电流，产生电枢磁动势，建立电枢磁场。主极磁动势和电枢磁动势共同作用建立负载时的气隙磁场。在直流电机中，不论电枢绕组是哪种形式，各支路电流都是通过电刷引入或者引出，因此电刷是电枢表面电流分布的分界线，电枢磁动势的轴线总是与电刷轴线相重合。下面分析电刷在几何中性线和不在几何中性线上时电枢磁动势的两种情况。

一、电刷在几何中性线上时的电枢磁动势

假设电刷位于几何中性线上，假设电枢上半周的电流为流出，下半周为流入，根据右手螺旋定则，该电枢磁动势建立的磁场如图 19-4a 中虚线所示。从图 19-4a 可见，电枢磁动势的轴线总是与电刷轴线重合。与主极轴线正交的

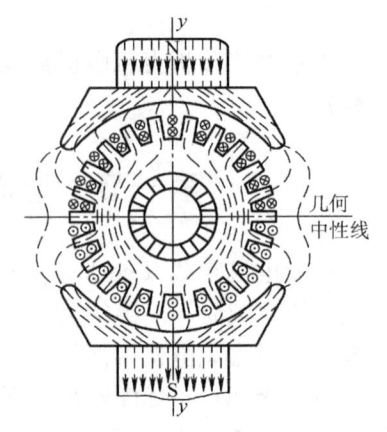

图 19-3　主极磁场的分布
注：图取自参考文献 [1]

轴线通常称为交轴，与主极轴线重合的轴线称为直轴，所以当电刷位于几何中性线上时，电枢磁动势是交轴电枢磁动势。

图 19-4a 是直流电机电流分布和电枢磁场情况示意图，为便于分析，让其展开成图 19-4b 所示。

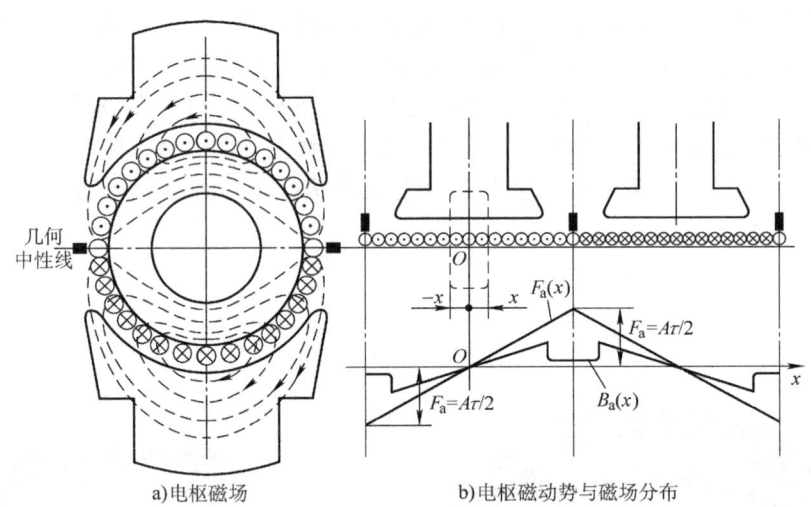

a)电枢磁场　　　　b)电枢磁动势与磁场分布

图 19-4　电刷在几何中性线上时的电枢磁动势与电动势磁场

以单叠绕组（simplex lap winding）为例，电枢绕组的每一个线圈大小和匝数相同，流过的电流是直流，大小相等，所以每个线圈产生的磁动势在展开图中都是幅值相同的矩形波，图 19-5a 所示为其中一个线圈产生的磁动势矩形波，图 19-5b 为其中 3 个线圈产生的磁动势分布波，图 19-5c 为 3 个线圈产生的磁动势波合成的阶梯分布波，图 19-5d 为电枢绕组

产生的合成磁动势，如果组成电枢绕组的线圈无限地增多，则电枢合成磁动势就如图 19-5e 所示。可见电刷在几何中性线上时，直流电机的电枢磁动势是幅值固定的空间分布波，仅是空间的函数，如果沿电枢分布的线圈无限增多，则阶梯形波将趋近于三角形波，三角波的幅值在电刷所在的交轴上，所以又称交轴电枢磁动势 F_{aq}，如图 19-4b 中的 $F_a(x)$ 分布形状。

根据电枢圆周各点磁路的气隙长度，可求得电枢磁场沿气隙的磁通密度 $B_a(x)$。由于极靴下的气隙是均匀的，则磁通密度与磁动势成正比，所以在极弧范围内的磁通密度分布是一条过原点的直线。但在极间区域气隙显著增大，故磁通密度大为减小，使电枢磁通密度沿空间的分布呈马鞍形曲线，如图 19-4b 中的 $B_a(x)$ 分布形状。

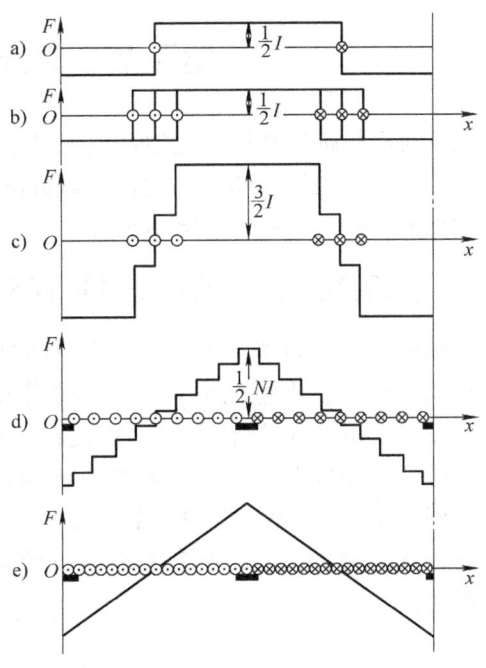

图 19-5　电枢磁动势的叠加过程

二、电刷不在几何中性线上时的电枢磁动势

由于直流电机装配或其他原因使电刷不在几何中性线时，假设移过一个小角度 β，除了交轴电枢磁动势外，还会产生直轴电枢磁动势。

因电刷是电枢绕组电流分布的分界线，故电枢磁动势轴线也随之移动了 β 角度，如图 19-6a 所示。为了分析方便，可以划分为两个分量，如图 19-6b 和 c 所示，在角度 2β 范围内的导体所产生的磁动势固定作用在直轴，称为直轴电枢磁动势 F_{ad}，其方向与主磁极极性相反。在角度 2β 范围以外的导体所产生的磁动势作用在交轴，为交轴电枢磁动势 F_{aq}。

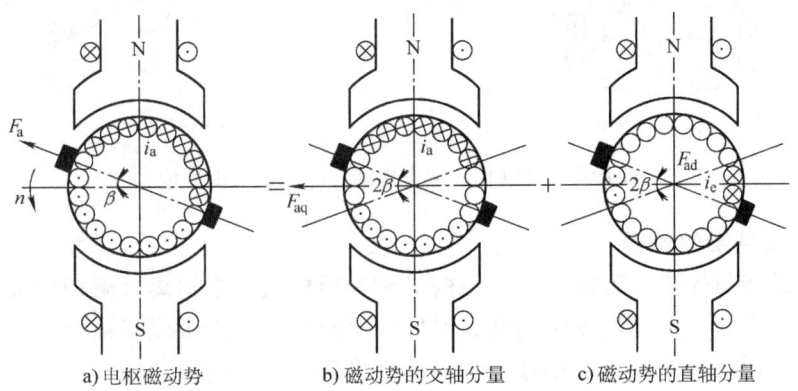

a) 电枢磁动势　　b) 磁动势的交轴分量　　c) 磁动势的直轴分量

图 19-6　电刷不在几何中性线上电枢磁动势

所以电刷在几何中性线上时，只有交轴电枢磁动势 F_{aq}。电刷不在几何中性线上时，电枢磁动势除了交轴电枢磁动势 F_{aq} 外，还有直轴电枢磁动势 F_{ad}。

第三节 直流电机的电枢反应

在直流电机带负载后,电枢绕组流过电流,产生电枢磁动势。从上面分析可知:电枢磁动势对主磁极产生的磁场有影响,故对直流电机的运行性能也会产生一定的影响,电枢磁动势对励磁磁动势的影响称为电枢反应(armature reaction)。

一、电刷在几何中性线上的电枢反应

对同一台直流电机而言,若主磁极的极性不变,导体中的电流方向相同,作发电机或电动机运行时,电枢磁场对主磁场的作用相同,因而可用同一图来进行分析,如图 19-7a 所示,不同的只是旋转方向相反而已。因电刷在几何中性线上,所以只有交轴电枢磁动势。若磁路不饱和,就可以利用叠加原理求出气隙磁场。图 19-7b 所示为磁场分布的展开图,图中 $B_0(x)$ 表示空载时的主磁场(平顶波),$B_a(x)$ 为交轴电枢磁场(马鞍形),将两磁场逐点叠加,便得到负载时的气隙合成磁场的分布曲线 $B_\delta(x)$。可见,电枢反应有如下性质。

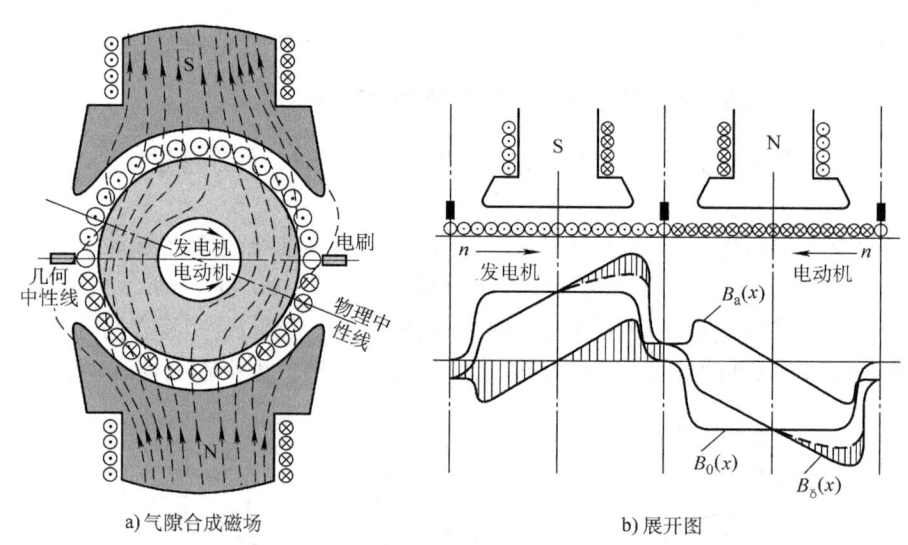

a) 气隙合成磁场　　b) 展开图

图 19-7 电刷在几何中性线上的交轴电枢反应

1. 使气隙磁场发生畸变

假设电枢旋转时先进入磁极的那个磁极尖称为前极尖,电枢离开磁极的那个磁极尖称为后极尖。电枢反应使气隙磁场发生畸变,对发电机而言是前极尖磁场被削弱,后极尖磁场被加强;对电动机而言是前极尖磁场被加强,后极尖磁场被削弱。

2. 使物理中性线偏移

气隙中各点磁通密度为零的点的连线称为物理中性线。直流电机空载时,几何中性线与物理中性线重合。负载时,物理中性线偏离几何中性线,对发电机而言是顺转向偏离;对电动机而言是逆转向偏离。

3. 当磁路饱和时有去磁作用

磁路未饱和时，气隙里的磁通密度 $B_\delta(x)$ 由励磁磁通密度 $B_0(x)$ 与电枢磁通密度的 $B_a(x)$ 叠加得到。磁路饱和时，要利用磁化曲线才能得到负载时的气隙磁通密度分布曲线，显然由于磁化曲线进入饱和点后具有饱和性，使负载时的气隙磁场比空载时的磁场要弱，如图19-7b虚线所示。

二、电刷偏离几何中性线时的电枢反应

由于装配或换相的需要等原因，有时电刷会偏离几何中性线。从上面分析得到，当电刷位于几何中性线时，电枢电流只产生交轴电枢磁动势。而电刷偏离几何中性线时，以电动机为例，设电刷逆电动机旋转方向偏离 β 角，如图19-6所示，产生的电枢磁动势为 F_a，将 F_a 分解成交轴电枢磁动势 F_{aq} 和直轴电枢磁动势 F_{ad}，交轴电枢磁动势 F_{aq} 对主磁场的影响与上面分析的电刷位于几何中性线的电枢反应情况一样，而直轴电枢磁动势 F_{ad} 与主磁极轴线重合，方向相反，故有去磁作用；同理，当电刷顺电动机旋转方向偏离 β 角时，产生的直轴电枢磁动势 F_{ad} 有助磁作用。发电机与电动机情况相反。

三、电枢反应对直流电机的影响

直流电机的电刷总是位于交轴，电枢反应则只有交轴分量没有直轴分量。由于磁路的饱和，电枢反应的去磁作用将使每极磁通略有减小。交轴磁动势对气隙磁场的影响是一半极面下磁通增加，另一半极面下磁通减小，不考虑饱和时，总磁通不变。如果带负载运行时励磁电流与空载时相等，则负载时每极磁通也与空载时相同。电刷间感应电动势只与每极磁通成正比，与极面下磁通分布无关，所以负载和空载时电刷感应电动势数值相同。由于磁路饱和作用的影响，使极面下增加的磁通小于减小的磁通，交轴电枢磁动势 F_{aq} 将使每极磁通略有减少，F_{aq} 存在交磁作用和去磁作用。直流电机转速和励磁电流一定，由于交轴电枢反应去磁作用，使负载时感应电动势比空载时略小。要保持感应电动势不变，需增加励磁电流，以补偿交轴电枢反应的去磁作用。

电枢反应使极面下磁通密度分布不均匀，从而使各换向片间电动势也分布不均，当直流电机过载特别是冲击性负载下，可能导致环火的产生。

在交轴处的电枢磁场将妨碍绕组中的电流换向。

第四节 电枢绕组的感应电动势和直流电机的电磁转矩

一、直流电机电枢绕组的感应电动势

直流电机电枢绕组的感应电动势是指从一对正负电刷之间引出的电动势，也称为电枢电动势（armature potential），记作 E_a。

如果设 N 为电枢绕组的总导体数，a 为并联支路对数，B_{av} 为一个磁极内的平均磁通密度，l 为导体的有效长度，v 为导体切割磁场的速度，则电枢电动势为

$$E_a = \frac{N}{2a} B_{av} l v = \frac{N}{2a} \frac{\Phi}{\tau l} l \times 2p\tau \frac{n}{60} = \frac{pN}{60a} \Phi n = C_e \Phi n \tag{19-1}$$

式中，C_e 称为电动势常数，$C_e = \dfrac{pN}{60a}$，它是与电机结构有关的参数。

由电动势表达式 $E_a = C_e \Phi n$ 可见：

1) $E_a \propto \Phi n$，改变 Φ 或 n 的大小，可使 E_a 大小发生变化，当磁通 Φ 单位为 Wb、转速 n 单位为 r/min 时，电枢电动势 E_a 单位为 V。

2) E_a 方向取决于 Φ 和 n 的方向，改变 Φ 的方向（即改变励磁电流 I_f 的方向），就可改变 E_a 的方向。

二、直流电机的电磁转矩

直流电机的电磁转矩（electromagnetic torgue）是指电枢上所有载流导体在磁场中受力所形成的转矩的总和。设 D 为电枢直径，N 为电枢总导体数，f_{av} 每根导体平均所受的力，则电磁转矩为

$$T = f_{av}\dfrac{D}{2}N = B_{av}li_a\dfrac{D}{2}N = \dfrac{\Phi}{\tau l}l\dfrac{I_a}{2a}\dfrac{2p\tau}{2\pi}N = \dfrac{pN}{2\pi a}\Phi I_a = C_T \Phi I_a \tag{19-2}$$

式中，C_T 称为转矩常数，$C_T = \dfrac{pN}{2\pi a}$，它也是与电机结构有关的参数。

从电磁转矩表达式 $T = \dfrac{pN}{2\pi a}\Phi I_a$ 可见：

1) $T \propto \Phi I_a$，改变 Φ 或 I_a 的大小，可使 T 大小发生变化，当磁通 Φ 单位为 Wb、电枢电流 I_a 单位为 A 时，电磁转矩 T 单位为 N·m。

2) T 方向取决于 Φ 和 I_a 的方向，改变 Φ 的方向（即改变励磁电流 I_f 的方向），就可改变 T 的方向。

电动势常数与转矩常数之间的关系式如下：

根据 $C_e = \dfrac{pN}{60a}$ 和 $C_T = \dfrac{pN}{2\pi a}$ 可得到电动势常数与转矩常数之间的关系式

$$\dfrac{C_T}{C_e} = \dfrac{\dfrac{pN}{2\pi a}}{\dfrac{pN}{60a}} = \dfrac{60}{2\pi} = 9.55 \tag{19-3}$$

可见有 $C_T = 9.55 C_e$。

第五节 稳态运行时直流电机的基本方程式

一、直流发电机的基本方程式

直流发电机是将原动机输入的机械能转变为直流电能的电气设备。直流发电机的基本方程式与励磁方式有关，励磁方式不同，基本方程式略有差别。下面以他励直流发电机为例，介绍其基本方程式。

1. 电压方程式

以发电机惯例，规定直流发电机各个物理量正方向如图 19-8 所示。

电枢回路方程为
$$E_a = U + I_a R_a \tag{19-4}$$
式中，R_a 为电枢回路总电阻，它包括电刷接触电阻和电枢绕组内阻。

励磁回路方程为
$$U_f = I_f R_f \tag{19-5}$$
式中，R_f 为励磁回路总电阻，它包括励磁回路外串电阻和励磁绕组内阻。

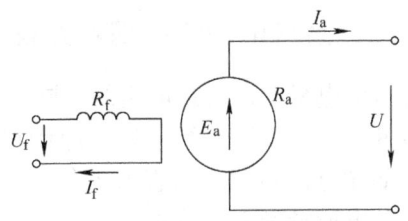

图 19-8　直流发电机各个物理量正方向

从发电机电压基本方程式可见：电枢电动势 E_a 必须大于电枢端电压 U，这也是判断直流电机是否处于发电运行状态的依据。

2. 转矩方程式
$$T_1 = T + T_0 \tag{19-6}$$
式中，T_1 为原动机的拖动转矩；T 为发电机中产生的电磁转矩，其性质为制动转矩；T_0 为空载转矩，它是由电机的机械摩擦、附加损耗和铁耗等引起的转矩。

发电机的转向由原动机决定，$T_1 > T$，故电磁转矩为制动转矩，是阻碍原动机的阻力转矩。

3. 功率平衡关系

从原动机输入的机械功率为
$$P_1 = P_{em} + p_0 \tag{19-7}$$
式中，P_1 为输入的机械功率；P_{em} 为电磁功率；p_0 为空载损耗。

空载损耗等于铁耗 p_{Fe}、机械摩擦损耗 p_m、附加损耗 p_s，即
$$p_0 = p_{Fe} + p_m + p_s \tag{19-8}$$
其中，附加损耗又称杂散损耗，一般难以精确计算。靠经验估算约为额定功率 P_N 的 $0.5\% \sim 1\%$。

电磁功率为
$$P_{em} = T\Omega = C_T \Phi I_a = \frac{pN}{2\pi a}\Phi I_a \frac{2\pi}{60}n = \frac{pN}{60a}\Phi n I_a = E_a I_a \tag{19-9}$$

$P_{em} = T\Omega$ 说明电磁功率具有机械功率性质，同时电磁功率又可表示为 $P_{em} = E_a I_a$，说明电磁功率又具有电功率性质，所以电磁功率是机电能量转换的桥梁。

发电机输出的电功率为
$$P_2 = P_{em} - p_{Cua} \tag{19-10}$$
式中，p_{Cua} 为电枢回路铜耗；P_2 为输出的电功率。

同时输出功率又可表示为
$$P_2 = UI_a \tag{19-11}$$

图 19-9 所示为他励直流发电机功率流程图。

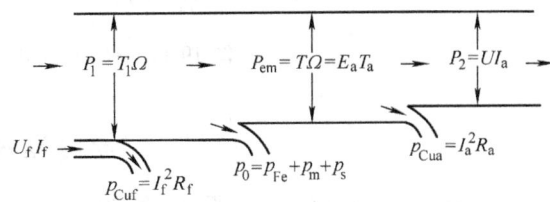

图 19-9　他励直流发电机功率流程图

二、直流电动机的基本方程式

直流电机的运行是可逆的，同一台直流电机既可在一定条件下作发电机运行，又可在另一条件下作电动机运行，如在原动机的拖动下，可作为发电机，将输入的机械能转变为电能；如在电枢两端输入直流电能，可作为电动机，将输入的电能转变为机械能。

按电动机惯例，规定直流电动机各个物理量正方向如图 19-10 所示。

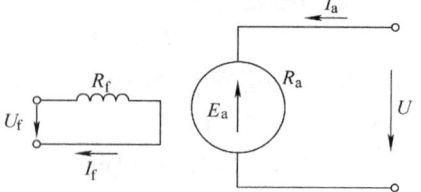

图 19-10 直流电动机各个物理量正方向

1. 电枢回路电压方程式

$$U = E_a + I_a R_a \quad (19\text{-}12)$$

式中，E_a 为反电动势，$E_a = C_e \Phi n$，若为并励时，则有

$$U = I_f R_f \quad (19\text{-}13)$$

由于 R_a 很小，电枢回路上电阻压降很小，电源电压大部分降落在反电动势 E_a 上。

2. 转矩方程式

电动机空载时，轴上输出转矩 $T_2 = 0$，则有 $T = T_0$。

当负载转矩为 T_L，轴上输出有 $T_2 = T_L$，电动机匀速稳定运行时有

$$T = T_2 + T_0 \quad (19\text{-}14)$$

式中，T 为电磁转矩，是驱动性质转矩，可用公式 $T = C_T \Phi I_a$ 计算；$(T_2 + T_0)$ 为总的制动转矩，方向与 T 相反。

3. 功率平衡关系

他励直流电动机输入功率为

$$P_1 = UI = UI_a = I_a(E_a + I_a R_a) = E_a I_a + I_a^2 R_a \quad (19\text{-}15)$$

所以

$$P_1 = P_{em} + p_{Cua} \quad (19\text{-}16)$$

式（19-16）中电磁功率 P_{em} 的功率性质为电功率，$p_{Cua} = I_a^2 R_a$ 为电枢回路上的铜耗。图 19-11 所示为他励直流电动机的功率流程图。

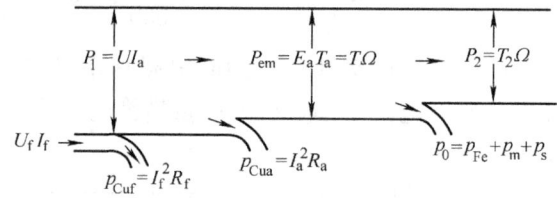

图 19-11 他励直流电动机的功率流程图

思考题及习题

19-1 直流电机空载和负载运行时，气隙磁场各由什么磁动势建立？

19-2 电枢反应的性质由什么决定？交轴电枢反应对每极磁通量有什么影响？直轴电枢反应的性质由什么决定？

19-3 一台直流电动机，磁路饱和，当带负载后，电刷逆电枢旋转方向移动一个角度。试分析在此种

情况下电枢磁动势对气隙磁场的影响。

19-4 直流电机的感应电动势与哪些因素有关？若一台直流发电机在额定转速下的空载电动势为 230V（等于额定电压），试问在下列情况下电动势变为多少：（1）磁通减少 10%；（2）励磁电流减少 10%；（3）转速增加 20%；（4）磁通增加 10%。

19-5 直流电机空载和负载时有哪些损耗？各由什么原因引起？发生在哪里？其大小与什么有关？

19-6 在励磁电流不变的情况下，发电机负载时电枢绕组感应电动势与空载时感应电动势大小相同吗？

19-7 一台直流发电机数据：$2p=6$，总导体数 $N=720$，$2a=6$，运行角速度 $\Omega=40\pi\text{rad/s}$，每极磁通 $\Phi=0.0392\text{Wb}$。试计算：

（1）发电机的感应电动势；

（2）当转速 $n=900\text{r/min}$，但磁通不变时的感应电动势；

（3）当磁通 $\Phi=0.0435\text{Wb}$，$n=900\text{r/min}$ 时的感应电动势。

19-8 一台 4 极、82kW、230V、971r/min 的他励直流发电机，如果每极的合成磁通等于空载额定转速下具有额定电压时每极磁通，试求输出额定电流时的电磁转矩。

19-9 一台并励直流发电机，$P_\text{N}=35\text{kW}$，$U_\text{N}=115\text{V}$，$n_\text{N}=1450\text{r/min}$，电枢电路各绕组总电阻 $R_\text{a}=0.0243\Omega$，一对电刷压降 $2\Delta U_\text{b}=2\text{V}$，励磁电路电阻 $R_\text{f}=20.1\Omega$。求额定负载时的电磁转矩及电磁功率。

第二十章 直流发电机

直流发电机的 4 个基本物理量为 U、I、I_f、n（n 由原动机拖动，保持不变）。运行特性指在 U、I、I_f 之间，保证其中一个量不变，另外两个物理量之间的函数关系。其中，空载特性：$n=$ 常数，$I=0$，$U=f(I_f)$；外特性：$n=$ 常数，$I_f=$ 常数，$U=f(I)$；调整特性：$n=$ 常数，$U=$ 常数，$I_f=f(I)$。

第一节 他励直流发电机的运行特性

这一节介绍直流发电机的运行特性，先分析比较简单的他励直流发电机开路特性，又叫空载特性（no-load characteristics）。

一、空载特性

空载特性是指原动机的转速 n 等于额定转速 n_N、输出端开路、负载电流 I 为零（$I_a=0$）时，电枢端电压与励磁电流之间的关系，即 $U_0=E_0=f(I_f)$。

空载特性可以由试验测出，这个试验接线时可以只做第 I 象限。试验时，使原动机转速保持 $n=n_N$，发电机电枢输出开路，调节励磁电流 I_f，使空载电压 $U_0=U_N$，然后使 I_f 逐步减少到零，注意只能单方向调节，并记录 7~9 组下降过程的数据。注意到 $I_f=0$ 时，U_0 不等于零，$U_0=U_r$ 即为剩磁电压。

然后不要停机，再逐步增加励磁电流 I_f，直到 U_0 约达到 $1.25U_N$，此过程中再记录 7~9 组上升过程的数据。最后取平均值。这条平均值的曲线即为他励直流发电机空载特性曲线，如图 20-1 所示。

试验时一定要单方向改变励磁回路电阻测取数据，在测取的数据中应包含额定点。电压可测取到 $U_0=\pm(1.1\sim1.3)U_N$ 为止，线性部分测取的数据可稀疏一些，非线性部分测取的数据可密集一些，这样得到的曲线较准确。另外，特性曲线与转速有关，试验时一定要保持额定转速。

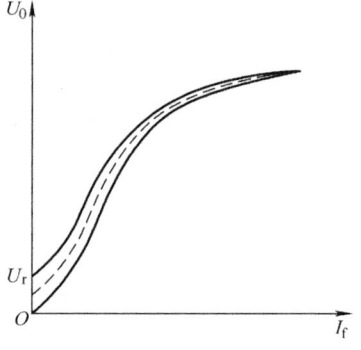

图 20-1 他励直流发电机空载特性曲线

二、外特性

外特性（external characteristics）是指原动机的转速 $n=n_N$，励磁电流 $I_f=I_{fN}$ 时，电枢端电压与负载电流之间的关系，即 $U=f(I)$。

试验接线如图 20-2 所示。记录直流发电机的额定励磁电流 I_{fN} 和额定转速 n_N。然后逐步增加负载电阻值（即减少负荷）到负载电流为零，记录 5~7 组值，画出对应的曲线，如图 20-3 所示。这是一条略微下斜的曲线，电压随电流增加是减小的。

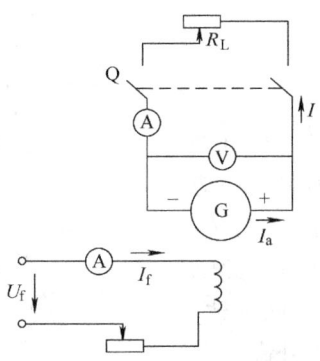
图 20-2 他励直流发电机外特性试验接线

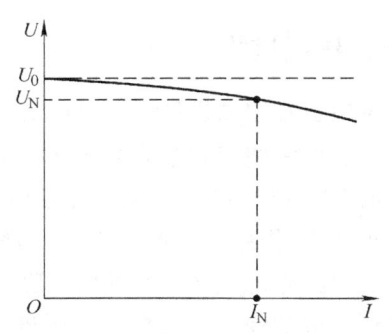
图 20-3 他励直流发电机的外特性曲线

根据直流发电机端电压方程式 $U = E_a - I_a R_a = C_e \Phi n - I_a R_a$，从空载到负载电压下降的原因有：

1）负载增大，电枢电流增大，使电枢回路电阻压降增大，则端电压下降。
2）电枢电流增大，使电枢反应的去磁作用增强，端电压进一步下降。

发电机的端电压随负载的变化程度可用电压变化率（或称电压调整率）表示。电压变化率是指发电机从额定负载（$U = U_N$，$I = I_N$）过渡到空载（$U = U_0$，$I = 0$）时，电压升高的数值与额定电压的百分比，即

$$\Delta u = \frac{U_0 - U_N}{U_N} \times 100\%$$

通常他励直流发电机的电压变化率 Δu 约为 5%～10%。

他励发电机在额定励磁时短路，短路电流 $I_k = E_0 / R_a$，由于 R_a 很小，短路电流大，可为额定电流的 20～30 倍，故他励发电机不允许在额定励磁下发生持续短路。

三、调整特性

调整特性（regulation characteristics）是指原动机的转速 $n = n_N$，保持端电压 $U = U_N$ 时，励磁电流与负载电流之间的关系，即 $I_f = f(I)$。他励直流发电机的调整特性曲线如图 20-4 所示。

可见，在负载电流变化时，若保持端电压不变，必须改变励磁电流，补偿电枢反应及电枢回路电阻压降对输出端电压的影响。

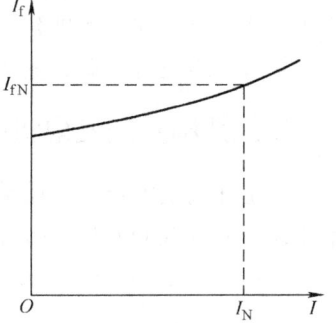
图 20-4 他励直流发电机的调整特性曲线

第二节　并励直流发电机的运行特性

他励直流发电机运行特性良好，但励磁回路需一直流电源供电，若实际应用中没有直流电源，可采用并励，这样就不需设置专门的直流励磁电源了。并励直流发电机（shunt DC generator）就是将励磁绕组和电枢绕组并联。为了测量的需要，应串入电流表和可调电阻。

并励直流发电机实验接线如图 20-5 所示。

一、建压过程

当发电机在原动机带动下以恒定的额定转速 n_N 运转时，在有剩磁条件下，电枢绕组切割剩磁磁场，则电枢绕组中产生感应电动势 E_r [约为 $(2\% \sim 5\%)U_N$]，从而在发电机电枢两端建立剩磁电压 U_r。在剩磁电压 U_r 作用下，产生不大的励磁电流 I_f ($I_f = U_r/R_f$)，此励磁电流通过励磁绕组会产生磁场。磁场的方向如果与剩磁方向一致，则主磁通得以加强，使电枢端电压进一步提高。端电压的升高，又使励磁电流增大，主磁通进一步加强。如此反复，最终增加到空载特性曲线和磁场回线电阻线的交点 A 即为建立的电压稳定点。这一过程如图 20-6 所示。

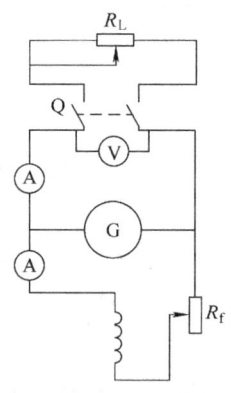

图 20-5 并励直流发电机实验接线

可见，并励直流发电机的建压（voltage build-up）条件如下：

1）直流发电机必须有剩磁，若没有，应利用其他直流电源对其充磁。

2）励磁绕组与电枢绕组的接法要正确，即使励磁电流产生的磁通方向与剩磁方向一致，若不一致，应改变并励绕组极性。

3）励磁回路总电阻应小于该转速下的临界电阻，如图 20-6 中的曲线 3 所示。

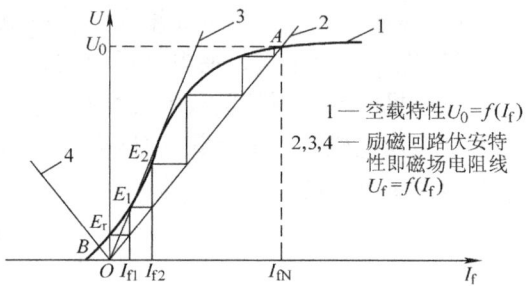

图 20-6 并励直流发电机的建压过程

实际应用中，并励直流发电机自励而电压不能建立时，应先减小励磁回路的外串电阻，看电压是否能建立；不能建立再改变励磁绕组与电枢绕组连接的极性；若电压还不能建立，则应考虑可能没有剩磁，充磁后，再进行自励发电。

二、并励直流发电机的空载特性

并励直流发电机的励磁绕组和电枢绕组并联，开路时电枢电流等于励磁电流，而励磁电流只占额定电流的 1%~3%。因为 $I_f = (1\% \sim 3\%)I_N$，所以忽略电枢反应和电阻压降。故仍可认为 $U_0 = E_a$，这样，并励直流发电机的空载特性曲线就和他励直流发电机的相同了。

三、并励直流发电机的外特性

将并励直流发电机的电枢输出端接可调负载，改变负载，记录端电压和负载电流的几组值，画出对应的曲线就是其外特性曲线，如图 20-7 所示。

并励直流发电机的励磁绕组与电枢绕组并联，当发电机端电压下降时，励磁电流减小，使磁通变弱，则电枢电动势降低，从而使端电压进一步下降，所以它的外特性要比他励直流发电机下垂，如图 20-7 所示。它的电压变化率 Δu 约为 20%~30%。

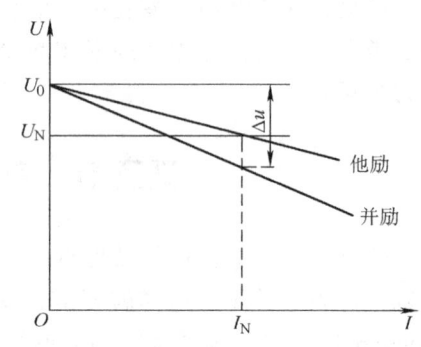

图 20-7 并励直流发电机的外特性曲线

第三节　复励直流发电机的运行特性

复励直流发电机（compound excited generator）有并励绕组和串励绕组两个励磁绕组，实验接线如图 20-8 所示，而串励绕组的电流随着负载电流的增加而增加，进而磁场增强，从而补偿了并励绕组的去磁作用。所以复励直流发电机的外特性曲线较平直，如图 20-9 所示。

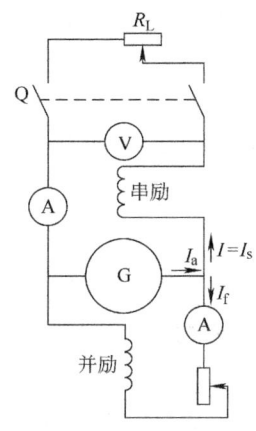
图 20-8　复励直流发电机实验接线

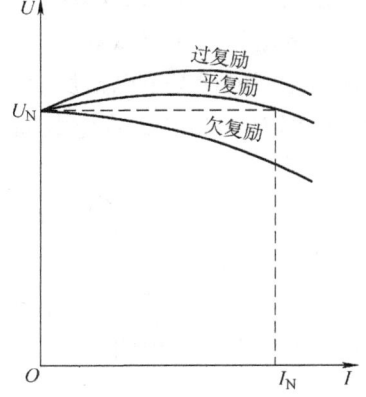
图 20-9　复励直流发电机的外特性曲线

积复励发电机应用很广，因可灵活的调整并励和串励磁场，从而可设计出所需要的外特性。一般希望负载变化时，直流发电机端电压稳定，这一点只有复励直流发电机能达到。

对串励直流发电机，因励磁磁动势直接随负载变化，端电压极不稳定，故一般不采用。

【例 20-1】　一台并励直流发电机，其铭牌数据为：$P_N = 20\text{kW}$，$U_N = 230\text{V}$，电枢电阻 $R_a = 0.2\Omega$，励磁绕组电阻 $R_f = 115\Omega$。如果在额定负载下，总损耗 $\Sigma p = 3.5\text{kW}$，试求：（1）励磁电流 I_{fN}；（2）电枢额定电流 I_{aN}；（3）发电机的电动势 E_a；（4）额定效率 η_N。

解：（1）励磁电流
$$I_{fN} = \frac{U_N}{R_f} = \frac{230}{115}\text{A} = 2\text{A}$$

（2）额定电流
$$I_N = \frac{P_N}{U_N} = \frac{20 \times 10^3}{230}\text{A} = 86.96\text{A}$$

电枢额定电流
$$I_{aN} = I_{fN} + I_N = (86.96 + 2)\text{A} = 88.96\text{A}$$

（3）发电机的电动势
$$E_a = U_N + I_{aN}R_a = (230 + 88.96 \times 0.2)\text{V} = 247.79\text{V}$$

（4）额定效率
$$\eta_N = \frac{P_N}{P_N + \Sigma p} = \frac{20 \times 10^3}{20 \times 10^3 + 3.5 \times 10^3} \times 100\% = 85.11\%$$

【例 20-2】 一台并励直流发电机，$P_N = 19\text{kW}$，$U_N = 230\text{V}$，$n_N = 1450\text{r/m}$，电枢电路各绕组总电阻 $R_{a75℃} = 0.183\Omega$，$2\Delta U_b = 2\text{V}$，励磁绕组每极匝数 $N_f = 880$ 匝，$I_{fN} = 2.79\text{A}$，励磁绕组电阻 $R_{f75℃} = 81.1\Omega$，当转速为 1450r/min 时测得电机的空载特性见表20-1。

表 20-1 电机的空载特性

I_f/A	0.37	0.91	1.45	2.0	2.38	2.74	3.28
U_0/V	44	104	160	210	240	258	275

求：（1）欲使空载产生额定电压，励磁电路应串入多大电阻？

（2）发电机的电压变化率 Δu。

（3）在额定运行的情况下电枢反应的等效去磁安匝 F_{aqd}。

解：（1）根据 $U_0 = 230\text{V}$，在空载曲线上查得 $I_{f0} = 2.253\text{A}$，所以

$$R_{f0} = \frac{U_0}{I_{f0}} = \frac{230}{2.253}\Omega = 102.7\Omega$$

故励磁回路应串入的电阻

$$R_f = R_{f0} - R_{f75℃} = (102.7 - 81.1)\Omega = 20.97\Omega$$

（2）发电机额定时励磁电阻

$$R_{fN} = \frac{U_N}{I_{fN}} = 82.44\Omega$$

将空载曲线在 $I_f = 2.74 \sim 3.28$ 内线性化，得到电压

$$U_0 = 258\text{V} + \frac{275 - 258}{3.28 - 2.74} \times (I_f - 2.74\text{V}) = 171.74\text{V} + 31.48 I_f$$

而 $I_f = \dfrac{U_0}{R_{fN}} = \dfrac{U_0}{82.44\Omega}$ 代入上式得到空载端电压 $U_0 = 277\text{V}$

故电压变化率

$$\Delta u = \frac{U_0 - U_N}{U_N} = \frac{277 - 230}{230} \times 100\% = 20.4\%$$

（3）额定电流

$$I_N = \frac{P_N}{U_N} = \frac{19000}{230}\text{A} = 82.61\text{A}$$

$$I_{aN} = I_N + I_{fN} = 85.40\text{A}$$

在额定条件下发电机的感应电动势

$$E_N = U_N + 2\Delta U_b + I_{aN}R_a = (230 + 2 + 85.4 \times 0.183)\text{V} = 247.6\text{V}$$

在空载特性上查得等效励磁总电流

$$I'_f = 2.38 + \frac{2.74 - 2.38}{258 - 240} \times (247.6 - 240)\text{kA} = 2532\text{A}$$

所以，在额定情况下电枢反应等效去磁安匝

$$F_{aqd} = N_f(I_{fN} - I'_f) = 880 \times (2.79 - 2.532)\text{安匝} = 227 \text{ 安匝}$$

思考题及习题

20-1 他励直流发电机由空载到额定负载，端电压为什么会下降？并励直流发电机与他励直流发电机相比，哪个电压变化率大？

20-2 做直流发电机试验时，若并励直流发电机的端电压升不起来，应该如何处理？

20-3 并励直流发电机正转能自励，反转能否自励？

20-4 并励直流发电机的建压条件是什么？

20-5 一台他励直流发电机和一台并励直流发电机，如果其他条件不变，将转速提高20%，问哪一台的空载电压提高得更高？

20-6 为什么并励直流发电机工作在空载特性的饱和部分比工作在直线部分时其端电压更加稳定？

20-7 一台并励直流发电机，$P_N = 6kW$，$U_N = 230V$，$n = 1450r/min$，电枢电路各绕组总电阻 $R_{a75℃} = 0.921\Omega$，励磁绕组电阻 $R_{f75℃} = 177\Omega$，额定负载时的附加损耗 $p_s = 60W$，铁耗 $p_{Fe} = 145.5W$，机械损耗 $p_m = 168.4W$，求额定负载下的输入功率、电磁功率、电磁转矩及效率。

20-8 一台直流发电机，$P_N = 82kW$，$U_N = 230V$，每极并励磁场绕组为900匝，在以额定转速运转，空载时并励磁场电流为7.0A可产生端电压230V，但额定负载时需9.4A才能得到同样的端电压。若将该发电机改为平复励，问每极应加接串励绕组多少匝？（平复励是指积复励当额定负载时端电压与空载电压一致）。

20-9 设有一台他励发电机，$n_N = 1000r/min$，$U_N = 220V$，$I_{aN} = 10A$，每极励磁绕组有850匝，励磁电流为2.5A，电枢回路总电阻包括电刷接触电阻为0.4Ω，已知它在750r/min时的空载特性见表20-2。

表20-2 题20-9表

I_f/A	0.4	1.0	1.6	2.0	2.5	2.6	3.0	3.6	4.4
U_0/V	33	78	120	150	175	180	193.5	206	225

试求：
（1）空载端电压；
（2）满载时电枢反应等效去磁安匝；
（3）过载25%时的端电压（设电枢反应正比于负载电流）。

第二十一章　直流电动机

直流电动机是直流发电机的一种逆运行状态，将电能变为机械能。由于表征机械能的参数为转矩和转速，所以直流电动机稳定运行特性最重要的是机械特性和工作特性。直流电动机运行特性因励磁方式不同而有很大差异。下面介绍并励、串励和复励直流电动机的运行特性。

第一节　直流电动机的运行特性

一、并励直流电动机的运行特性

1. 并励直流电动机的工作特性

直流电动机工作特性是指在 $U=U_N$，$I_f=I_{fN}$，电枢回路不外串电阻的条件下，转速 n、转矩 T、效率 η 与输出功率 P_2 之间的关系曲线。实际运行中，电枢电流 I_a 是随 P_2 增大而增大的，而且便于测量，故也可把转速 n、转矩 T、效率 η 与电枢电流 I_a 之间的关系曲线称为工作特性（operating characteristics）。工作特性可以利用实验获得，实验接线如图 21-1 所示，工作特性曲线如图 21-2 所示。

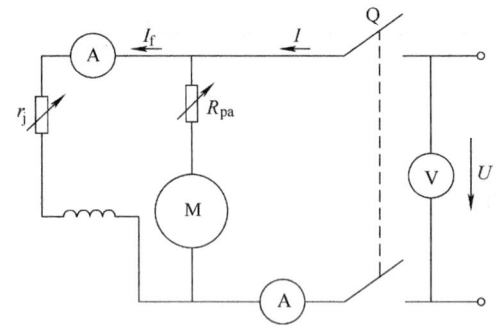

图 21-1　并励直流电动机实验接线

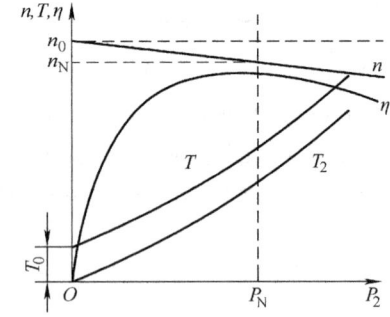

图 21-2　并励直流电动机的工作特性曲线

（1）转速特性

转速特性（speed characteristics）是指当 $U=U_N$，$I_f=I_{fN}$，电枢回路外串电阻 $R_{pa}=0$ 时，$n=f(I_a)$ 关系。根据电动势方程式 $E_a=C_e\Phi n$ 和电压方程式 $U=E_a+I_aR_a$ 可得

$$n=\frac{U_N}{C_e\Phi}-\frac{R_a}{C_e\Phi}I_a=n_0-\frac{R_a}{C_e\Phi}I_a \tag{21-1}$$

由式（21-1）可知影响直流电动机转速的两个因素：电枢回路的电阻压降；电枢反应的去磁作用。随着电枢电流的增加，电枢回路的电阻压降使转速下降，而电枢反应的去磁作用会使 n 趋于上升。为保证直流电动机稳定运行，在电动机结构上采取一些措施，使并励直流电动机具有略微下降的转速特性。

采用转速调整率衡量转速下降的程度，转速调整率为

$$\Delta n = \frac{n_0 - n_N}{n_N} \times 100\% \tag{21-2}$$

并励电动机负载变化时，转速变化很小，$\Delta n = 3\% \sim 8\%$。

他励（或并励）电动机在运行时，励磁绕组绝对不能断开。若励磁绕组断开，$I_f = 0$，电枢电流迅速增大，若负载较小，则会造成"飞车"事故。

（2）转矩特性

转矩特性（torque characteristics）是指当 $U = U_N$，$I_f = I_{fN}$，电枢回路外串电阻 $R_{pa} = 0$ 时，$T = f(I_a)$ 关系。转矩特性曲线如图 21-2 所示。

根据转矩公式 $T = C_T \Phi I_a$，忽略电枢反应，转矩特性是一条过原点的直线。计入饱和，I_a 较大时，电枢反应的去磁作用，使曲线偏离直线。

（3）效率特性

效率特性（efficiency characteristics）是指当 $U = U_N$，$I_f = I_{fN}$，电枢回路外串电阻 $R_{pa} = 0$ 时，$\eta = f(I_a)$ 关系。

$$\eta = \frac{P_2}{P_1} = \frac{P_2}{P_2 + p_{不变} + p_{可变}} \times 100\% \tag{21-3}$$

式（21-3）中 $p_{不变}$ 与负载电流变化无关，为直流电动机的不变损耗，$p_{不变} = p_{Fe} + p_m + p_s$。$p_{可变}$ 随负载电流二次方倍变化为直流电动机的可变损耗，$p_{可变} = p_{Cu} + p_f$。各种电机的效率曲线具有相同的形状。因为效率的定义相同，损耗的性质也相同，当负载电流从零逐渐增大时，效率也随之增大，当负载电流增大到一定程度，效率达最大，之后随负载电流的继续增大，效率反而减小。如果不变损耗等于可变损耗时，效率最高。效率特性的这个特点，对其他电机、变压器也适用，具有普遍意义。一般直流电动机的额定效率等于 75%～85%。

2. 并励直流电动机的机械特性

并励电动机带动负载运行，归根结底就是向负载输出一定的转矩，并使负载得到一定的转速。T 和 n 是机械负载对电动机提出的两项要求。在电动机内部 T 和 n 不是相互独立的，它们之间存在着确定的关系，这种关系称为机械特性（mechanical characteristics）

$$U = E_a + I_a R = C_e \Phi n + \frac{T_e}{C_T \Phi} R \tag{21-4}$$

式中，$R = R_a + R_{pa}$，R_a 为电枢电阻，R_{pa} 为电枢回路外串电阻。所以

$$n = \frac{U}{C_e \Phi} - \frac{R}{C_e C_T \Phi^2} T \tag{21-5}$$

由于 $U = U_N$，$R_f = C$，如不计磁路饱和效应（忽略电枢反应影响），则磁通为常数，$\Phi = C$，当外串电阻 R_{pa} 为零时，并励直流电动机的机械特性曲线为一稍微下降的直线，如图 21-3 所示，成为故有机械特性。若外串电阻不为零，称为串电阻人为机械特性，同理，还有弱磁人为机械特性和降压人为机械特性。

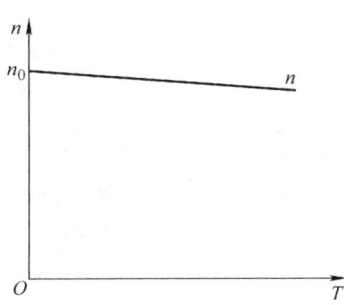

图 21-3 并励直流电动机的机械特性曲线

机械特性具有的特点如下：

$T = 0$ 时
$$n = n_0 = \frac{U_N}{C_e \Phi}$$

称为理想空载转速；$T = T_N$ 时，$n = n_N$，特性曲线斜率为

$$\frac{R_a}{C_e C_T \Phi^2}$$

特性曲线是稍微向下倾斜的直线，这种特性称为硬特性；电枢反应的影响，如考虑磁饱和，交轴电枢反应呈去磁作用，所以

$$n = \frac{U}{C_e \Phi} - \frac{R_a}{C_e C_T \Phi^2} T$$

可见，由于磁通减小，转速上升，机械特性的下降减小，或水平，或上翘。为避免上翘，采取一些措施，可加串励绕组，其磁动势抵消电枢反应的去磁作用。

二、串励电动机的运行特性

串励直流电动机广泛应用于交通运输中，串励直流电动机的特点是 $I_a = I_f = I$。气隙主磁通随电枢电流的变化而变化，其实验接线如图 21-4 所示。

1. 串励电动机的工作特性

（1）转速特性

串励直流电动机的转速特性指 $U = U_N$，电枢回路外串电阻 R_{pa} 为 0，$n = f(I_a)$。由 $U = C_e \Phi n + I(R_a + R_f)$，则

$$n = \frac{U - I_a(R_a + R_f)}{C_e \Phi} \quad (21-6)$$

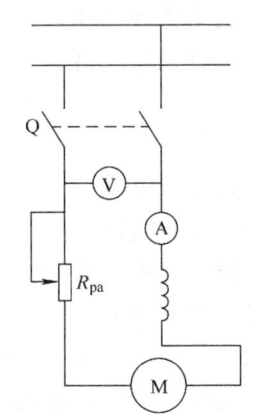

图 21-4 串励直流电动机实验接线

串励直流电动机的工作特性曲线与并励截然不同，它随负载增加迅速降低，变化很大，如图 21-5 所示。

当负载很小时，$I_a = I_f = I \to 0$，所以 $\Phi \to 0$ 则 $n \to \infty$，转速达到危险的高速，称"飞车"现象，因此串励直流电动机不允许在空载或负载很小的情况下运行。转速特性与纵轴无交点。其转速调整率定义为

$$\Delta n = \frac{n_{1/4} - n_N}{n_N} \times 100\% \quad (21-7)$$

式中，$n_{1/4}$ 为输出功率等于 $P_N/4$ 时的转速。

若负载较大，则 T 较大，这时磁路饱和，主磁通基本上为一常数，即 $\Phi = k$，得

$$n = \frac{U}{C_e k} - \frac{R}{C_e C_T k^2} T \quad (21-8)$$

可见，转速 n 随电磁转矩 T 增大而下降，是一条略微向下倾斜的直线。

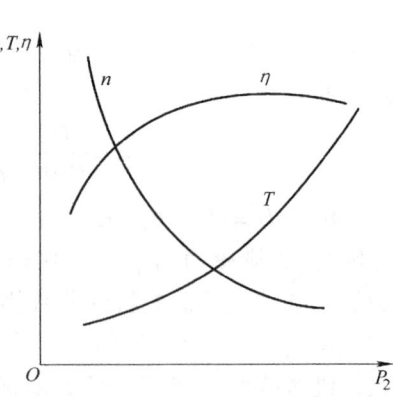

图 21-5 串励直流电动机的工作特性曲线

(2) 转矩特性

串励直流电动机的转矩特性指 $U = U_N$，电枢回路外串电阻为 0 时 $T = f(I_a)$ 的关系曲线。因为 $T = C_T \Phi I_a = C_T K_f I_f I_a = C_T K_f I_a^2 = C_T' I_a^2$，当磁路不饱和时，$T \propto I_a^2$；当磁路饱和时，$T \propto I_a$。一般可看成 T 按大于一次方小于二次方的比例增加，如图 21-5 所示。它对起动和过载能力有重要意义，在同样大小的起动电流下能得到比并励直流电动机更大的起动转矩，所以常用于电气牵引。

2. 串励直流电动机的机械特性

串励直流电动机的转矩特性指 $U = U_N$，电枢回路外串电阻为 0 时 $n = f(T)$ 的关系曲线，有

$$U = E_a + I_a R_a + I_f R_f = C_e \Phi n + I_a (R_a + R_f)$$
$$= C_e \Phi n + I(R_a + R_f) = C_e n K_f I + I(R_a + R_f)$$
$$= I(C_e n K_f + R_a + R_f)$$

因为 $T = C_T \Phi I_a = C_T K_f I_f I_a = C_T K_f I_a^2$

$$U = \sqrt{\frac{T}{C_T K_f}}(C_e K_f n + R_a + R_f)$$

所以

$$n = \frac{1}{C_e K_f}\left(\sqrt{\frac{C_T K_f}{T}} U - R_a - R_f\right) \quad (21\text{-}9)$$

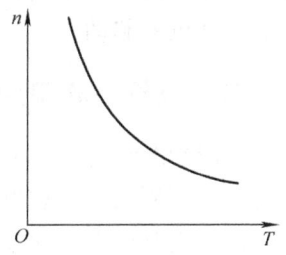

图 21-6 串励直流电动机的机械特性曲线

n 反比于 T，转速随转矩的增加迅速下降，如图 21-6 所示，这种特性称为软特性。

三、复励直流电动机的运行特性

复励直流电动机通常接成积复励，既有并励绕组，又有串励绕组，故其特性介于并励与串励之间。若励磁绕组以并励为主，则其特性接近于并励直流电动机。但由于有串励磁动势的存在，$I_a \uparrow \to \Phi \uparrow$，补偿电枢反应的去磁作用，不至使转速特性上翘。若励磁绕组中串励磁动势起主要作用，则特性接近于串励电动机，由于有并励磁动势存在，不会使电动机空载时出现"飞车"现象。当负载增大时，电枢电流增大，总磁通随之增大，使转速比并励下降更多，如图 21-7 所示。

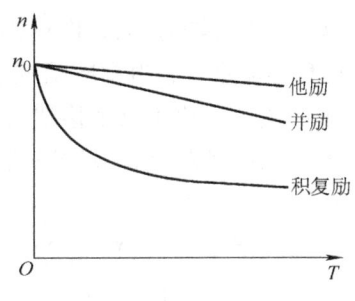

图 21-7 复励直流电动机机械特性曲线

第二节 直流电动机的起动

直流电动机接规定电源后，转速从零上升到稳态转速的过程称为起动过程。起动问题是评价电动机性能的重要方面之一，这是一个动态过程，但这里只介绍稳态情况，即在电动机接入电源瞬间，$n = 0$，$E_a = 0$，转子待转而未转动这一瞬间的状态，起动电流将很大。

直流电动机起动的基本要求是：①起动转矩要大；②起动电流要小，限制在安全范围之内；③起动设备简单、经济、可靠。

直流电动机在起动时，$n=0$，所以 $E_a=0$，$I_a=U/R_a$，I_a 可突增至额定电流的 10 多倍，故此必须加以限制，在保证产生足够的起动转矩下（因为 $T=C_T\varPhi I_a$），尽量减小起动电流。一般直流电动机瞬时过载电流不得超过 $(1.5\sim 2)I_N$。直流电动机的起动方法有：直接起动、电枢回路串电阻起动和减压起动。下面以并励直流电动机为例分别说明。

一、直接起动（即全压起动）

操作方法简便，不需任何起动设备，只需两个开关（励磁开关 Q_1 和电枢开关 Q_2），如图 21-8 所示。起动时，先合上 Q_1，给电动机加励磁并调励磁电阻 R_{pf}，使 I_f 最大。确定磁场已建立后，合上 Q_2，在电枢绕组上直接加额定电压。起动时冲击电流很大，可达 $(10\sim 20)I_N$，从而冲击电源电压，影响同一电源的其他设备正常运行，还对电动机本身造成换向困难引起较大火花。故全压起动仅用于小型直流电动机的起动。

二、电枢回路串变阻器起动

为限制起动电流，在起动时将起动电阻串入电枢回路，待转速上升后，再逐级将起动电阻切除。

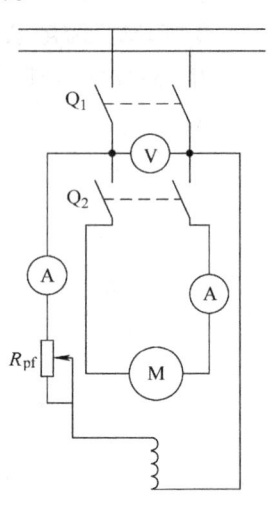

图 21-8　直接起动接线

电枢回路串电阻起动的工作原理是：对应于起动电流 I_{s1} 的起动转矩为 T_{s1}，因 $T_{s1}>T_L$，电动机开始起动。起动过程的机械特性曲线如图 21-9b 所示，工作点由起动点 Q 沿电枢总电阻为 R_{s1} 的人为特性上升，电枢电动势随之增大，电枢电流和电磁转矩则随之减小。当转速升至 n_1 时，起动电流和起动转矩下降至 I_{s2} 和 T_{s2}（图 21-9b 中 A 点）。为了保持起动过程中电流和转矩有较大的值，以加速起动过程，此时闭合 KM_1，切除 R_1。此时的电流 I_{s2} 称为切换电流。当 R_1 被断掉后，电枢回路总电阻变为 $R_{s2}=R_a+R_2+R_3$。由于机械惯性，转速和电枢电动势不能突变，电枢电阻减小将使电枢电流和电磁转矩增大，电动机的机械特性由图 21-9b 中曲线 1 上的 A 点平移到曲线 2 上的 B 点。再依此切除起动电阻 R_2、R_3，电动机的工作点就从 B 点到 D 点，最后稳定运行在自然机械特性的 G 点，电动机的起动过程结束。

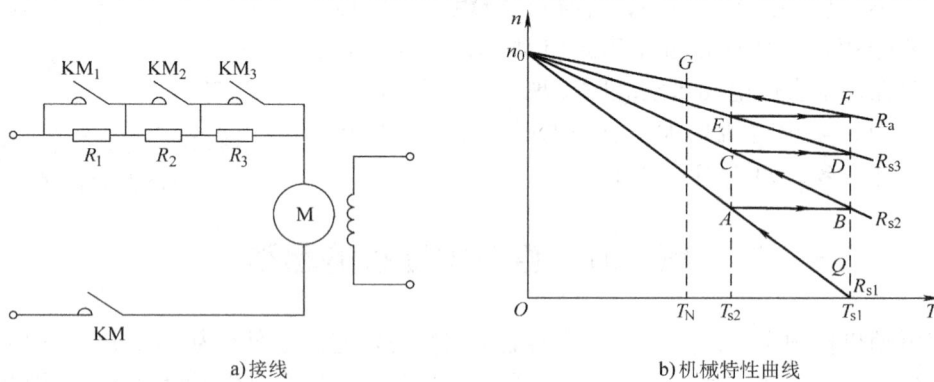

a) 接线　　　　　　　　　　b) 机械特性曲线

图 21-9　电枢回路串电阻起动

串入变阻器时的起动电流为

$$I_{st} = \frac{U}{R_a + R_s} \tag{21-10}$$

只要 R_s 选择适当，能将起动电流限制在允许范围内，随 n 的上升可切除一段电阻。采用分段切除电阻，可使电动机在起动过程中获较大加速，且加速均匀，缓和有害电流冲击。

电枢回路串变阻器起动优点：起动设备简单，操作方便；缺点：电能损耗大，设备笨重。

三、减压起动

当他励直流电动机的电枢回路由专用的可调压直流电源供电时，可以采用减压起动的方法。起动电流将随电枢电压降低的程度成正比地减小。起动前先调好励磁，然后把电源电压由低向高调节，最低电压所对应的人为特性上的起动转矩 $T_{s1} > T_L$ 时，电动机就开始起动。起动后，随着转速上升，可相应提高电压，以获得需要的加速转矩，减压起动过程的机械特性曲线如图 21-10 所示。

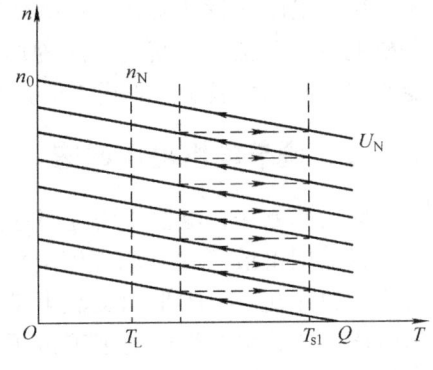

图 21-10　减压起动过程的机械特性曲线

开始起动时降低电压，则 $I_a = U'/R_a$，并使 I_a 限制在一定范围内。采用减压起动时，需专用调压电源、直流发电机或晶闸管整流电源。发电机通过调节励磁达到调压；用晶闸管整流电源，用触发角控制输出电压。优点：没有起动电阻，起动过程平滑，起动过程中能量损耗少。缺点：需专用降压设备，成本较高。值得注意的是，并励（或他励）直流电动机起动时，为了限制起动电流，电枢回路的外串电阻 R_{st} 应置于最大阻值位置；为了增大起动转矩，励磁回路的外串电阻 R_{pf} 应置于最小阻值位置。对串励直流电动机，不允许空载（或轻载）起动，否则起动后将造成"飞车"事故。

第三节　直流电动机的调速

许多生产机械需要调节转速，直流电动机具有在宽广的范围内平滑而经济的调速性能，因此在调速要求较高的生产机械上得到广泛应用。调速的技术指标如下：

1）调速范围（D）。是指电动机拖动额定负载时，所能达到的最大转速与最小转速之比。

2）静差率（又称相对稳定性）（R）。是指负载转矩变化时，电动机的转速随之变化的程度。

3）调速的平滑性。在一定的调速范围内，调速的级数越多越平滑，相邻两级转速之比称为平滑系数（Φ）。Φ 值越接近 1 则平滑性越好。

4）调速的经济性。是指调速所需设备投资和调速过程中的能量损耗。

5）调速时电动机的容许输出。是指在电动机得到充分利用的情况下，在调速过程中所能输出的最大功率和转矩。

调速是人为地改变电气参数，从而改变机械特性，使得电动机在某一负载下得到不同的转速。从直流电动机的转速公式 $n = U - I_aR_a/(C_e\Phi)$ 可知，在某一负载下（I_L 不变），其中 U、R_a、Φ 中均可调节，所以可有 3 种调速方法：电枢串电阻调速；降低电枢电压调速；减弱磁通调速。

一、电枢串电阻调速

直流电动机电枢串电阻的机械特性曲线如图 21-11 所示，由图可知，所串电阻越大，斜率越大，转速越低。

电枢串电阻调速优点：设备简单，操作方便。缺点：属有级调速，轻载几乎没有调节作用，低速时电能损耗大，接入电阻后特性变软，负载变化时转速变化大（即动态精度差）只能下调转速。此种调速方法一般用于调速性能要求不高的设备上，如电车、吊车、起重机等。

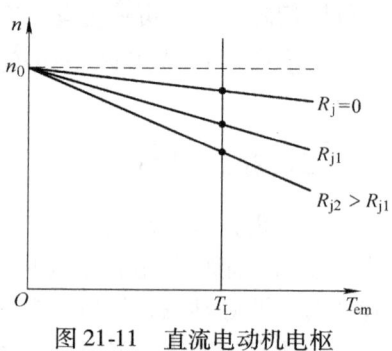

图 21-11　直流电动机电枢串电阻的机械特性曲线（R_j 为外串电阻）

二、调节电枢电压调速

应用此方法，电枢回路应用直流电源单独供电，励磁绕组用另一直流电源供电。

目前用得最多的可调直流电源是晶闸管整流装置（SCR），对容量数兆瓦以上的采用交流电动机直流发电机机组。调节电枢电压调速，可在很广的范围内平滑调速，且电动机的机械特性硬度保持不变，可用于串励直流电动机调速。直流电动机改变端电压的机械特性曲线如图 21-12 所示。

在电力牵引机车中，常把两台串励直流电动机从并联运行改为串联运行，使每台电动机的端电压从全压降为半压。

励磁恒定时

$$n = \frac{U}{C_e\Phi} - \frac{R_a}{C_eC_T\Phi^2}T \approx kU$$

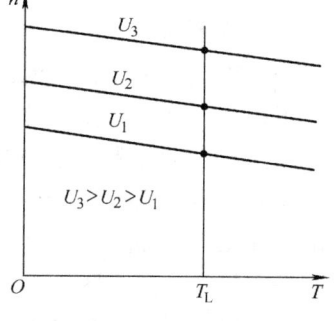

图 21-12　直流电动机改变端电压的机械特性曲线

改变电压可达到调速的目的。

调节电枢电压调速的缺点：调压电源设备复杂，一般下调转速。优点：硬度一样，可平滑调速，且电能损耗不大。

以上两种方法均属电枢控制调速。

三、弱磁调速

改变 Φ 的调速，增大 Φ 可能性不大，因直流电动机磁路设计在饱和段，所以若调速只有减弱磁通，这可在励磁回路中串电阻实现。直流电动机改变励磁电流的机械特性曲线如图 21-13 所示。

由

$$n = \frac{U}{C_e\Phi} - \frac{R_a}{C_eC_T\Phi^2}T = n_0 - \beta T$$

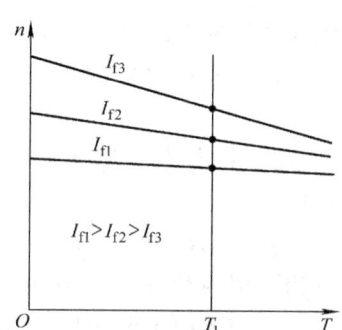

图 21-13　直流电动机改变励磁电流的机械特性曲线

设负载转矩不变，则

$$T = C_T \Phi_1 I_{a1} = C_T \Phi_2 I_{a2}$$

所以 $I_{a2}/I_{a1} = \Phi_1/\Phi_2$。又因为 $U = E_a + I_a R_a \approx E_a$，因 U 不变，所以 $E_a = C_e \Phi_1 n_1 = C_e \Phi_2 n_2$。则 $n_2/n_1 = \Phi_1/\Phi_2$，减少磁通可使转速上升。

弱磁调速缺点：调速范围小，只能上调，磁通越弱，I_a 越大，使换向变坏。优点：设备简单，控制方便，调速平滑，效率几乎不变，调节电阻上功率损耗不大。

第四节 直流电动机的制动

一台生产机械工作完毕就需要停车，因此需要对直流电动机进行制动（braking）。最简单的停车方法是断开电源，靠摩擦损耗转矩消耗掉电能，使之逐渐停下来，这叫作自由停车法。

自由停车一般较慢，特别是空载自由停车，需要的时间更长。如希望快速停车，可使用电磁制动器，俗称"抱闸"。也可使用电气制动方法，电气制动方法分3种：能耗制动、反接制动和回馈制动。

一、能耗制动

停车时，不只是断电，为限制电流过大，将电枢立即接到电阻 R_L 上。因为磁场保持不变，由于惯性，转子继续旋转且方向不变，所以 E_a 与电动势方向相同。$U = 0 = E_a + I_a(R_a + R_L)$，$I_a = -E_a/(R_a + R_L)$ 电流方向相反，所以电磁转矩 T 反向。

由于电磁转矩与电动状态相反，产生一制动性质的转矩，使其快速停车。制动过程是电动机靠惯性发电，将动能变成电能，消耗在电枢回路总电阻上，因此称之为能耗制动。能耗制动操作简单，但低速时制动转矩很小。并励直流电动机能耗制动接线如图21-14所示。

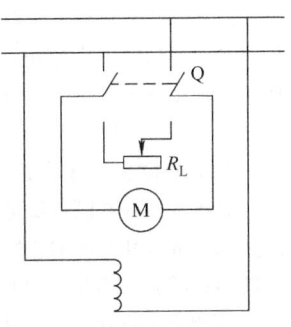

图21-14 并励直流电动机能耗制动接线

二、反接制动

在低速时，能耗制动效果差，如采用反接制动，可得到更强烈的制动效果。利用反向开关将电枢反接，为限制电流过大，反接同时串入电阻 R_L，如图21-15所示。这样，$U = -U$，$R = R_a + R_L$，$I_a = (-U - E_a)/(R_a + R_L)$ 为负，所以 T 为负

$$n = -\frac{U}{C_e \Phi} - \frac{R_a + R_L}{C_e C_T \Phi^2} T$$

反接制动时最大电流不得超过 $2I_N$，则应使

$$R_a + R_L \geq \frac{U_N + E_a}{2I_N} \approx \frac{2U_N}{2I_N} = \frac{U_N}{I_N}$$

$$R_L \geq \frac{U_N}{I_N} - R_a$$

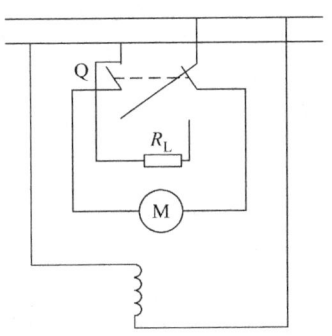

图21-15 并励直流电动机反接制动接线

反接制动的缺点：能量损耗大，转速下降到零时，必须及时断开电源，否则将有可能反转。

三、回馈制动

电车在平路上行驶时，摩擦转矩 T_L 是制动性质的，这时 $U > E_a$，$n_0 > n$。当电车下坡时，T_L 仍存在，车的重量产生的转矩是帮助运动的，如 $|T_W| > |T_L|$，合成转矩与 n 方向相同，因而 n 升高，当 $n > n_0$，$E_a > U$，使 I_a 改变方向，T 为负，此时电动机进入发电状态，发出电能，回馈到电网，称为回馈制动。

总之，电气制动是电动机本身产生一制动性质的转矩，使电动机快速停转。

思考题及习题

21-1 并励直流电动机和串励直流电动机的机械特性有何不同？为什么电车和电力机车都采用串励直流电动机？

21-2 并励直流电动机在运行中励磁回路断线，将会发生什么现象？为什么？

21-3 试述并励直流电动机的起动方法，并说明各种方法适用什么场合。

21-4 试述并励直流电动机的调速方法，并说明各种方法的特点。

21-5 试述并励直流电动机的制动方法。

21-6 已知某直流电动机铭牌数据为：额定功率 $P_N = 75\text{kW}$，额定电压 $U_N = 220\text{V}$，额定转速 $n_N = 1500\text{r/min}$，额定效率 $\eta_N = 88.5\%$，试求该直流电动机的额定电流。

21-7 一台串励直流电动机，额定负载运行，$U_N = 220\text{V}$，$n = 900\text{r/min}$，$I_N = 78.5\text{A}$，电枢回路电阻 $R_a = 0.26\Omega$，欲在负载转矩不变条件下，把转速降到 700r/min，需串入多大电阻？

21-8 一台并励直流电动机的额定数据为：$P_N = 17\text{kW}$，$U_N = 220\text{V}$，$n = 3000\text{r/min}$，$I_N = 88.9\text{A}$，电枢回路电阻 $R_a = 0.0896\Omega$，励磁回路电阻 $R_f = 181.5\Omega$，若忽略电枢反应的影响，试求：（1）电动机的额定输出转矩；（2）在额定负载时的电磁转矩；（3）额定负载时的效率；（4）在理想空载（$I_a = 0$）时的转速；（5）当电枢回路串入电阻 $R = 0.15\Omega$ 时，在额定转矩时的转速。

第二十二章 直流电机的换向

*第一节 换向过程的概念

从前面分析直流电机工作原理可知,直流电机电枢绕组的电动势和电流是交变的。直流电机运行时,元件会随电枢的运转从一条支路经过电刷换到另一条支路,该元件中的电流就要改变一次方向,这种电流方向的改变称为换向。相应的绕组元件称为换向元件。图 22-1 所示为单叠绕组 1 号元件的换向过程(设图中电刷宽度与换向片宽度相等,电枢以 v 的速度从右向左旋转)。

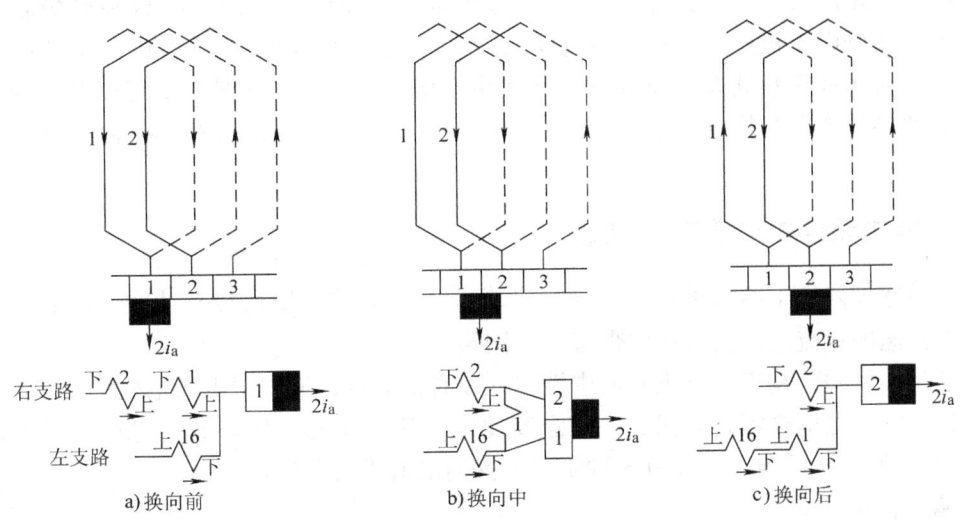

图 22-1 单叠绕组 1 号元件的换向过程

换向之前,如图 22-1a 所示,电刷与换向片 1 接触,1 号元件中的电流 i_a 从下层边流向上层边,设为 $+i_a$,元件处于右支路。换向之中,如图 22-1b 所示,电刷与换向片 1、2 同时接触,1 号元件被短接,元件中的电流从 $+i_a$ 向 $-i_a$ 变化。换向之后,如图 22-1c 所示,电刷与换向片 2 接触,1 号元件中的电流 i_a 从上层边流向下层边,电流为 $-i_a$,元件处于左支路。

电枢上的每个元件在经过电刷时都要换向,元件的换向时间称为换向周期,记作 T_k。由于在极短的时间内,使感性绕组元件的电流改变方向,因此换向问题是一切带有换向器的电机的一个专门问题,它对直流电机的正常运行有重大影响。换向不良,将在电刷下发生有害火花,当火花超过一定程度,就会烧坏电刷和换向器,使直流电机不能继续运行。

换向过程十分复杂,有电磁、机械和电化学等诸多因素相互交织在一起,这里仅就换向的电磁现象及改善换向的方法作简单介绍。

一、换向元件中的电动势

实际在换向过程中,换向元件中会出现下列两种电动势,这些电动势会影响电流的变化。

1. 电抗电动势 e_r

换向元件本身是一个线圈,所以当元件中电流从 $+i_a$ 变到 $-i_a$ 时,线圈中必有自感作用,同时换向元件之间又存在互感作用,因此换向元件在电流变化时必然出现有自感和互感作用所引起的感应电动势,这个电动势成为电抗电动势 e_r。

$$e_r = e_{L\sigma} + e_{M\sigma}$$

根据楞次定律,电抗电动势的作用总是阻碍电流变化的,因电流在减小,所以其方向必与 $+i_a$ 相同,即与换向前电流方向一致,因此电抗电动势总是阻碍换向。

2. 运动电动势 e_k

已知换向元件的有效边处于两极之间的几何中性线位置,即电刷放在磁极轴线下的换向片上,那里由主极产生的磁通密度几乎为零。但由电枢反应磁动势产生的磁通密度不为零。换向元件切割此磁通密度产生运动电动势 $e_k = B_k l v$,根据右手定则判定换向元件中旋转电动势的方向与换向前元件中电流方向一致。因而 e_k 总是阻碍换向元件中电流的变化。

二、换向元件中电流变化规律

因上述两种元件中电动势 e_r 和 e_k 均阻碍电流换向,元件电动势 e_k 和 v 成正比,所以大电流、高转速的直流电机会给换向带来更大困难。

为了改善换向,在直流电机几何中性线处装有换向极,换向绕组与电枢绕组串联,换向极磁场的方向与电枢磁场方向相反,其强度比电枢磁场稍强,所以此时总的运动电动势 e_a 与 e_k 反向,即与 e_r 反向。下面分 3 种情况对换向电流进行分析。

1. 直线换向

如果当换向元件中各种电动势为零,即 $e_r + e_k = 0$,被电刷短接的闭合回路就不会出现环流,元件中的电流大小由电刷与相邻两换向片的接触面积决定,电流随时间均匀变化,这种换向称为直线换向,如图 22-2 中曲线 1 所示。直线换向是理想换向,直流电机不会出现火花。

2. 延迟换向

$e_r > e_k$,换向元件中合成电动势 $e_r + e_k$ 倾向于保持换向前电流方向,所产生的附加电流为 i_c,使换向元件中电流由直线电流和附加电流组成,使换向元件中电流改变方向的时刻向后推移,所以称为延迟换向,如图 22-2 中曲线 2 所示。

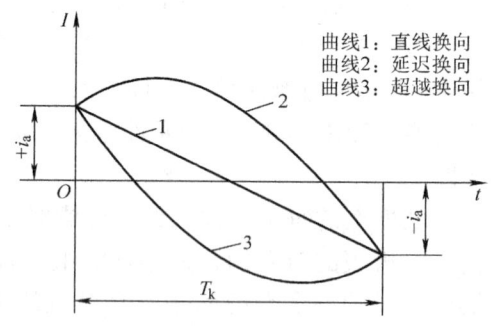

图 22-2 换向元件中的电流变化

3. 超越换向

如 $e_r < e_k$,则换向极磁动势过强,换向元件中合成电动势 $E_r + e_k$ 所产生的附加电流 i_c 倾

向于与换向后电流方向相同。在 i_c 的影响下,使换向元件中电流改变方向的时刻比直线换向时提前,称为超越换向,如图 22-2 中曲线 3 所示。

*第二节 产生火花的原因

直流电机换向过程产生火花的原因是复杂的,不仅是由于电磁原因,在很多情况下,由于机械和化学等原因也可以引起火花。

如前所述,发生火花是直流电机换向不良的直接表现,当火花超过一定限度时,会妨碍直流电机的正常工作。但一般也不必要绝对地没有火花,因为在电刷下只有微弱的火花时,直流电机的正常工作不会受到什么影响。

一、电磁原因

依据电磁换向理论,直线换向是理想换向,直流电机不会出现火花。延迟换向时,若电抗电动势 e_r 不甚大,换向也不会产生电火花。若 e_r 甚大,严重延迟换向,致使换向时,由于附加电流 i_c 的存在,当被电刷短路元件瞬时断开时,i_c 不为零,这部分能量 $L_r i_c^2/2$ 以弧光放电的形式释放出来,所以在电刷和换向片之间出现火花。在严重的超越换向时,前刷边与换向片刚接触,电流密度大,电刷与片间电压增大,而使前刷边产生火花。上述两种原因引起的火花,又称电磁火花。

二、机械原因

如果换向器不同心、换向器表面粗糙、电刷压力不当、云母突出或者动平衡不好等原因,会造成电刷与换向器接触不良或发生振动,从而产生火花。弱换向元件受到不利的主极边缘磁场作用,如刷杆在座圈上不对称、主极之间距离不等原因也可能导致火花。为此,使用中对电刷与换向器的维护和保养是十分必要的。

三、化学原因

研究表明,电刷与换向器表面有水汽,电流流过时会发生电解作用,在换向器表面产生一层氧化亚铜薄膜。氧化亚铜薄膜具有较高电阻,它能抑制附加换向电流,有利于换向。如果电刷压力过大,环境中缺少必要的水分和氧气,影响氧化亚铜薄膜的生成从而容易产生火花。此外,电刷的材料、几何尺寸及直流电机的运行状态等都是引起火花的原因。

*第三节 改善换向的方法

改善换向的目的是消除电刷下面的火花,而产生火花的电磁原因是存在 i_c(i_c 由 $e_r + e_k$ 产生),因此必须设法减小或消除 i_c,即使合成电动势 $e_r + e_k$ 减小或消除。

目前改善直流电机换向最有效的方法是装设换向极,如图 22-3 所示,换向极绕组与电枢绕组串联,装在几何中性线上,当直流电机负载运行时,电枢电流流过换向极产生磁动势,其方向与电枢反应磁动势方向相反,其大小除抵消 F_a 外,还要建立一个换向极磁场

B_k，使换向元件切割 B_k 产生 e_k，并与 e_r 相抵消。这样即可消除 i_c，使换向良好。

由于换向极与电枢串联，e_r 正比于 i_a，而 B_k 正比于 i_a，以使两者在不同负载电流时均能抵消。

已知，由于电枢反应使气隙磁场发生畸变，这不仅给换向带来困难，而且极尖下增磁区域内可使磁通密度达到很大数值，当元件切割该处磁通密度时会感应出较大电动势，以至于使该处换向片间电位差较大，可能在换向片间产生电位差火花。在换向不利的条件下，电刷间的火花与换向片间的火花连成一片，出现"环火"现象，可在很短时间内烧坏直流电机。

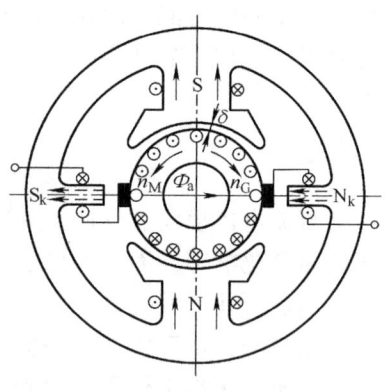

图 22-3 加装换向极的极性与电路

防止上述情况的措施是减小电枢反应磁动势，方法是装设补偿绕组。在主极极靴上冲出一些均匀分布的槽，槽内嵌放补偿绕组。为了随时补偿电枢反应磁动势，补偿绕组应与电枢绕组串联，它产生的磁动势方向与电枢反应磁动势方向相反，以保证任何负载下随时能抵消电枢磁动势。

但这个方法结构复杂，成本高，仅用于大容量工作繁重的直流电机中。

思考题及习题

22-1 何谓换向？换向不良的外部表现怎样？
22-2 换向火花是由哪些原因产生的？
22-3 电磁换向理论可将换向分成几种类型？它们各自有什么特点？
22-4 直流电机工作时，可否简单地认为没有火花时直流电机的工作状态良好？

直流电机部分小结

一、直流电机的工作原理

直流发电机的工作原理：电枢绕组内电动势、电流方向是交流电；电刷间为直流电动势。绕组中感应电动势与电流方向一致；从空间看，电枢电流产生的磁场在空间上是恒定不变的磁场；产生的电磁转矩 T 与转子转向相反，是制动性质。

直流电动机的工作原理：外施电压、电流是直流，电枢绕组内电流是交流；绕组中感应电动势与电流方向相反；绕组是旋转的，电枢电流是交变的。电枢电流产生的磁场在空间上是恒定不变的；产生的电磁转矩 T 与转子转向相同，是驱动性质。

二、直流电机的磁场及电枢反应

空载时直流电机的磁场：由磁极的直流励磁电流产生，空气隙磁场不随时间变化，是恒定磁场；空间上，忽略极面下的齿槽效应，沿极面均匀分布。整个磁极下磁通密度分布为接近于矩形的平顶波。

直流电机负载时电枢磁场：电刷在几何中性线上时的电枢磁动势为交轴电枢磁动势，交轴电枢磁动势波趋近于幅值固定的三角形波；电刷不在几何中性线上时电枢磁动势包括交轴电枢磁动势和直轴电枢磁动势。

直流电机的电枢反应：负载时电枢磁动势对主磁场的影响叫电枢反应，电枢反应的类型有交轴电枢反应、直轴去磁和助磁电枢反应。交轴的电枢反应的作用使气隙磁场畸变，每一极下主磁场的一半被加强，一半被削弱；使磁场的零点偏移；不饱和时，每极磁通量不变，饱和时，每极磁通量会减少。直轴电枢反应起去磁或助磁作用。电枢反应的性质由电刷所在的位置与直流电机的运行方式决定。

直流发电机和直流电动机的运行特点是不同的。

直流发电机：E_a 和 I_a 同方向；$E_a > U$。

直流电动机：E_a 和 I_a 反方向；$E_a < U$。

三、直流电机的 4 大基本公式

电动势表达式 $E_a = C_e \Phi n$；电磁转矩式 $T = C_T \Phi I_a$，发电机 $T = T_1 - T_0$，电动机 $T = T_0 + T_2$；电动势平衡式：发电机 $E_a = U + I_a R$，电动机 $U = E_a + I_a R_a$；学会功率流程图。

四、直流电机的运行特性

直流发电机的运行特性：空载特性、外特性。着重掌握并励直流发电机的电压建立条件，以及他励和并励直流发电机的外特性曲线随负载电流增加而下降的原因和区别。

直流电动机的运行特性：工作特性与机械特性。重点掌握转速特性及影响转速的因素。并励直流电动机运行时，励磁绕组绝对不允许开路。串励直流电动机不允许空载运行和起动。了解直流电动机的起动、调速和制动的方法，各有什么特点，适用于什么场合。

直流电机部分模拟测试题及答案

一、模拟测试题

（一）填空题

（1）直流电机的电枢绕组的感应电动势表达式为（   ），电磁转矩表达式为（   ）。

（2）并励直流发电机建压的条件是（   ）、（   ）和（   ）。

（3）并励直流电动机励磁回路的可变电阻，起动时它位于（   ）位置，电枢回路的可变电阻是用来（   ），起动时它位于（   ）位置。

（4）直流电机的电枢反应的性质有（   ），电枢反应的性质取决于（   ）。

（5）直流电机的电枢绕组的元件中的电动势和电流是（   ）。

（6）并励直流电动机，当电源反接时，其中 I_a 的方向（   ），转速方向（   ）。

（7）电枢反应对并励直流电动机转速特性和转矩特性有一定的影响，当电枢电流 I_a 增加时，转速 n 将（   ），转矩 T 将（   ）。

（8）当保持并励直流电动机的负载转矩不变时，在电枢回路中串入电阻后，则电动机的转速将（   ）。

（9）并励直流电动机改变转向的方法有：（   ）和（   ）。

（10）直流发电机，电刷顺电枢旋转方向移动一角度，直轴电枢反应是（   ）；若为电动机，则直轴电枢反应是（　　　）。

（二）问答题

1. 电枢反应的性质由什么决定？交轴电枢反应对每极磁通量有什么影响？直轴电枢反应的性质由什么决定？

2. 直流电机空载和负载运行时，气隙磁场各由什么磁动势建立？负载后电枢电动势应该用什么磁通进行计算？

3. 直流电机的感应电动势与哪些因素有关？

4. 他励直流发电机由空载到额定负载，端电压为什么会下降？并励发电机与他励发电机相比，哪个电压变化率大？

（三）计算题

1. 已知某直流电动机铭牌数据为：额定功率 $P_N=75\text{kW}$，额定电压 $U_N=220\text{V}$，额定转速 $n_N=1500\text{r/min}$，额定效率 $\eta_N=88.5\%$，试求该直流电动机的额定电流。

2. 一台并励直流发电机数据为：$P_N=46\text{kW}$，$n_N=1000\text{r/min}$，$U_N=230\text{V}$，极对数 $p=2$，电枢电阻 $R_a=0.03\Omega$，一对电刷压降 $2\Delta U_b=2\text{V}$，励磁回路电阻 $R_f=30\Omega$，把此发电机当电动机运行，所加电源电压 $U_N=220\text{V}$，保持电枢电流为发电机额定运行时的电枢电流。试求：

（1）发电机额定运行时的电磁转矩为多少？

（2）作电动机运行时的电磁转矩为多少？

（3）电动机转速为多少（假定磁路不饱和）？

二、模拟测试题答案

（一）填空题

（1）$C_e\Phi n$，$C_T\Phi I_a$

（2）发电机必须有剩磁，励磁磁动势与剩磁两者方向必须相同，励磁回路的总电阻必须小于临界电阻

（3）最小，限流，最大

（4）助磁、去磁和交磁，电刷的位置

（5）交流的

（6）反向，不变

（7）下降，增加

（8）下降

（9）将电枢绕组的两个接线端对调，将励磁绕组的两个接线端对调（但两者不能同时对调）

（10）去磁的，增磁的

（二）问答题

1. 答：电枢反应的性质由电刷位置和电机的运行状态决定，电刷在几何中性线上时电枢反应是交轴性质的，它主要改变气隙磁场的分布形状，磁路不饱和时每极磁通量不变，磁路饱和时则还有一定的去磁作用，使每极磁通量减小。电刷偏离几何中性线时将产生两种电枢反应：交轴电枢反应和直轴电枢反应。当电刷在发电机中顺着电枢旋转方向偏离或在电动机中逆着转向偏离时，直轴电枢反应是去磁的，反之则是助磁的。

2. 答：空载时的气隙磁场由励磁磁动势建立，负载时气隙磁场由励磁磁动势和电枢磁动势共同建立。负载后电枢绕组的感应电动势应该用合成气隙磁场对应的主磁通进行计算。

3. 答：感应电动势 $E_a = C_e \Phi n \propto \Phi n$，在其他条件不变的情况下，感应电动势 E_a 与磁通 Φ 和转速 n 成正比。

4. 答：他励直流发电机由空载到额定负载，电枢电流 I_a 由零增加到额定值 I_{aN}，电枢回路电阻压降 $I_a R_a$ 增加，且电枢反应的去磁作用使主磁通 Φ 下降，从而使感应电动势 E_a 下降。由公式 $U = E_a - I_a R_a$ 可知，端电压 U 随 I_a 的增加而下降。对于并励直流发电机，除上面两个原因外，端电压下降，引起励磁电流 I_f 下降，使得 Φ 下降和 E_a 下降，所以并励直流发电机的电压变化率比他励直流发电机电压变化率要大些。

（三）计算题

1. 解：对于直流电动机，

$$P_N = U_N I_N \eta_N$$

故该电动机的额定电流

$$I_N = \frac{P_N}{U_N \eta_N} = \frac{75000}{220 \times 88.5\%} \text{A} = 385 \text{A}$$

2. 解：(1) 作发电机运行时，额定电流

$$I_N = \frac{P_N}{U_N} = \frac{46 \times 10^3}{230} \text{A} = 200 \text{A}$$

励磁电流

$$I_{fF} = \frac{U_N}{R_f} = \frac{230}{30} \text{A} = 7.67 \text{A}$$

额定电枢电流

$$I_{aN} = I_N + I_{fF} = (200 + 7.67) \text{A} = 207.7 \text{A}$$

$$C_e \Phi_F = \frac{U_N + I_{aN} R_a + 2\Delta U_b}{n_N}$$

$$= \frac{230 + 207.7 \times 0.03 + 2}{1000} = 0.2382$$

发电机额定电磁转矩

$$T_{emF} = C_T \Phi_F I_{aN} = 9.55 C_e \Phi_F I_{aN}$$
$$= 9.55 \times 0.2382 \times 207.7 \text{N·m} = 472.5 \text{N·m}$$

(2) 作电动机运行时

$$I_{fD} = U_N / R_f = \frac{220}{30} \text{A} = 7.33 \text{A}$$

$$C_e\Phi_D = \frac{I_{fD}}{I_{fF}}C_e\Phi_F = \frac{7.33}{7.67} \times 0.2382 = 0.2276$$

电动机电磁转矩

$$T_{emD} = C_T\Phi_D I_{aN} = 9.55 C_e\Phi_D I_{aN}$$
$$= 9.55 \times 0.2276 \times 207.7 \text{N} \cdot \text{m} = 451.5 \text{N} \cdot \text{m}$$

(3) 电动机转速

$$n = \frac{U_N - r_a I_{aN} - 2\Delta U_b}{C_e\Phi_D}$$
$$= \frac{220 - 0.03 \times 207.7 - 2}{0.2276} \text{r/min} = 930.4 \text{r/min}$$

参 考 文 献

[1] 智研咨询集团. 2015—2020 年中国火力发电市场评估及投资前景预测报告 [R]. 2014.
[2] 冯慈璋, 马西奎. 工程电磁场导论 [M]. 北京: 高等教育出版社, 2000.
[3] 吴开明. 取向电工钢的生产工艺及发展 [J]. 中国冶金, 2012, 22 (3).
[4] 朱翠翠, 陈卓. 我国变压器行业对取向硅钢的需求分析 [J]. 中国钢铁业, 2014 (5).
[5] 刁立民, 李藏雪, 方建国. 大型屏蔽电机用硅钢片国产化应用技术研究 [J]. 大电机技术, 2013 (1).
[6] 赵莉华, 曾成碧, 苗虹. 电机学 [M]. 2 版, 北京: 机械工业出版社, 2014.
[7] A E Fitzgerald Charies Kingsley, Jr Stephen D Umans. 电机学 [M]. 6 版. 北京: 清华大学出版社, 2003.
[8] A E Fitzgerald Charies Kingsley, Jr Stephen D Umans. 电机学 [M]. 7 版. 北京: 电子工业出版社, 2013.
[9] 谢毓城, 等. 电力变压器手册 [M]. 北京: 机械工业出版社, 2003.
[10] 赵莉华, 曾成碧, 张代润. 电机学学习指导 [M]. 北京: 机械工业出版社, 2008.
[11] 赵静月, 张庆, 康运和, 等. 变压器制造工艺 [M]. 北京: 中国电力出版社, 2009.
[12] 保定天威保变电气股份有限公司. 变压器试验技术 [M]. 北京: 机械工业出版社, 2000.
[13] 胡启凡, 等. 变压器试验技术 [M]. 北京: 中国电力出版社, 2010.
[14] 张小兰. 电机学 [M]. 重庆: 重庆大学出版社, 2005.
[15] 常瑞增. 中压电动机的工程设计和维护 [M]. 北京: 机械工业出版社, 2011.
[16] Charles Kingsley, Jr, Stephen D Umans, 等. 电机学 [M]. 6 版. 刘新正, 苏少平, 高琳, 等, 译. 北京: 电子工业出版社, 2004.
[17] 胡岩, 武建文, 李德成. 小型电动机现代实用设计技术 [M]. 北京: 机械工业出版社, 2007.
[18] 牛维扬. 电机学 [M]. 北京: 中国电力出版社, 2004.
[19] 孙乐场. 同步发电机失磁异步运行分析 [J]. 工程技术, 2007 (16): 83-84.
[20] 谢应璞. 电机学 [M]. 成都: 四川大学出版社, 1994.
[21] 孙旭东, 王善铭. 电机学 [M]. 北京: 清华大学出版社, 2006.
[22] 李发海, 朱东起. 电机学 [M]. 北京: 科学出版社, 1982.
[23] 叶水音. 电机 (电厂及变电站电气运行专业) [M]. 北京: 中国电力出版社, 2002.
[24] 李秋明, 张卫. 实用电气试验技术 [M]. 北京: 机械工业出版社, 2011.